计算思维之快乐编程

（中级）

沈　军　沈凌翔　编著

东南大学出版社
SOUTHEAST UNIVERSITY PRESS

·南京·

内 容 提 要

本书主要解析各种常用算法策略的基本原理及其思维联系。全书分7章，第1章主要解析程序是如何解决问题的；第2章主要解析有效算法策略之搜索优化；第3章主要解析有效算法策略之分治；第4章主要解析有效算法策略之贪心；第5章主要解析有效算法策略之动态规划；第6章主要解析各种算法的拓展及思维联系；第7章主要解析各种策略及方法的综合应用。

本书主要面向青少年程序设计科普活动的教学与培训，也可以作为新课标程序设计相关课程的教学参考和辅导教材，同时也是适用于爱好程序设计的广大读者的科普用书。

图书在版编目(CIP)数据

计算思维之快乐编程. 中级 ／ 沈军，沈凌翔编著.
—南京：东南大学出版社，2021. 11
ISBN 978-7-5641-9776-6

Ⅰ. ①计… Ⅱ. ①沈… ②沈… Ⅲ. ①程序设计
Ⅳ. ①TP311. 1

中国版本图书馆 CIP 数据核字(2021)第 229603 号

责任编辑：张 煦 责任校对：于雪莲 装帧设计：余武莉 责任印制：周荣虎

计算思维之快乐编程(中级)
JISUAN SIWEI ZHI KUAILE BIANCHENG(ZHONGJI)

编 著：沈 军 沈凌翔
出版发行：东南大学出版社
社 址：南京四牌楼 2 号 邮编：210096 电话：025-83793330
网 址：http://www.seupress.com
电子邮件：press@ seupress.com
经 销：全国各地新华书店
印 刷：南京玉河印刷厂
开 本：787mm×1 092mm 1/16
印 张：26.5
字 数：661 千字
版 次：2021 年 11 月第 1 版
印 次：2021 年 11 月第 1 次印刷
书 号：ISBN 978-7-5641-9776-6
定 价：86.00 元

本社图书若有印装质量问题，请直接与营销部联系。电话(传真)：025-83791830

前　　言

算法是现代计算的核心,有效算法策略的构建直接决定计算的质量和效率。基于穷举模型(或从穷举模型出发)的有效算法策略构建方法及其演化脉络烙下了相应的思维变迁轨迹。相对于离散型算法学习方法,从思维层面建立连续型算法学习方法,有助于加深和加速对算法策略的理解和高效运用。更为重要的是,这种学习方法可以激发和充分挖掘个体思维潜能,引导其创造更多更巧的有效策略,并享受创造带来的快乐。从而,真正实现面向(系统化)思维和(元认知)能力培养的目标。

尽管算法及其载体——程序的构造比较抽象,但从本质上看,它是一种精妙的智力游戏,或者说是一种思维积木游戏,只是现实的教学方法隔离了它与普通实物积木游戏之间的思维通约性,并且,其自身的现实教学认知也比较渐显,以离散化方法隔离了本应存在的思维联系。鉴于程序构成涉及数据组织和数据处理两个 DNA,显然,谋求面向现代计算的问题求解算法也必然是从两个 DNA 出发。因此,如何处理两个 DNA 及其融合以构建算法策略,如何认识两个DNA 及其融合的各种方法与语言机制的具体联系,以及如何理解各种算法策略之间的思维演化脉络及其动因,成为学习和应用算法的关键和核心。源于计算的计算思维,因其具备元思维属性,从而为算法策略的学习建立了认知基础。

本书的姐妹篇——《计算思维之快乐编程(初级 · C++描述)》,围绕两个 DNA 及其融合,主要针对程序构造的基础方法和语言表达两个要素,依据计算思维原理给出了面向思维的学习策略解析,同时解析了各种基本应用小方法及其思维拓展应用,以及穷举模型的母方法——搜索。本书在此基础上,基于计算思维原理,主要解析常用的各种有效算法策略及其思维拓展和应用,重点解析各种有效算法策略演化的思维变迁与拓展规律。本质上,主要是解析计算思维的"维"和"阶"的思维拓展原理及其针对各种有效算法策略的投影和具体应用。

本书由东南大学计算机学院沈军教授(江苏省青少年信息学奥林匹克竞赛委员会委员兼科学委员会主任)策划并编著第 1、3、4、5、6、7 章,沈凌翔编著第 2 章及第 5、7 章部分内容,江苏省淮阴中学薛志坚老师为本书编写提供了若干案例,东大计算机学院的学生刘少希、王晓凤、夏瑞祥、刘云云、陶欢欢、李振甲等,对全书样例进行了调试并参与部分审阅工作。

特别感谢东南大学计算机学院、江苏省青少年信息学奥林匹克竞赛委员会、东南大学出版社对本书出版工作的大力支持，衷心感谢东南大学出版社张煦编辑为本书出版所做的工作。

鉴于本书成稿时间跨度相对较大，写作过程中参考了较多资料，包括线上资料，主要参考文献已经列出，但仍有相当零星的资料来源未能一一列出，在此对所有作者表示衷心感谢！并恳请相关作者及读者来信指出，以便本书再版时列出。

本书中的观点都是基于作者的认识、理解和感悟，难免存在错误和不妥之处，希望读者来信批评与指正。作者恳切盼望各位同仁来信切磋，作者的 E-mail 地址是 kutushen@ 126.com、junshen@ seu.edu.cn。

作 者

2021 年 5 月 19 日于古都金陵

目　　录

第 **1** 章　程序怎样解决问题

1.1　概述

现代计算都是通过神奇宝贝小 C——计算机完成的,用计算机处理问题,需要为计算机构造程序,通过程序来指挥计算机工作。程序工作受限于其特定的执行(或作用)环境——计算机系统,包括计算机硬件(机器本身)、操作系统(控制和管理机器的程序)以及编译程序(将人们构造的程序翻译成机器能够看懂的程序),它们定义了程序必须满足的基本结构形态(即程序的逻辑结构)。程序描述语言的各种机制就是为了支持这种基本结构形态而设置。因此,用程序解决问题一般需要关注两个层面,一个是程序构造的基本方法及其定义的程序基本结构形态(即程序的抽象结构,具体化后对应逻辑结构),以及它到相应语言机制的映射;另一个是利用这些基础知识,基于应用问题处理过程中的经验积累,挖掘、抽象和归纳常用或通用的问题处理模式。前者面向程序的基本属性,可以看作是内因;后者面向程序的应用属性,可以看作是外因;两者的综合构成了用程序解决问题的基本方法。

无论是内因还是外因,它们都采用同样的思维方法,即基于计算思维原理来定义其处理问题的基本方法。

1.2　程序构造的原理

既然用计算机解决问题离不开程序,那么程序究竟如何构造呢? 首先,面向神奇宝贝小 C 的任何程序,都是由两个基本的 DNA 组成,一个是数据组织,用于解决程序中各种数据的表达问题,即描述处理对象,它是"2+3"的游戏,即二元组({常量,变量},{堆叠,关联,绑定})所定义方法的具体应用;另一个是数据处理,用于解决程序中对数据进行处理的表达问题,即描述处理过程,它是"5+2"的游戏,即二元组({注释语句,空语句,输入/输出语句,计算赋值语句,流程控制语句},{堆叠,嵌套})所定义方法的具体应用。其次,将两个 DNA 交织在一起,构成一个积木块,即函数或类。最后,通过多个积木块的搭建构造出一个程序,即通过二元组({函数},{函数之间的关系})或({类},{类之间的关系})建立方法并具体应用。图 1-1 所示给出了相应的解析。

显然,程序构造原理仅仅是规定了一个程序的基本结构形态和基本构造方法,它不考虑具

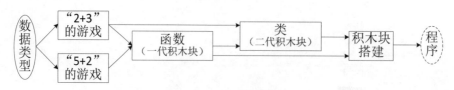

图 1-1　程序构造原理

体的应用含义。也就是说,它相当于给出了一套抽象的公式,而对公式的具体应用则不考虑。因此,用程序解决问题就是要针对给定的具体问题,运用好这套公式或将公式作用到给定的具体问题。在此,公式对应程序的内因,公式的具体运用对应程序的外因。从外因角度看,二元组({基本应用模式},{基本应用模式之间的组合方法})定义了程序构造应用层面的基本方法。

 1.3　程序构造原理的应用:构建面向问题的应用积木库

　　程序的基本结构形态和基本构造方法属于知识范畴,相对而言是比较容易理解和学习的,但它们的具体应用则是相对较难的。事实上,人类社会需要解决的应用问题是无限的,问题的具体表现形态也是无限的,因此,对于每个问题都从头开始构造相应程序,显然是行不通的。然而,事物总是存在规律,我们可以将一些共同的规律及其有效解决方法抽象出来,通过"2+3"和"5+2"的游戏,构造成一个个程序应用积木块,建立相应的应用积木仓库,由此为程序的构造建立应用基础。

　　在计算机应用过程中,人们已经抽象和归纳出了大量面向普适应用的公共程序应用积木块,并将它们分门别类地组织成各种积木库,以便其他人进一步使用。这些应用积木库一般称为标准函数库(对应于第一代程序积木块构建的基本形态标准)和标准类库(对应于第二代程序积木块构建的基本形态标准)。表 1-1 给出了与 C++语言开发环境相应的部分常用标准程序应用积木库(注:随版本会有变化)。

表 1-1　C++标准积木块库

一代积木块		二代积木块	
文件名	说明	文件名	说明
cstdio	输入输出	iostream/fstream/sstream	标准流/文件流/字符串流对象
cmath	常用数学函数	iomanip	流输入输出格式控制
ctime	时间/日期	random	随机数生成器及分布
cstring	字符串处理	stack、queue	容器适配器
cstdlib	程序控制/动态内存分配/随机数/排序与查找等	vector/deque/list/forward_list/set/map	容器
cstddef	标准宏和类型定义	iterator	迭代器

（续表）

一代积木块		二代积木块	
文件名	说明	文件名	说明
		algorithm	算法
		string	字符串类
		exception	异常处理
......		new、memory	低层内存管理、高层内存管理
		numeric	容器中值的数值运算
		......	

标准程序应用积木库中的各个积木块,关注的主要是问题处理中的共性解决方法,尽管已经有大量标准的应用积木块,然而,针对具体问题,仅仅有标准应用积木块是不够的,还需要构建自己的应用积木块。例1-1和例1-2分别给出了两个应用积木块的构建示例及解析。

【例1-1】 数字分解

所谓数字分解,是指将一个正整数每个数位上的数字提取出来,以便做其他进一步的处理。数字分解充分利用了进位计数制的基本原理,利用位权逐位提取相应的数字。

考虑到C++语言中基本数据类型的表示范围,待分解的正整数可以用两种方法给出,一种是直接以基本数据类型给出,另一种是以高精度表示或字符串给出(本质上都是基于数组实现)。

图1-2所示给出相应的程序描述。

```
int GetBits( int n, int base, int ret[ ])
{ // n:待分解正整数;base:进位制基数;ret:存放分解后的各位数字
  int c = 0;   //n 的位数(数字个数)
  if( n<0) return 1; // 不能分解,非正常结束
  while( n>0) {
    ret[ ++c] =n % base; n/=base;
  }
  ret[0] =c; return 0;
}
```

图1-2 "数字分解"应用积木块(C++描述)

【例1-2】 质数判断

所谓质数(也称为素数),是指一个除了1和本身外不能被其他数除尽且大于1的自然数。显然,直接依据质数的定义,通过检查某个数 n 是否能够被 $2 \sim n-1$ 的所有数除尽,可以判断该数是否为素数。

事实上,如果 n 是合数(即可以进行因子分解),则分解得到的两个非1的约数 p_1 和 p_2,必定满足 $p_1 \leqslant \sqrt{n}$,$p_2 \geqslant \sqrt{n}$,由此可以通过优化循环次数来改进上述方法。也就是,循环不需要遍历到 $n-1$,只要遍历到 $\sqrt{n}$ 即可,因为若 $\sqrt{n}$ 左侧找不到约数,那么右侧也一定找不到约数。

继续分析,质数还有一个特点是它总是等于 $6x-1$ 或 $6x+1$,其中 x 是大于等于1的自然数。

因为首先 $6x$ 肯定不是质数,因为它能被 6 整除;其次 $6x+2$ 肯定也不是质数,因为它还能被 2 整除;依次类推,$6x+3$ 肯定能被 3 整除;$6x+4$ 肯定能被 2 整除。因此,只有 $6x+1$ 和 $6x+5$(即等同于 $6x-1$)可能是质数了。于是,可以通过优化循环次数来进一步改进上述方法,将循环的步长设为 6,每次只要判断 6 两侧的数即可。

图 1-3 所示给出了上述方法的相应程序描述。

```cpp
bool isPrime(int n)
{ // 方法 1
  if(n<=3)
    return n>1;
  for(int i=2; i<n;++i)
    if(n % i==0)
      return false;
  return true;
}

bool isPrime(int n)
{ // 方法 2
  if(n<=3)
    return n>1;
  int temp=sqrt(n);
  for(int i=2; i<=temp;++i)
    if(n % i==0)
      return false;
  return true;
}

bool isPrime(int n)
{ // 方法 3
  if(n<=3)
    return n>1;
  if(n % 6 !=1 && n % 6 !=5)
    return false;
  int temp=sqrt(n);
  for(int i=5; i<=temp; i+=6)
    if(n % i==0 || n % (i+2)==0)
      return false;
  return true;
}
```

图 1-3 "素数判断"应用积木块(C++描述)

更进一步,如果要判断(或求出)某个范围内数据中的所有素数,可以采用筛选法,其基本思想是:将从 1 开始的该范围内的正整数从小到大顺序排列,首先筛掉 1,因为 1 不是素数;然后从剩下的数中选择最小的素数并筛掉它的所有倍数;依次类推,直到筛子为空(不能再筛出)时结束,此时剩下的数都是素数。图 1-4 所示给出了相应的程序描述。

```
#include<iostream>
void FilterPrime(int n)
{ //求 1~n 之间的所有素数
  bool *isPrimes =new bool[n+1];
  isPrimes[1] =isPrimes[0] =false; //初始化
  for( int i =2; i<=n;++i)
    isPrimes[i] =true;
  for( int i =2; i<=n;++i)
    if( isPrimes[i] ==true)
      for( int j =2; i * j<=n;++j) //筛选
        isPrimes[i * j] =false;
  for( int i =2; i<=n;++i)
    if( isPrimes[i] ==true)
      cout<<i<<"是素数"<<endl;
  delete [ ] isPrimes;
}
```

图 1-4　筛选法"求批量素数"应用积木块(C++描述)

1.4　程序构造原理的应用:搭建应用积木块

按照程序构造基本原理,通过搭建各种应用积木块,就可以构造出一个处理问题的具体程序。在此,可以将程序构造看作是一个"$m+n$"的游戏,其中,m 表示应用积木块的集合,n 表示搭建两个应用积木块的基本手段集合(即积木块之间的关系集合)。例 1-3 给出了一个示例及其解析。

【例 1-3】　类质数

当一个正整数的所有数位中质数的出现次数不小于其他数字出现次数的两倍时,称该正整数为一个类质数。

显然,为了判断一个正整数是不是类质数,需要判断其每个数位的数是不是质数,此时需要用到"数字分解"和"质数判断"两个应用积木块,另外再搭配一个简单的"计数"(或"累加")应用积木块即可(由 for 语句和自增运算语句构成)。在此,"数字分解"和"质数判断"两个应用积木块的搭建关系是堆叠,"质数判断"和"计数"两个应用积木块的搭建关系是嵌套。图 1-5 所示给出了相应的程序描述及解析。

```
const int MaxBits =100;
bool isEquivalentPrime(int n, int base)
{ //判断 base 进制数 n 是否是类质数
  int *ret =new int[MaxBits];
  if(!GetBits( n, base, ret)) { //调用"数字分解"积木块
    int Prime = 0, noPrime = 0;
    for( int j = 1; j< ret[0];++j)
      if( isPrime( ret[j])) //调用"质数判断"积木块
        ++Prime;
```

```
        else
            ++noPrime;
    if( Prime >=2 * noPrime)
        return true;
    else
        return false;
    }
}
```

图 1-5 "类质数判断"应用积木块(C++描述)

1.5 寻找更多有效的应用积木块构造策略

1.5.1 有效策略的奥秘

应用积木块的构造依赖于"2+3"和"5+2"两个 DNA 基础处理方法的具体应用及其交织关系的处理,因此,应用积木块构造的有效策略必然也是从"2+3"和"5+2"两个 DNA 基础处理方法的具体应用及其交织关系的处理两个方面来考虑。具体而言,针对"2+3"DNA 基础处理方法的应用,就是要使得策略的实现尽量占用较少的存储空间;针对"5+2"DNA 基础处理方法的应用,就是要使得策略的实现尽量花费较少的运行时间;针对两个 DNA 基础处理方法的交织关系处理,就是要在时间和空间上进行平衡,使得策略的实现在时间和空间两个方面都满足应用要求。

有效策略的具体表达或实现称为算法,其有效性通过时间复杂度和空间复杂度来衡量,通常都采用渐近表示方法进行度量,记为 $O(x)$,其中,x 表示随待处理数据规模增大时算法执行效率的某种变化规律,一般有 1、$logn$、n、$nlogn$、n^2、n^3、2^n、$n!$ 等等,相应地,复杂度一般有 $O(1)$、$O(logn)$、$O(n)$、$O(nlogn)$、$O(n^2)$、$O(n^3)$、$O(2^n)$、$O(n!)$ 等。图 1-6 所示以"将 n 个 $1\sim1\,000$ 的整数按升序排列"问题为例,给出了有效策略构建的一个示例,通过选择排序/$O(n^2)$→快速排序/$O(nlogn)$→桶排序/$O(n)$,给出策略的有效性进阶。

```
void SelectSort( int a[ ], int n)
{ //策略 1:选择排序,O(n²)
    int i, j;

    for( i =0; i <n- 1;++i) {
        int min =a[ i], pos =i;
        for( j =i+1; j <n;++j) {
            if( a[ j] <min) {
                min =a[ j]; pos =j;
            }
        }
        if( pos !=i) swap( a[ i], a[ pos]);
```

```
    }
}

int Partition(int a[], int low, int high)
{ //策略2:快速排序,O(nlogn)
  int x = a[high], i = low-1;
  for(int j = low; j < high;++j) {
    if(a[j] < x) {
      i++; swap(a[i], a[j]);
    }
  }
  a[high] = a[i+1]; a[i+1] = x;
  return i+1;
}
void QuickSort(int a[], int low, int high)
{
  if(low < high) {
    int mid = Partition(a, low, high);
    QuickSort(a, low, mid-1);
    QuickSort(a, mid+1, high);
  }
}

const int MaxSize = 1000; //桶的最大数量
void BucketSort(int a[], int n)
{ //策略3:桶排序,O(n)
  int bucket[MaxSize] = { 0 }; //初始化每个桶

  for(int i = 0; i < n;++i) //排序
    ++bucket[a[i]];
  for(int i = 0; i < MaxSize;++i) {//输出
    int temp = a[i];
    for(int j = 1; j <= temp;++j)
      cout << i << " ";
  }
}
```

图 1-6　有效策略构建示例

1.5.2　算法策略的基本图谱

迄今为止,算法研究人员已经发明了多种有效的算法策略,基于这些策略发明了各种相应算法,并对这些算法的有效性进行了严格的分析。图1-7所示给出了常用算法策略的基本图谱。

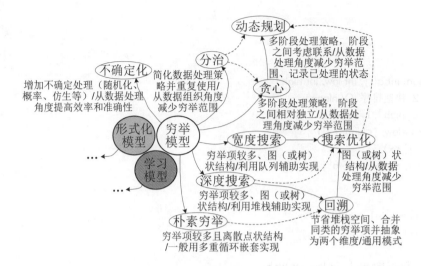

图1-7　常用算法策略的基本图谱

1.6 搜索算法及其存在的弊端

由图1-7可知,用计算机解决问题,通常有三种途径:①基于明确有效的算法(对应形式化模型以及基于穷举模型而归纳的各种特定算法);②基于搜索(对应穷举模型);③基于学习(对应学习模型)。其中,第三种途径属于机器学习范畴,它通过部分实例的处理情况进行归纳和学习,期望得到所有同类实例的处理方法,其结果是不确定的,在此不作展开。第一种途径针对某类问题,可以直接构造出相应程序,对同类全部实例,其结果是确定的。基于搜索的方法(或称为搜索算法)是一种相对通用的间接方法,它不直接针对问题,而是将问题的各种可能解状态(简称状态)及其关系构成一个状态空间,然后采用一定的策略搜索整个状态空间,最终得到问题的答案,该方法介于第一种途径和第三种途径之间。显然,搜索策略和状态量是搜索算法的两个关键因素,前者有可能导致搜索无效(进入无解区,丢失实际解),也难保证对不同实例的(时间)行为一致性;后者导致算法无效性(时间无穷)。

搜索算法的基本框架如图1-8所示,其中问题的解状态空间一般都是层次型树结构或网状型图结构(线性结构可以看作是其一种简化或退化)。目前辅助空间的具体实现可以是队列或堆栈,相应地衍生出广度(宽度)优先搜索(Breadth First Search, BFS)和深度优先搜索(Depth First Search, DFS)两种基本搜索算法。图1-9所示给出了改进的深度优先搜索算法——回溯法的基本解析(节省堆栈空间)。

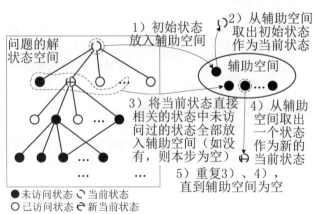

图1-8　搜索算法的基本框架

```
void solve( int n, int sum, int target, int data[], ... )
{ //n: 问题规模，sum: 当前临时局部解，target: 目标值，
  //data: 原始数据集，...: 其他相关的附带信息

    构造堆栈;
    初始化，构造当前临时局部解（从X维第一个位置开始，Y维穷举当前位置的按序第一个值）;
  while ( X维当前位置 >= 初值 ) { //回溯没有到头，所有可能还没有穷举完
    if ( 当前临时局部解合法 ) {
      if ( 当前临时局部解是一个可能的最终解 ) {  //到达问题的规模或满足目标要求
        按要求对解进行处理(例如：输出/保存/比较/统计等);
            调整并产生下一个新临时局部解; //回溯（该步用于继续寻找其他的解，
                                      //如果仅求一个解，此步可以终止算法）
      }
        else 扩展当前临时局部解（X维伸展到下一个位置）；//扩展(向问题规模推进)
    }
      else 调整并产生下一个新临时局部解; //回溯
    按给定条件，检查新临时局部解的合法性;
  }
}
```
> • "调整并产生下一个新临时局部解"的方法是，先穷举Y维当前位置的下一个可能，如果不能穷举（或已经穷举完当前位置所有可能），则X维需要回溯一次，同时在新的位置上对其Y维穷举其下一个可能。该过程可能会重复多次（即回溯多次），直到找到一个穷举值，继续循环；或回溯到头，从而结束整个循环。
> • "扩展当前临时局部解"的方法是，扩展一次X维，并在新的位置上将其Y维初始化为穷举值的第一种可能值（即设置为穷举值序列的第一种值）。
> • "按给定条件，检查新临时局部解的合法性"的方法，需要依据具体问题给定的约束条件。对于简单问题（即局部解总是合法），该步可以省略。

非递归形态

```
void dfs( int n, int sum, int target, int check[], int result[], ... )
{ //n: 问题规模，sum: 当前临时局部解，target: 目标值，
  //check: 标志数组，result: 最终解（结果）数组，...: 其他相关的附带信息

    if ( 到达问题规模 or 满足目标要求 )
      按要求对当前最终解进行处理(例如：输出/保存/比较/统计等)[并结束];

    if ( 当前临时局部解合法 ) {
      对当前状态的每一个直接子状态 {
        if ( 该状态没有被访问过 ) {
          扩展并构成新临时局部解并保存;
              该状态设置访问标志;
          dfs( n+1, 在sum上叠加访问当前状态所产生的增量, ... );
              该状态去除访问标志;
        }
      }
    }
}
```

> • 如果只求一个可行解，则直接return;结束工作。
> • 如果要求最优解或全部可行解，则不结束工作。

> • "当前临时局部解合法"的检查方法，需要依据具体问题给定的约束条件。对于简单问题（即局部解总是合法）。
> • 与非递归形态相比，"调整并产生下一个新临时局部解"和"扩展当前临时局部解"的方法都由递归调用自动解决，在此仅仅是在递归调用前后配合对当前状态访问的标志设置与去除。另外，递归调用使用默认的系统堆栈，堆栈的操作会带来额外的时间开销，并且堆栈的默认容量有限。

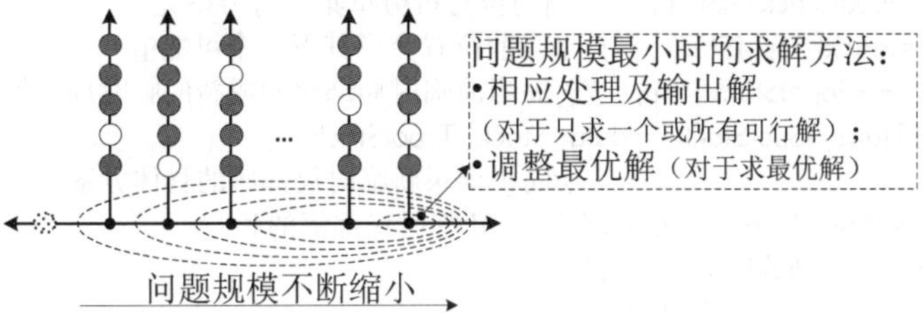

递归形态

> 问题规模最小时的求解方法：
> • 相应处理及输出解
> （对于只求一个或所有可行解）;
> • 调整最优解（对于求最优解）

问题规模不断缩小

图 1-9　回溯法原理

  回溯法一般含有四个基本要素:扩展/回溯维和穷举维的抽象、堆栈构造、临时局部解合法性判断和最终解的满足性判断。针对具体问题,首先通过分析并寻找相应的四个要素,然后设计与要素相应的具体数据组织结构及用于判断的数据处理方法,最后依据回溯模型及其算法框架就可以构造出相应的程序。

  【例1-4】 给定一个含有 N 个元素的整数数组 data,找出前 $m(m <= N)$ 个元素序列之和等于 total 的所有方案。

  针对本题,当数据规模 N 不太大时,可以使用回溯法求出所有方案。本题所建模型中,穷举维是指 data 中当前位置开始未被选择的各个整数所构成的集合。显然,随着扩展/回溯维的伸展(即问题规模不断缩小),该集合的大小是不断缩小的,即穷举维的长度是不固定的。扩展/回溯维的长度也是不固定的,一个可能解的长度取决于所选择的整数之和等于 total。当前临时解的合理性是指其和不能超过 total。另外,如果 data 中包含负数,则需要先对 data 进行排序,以满足每次当前位置穷举时按顺序进行的约束(确保不遗漏待穷举的状态),以及确保局部解扩展时解的单调性。图1-10所示给出了相应的程序描述及解析。

```
int solve(int n, int data[ ], int total)
{//data[ ]:原始数据集,n:原始数据集大小,total:目标(用于判断最终解);
    //返回:解的个数
    int sum =0,    //临时局部解的和
        ans =0;    //解的个数
    int * Stack =new int[n], TopofStack;    //堆栈
    int * WhichNum =new int[n];    //临时局部解具体方案

    TopofStack =0;    //扩展/回溯维 X 的当前位置
    Stack[TopofStack] =0;    //当前位置穷举维 Y 穷举其第一种可能值并构成当前临时局部解
    WhichNum[TopofStack] =data[0];    //当前临时局部解具体方案
    sum +=WhichNum[TopofStack];    //当前临时局部解的和
    bool ok =true;    //当前临时局部解合理

    while(TopofStack>=0) {    //堆栈不为空时穷举所有可能
      if(ok) {    //当前临时局部解合理
        if(sum ==total) {    //当前临时局部解为一个最终解
          cout<<total<<"="<<WhichNum[0];    // ①↓输出最终解方案
          for(int i =1; i<=TopofStack;++i)
            cout<<"+"<<WhichNum[i];
          cout<<endl;
          ans++;    //解个数统计    ①↑输出最终解方案
        }
        else {    //扩展当前临时局部解
          if(Stack[TopofStack]<n-1) {    //当前位置可穷举集没有穷举完
            int p =Stack[TopofStack] +1;    //当前位置穷举其下一个可能值
            Stack[++TopofStack] =p;    //扩展当前临时局部解构成新的临时局部解
            WhichNum[TopofStack] =data[Stack[TopofStack]];
                            //同步记录新临时局部解的具体方案
            sum +=WhichNum[TopofStack];    //新临时局部解的和
            ok =true;    //新临时局部解合法
            continue;    //继续穷举过程
```

```
        }
      }
    }

    sum - =WhichNum［TopofStack］;    // ①↓回溯
      //调整当前临时局部解的和(扩展/回溯维 X 回溯一步)// ②↓回溯寻找一个合理位置
    while((Stack［TopofStack］==n- 1) && TopofStack>=0) {//可能会连续回溯多次
      -- TopofStack;    //扩展/回溯维 X 回溯一步
      sum - =WhichNum［TopofStack］;    //伴随回溯,同步调整临时局部解的和
    }    // ②↑回溯寻找一个合理位置

    if(TopofStack>=0) {    //回溯到一个新的可行位置
                        //③↓回溯到合理位置时重新构造新的临时局部解
      Stack［TopofStack］++;    //当前位置穷举其下一种可能并构成新的临时局部解
      WhichNum［TopofStack］=data［Stack［TopofStack］］;
                        //同步记录新临时解的具体方案
      sum+=WhichNum［TopofStack］;    //调整新临时局部解的和
      ok =true;    //新临时局部解合法
                // ③↑回溯到合理位置时重新构造新的临时局部解    ①↑回溯
    }
  }
  delete［］Stack; delete［］WhichNum;
  return ans;    //返回解的个数
}
```

Sum和WhichNum（最终）

Sum和WhichNum（临时局部）

当前状态可以穷举的数据集（子状态）/data数组中当前剩余的可选数据元素

TopofStack < 0　0　TopofStack

Stack (构成最终解的状态/data数组的某个下标位置)

● data中未选中的数据
○ data中选中的数据

满足sum等于total的data数组的某个下标位置

```
        0 1 2 3 4 5 6 7       n-1
data   │o│●│●│o│o│●│o│●│●│…│●│
Stack  │0│3│4│6│ │ │ │ │ │ │ │
              ↑TopofStack
WhichNum│o│o│o│o│ │ │ │ │ │ │ │
```

sum = data[0] + data[3] + data[4] + data[6]
sum == total ?

非递归方式

```
const int N =100;   //原始数据集规模
int data[N] ={...};   //原始数据集
int Depth =0;   //当前正在处理的问题规模(递归深度)
int sum =0;   //当前临时局部解
bool check[N] ={false};   //原始数据集中数据是否被访问过标志
int WhichNum[N];   //解的具体方案

void dfs(int Depth, int sum, int total, int n, int begin)
{   //Depth:当前正在处理的问题规模(递归深度),sum:当前临时局部解,
    //total:目标, n:问题的规模, begin:当前处理规模下穷举集的起点

    if(sum ==total){//当前临时局部解为一个最终解,输出最终解
        cout<<total<<"="<<data[WhichNum[0]];
        for(int i =1; i<depth;++i)
            cout<<"+"<<data[WhichNum[i]];
        cout<<endl;
    }

    if(Depth<n){//当前正在处理的问题规模没有到达最小
        for(int j =begin; j<n;++j){   // begin ①, begin ~ n-1 ②
        //当前正在处理的问题规模下(当前状态),所有穷举值(所有子状态)都递归处理
            if(! check[j]){   //该子状态没有(穷举)处理过
                check[j] =true;   //处理该子状态(扩展当前局部解) ③④
                WhichNum[Depth] =j;   //保存扩展后的新局部解   ④
                dfs(Depth +1, sum +data[WhichNum[Depth]], total, n, hichNum[Depth] +1);
                    //缩小问题规模进行递归   ⑤
                check[j] =false;   //恢复该子状态的处理标志   ⑥
            }
        }
    }   // ⑦
}
```

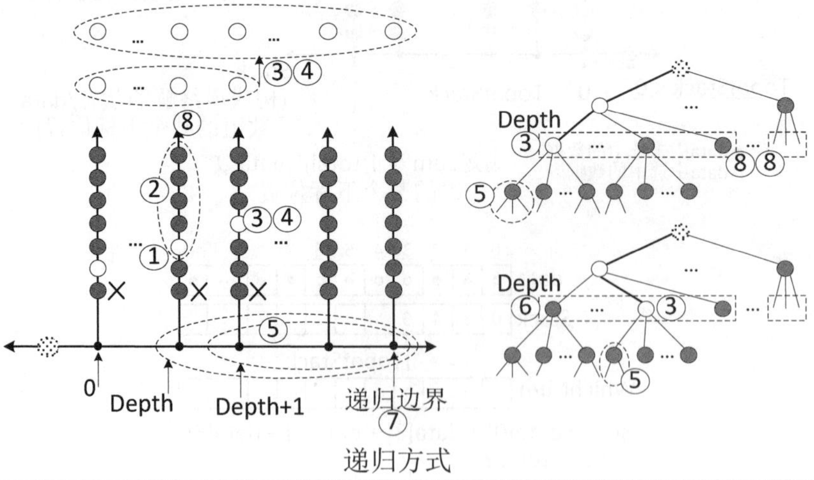

递归方式

图 1-10   程序描述及解析

搜索算法是穷举模型的基本算法或母算法,它最自然直接地利用了计算机本身不知疲倦的能力。然而,随着问题复杂性和处理规模的变大,其状态量急剧增加,导致母算法的实际有效性较差。因此,如何减少实际参与搜索的状态数量、改变状态的存储方式、改变辅助空间的数据组织结构和改变搜索策略成为提高母算法实际有效性的基本途径,不同的思路衍生出不同的算法。

搜索算法对解状态的穷举特点(即遍历所有解状态),为最优化问题的求解奠定基础。每个最优化问题一般都包含一个或一组限制条件(约束条件)和一个目标函数(优化函数),符合限制条件的问题求解方案称为可行解,其中使目标函数取得最佳值(最大或最小)的可行解称为最优解。显然,基于对解状态的穷举,通过约束条件就可以找到所有的可行解,再通过目标函数就可以找到最优解。并且,通过对约束条件和目标函数的分析,可以对母算法进行优化,以提高其实用效果。

进一步,针对求解过程具备单调性特征、问题求解满足加法规则等特殊应用场景,可以将搜索策略特化为其他一些更为有效的策略,实现搜索策略的广义优化。

1.7 本章小结

本章主要解析了程序构造的基本原理及方法,包括抽象的基础方法及其针对具体问题的作用;解析了有效策略的含义及其度量方法,给出常用算法策略的基本图谱;解析了通用搜索策略的原理及其存在的弊端。由此,为寻找各种有效策略及其表达建立应有的思维基础。

习 题

1-1 用程序解决问题涉及哪两个层面?它们是什么关系?两个层面中哪个层面的知识是封闭、易学的,哪个层面的知识是开放、难学的?

1-2 依据自己的基础和经验,寻找 3 个程序应用积木块,并利用它们至少搭建出两种大的应用积木。(允许利用标准库中的积木块,但至少要自己构建一个积木块)

1-3 有效策略的奥秘是什么?常用的复杂度度量有哪几种?

1-4 针对自己熟悉的几个问题,分别分析你所采用的方法的复杂度。(同一个问题至少两种方法,并上机测试、比较及分析具体的执行时间)

1-5 搜索一般是针对非线性结构(即树、图结构)的一种遍历方法。如果是线性结构,则深度优先搜索和广度优先搜索能否合并?如果可以合并,请给出其算法模型。

1-6 针对线性数据组织结构,回溯模型如何退化?请分析之。

1-7 对于例 1-4,通过上机实验并分析:1)如果 data 不含有负整数,并且也没有对 data 进行排序,程序是否正确?2)如果 data 含有负整数,并且也没有对 data 进行排序,程序是否正确?

1-8 对于例 1-4,分析其对应于回溯模型的两个维度,包括维度长度是固定的还是不固定的?每个维度的具体长度是多少?

1-9　递归回溯中,递归完成后的"状态访问标志清除"的作用是什么? 它与回溯模型中"扩展/回溯维"的哪个操作相对应? 结合解状态空间树,直观解释该操作的含义。

1-10　递归回溯中,递归调用后没有显式的对当前局部解方案的调整(参见例1-4),该工作是如何完成的?

1-11　对于经典的老鼠走迷宫、八皇后、地图填色等问题,分别抽象其对应的回溯法四要素,并设计相应的数据组织结构。

1-12　对于朴素穷举方法、插入排序或冒泡排序,分别用回溯法模型进行解释。并且,进一步分析它们对标准回溯法模型的退化特征。

1-13　利用递归程序的基本模型分析递归回溯模型,找出其对应递归程序基本模型的各个项(因素)。

1-14　回溯法可以看作是穷举的通用模型,其优化主要针对"穷举维"还是"扩展/回溯维"?

1-15　虫食算(NOIP2004)。

1-16　火柴游戏(NOIP2007)。

1-17　华容道(NOIP2013)。

第 2 章　有效策略之搜索优化

2.1　概述

为提高搜索方法的执行效率及实用效果,显然可以从如何减少实际参与搜索的状态数量、改变状态的存储方式、改变辅助空间的数据组织结构和改变搜索策略几个角度出发。状态存储方式改变主要是以空间优化为出发点,间接地实现对时间的优化;改变搜索策略主要是以时间优化为出发点;辅助空间的数据组织结构改变和减少实际参与搜索的状态数量是以时间和空间的综合优化为出发点。因此,对朴素搜索方法进行优化,本质上就是从程序的两个 DNA (数据组织和数据处理)出发,寻找更加有效的处理方法。

2.2　搜索优化的思维导图

尽管程序的两个 DNA 相对独立,但其相互交织才能进行工作。因此,针对搜索优化,在数据组织的配合下,可以通过调整和优化数据处理策略,大幅度减少实际参与搜索的状态数量和范围,从而提高搜索方法的工作效率。图 2-1 所示给出了搜索优化的基本思维导图,该导图归纳了目前常用的一些搜索优化方法。本质上,对于最优化问题,搜索优化的基本思路之一是充分利用问题给定的约束条件和目标函数对实际参与搜索的状态数量和范围进行控制。

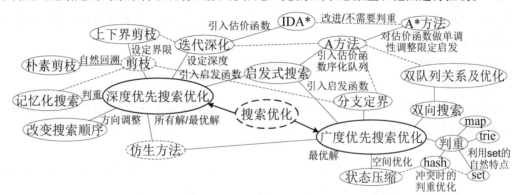

图 2-1　搜索优化的思维导图

15

值得注意的是如图2-1所示给出的一些搜索优化方法仅仅是各种优化的通用策略,相当于抽象的公式。针对具体问题的处理,需要将这些公式具体运用到相应问题中,即需要结合实际问题及其求解的状态空间,充分挖掘题目给定的约束条件,利用相应的优化方法,实现通用策略(公式)到具体问题的映射。具体而言,就是要依据问题本身,构建针对优化的相应数据组织方法和数据处理方法。

2.3 常用搜索优化方法

2.3.1 剪枝

所谓剪枝,是指针对用树状数据组织结构表达的问题解状态空间,依据给定问题的性质、特征和约束条件,寻找一种策略,使得树状数据组织结构中某些子树不参与搜索(即剪去一些树枝),从而减少搜索范围,提高搜索效率。图2-2所示给出了剪枝的基本原理,例2-1解析了剪枝方法的具体运用。

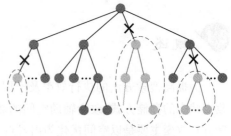

图2-2　剪枝的基本原理

【例2-1】　吃奶酪(luogu1433)。

问题描述:房间里放着n块奶酪,每块奶酪的位置由坐标给出。一只小老鼠想要把它们都吃掉,问小老鼠至少需要跑多少距离? 小老鼠的开始位置位于(0, 0)处。

输入格式:第一行一个数$n(n <= 15)$,接下来每行两个实数,表示第i块奶酪的坐标。两点之间的距离公式为 sqrt$((x1 - x2) * (x1 - x2) + (y1 - y2) * (y1 - y2))$。

输出格式:一个数,表示小老鼠要跑的最短距离(保留两位小数)。

对于本题,可以将所有奶酪的位置看作顶点,奶酪之间关系看作边,由此构建出一个图结构模型。并且,通过预处理,将所有两点之间的距离计算出来并存放到 dist 数组中以便直接使用。然后,从位置(0, 0)这个起点出发,进行深度优先搜索,通过穷举完所有的可能路径,最后得到距离最短的路径。

显然,如果直接朴素搜索(或称暴力搜索),则时间复杂度为$O(n!)$。 事实上,在搜索过程中,如果到达 pos 位置所跑的距离大于当前得到的最少距离(即当前最优解)ans,显然没有必要再从 pos 位置搜索下去。因此,可以将以 pos 为根的子树进行剪枝,从而能减少搜索的状态量以提高时间效率。图2-3所示给出了相应的程序描述及解析。

剪枝一般应该满足三个原则:正确、准确和高效。

1) 正确性

问题解状态空间树中,不是所有的枝条都可以剪掉,如果随便剪枝,就有可能将带有最优解的那个分枝剪掉,导致剪枝失去意义。因此,剪枝的前提是一定要保证不丢失正确结果。

2) 准确性

在保证正确性基础上,应根据具体问题,尽可能多地剪去不包含最优解的枝条,以达到程序"最优化"目的。剪枝的准确性是衡量一个剪枝优化算法好坏的标准。

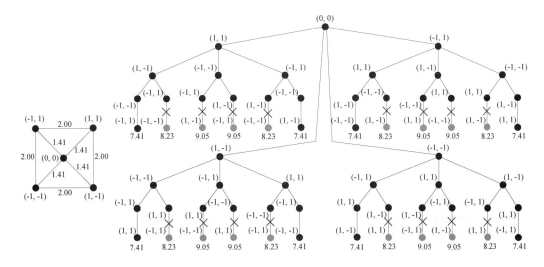

a）解状态空间图（形态不唯一）

```cpp
#include<cmath>
#include<algorithm>
#include<iostream>
#include<limits>

#define maxn 20
int n, check[maxn];
double x[maxn], y[maxn];
double dist[maxn][maxn];
double ans =numeric_limits<double>::max;     // 最优解初始化

void dfs(int num, int pos, double total)
{   // num：当前问题规模，pos：当前位置，total：当前临时局部解
    if(total>ans)   return;   //剪枝
    if(num == n) {
        ans = min(ans, total);  // 调整最优解
        return;
    }
    for(int i = 1; i<= n; i++)
        if(! check[i]) {
            check[i] = 1;
            dfs(num+1, i, total+dist[pos][i]);
            check[i] = 0;
        }
}
int main()
{
    cin>>n;
    for(int i = 1; i<= n; i++)    // 输入奶酪的位置
        cin>> *(x+i)>> *(y+i);
    x[0] = 0; y[0] = 0;
```

```
for( int i =0; i<=n; i++)    // 预处理:计算点之间的距离
  for( int j =0; j<=n; j++)
    dist[ i ][ j ] =sqrt((x[ i ] - x[ j ]) * (x[ i ] - x[ j ]) +(y[ i ] - y[ j ]) * (y[ i ] - y[ j ]));
dfs(0, 0, 0.0);
cout<<ans<<endl;
return 0;
}
```

b) 递归方法

```
#include<iostream>
#include<stack>
using namespace std;

#define maxn 20
int n;
double x[ maxn ], y[ maxn ];
double dist[ maxn ][ maxn ];
std::stack<int>path;

void initFalse( bool * visited)
{
  for( int i =1; i<=n; ++i)
    visited[ i ] =false;
}
double calDis( stack<int>stack)
{
  double dis =0;
  while( stack.size( )>1) { // 计算当前解的值
    int top =stack.top( ); stack.pop( );
    dis +=dist[ stack.top( ) ][ top ];
  }
  dis +=dist[ 0 ][ stack.top( ) ];      // 加上第一个点到原点距离
  return dis;
}
bool choseNode( int exh_index,stack<int>&stack, bool ** visited,bool * currentVisited)
{  // 在剩余未被访问过的奶酪中选择一个奶酪
  bool is_find =false;
  for( int i =1; i<=n; ++i)
    if(! visited[ exh_index ][ i ] && ! currentVisited[ i ]) {
      stack.push( i ); visited[ exh_index ][ i ] =true; currentVisited[ i ] =true;
      is_find =true; break;
    }
  return is_find;
}
double minDis()
{
  double minDistance =INT_MAX;   //当前临时局部解
  stack<int>stack;   //构造堆栈
```

```
bool * * visited =new bool* [n+1];
for(int i=1; i<=n;++i) {    //奶酪(位置)是否被访问过
    visited[i] =new bool[n]; initFalse(visited[i]);
}
bool * currentVisited =new bool[n+1];
initFalse(currentVisited);    //当前正在访问的奶酪

stack.push(1);    //初始化:当前位置穷举第一个奶酪
currentVisited[1] =true;    //初始化:记录当前位置的穷举值
visited[1][1] =true;    //初始化:置相应的已访问标志
int exh_index =1;    //初始化:当前位置
double distance =dist[0][1];    //初始化:构造当前临时局部解
path =stack;    //初始化:当前临时局部解具体方案
int ok =true;    //初始化:当前临时局部解合法
while(exh_index>=1) {    //没有穷举完所有可能。在此也可用 stack.size()>=1
    if(ok) {    //当前临时局部解
        if(distance<minDistance) {    //剪枝
            if(exh_index ==n) {
                //到达问题规模(穷举完一种可能):当前临时局部解是一个可行解
                minDistance =distance;    //调整最优解并记录其具体方案
                path =stack;
            }
            else {    //扩展当前临时局部解
                ++exh_index;
                choseNode(exh_index, stack, visited, currentVisited);
                                //记录相应的已访问标志/解方案/当前位置的穷举值
                distance =calDis(stack);    //构造新临时局部解
                ok =true; continue;
            }
        }
    }
    //回溯并构造下一个临时局部解
    int top =stack.top();
    currentVisited[top] =false;
    stack.pop();
    while(exh_index>=1 &&! choseNode(exh_index, stack, visited, currentVisited)) {
        //可能导致连续回溯
        initFalse(visited[exh_index]);    //恢复当前位置穷举值的已访问标志
        -- exh_index;    //回溯一次
        if(! stack.empty()) {    //回溯没有到头,找到一个可以继续穷举的可能
            int top =stack.top();
            currentVisited[top] =false;    //置访问标志
            stack.pop();    //调整当前局部解的具体方案
        }
    }
    if(! stack.empty()) {    //构造当前新的当前临时局部解
        distance =calDis(stack); ok =true;
    }
}
return minDistance;    //返回最优解
```

```
  }
  void printPath( stack<int>&stack)
  {
    if(! stack.empty( )) {
      int top =stack.top( ); stack.pop( );
      printPath( stack); cout<<top<<"- ";
    }
  }
  int main( )
  {
    cin>>n;
    for(int i=1; i<=n; i++)        // 输入奶酪的坐标位置
      cin>> * (x+i)>> * (y+i);
    x[0] =0; y[0] =0;        // 预处理:计算点之间的距离以备用
    for(int i=0; i<=n; i++)
      for( int j=0; j<=n; j++)
        dist[i][j] =sqrt((x[i]- x[j]) * (x[i]- x[j])+(y[i]- y[j]) * (y[i]- y[j]));
    cout<<"最短距离为:"<<minDis( )<<endl;        // 输出最优解
    cout<<"最短路径为: 0- ";    printPath( path);        // 输出最优解方案
    return 0;
  }
```

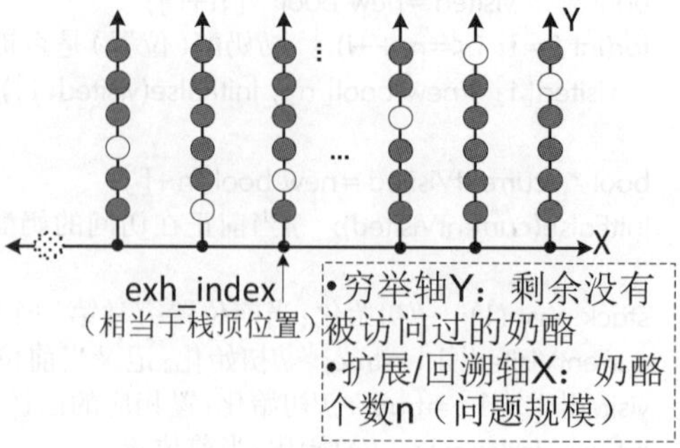

exh_index
（相当于栈顶位置）

- 穷举轴Y：剩余没有被访问过的奶酪
- 扩展/回溯轴X：奶酪个数n（问题规模）

c) 非递归方法

图 2-3 "吃奶酪"问题求解的程序描述

3) 高效性

为了优化效果,必然要寻找一系列准确性较高的剪枝策略。伴随着算法准确性的提高,剪枝策略的判断次数也必定增多,从而导致耗时也增多。因此,优化和效率之间需要寻找一个平衡点,使得程序的时间复杂度尽可能降低。过度的剪枝并不一定能够实现优化的目的,因为对于剪枝效果的判断与比较需要耗费大量的时间,并且编程复杂度也会提高。

显然,剪枝依赖于给定的具体问题。总体而言,剪枝策略的寻找思路一般可以从两个角度出发:可行性(对应正确性原则)和最优性(对应准确性原则)。可行性是指依据问题给定的各种条件和约束,判断继续搜索能否得出答案,如果不能就直接回溯(即剪枝)。例 2-2 给出了相应的解析。它一般用于求可行解的场合,也作为求最优解的辅助;最优性是指上下界剪枝,它在可行性基础上再增加更为精确的细粒度控制。它总是设定一个界(上界、下界或上下界)并动态更新以确保其单调性进化(即向最优解方向发展);一旦当前解超过这个界,就停止搜索并回溯。它一般用于求最优解的场合。

剪枝一般针对树型数据组织结构的(深度优先)搜索而言,对于图型数据组织结构,还需要叠加记忆化搜索进行判重(对于多递归构成的状态树,相同状态的重合即形成图型数据组织结构)。

【例 2-2】 城市旅游

问题简述:有一个规则矩形网格状的城市,城市中心坐标为(0,0),城市包含 M 个无法通行的路障($M <=50$),采用如下规则游历城市:第一步走 1 格,第二步走 2 格,依此类推,第 N 步走 n 格($N <=20$),除了第一步有四个方向可走,其余各步必须在前一步基础上左转或右转 $90°$,最后回到出发点(0,0)。对于给定的 N、M,求出所有可行的路径。

输入格式：第一行为用一个空格隔开的两个整数 $N(N <= 20)$ 和 $M(M <= 50)$，接下来共 M 行，每行为用一个空格隔开的两个整数，表示路障的坐标。

输出格式：一个整数，表示可行的路径数。

依据本题的求解目标——所有可行路径，最自然直接的方法是朴素回溯，对应于回溯基本模型，扩展/回溯轴 X 就是所走的步数 $1 \sim N$，穷举轴 Y 就是每一步可以前进的几个方向。

本题在最坏情况下（没有任何障碍物），采用朴素回溯的时间复杂度为 $O(4^n)$（一共走 n 步，每步要搜索四个方向），显然效率较低。尽管该题本身已经含有较强的（可行性）剪枝判断（即障碍物），但仍然可以进行更细的剪枝操作。

仔细分析可以发现，当走到第 k 步时，假设当前坐标为 (x_k, y_k)，那么离 $(0, 0)$ 的最远距离应该是 $\text{Max}(x_k, y_k)$，剩下的 $n - k$ 步可以走的最远距离是 $(k + 1) + (k + 2) + \cdots + n$。因此，如果 $(k + 1) + (k + 2) + \cdots + n < \text{Max}(x_k, y_k)$，即使现在"回头"也不可能到达出发点，也就是说这条分枝即便再搜索下去也不可能有解。显然，可以将这一分枝剪掉。

进一步分析，由于这个城市是规则矩形网格状的，东南西北四个方向具有对称性。因此，当从一个方向出发，寻找到一个解之后，将这个解分别旋转 90°、180°、270°，就可以得到其余三个解，这样可以节省 3/4 的搜索量（隐式剪枝）。因此，可以采取如下方法：首先，忽略所有的障碍物，第一步固定走一个方向，在这个基础上搜索路径，每找到一条路径都将其余三个"对称路径"一起判断，看看有没有经过障碍物，若没有则该路径也为解之一。

图 2-4 所示给出了相应的程序及解析。表 2-1 给出了剪枝策略运用的效果分析。

```cpp
#include<iostream>
#include<vector>
#include<fstream>
#include<cmath>
using namespace std;

struct point{ int x, y; };
char const * input ="citytravel2_5.in";
char const * output ="citytravel2_5.out";
int path[5][3] ={ 0,0,0,0,1,0,0,0,- 1,0,- 1,0,0,0,1 }; //路径 Array[1-4,1-2]
char head[5] ={ '0','e','s','w','n' };    //4 个方向 Array[1-4]
FILE *fp;
int n, m, o;    // n:最长步数,m:障碍物数,o:路径指针
vector<point>clogpoint;   //障碍物坐标 Array[1-m]
int way[25] ={0};    //存储路径（方向）Array[1-n]
int results =0; //路径数

void init( )
{
  if ( fp =fopen( input, "r") ) {
    fscanf( fp,"% d% d",&n,&m);
    point tmp;
    tmp.x=0; tmp.y =0; clogpoint.push_back(tmp);
    for ( int i =1; i<=m; i++){
      fscanf( fp,"% d% d",&tmp.x,&tmp.y); clogpoint.push_back(tmp);
    }
    fclose( fp);
```

```
        }
        else { cout<<"open file failed"<<endl; }
        if(!(fp=fopen(output,"w"))){cout<<"open file failed"<<endl;}
}
void printPath()
{
    int i,j,t,x,y;
    bool b;
    for(j=1;j<=4;j++){ //判断对称四条路径上有无障碍物
        x=0; y=0; b=true;
        for(i=1;i<=o;i++){
            x=x+path[way[i]][1]*i; y=y+path[way[i]][2]*i; //更新坐标
            for(t=1;t<=m;t++){ //是否通过障碍物 南北行 东西行
                if((x==clogpoint[t].x&&((y-path[way[i]][2]*i<clogpoint[t].y && y>=clogpoint[t].y)
                    ||(y-path[way[i]][2]*i>clogpoint[t].y && y<=clogpoint[t].y)))||(y==clogpoint[t].y
                    &&((x-path[way[i]][1]*i<clogpoint[t].x && x>=clogpoint[t].x)
                        ||(x-path[way[i]][1]*i>clogpoint[t].x && x<=clogpoint[t].x))))){
                    b=false; break;
                }
            }
            if(!b) break;
        }
        if(b){ //通行
            ++results; for(i=1;i<=o;i++){ fprintf(fp,"%c",head[way[i]]); }
            fprintf(fp,"\n");
        }
        for(i=1;i<=o;i++){ way[i]=way[i]%4+1;} //旋转路径
    }
}
int sum(int step)
{ //剩下步数之和
    int i,r=0;
    for(i=step+1;i<=n;i++)
        r=r+i;
    return r;
}

bool isAbleToPass(int x,int y,int i,int step)
{ //step 步坐标及方向
    bool res=true;
    if((abs(x)>sum(step)) || (abs(y)>sum(step))    //即使回头也不能回到出发点
        || (i==way[o]) || (abs(i-way[o])==2)){     //重复一个方向  折返
        res=false;
    }
    return res;
}
void mainFunc(int step,int x,int y)
{ //第 step 步;step-1 步坐标 x, y
    int i;
    if(x==0 && y==0 && step==n+1){ //回到出发点(0, 0)
        printPath(); return;
    }
    if(step>n) return;   //超过步数没有回到起点
```

```
    for(i=1;i<=4;i++){ //尝试每个方向
      if(isAbleToPass(x+path[i][1] * step,y+path[i][2] * step,i,step)){ //可行
        ++o; way[o] =i;//存路径方向
        mainFunc(step+1,x+path[i][1] * step,y+path[i][2] * step);
        -- o;   //回溯
      }
    }
}
int main( )
{
    init( );
    o =1; way[1] =1;   //第一步方向 'e'
    mainFunc(2,1,0); //第二步
    fprintf(fp,"% d \n",results);
    fclose(fp);
    return 0;
}
```

图 2-4　"城市旅游"问题求解的程序描述

表 2-1　剪枝效果分析①

N	M	时间			
		朴素回溯	"超距判断"剪枝	"对称路径"剪枝	综合优化
8	2	< 0.01	< 0.01	< 0.01	< 0.01
12	4	0.06	0.05	0.06	< 0.01
15	0	0.36	0.22	0.11	0.05
16	8	1.54	0.82	0.16	0.11
18	6	5.66	2.85	0.65	0.33
20	0	10.05	5.17	2.58	1.26
21	50	38.56	14.39	5.11	2.42
24	50	210.2	73.11	42.89	20.93

由表 2-1 可知,在处理比较小的数据规模时,朴素回溯方法的耗时还是比较低的,但当数据规模扩大到一定程度时,其时间复杂度呈指数级上升。当采用第一种剪枝优化时,在数据较小时与朴素回溯差不多,但当数据规模逐步增大时,效果逐渐明显,搜索次数比不加优化时至少减少一半。用对称性剪枝优化可以使时间复杂度减少一个指数级,两种优化的综合使得准确性得到提高,效果比较明显。事实上,上述剪枝方法都遵循了正确性的原则,它们之间的差异主要在准确性和高效性上,综合优化综合了两种剪枝方法,既提高了准确性,又保证了高效性。

【例 2-3】　数的划分

问题描述:将整数 n 划分成 k 份,且每份不能为空,请问有多少种不同的分法?(注:对于 $n =7,k =3$ 时,形如 1, 1, 5; 1, 5, 1; 5, 1, 1 的三种分法被认为是相同)。

---

① https://wenku.baidu.com/view/71fba628b4daa58da0114ae5.html

输入格式:一行,含两个整数 n 和 $k(6 < n <= 200, 2 <= k <= 6)$。

输出格式:一行,含一个整数,即不同的分法数。

输入样例:

7 3

输出样例:

4

(样例解释:4 种分法为 1, 1, 5; 1, 2, 4; 1, 3, 3; 2, 2, 3)

针对本题,最自然直接的方法显然是采用回溯法。考虑到数据规模,可以采用如下剪枝策略。首先,依据题目的约束,分解数不考虑顺序,因此可以设定分解数依次递增,当前位置穷举的起点(即扩展结点时的"下界")应该为不小于前一个扩展结点的值,即 $a[i-1] <= a[i]$;其次,假设已经将 n 分解成了 $a[1] + a[2] + \cdots + a[i-1]$,则 $a[i]$ 的最大值应该是将 $i \sim k$ 这 $k - i + 1$ 份平均划分,即令 $m = n - (a[1] + a[2] + \cdots + a[i-1])$,则 $a[i] <= m/(k-i+1)$,因此,当前位置穷举的最大值(即扩展结点的"上界")应该为 $m/(k-i+1)$。图 2-5 所示给出了相应程序的描述。

```cpp
#include<iostream>
using namespace std;

int n, m, a[8], s=0;    //a[]存放解方案,s存放解

void Solve(int pos)    //k:当前位置
{
  if(n==0)    //当前临时局部解不合法
    return;
  if(pos==k) {    //到达问题规模,构成一个可行解
    if(n>=a[pos-1])    //最后一个分解数合法
      s++;    //可行解是一个最终解
    return;
  }
  for(int i=a[pos-1]; i<=n/(m-pos+1); ++i) {
    //对 a[pos-1]以下和 n/(m-pos+1)以上的枝都减去!
    //当前位置穷举(通过每个穷举值都递归方式)
    a[pos]=i;
    n-=i;
    Solve(pos+1);
    n+=i;
  }
}

int main()
{
  cin>>n>>k;
  a[0]=1;    //初始化
  Solve(1);    //递归回溯
  cout<<s<<endl;
  return 0;
}
```

图 2-5 "数的划分"问题求解的程序描述

2.3.2　迭代深化

迭代深化是对深度优先搜索进行深度迭代限制的一种方法,具体原理是,以不同搜索深度重复执行深度优先搜索,搜索深度一般由小到大变化,直到找到目标结点(如图 2-6 所示)。显然,迭代深化方法主要用于求最优解(不是全部解),其特点是,大部分情况下不需要搜索完整个解状态树就可以快速找到目标结点。

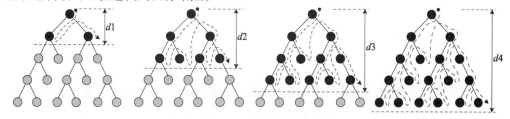

图 2-6　迭代深化的基本原理

从深度迭代来看,宏观上相当于宽度优先搜索,但对于某个深度而言,微观上执行的是深度优先搜索。因此,迭代深化方法综合了深度优先搜索的空间效率和广度优先搜索的时间效率(特别是对位于最后分枝并接近树根的目标结点而言)。也就是说,迭代深化与广度优先算法是等价的,但对内存空间的使用会少很多(仅需要按深度优先搜索方法保存结点)。

迭代深化的时间复杂度比广度优先搜索稍差,基本等价,即 $O(b*d)$,其中,b 是分枝因子,d 是目标结点的深度;空间复杂度是 $O(d)$,其中,d 是目标结点的深度。

从优化角度看,搜索深度的限制也可以看作是一种上下界剪枝策略。

【例 2-4】　宝藏[TJOI2009/luogu P3869]

问题描述:为了寻找传说中的宝藏,小明走进了一个迷宫,迷宫用一个 r 行 c 列的矩阵来描述,矩阵的每个位置表示一个方块区域:字符 '.' 表示可以通过的方格,字符 '#' 表示不能通过的方格。在迷宫中有 k 个机关,第 i 个机关工作方式为:每当小明走上第 r_i 行、c_i 列的格子时,位于第 R_i 行、C_i 列的格子改变状态(如果这个格子此时可以通过,此后就变为不能通过;如果此时不能通过,此后可以通过。最左上角的格子是第 1 行第 1 列)。现给出当前小明的位置、宝藏的位置、迷宫中每个格子的状态,以及所有机关的描述,问小明至少还要走多少步才能拿到宝藏(不能走出迷宫的边界,在开始时刻,小明和宝藏所在的位置都是可以通过的,机关不会出现在起点和终点,也不会影响这两个格子)。

输入格式:输入数据的第 1 行是两个整数:r 和 c,第 2 行到第 r+1 行,每行是一个长度为 c 的字符串,描述迷宫的当前状态:'.' 表示此时可以通过的格子,'#' 表示此时不能通过的格子,'S' 表示起点,'T' 表示宝藏的位置。第 r+2 行是一个整数 k,表示机关的数目,接下来有 k 行,每一行包含 4 个整数,用来描述一个机关:r_i,c_i,R_i,C_i。

输出格式:一个整数,表示小明最少需要走多少步才能拿到宝藏(测试数据保证可以找到宝藏)。

输入样例:

5 5

S.#..

#####

..#..

##.#.

```
...#T
6
1 5 4 2
1 4 3 3
5 1 3 3
1 4 4 5
1 2 1 3
1 5 2 1
```

输出样例:

22

依据题目的求解目标,本题是求最优解,即最少步数,显然,适合宽度优先搜索求解特征。然而,直接采用宽度优先搜索,本题会导致得出错误答案(参见习题2-21),因此,可以采用深度优先搜索求解。但是,如果直接采用深度优先搜索,显然时间效率较差。因此,可以采用迭代深化方法。图2-7所示给出了相应的程序描述及解析。

```cpp
bool IDDfs(int x, int y, int step)
{
  ull now = hash(x, y);    // ①↓记忆化搜索
  if(M.find(now)!=M.end() && M[now]<=step)
    return 0;
  M[now] = step;    // ①↑记忆化搜索
  if(ex==x && y==ey)//找到目标节点
    return 1;
  if(step>=maxstep || step+calc(x, y)>maxstep)
                //前条件:迭代深化/深度控制;后条件:A* 优化
    return 0;
  for(int i=1; i<=4;++i) {// 四个方向穷举
    x+=dx[i], y+=dy[i];    // 深搜:扩展当前临时局部解
    if(x>=1 && y>=1 && x<=n && y<=m &&! a[x][y]) {    //扩展后可行
      for(int h=1; h<=k;++h)    //处理机关的改变
        if(d[h][0]==x && d[h][1]==y)
          a[t[h][0]][t[h][1]] ^ =1;
      if(IDDfs(x, y, step+1)) {    //深搜:缩小问题规模后递归
                    //当前深度约束下没有找到目标节点
        for(int h=1; h<=k;++h)    //恢复机关的改变
          if(d[h][0]==x && d[h][1]==y)
            a[t[h][0]][t[h][1]] ^ =1;
        x -=dx[i], y -=dy[i];    //深搜:回溯
        return 1;
      }
      else {//当前深度约束下已经找到目标节点
        for(int h=1; h<=k;++h)    //恢复机关的改变
          if(d[h][0]==x && d[h][1]==y)
            a[t[h][0]][t[h][1]] ^ =1;
      }
    }
    x -=dx[i], y -=dy[i];
```

```
    }
  return 0;
}


#include<bits/stdc++.h>
using namespace std;

typedef unsigned long long ull;
const int base =1e9+1;
map<ull, int>M;     // ②
int a[31][31], n, m, k, d[11][2], t[11][2], sx,sy,ex,ey;
int maxstep;    //迭代深度
const int dx[5] ={0, 0, 0, 1, -1}, dy[5] ={0, 1, -1, 0, 0};   //四个方向位移量

ull hash(int x, int y)    //用于记忆化搜索判重的 hash 键值计算    ②
{
  ull temp =0;
  for(int i =1; i<=n;++i)
    for(int j =1; j<=m;++j) {
      if(a[i][j] ==0) temp =temp *  base +1;
      else temp =temp *  base +2;
    }
  temp =temp *  base +x; temp =temp *  base +y;
  return temp;
}

inline int calc(int x, int y)    // A* 的启发函数    ②
{
  return abs(ex- x)+abs(ey- y);
}


int main()
{
  cin>>n>>m;    // ③↓读入迷宫
  for(int i =1; i<=n;++i)
    for(int j =1; j<=m;++j) {
      char temp;
      cin>>temp;
      if(temp =='#') a[i][j] =1;
      else a[i][j] =0;
      if(temp =='S') sx =i, sy =j;
      if(temp =='T') ex =i, ey =j;
    }    // ③↑读入迷宫
  cin>>k;    // ④↓读入各个机关
  for(int i =1; i<=k;++i)
    cin>>d[i][0]>>d[i][1]>>t[i][0]>>t[i][1];    // ④↑读入迷宫
  for(maxstep =1;! IDDfs(sx, sy, 0);++maxstep, M.clear());    //迭代深化
    cout<<maxstep;    //最优解
  return 0;
}
```

图 2-7 "宝藏"问题求解的程序描述

本题程序的灰底部分分别叠加了记忆化搜索和A*搜索两种优化措施,去掉后即为纯迭代深化方法优化。

2.3.3 双向搜索

双向搜索一般是针对宽度优先搜索的优化,其基本原理是同时从起始结点和目标结点开始相向宽度优先搜索,直到两者的搜索结果包含共同的某个结点。显然,双向搜索可以节省大量状态的搜索时间(相当于剪枝),在时间和空间效率上都得到优化,并且能够确保找到最优解。图2-8所示是双向搜索原理的解析。

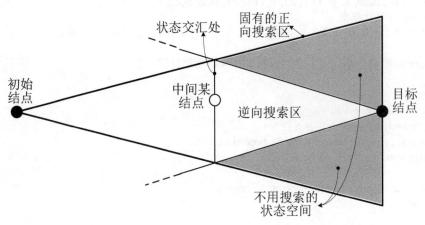

数据组织结构:
- Queue q1, q2;   //两个方向扩展的相应队列
- int head[2], tail[2];   //两个队列的头指针和尾指针

算法流程:
- 求解
```
void solve()
{
  1) 将起始结点放入队列q1,将目标结点放入队列q2;
  2) 当 两个队列都未空时, 做如下循环:
    if(tail[0]-head[0] < tail[1]-head[1]) //如果队列q1里的未处理结点比q2中的少
      expand(q1);  // 扩展队列q1
    else
      expand(q2);  //扩展队列q2
  3) if( q1未空 )
      while(q1不为空) expand(q1);
  4) if( q2未空 )
      while(q2不为空) expand(q2);
}
```

- 扩展
```
int expand(i)   //i为队列编号
{
  取队列qi的头结点H;
  对头结点H的每一个相邻结点adj, 做如下循环:
   1) if(adj已经在队列qi之前的某个位置出现) 抛弃结点adj;
   2) if(isduplicate(I, adj)) //adj在队列qi中不存在
```

```
    2.1) 将adj放入队列qi;
    2.2) if(isintersect(l, adj))   //adj在另一个队列出现
            输出：找到路径;
}
```

• 判断新节点是否在同一个队列中重复
```
int isduplicate(i, j)   //i为队列编号，j为当前节点在队列中的指针
{
  遍历队列，判断是否存在;  //时间复杂度O(N)，可以用HashTable优化，时间复杂度O(1)
}
```

• 判断当前扩展出的节点是否在另外一个队列出现（判断状态扩展相交）
```
int isintersect(i,j) //i为队列编号，j为当前节点在队列中的指针
{
  遍历队列，判断是否存在;  //时间复杂度O(N)，可以用HashTable优化，时间复杂度O(1)
}
```

图 2-8　双向搜索的基本原理

双向搜索具体实现时,搜索顺序一般有两种:1)两个方向交替进行扩展;2)每次选择结点少的那个方向扩展(可以克服两端生长不平衡的现象)。例 2-5 为双向搜索的具体应用。

【例 2-5】 八数码问题

问题描述:在 3×3 的方格棋盘上,分别摆放 1 到 8 这八个数码(其中一个方格为空,用 0 表示),空格可以执行左移、右移、上移和下移四种操作。给定棋盘的初始状态和目标状态,要求对空格最少执行多少次操作可以使得棋盘从初始状态变换到目标状态。

输入样例:

283104765

123804765

输出样例:

4

针对本题,显然是求最优解,并且,已知初始状态和目标状态,因此,最自然直接的方法是宽度优先搜索。为了提高执行效率,本题采用双向搜索方法,并且每次优先扩展较短的队列。

另外,由于棋盘状态用数字串表示,因此,需要在数字串表示方式和 3×3 表示方式之间做映射。本题不仅给出最优解,同时还给出最优解对应的具体方案(即移动轨迹及操作)。图 2-9 所示给出了相应的程序描述及解析。

双向搜索可以看作是宽度优先搜索的一种二维拓展,即分别以初始结点和目标结点开始的两个独立的宽度优先搜索。

```
#include<stdio.h>
#include<stdlib.h>
#include<string.h>

#define MAXN 1000000
#define SWAP(a, b) { char t =a; a =b; b =t; }

typedef struct _Node Node;
struct _Node;        //队列中的元素:状态记录
```

```
{
    char tile[10];      // 状态串
    char pos;           //位置
    char dir;           //移动方向
    int parent;         //父结点指示:用于构建解的具体方案
};
Node queue[2][MAXN]; //两个队列:queue[0]/queue[1]分别为正/反向搜索用队列
int head[2], tail[2];     //两个队列的头尾指示
int shift[4][2] = { {-1, 0}, {1, 0}, {0,-1}, {0, 1} };    //移动位移量
char dir[4][2] = { {'u', 'd'}, {'d', 'u'}, {'l', 'r'}, {'r', 'l'} }; //移动方向(用于输出)
char start[10];        //存放初始状态
char end[10];          //存放目标状态

void print_backward(int i)    //输出正向搜索的解方案(即移动操作及轨迹路径)
{
    if(queue[0][i].parent !=-1) {
        print_backward(queue[0][i].parent);
        cout<<queue[0][i].dir;
    }
}
void print_forward(int j)     //输出反向搜索的解方案(即移动操作及轨迹路径)
{
    if(queue[1][j].parent !=-1) {
        cout<<queue[1][j].dir;
        print_forward(queue[1][j].parent);
    }
}
void print_result(int i, int j)    //输出解方案(即移动操作及轨迹)
{
    cout<<i<<  j<<endl;
    cout<<"正向路径:"; print_backward(i);
    cout<<"\n 反向路径:"; print_forward(j);
    cout<<"\n";
}
void init(int qi, const char * state)
{ // 初始化:正向搜索起始状态/反向搜索目标状态入队
    strcpy(queue[qi][0].tile, state);    // 状态串
    queue[qi][0].pos =strchr(state, '0') - state;    // 起点/终点位置
    queue[qi][0].parent =- 1;    // 父结点指示
    head[qi] =tail[qi] =0;    // 队列头尾指示
}
int isduplicate(int qi)       //队列中状态判重
{
    int i;
    for(i=0; i<tail[qi];++i)
        if(strcmp(queue[qi][tail[qi]].tile, queue[qi][i].tile)==0)
            return 1;
    return 0;
}
int isintersect(int qi)       //双向搜索交叉判断
```

```
{
  int i;
  for(i =0; i<tail[1- qi];++i)
    if(strcmp(queue[qi][tail[qi]].tile, queue[1- qi][i].tile) ==0)
      return i;
  return - 1;
}

int expand(int qi)   //状态扩展:下一步所有可行状态进入队列
{
  int i, x, y, r;
  Node * p =&(queue[qi][head[qi]]);   //队头状态出队
  head[qi]++;
  for(i =0; i<4;++i) {   //四个方向穷举
    x =p->pos / 3 +shift[i][0]; y =p->pos % 3 +shift[i][1];   //移动一步
    if(x>=0 && x<=2 && y>=0 && y<=2) {   //新位置合法
      tail[qi]++;      // ①↓扩展的新状态入队列
      Node * pNew =&(queue[qi][tail[qi]]);
      strcpy(pNew->tile, p->tile);
      SWAP(pNew->tile[3 * x +y], pNew->tile[p->pos]);
      pNew->pos =3 * x +y;
      pNew->parent =head[qi]- 1;
      pNew->dir =dir[i][qi];      // ①↑扩展的新状态入队列
      if(isduplicate(qi))   //新状态重复,丢弃
        tail[qi]-- ;
      else {
        if((r =isintersect(qi))!=- 1) {   //双向搜索交叉,
                                //输出解的具体方案(移动操作及轨迹)
          if(qi ==1)
            print_result(r, tail[qi]);
          else
            print_result(tail[qi], r);
          return 1;
        }
      }
    }
  }
  return 0;
}

int solve()
{
  init(0, start); init(1, end);   //分别初始化正/反向搜索用队列
  while(head[0]<=tail[0] && head[1]<=tail[1]) {   //尽量优先扩展小的队列
    if(tail[0]- head[0]>=tail[1]- head[1])
      if(expand(1)) return 1;
      else
        if(expand(0)) return 1;
  }
  while(head[0]<=tail[0])   //正向搜索用队列未完,继续
    if(expand(0)) return 1;
```

```
    while(head[1]<=tail[1])    //反向搜索用队列未完,继续
        if(expand(1)) return 1;
    return 0;
}

int main()
{
    cin>>start; cin>>end;    //读入起始状态和目标状态
    if(! solve())
        cout<<"unsolvable\n";
    return 0;
}
```

图 2-9　"八数码"问题求解的程序描述

显然,双向搜索优化的应用特征应该是针对初始状态和目标状态都已知的应用场景。

2.3.4　分支定界

分支定界方法主要是针对宽度优先搜索方法的优化,其主要特点是,首先需要定义一个限界(目标)函数;其次,通过限界(目标)函数来控制搜索时状态的扩展,直到找到问题的可行解(最优解)。

具体过程是:每当状态扩展时,首先针对当前结点,计算其限界函数值,该值称为当前"界";然后,保留所有目标函数值小于(对应于最小耗费)或者大于(对应于最大收益)"界"的直接子女结点,剪掉那些不可能产生可行解(或最优解)的直接子女结点,并且,从保留的直接子女中选择一个有利于最终解的直接子女作为新的当前结点(即"分支"),该直接子女的限界函数值作为新的"界"(即"定界");重复使用同样的方法,直到找到问题的可行解(最优解)(即到达问题规模/达到解状态空间树的叶子结点时的"界")或搜索完应该搜索的所有范围(即剪完枝后的整个范围)。

相对于朴素的宽度优先搜索,分支定界的优化主要体现在当前状态的扩展时机,它不是将当前状态的所有子状态都放入队列进行扩展,而是要依据限界函数计算一个函数值进行"限界",并选择不超出界限的子状态放入队列进行扩展。正是通过限界函数的作用,使得整个搜索过程向有目标解的分支推进(找到一个可行解)。更进一步,还可以依据函数值的大小,从扩展结点中选择一个最有利的结点进行扩展,使整个搜索过程向有最优解的分支推进,以便尽快地找出一个最优解。显然,分支定界法的核心在于设计一个合理的限界函数。

扩展结点时,超界的那些状态分支被丢弃,相当于剪枝。相对于回溯法及普通剪枝优化,分支定界法可以看作是针对宽度优先搜索的剪枝,它主要适合于求满足约束的一个可行解或可行解中在某种意义下的最优解(回溯法适合于求所有解和所有解中的最优解)。

对应于求可行解和最优解,分支定界法一般有两种具体实现方式:1)FIFO(First In First Out)分支定界方法(对应于求可行解)。该方法按照队列先进先出原则选取下一个结点为当前扩展结点,即从队列中选择子女结点的顺序与子女结点加入队列的顺序相同,结点之间不依据某种度量进行优先级排序;2)最小耗费或最大收益分支定界方法(基于优先队列,对应于求最优解)。在这种情况下,每个结点都有一个耗费或收益的度量,结点之间依据度量值进行优先

级排序,每次选取优先级最高的结点为当前扩展结点。例如:如果要查找一个具有最小耗费的解,那么要选择队列中具有最小耗费的子女结点作为新当前结点;如果要查找一个具有最大收益的解,那么要选择队列中具有最大收益的子女结点作为新当前结点。

【例 2-6】　装载问题

问题描述:有 n 个集装箱需要装上两艘载重量分别为 c1,c2 的轮船,其中集装箱 i 的重量为 w_i,要求确定是否有一种合理的装载方案可将这 n 个集装箱装上这两艘轮船。

输入格式:第一行为用一个空格分隔的三个正整数 n、c1、c2,分别标识集装箱个数和两艘轮船的载重量;接下来 n 行,每行一个正整数,分别表示 n 个集装箱的重量。

输出格式:第一行为用一个空格分隔的两个正整数,分别表示两艘轮船的实际装载重量;第二行为第一艘轮船装载的各个集装箱号(用一个空格分隔);第三行为第二艘轮船装载的各个集装箱号(用一个空格分隔)。如果有多种装载方案,仅输出其中一种;如果没有可行的装载方案,输出一行:No Solution!

输入样例:

4 60 60

10

40

50

20

输出样例:

60 60

1 3

2 4

针对本题,显然可以将问题转变为求解第一艘轮船的最优装载方案(即尽量装满第一艘轮船),此时,剩余集装箱的重量只要小于第二艘轮船的装载重量,即表示得到整个问题的解;否则,没有装载方案。

对于一艘轮船的装载问题,其本质是一个子集选取问题,即在所有集装箱构成的集合中选取一个子集。因此,其解空间状态树是一棵子集树(即每个结点的左子女相当于当前集装箱选择,右子女相当于当前集装箱不选择)。显然,通过回溯法可以得到问题的解。然而,当解状态空间树非常庞大时,其执行效率较差。为此,采用分支定界方法进行求解。本题的限界函数主要是通过"当前已装载重量与当前集装箱重量之和≤第一艘轮船的装载重量"进行限界并决定扩展的分支。并且,利用优先队列,进一步控制搜索的方向。图 2-10 所示给出了相应的程序描述及解析。

```cpp
#include<bits/stdc++.h>
using namespace std;

class MaxHeapQNode {
    public:
        MaxHeapQNode * parent;
        int lchild, weight, lev;
```

```
};
struct cmp {
  bool operator()(MaxHeapQNode * &a, MaxHeapQNode * &b) const
  {
    return a->weight<b->weight;
  }
};

int n;          //集装箱个数
int c1, c2;     //两艘轮船可装载重量
int bestw;      //解:最大装载重量
int w[100];     //各个原始集装箱的重量
int bestx[100]; //解的具体方案    ①
int total =0;   //所有集装箱的总重量


void AddAliveNode (priority _ queue < MaxHeapQNode  * , vector < MaxHeapQNode  * >, cmp > &q,
MaxHeapQNode * E,  int wt, int i, int ch)
{    //扩展状态结点(利用优先级队列存储结点)
  MaxHeapQNode * p =new MaxHeapQNode;
  p->parent =E;    //父结点指示,用于寻找并生成解的具体方案
  p->lchild =ch;   //当前集装箱是否被装载标识    ①
  p->weight =wt;   //当前临时局部解
  p->lev =i+1;     //当前状态扩展层次
  q.push(p);       //入队列
}


void MaxLoading()
{   //求解第一艘轮船的最大装载重量及其具体方案
  priority_queue<MaxHeapQNode* , vector<MaxHeapQNode* >, cmp>q;
                                      //构建一个大堆
  int r[n+1];   //剩余重量记录数组
  r[n] =0;
  for(int j =n- 1; j>0; -- j)
    r[j] =r[j+1] +w[j+1];


  MaxHeapQNode * E;
  int i =1;   //初始化:当前状态扩展层次
  int Ew =0;  //初始化:当前临时局部解
  while(i!=n+1) {   //扩展到状态空间树的叶结点(穷举完所有的集装箱)
    if(Ew+w[i] <=c1) {   //分支(Ew+w[i]为限界函数)
      AddAliveNode(q, E, Ew+w[i] +r[i], i, 1);   //当前集装箱被装载
    }
    AddAliveNode(q, E, Ew+r[i], i, 0);   //当前集装箱不被装载

    E =q.top(); q.pop();     // ②↓继续扩展下一层,并且"定界"(调整"界")
    i =E->lev;
    Ew =E->weight- r[i- 1];   //调整当前临时局部解。
                          //②↑继续扩展下一层,并且"定界"(调整"界")
  }
```

```
    bestw = Ew;    //穷举完毕,当前临时局部解就是最优解
    for(int j=n; j>0; -- j) {    //生成最优解的具体方案
        bestx[j] = E->lchild; E = E->parent;
    }
}

void InPut()
{
    scanf("% d % d", &n, &c1, &c2);
    for(int i=1; i<=n;++i) {
        scanf("% d", &w[i]); total+=w[i];
    }
}

void OutPut()    //输出最优解及其方案
{
    printf("% d % d\n", bestw, total- bestw);
    for(int i=1; i<=n;++i)
        if(bestx[i] ==1)   //第一艘轮船装载的集装箱    ①
            printf("% d ", i);
    printf("\n");
    for(int i=1; i<=n;++i)
        if(bestx[i] ==0)   //第二艘轮船装载的集装箱    ①
            printf("% d ", i);
    printf("\n");
}

int main()
{
    InPut(); MaxLoading();
    if(total – bestw<c2)
        OutPut();
    else
        printf("No Solution! \n");
    return 0;
}
```

图 2-10 "装载"问题求解的程序描述

从思维方式上看,分支定界相当于通过限界函数将原解状态空间树修剪为包含解的小规模解状态空间树,去掉了不含解的树枝。然后,针对小规模解状态空间树进行宽度优先搜索。在此基础上,通过优先队列方式,进一步提高求最优解的执行效率。

对于限界函数的设计,可以从"计算简单、减少搜索空间和不丢解"几个角度考虑。复杂的限界函数,其计算本身可能会带来较低的执行效率。

2.3.5 判重

搜索中的判重主要是指判断某个状态是否已经访问过或处理过,以避免重复工作,从而提

高执行效率。对于宽度优先搜索，判重主要发生在扩展结点的时侯，是指应该将未被访问过的结点放入队列中，已访问过或已在队列中的结点就不再放入；对于深度优先搜索，判重主要体现在以新扩展结点为起点继续搜索的时侯，不应该盲目地执行以新结点为起点的搜索，而是首先检查新结点是否被处理过，如果被处理过就直接使用其处理结果，不再进行搜索。显然，对于深度优先搜索，基本的判重方法就是记忆化搜索。然而，针对宽度优先搜索，队列中的结点判重是优化重点。

判重本质上是优化数据组织 DNA，并由此间接地优化数据处理 DNA。对于宽度优先搜索的队列中结点判重，常用的方法有 hash、set 和 map 等。例如：对于图 2-9 的程序，函数 isduplicate( ) 的具体实现可以替换为 hash 判重或 set 判重等。图 2-11 所示分别给出了相应的解析。

```cpp
#include<cstdio>
#include<cstring>
#include<iostream>
#include<set>
typedef int State[9];
using namespace std;

const int maxstate =1000000;
State st[maxstate], goal ={1,2,3,8,0,4,7,6,5};
int dist[maxstate];
int fa[maxstate];
const int dx[] ={-1,1,0,0};
const int dy[] ={0,0,-1,1};

int bfs()
{
  init_lookup_table();      //三种不同实现方式
  int front =1, rear =2;
  while(front<rear) {
    State &s =st[front];
    if(memcmp(goal, s, sizeof(s)) ==0)
      return front;
    int z;
    for(z =0; z<9;++z) if(! s[z]) break;
    int x =z/3, y =z% 3;
    for(int d =0; d<4;++d) {
      int newx =x+dx[d];
      int newy =y+dy[d];
      int newz =newx* 3+newy;
      if(newx>=0 && newx<3 && newy>=0 && newy<3) {
        State& t =st[rear];
        memcpy(&t, &s, sizeof(s));
        t[newz] =s[z]; t[z] =s[newz];
        dist[rear] =dist[front] +1;
        fa[rear] =front;
        if(try_to_insert(rear)) rear++;   //三种不同实现方式
      }
    }
```

```
    }
    front++;
  }
  return 0;
}


int main()
{
  char ch;
  for(int i =0; i<9;++i) {
    cin>>ch; st[1][i] =ch-'0';
  }
  for(int i =0; i<9; i++)
    scanf("% d", &goal[i]);
  fa[1] =- 1;
  int ans =bfs();
  if(ans>0) printf("% d\\n", dist[ans]);
  else printf("- 1 \\n");
  return 0;
}


// 方式 1:编码/解码方法(内存消耗大大降低,效率高。状态过多时存在局限性)
int vis[362880], //所有状态数
    fact[9];
void init_lookup_table()
{
  fact[0] =1;
  for(int i =1; i<9;++i)
    fact[i] =fact[i- 1]* i;
}
int try_to_insert(int s)
{
  int code =0;
  for(int i =0; i<9;++i){
    int cnt =0;
    for(int j =i+1; j<9;++j)
      if(st[s][j] <st[s][i]) cnt++;
    code+=fact[8- i]* cnt;
  }
  if(vis[code]) return 0;
  return vis[code] =1;
}


//方式 2:hash 方法(效率很高,适用范围广。hash 函数存在冲突)
const int hashsize =1000003;
int head[hashsize], next[maxstate];


void init_lookup_table()
{
    memset(head, 0, sizeof(head));
```

```
}
int hash(State &s)
{
    int v =0;
    for(int i=0; i<9;++i)
        v =v* 10+s[i];
    return v % hashsize;
}

int try_to_insert(int s)
{
    int h =hash(st[s]);
    int u =head[h];
    while(u) {
        if(memcmp(st[u], st[s], sizeof(st[s])) ==0)
            return 0;
        u =next[u];
    }
    next[s] =head[h]; head[h] =s;
    return 1;
}

//方式3:stl set 集合方法(编程复杂度简单,效率低)
set<int>vis;

void init_lookup_table()
{
    vis.clear();
}

int try_to_insert(int s)
{
    int v =0;
    for(int i=0; i<9;++i)
        v =v* 10+st[s][i];
    if(vis.count(v))
        return 0;
    vis.insert(v);
    return 1;
}
```

图 2-11   宽度优先搜索状态判重应用示例("八数码"问题)

2.3.6   状态压缩

状态是指给定问题的求解状态树(或图)数据组织结构中结点(或顶点)的具体描述。对于某些问题,该描述的常规方法一般涉及较多的存储空间,并由此带来低下的执行效率。因此,对于时空都有约束的实战应用而言,存在致命影响。因此,作为一种优化方法,状态压缩在实战应用中被频繁使用。

　　状态压缩的基本原理相对简单,一般都是将状态的描述由复杂数据组织结构转化为简单的数据组织结构,并提供相应的状态变换处理方法。例如:将高维数组转化为低维数组、将一维数组转换为一个整数、采用位图等等。典型的是将状态描述用一个变量表示,例如:通过二进制数表示状态,并充分利用语言提供的逻辑运算(例如:C++语言的位运算)来实现状态改变的二进制数操作。例 2-7 所示给出了相应的解析。

【例 2-7】　数独

　　问题描述:9×9 的棋盘上,同一行 1-9 不能重复出现,同一列 1-9 也不能重复出现。并且,整个棋盘分成九份,每个 3×3 的子棋盘内也不能出现重复的 1-9。

　　输入样例:

　　.2738..1..1...6735.......293.5692.8...........6.1745.364.......9518...7..8..6534.

　　输出样例:

　　527389411681942673543675182937569218419453826726817459364321795895184367278296534 1

　　针对本题,自然直观的方法显然是采用深度优先搜索。然而,本题的状态如何描述成为一个关键。通常采用数组表示,在此,可以用二进制进行状态压缩以节省空间。具体方法是,对于一行 9 个数字,可以压缩成一个整数,某一位的 1 或 0 分别表示该位是否已经出现过。同样,对于列和子棋盘也可以采用该方法。由此,可以用三个整数表示相关的状态。

　　进一步,可以借用 C++ 的位运算来检查并试探 1~9 每个数字的穷举情况。图 2-12 所示给出了相应的程序描述。

```cpp
#include<iostream>
using namespace std;

char Map[10][10];
int vistrow[10], vistcol[10], grid[10];
int rec[512], num[512];

inline int g(int x, int y)     // 确定某个区域
{ return (x/3) * 3 +y/3; }
inline void flip(int x, int y, int to)
{   // 置/取消当前数字存放的行、列和区域的标志
   vistrow[x] ^ =1<<to; vistcol[y] ^ =1<<to; grid[ g(x, y) ] ^ =1<<to;
}
bool DFS(int x)
{   // x:需要填数的空位置个数
   if(x==0) return 1;     // 全部填满,得到一种填法(一个最终解)
   int minn =10, xx, yy;
   for(int i=0; i<9; i++)
     for(int j=0; j<9; j++)
       if( Map[i][j] =='.') {
         int val =vistrow[i] & vistcol[j] & grid[g(i,j)];
         if(! val) return 0;     // 截至目前,所填方案已出现不合理,回溯
         if( rec[val] <minn)     // 确定某个区域
         { minn =rec[val], xx =i, yy =j; }
       }
```

```
    int val =vistrow[ xx ] & vistcol[ yy ] & grid[ g( xx,yy) ];
    for(; val; val- =val &- val) {
        int to =num[ val &- val ];
        Map[ xx ][ yy ] =to +'1';   // 填一个数字
        flip( xx, yy, to);   // 置填充状态标志
        if( DFS( x- 1) ) return 1;   // 缩小规模,递归
        flip( xx, yy, to);   // 递归后恢复状态
        Map[ xx ][ yy ] ='.';
    }
    return 0;
}
int main()
{
    for( int i=0; i<1 <<9; i++)     // 初始化 rec:凡是 2^i (0<=i<512) 位置置 0,其他置 1
        for( int j=i; j; j- =j &- j)
            rec[ i ] ++;
    // 初始化:将 0~8 九个数字分别存放到 num 数组的
    // 第 1、2、4、6、16、32、64、128、256 个位置
    for( int i=0; i<9; i++)
        num[ 1 <<i ] =i;
    char s[ 100 ];
    cin >>s;   // 输出原始数独的描述串
    for( int i=0; i<9; i++)// 初始化行、列和子区域的 * * *
        vistrow[ i ] =vistcol[ i ] =grid[ i ] =(1 <<9) - 1;
    int tot =0;      // 原始数独中空位置的个数
    for( int i=0; i<9; i++)     // 生成原始数独的状态压缩表示
        for( int j=0; j<9; j++) {
            Map[ i ][ j ] =s[ i * 9 +j ];
            if( Map[ i ][ j ] !='.') flip( i, j, Map[ i ][ j ]- '1');
            else ++tot;
        }
    DFS( tot);      // 递归回溯求解
    for( int i=0; i<9; i++)      // 输出填完后的数独
        for( int j=0; j<9; j++)
            cout <<Map[ i ][ j ];
    cout <<"\n";
    return 0;
}
```

图 2-12 "数独"问题求解的程序描述

状态压缩尽管面向空间优化,但其本质仍然是对执行效率的优化。通常情况下,复杂数据组织结构会带来处理时间的消耗。与判重一样,状态压缩也是通过优化数据组织 DNA,间接地优化数据处理 DNA。

状态压缩通常也和判重相关,判重的处理需要考虑状态压缩的具体实现方法。

2.3.7 A* 搜索

1. 概述

普通搜索方法一般都不考虑当前位置以后的情况,仅仅考虑当前位置以前已发生的情况。启发式搜索方法不仅考虑出发点到当前位置 n 之间已经形成的代价(记为 $g(n)$),还要考虑当

前位置 n 到目标点之间的预估选择代价（计为 h(n)），并且在这两者之间作综合和平衡（即 f(n)= g(n)+h(n)）。显然，当前位置到目标点之间的选择问题是一个关键，不同的选择策略会带来不同的路径。在此，h(n)称为启发信息，它引导路径的走向。一般启发式搜索方法称为 A 方法。例如：图 2-14 中的①就是 h(n)的一种具体表现。

相对于一般的启发式搜索方法，A* 方法的优化主要是在依据 f(n)为当前位置选择一个前进位置的基础上，不断动态调整 h(n)（间接调整 f(n)），使其满足单调性约束（例如：不断单调下降），使得搜索方向快速地向最优解方向前进。A* 方法的算法框架如图 2-13 所示。

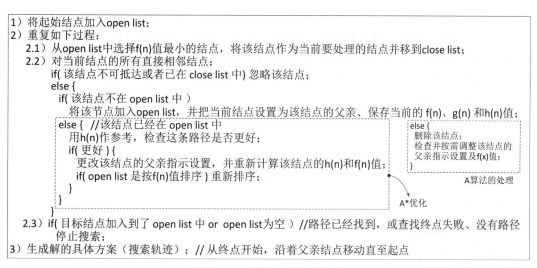

图 2-13　A* 方法的算法框架

显然，对于 A* 方法，其对前进路径的控制行为分别是：

1）作为一种极端情况，如果 h(n)为 0，则只有 g(n)起作用，此时 A* 退化为 Dijkstra 算法，可以保证能找到最短路径；

2）如果 h(n)经常都比从 n 移动到目标的实际代价小（或者相等）（即单调下降），则 A* 方法保证能找到一条最短路径。h(n)越小（即启发信息的作用越弱），A* 方法扩展的结点会越多，运行就会越慢；

3）如果 h(n)精确地等于从 n 移动到目标的实际代价，则 A* 方法将会仅仅寻找最佳路径而不扩展别的任何结点，这使得运行非常快。尽管这不可能在所有情况下发生，但仍可以在一些特殊情况下出现。只要提供完美的信息，A* 方法会运行得很完美；

4）如果 h(n)有时比从 n 移动到目标的实际代价高（即启发信息的作用越强），则 A* 方法不能保证找到一条最短路径（因为选择可能误入歧途，丢失最优解），但它运行得更快；

5）作为另一种极端情况，如果 h(n)比 g(n)大很多，则只有 h(n)起作用，A* 方法退化为 BFS 算法。

因此，A* 方法的魅力在于可以决定想要从中获得什么。理想情况下，想最快地得到最短路径。作为一种平衡，如果目标太低，仍会得到最短路径，但速度变慢了；如果目标太高，那就放弃了最短路径，但运行得更快。A* 方法的这个特性，在游戏中非常有用。例如：在某些情况下，希望得到一条好的路径，而不是一条完美的路径。因此，为了权衡 g(n)和 h(n)，可以修改或调整任意一个。

显然,对于 A* 方法,h(n)是一个核心。A* 方法的解题思路是,依据题目给出的信息,设计一个合理的 h(n),然后依据图 2-13 所示的算法框架实现即可。

A* 算法每次都要扩展当前结点的全部后继结点,并运用启发函数计算它们的 f(n) 值,然后选择 f(n) 值最小的结点作为下一步前进的结点。在这个过程中,open list(用于保存候选扩展结点)中需要保存大量的结点信息,这不仅导致存储量大,而且在查找 f(n) 的最小值结点时,也非常耗时。

针对例 2-5 八数码问题,可以将 A* 的估价函数 h(n)构建为:当前状态还有多少个位置与目标状态不对应。如此,每当当前步数(即 g(n))+估价函数值(即 h(n))>枚举的最大步数,则直接返回。图 2-14 所示给出了相应的程序描述。其中,还叠加了如下几种优化策略:1)针对不用移动的特殊情况,可以一开始直接特判;2)可以限制搜索深度 k,使 k 从 1 开始不断加深枚举(即迭代深化,在整个搜索树深度很大而答案深度又很小的情况下大大提高效率);3)最优性剪枝(即当前枚举下一个状态时,如果回到上一个状态肯定不是最优)。

```cpp
#include<bits/stdc++.h>
using namespace std;

char ss[15];
int ans[4][4]={{0,0,0,0},{0,1,2,3},{0,8,0,4},{0,7,6,5}};
int a[5][5],k,judge=0;
int nxtx[]={0,1,-1,0};
int nxty[]={1,0,0,-1};

int check()
{
  for(int i=1;i<=3;++i)
    for(int j=1;j<=3;++j)
      if(ans[i][j]!=a[i][j]) return 0;
  return 1;
}

int test(int step)
{
  int cnt=0;
  for(int i=1;i<=3;++i)
    for(int j=1;j<=3;++j)
      if(ans[i][j]!=a[i][j]) {
        if(++cnt+step>k)        // ① ++cnt: h(n), step: g(n)
          return 0;
      }
  return 1;
}

void A_star(int step,int x,int y,int pre)
{
  if(step==k){ if(check())judge=1; return;}    //达到当前限制的最大深度
  if(judge) return;
  for(int i=0;i<4;++i) {
```

```
    int nx =x+nxtx[i],ny =y+nxty[i];
    if(nx<1||nx>3||ny<1||ny>3||pre+i==3) continue;   //最优性剪枝
    swap(a[x][y],a[nx][ny]);
    if(test(step)&&! judge) A_star(step+1,nx,ny,i);   //A* 估价合法再向下搜索
    swap(a[x][y],a[nx][ny]);
    }
}

int main()
{
  int x,y;
  scanf("% s",&ss);
  for(int i =0;i<9;++i) {
    a[i/3+1][i% 3+1] =ss[i]-'0';
    if(ss[i]-'0' ==0)x =i/3+1,y =i% 3+1;
  }
  if(check()){ printf("0");return 0;}  //特判
  while(++k) {   //迭代深化
    A_star(0,x,y,- 1);
    if(judge) {
      printf("% d",k); break;
    }
  }
  return 0;
}
```

图 2-14　"八数码"问题求解的程序描述(A* 搜索法)

2. 进一步认识 A* 算法

1) 单位一致性

A* 的基础是计算 $f(n)= g(n)+h(n)$。为了对这两个值进行相加,这两个值必须使用相同的衡量单位。如果 $g(n)$ 用小时来衡量,而 $h(n)$ 用米来衡量,那么 A* 将会认为 $g(n)$ 或者 $h(n)$ 太大或者太小,导致不能得到正确的路径,同时 A* 算法也将运行得更慢。

2) 速度与精确度平衡

A* 基于启发式代价函数来改变其行为能力,在速度和精确度之间取得折中将会使得总体效果更好。例如:在很多游戏中,有时并不真正需要得到最好的路径,仅需要近似的就足够了,从而获得更快的体验。另外,还可以依据游戏中发生着什么,或者运行游戏的机器有多快,来决定需要什么。也就是说,速度和精确度之间的选择不是静态的,可以基于 CPU 的速度、用于路径搜索的时间片数、地图上物体的数量、物体的重要性、组的大小、难度或者其他任何因素来进行动态的选择。

3) 启发式函数的精确度

如果启发式函数精确地等于实际最佳路径,此时 A* 扩展的结点将非常少。也就是,在每一结点计算 $f(n)= g(n)+h(n)$ 时,$h(n)$ 精确地和 $g(n)$ 匹配,A* 肯定不会偏离最短路径。

构造精确启发函数的一种方法是预先计算任意一对结点之间最短路径的长度,以此作为参考基础。

4)面向网格地图的启发式函数构造

在网格地图中,一般而言,可以有一些基于距离的启发式函数,例如:曼哈顿距离、对角线距离、欧几里得距离、平方后的欧几里得距离等等。

5)启发信息的扰动

当某些路径具有相同的 f(n)值时,它们都会被搜索,尽管只需要搜索其中的一条。由此,导致 A* 的性能低下。为了解决这个问题,可以为启发函数添加一个附加值进行扰动。附加值对于结点必须是确定性的(即不能是随机的数),而且它必须让 f(n)值体现区别。例如:可以增加衡量单位的扰动;改进 A* 优先队列的构造,使新插入的具有特殊 f(n)值的结点总是比那些以前插入的具有相同 f(n)值的旧结点要好一些等等。

6)区域型搜索

如果要搜索的是邻近目标的任意不确定结点(即区域),而不是某个特定的结点,应该建立一个启发函数 h'(x),使得 h'(x)为 h1(x),h2(x),h3(x),…的最小值,而这些 h1,h2,h3 是邻近结点的启发函数。一种更快的方法是让 A* 仅搜索目标区域的中心。一旦从 open list 中取得任意一个邻近目标的结点,就可以停止搜索并建立一条路径。

7)open list 和 closed list 的具体实现

对于辅助数据组织结构 open list 和 closed list(用于保存已选择的扩展结点),应该从其面向的操作角度来考虑,并且,不仅取决于操作,还取决于每种操作执行的次数(例如:检查一个结点是否在 list 中这一操作对每个被访问的结点的每个邻居结点都要执行一次;删除最佳操作对每个被访问的结点都执行一次等等)。

对于 open list,主要有三种操作:主循环重复选择最好的结点并删除它;访问邻居结点时需要检查它是否在其中已存在;访问邻居结点时需要插入新结点。另外,还有一种执行次数相对较少的调整操作,即如果正被检查的结点已经在 open list 中(这经常发生),并且如果它的 f(n)值比已经在 open list 中的结点要好(这很少见),则 open list 中的值必须被调整。调整操作包括删除结点(f(n)值不是最佳的结点)和重新插入。

针对 open list,可以有多种数据组织结构,常用数据组织结构及其操作特征如表 2-2 所示。

表 2-2　常用数据组织结构及其操作特征

数据组织结构	集合关系检查	查找最佳元素	插入	删除	调整
未排序数组/链表	$O(n)$	$O(n)$	$O(1)$	数组 $O(n)$/链表 $O(1)$	查找 $O(n)$,改变值 $O(1)$
排序数组	$O(\log n)$	$O(1)$	$O(n)$	$O(1)$	查找 $O(\log n)$,改变值 $O(n)$
排序链表	$O(n)$	$O(1)$	$O(1)$(查找位置 $O(n)$)	$O(1)$	$O(n)O(1)$
排序跳表	$O(\log n)$	$O(1)$	$O(1)$(查找位置 $O(n)$)	$O(1)$	查找、删除、重插入
索引数组	$O(1)$	$O(m)$	$O(1)$	$O(m)$	$O(1)$

（续表）

数据组织结构	集合关系检查	查找最佳元素	插入	删除	调整
哈希表	$O(1)$	$O(m)$	$O(1)$	$O(m)$	$O(1)$
二元堆	$O(n)$		$O(\log n)$	$O(\log n)$	查找 $O(F)$， 改变值 $O(\log n)$
伸展树	$O(\log n)$	$O(\log n)$	$O(\log n)$	$O(\log n)$	$O(\log n)$
HOT 队列	$O(n/K)$		$O(\log(n/k))/$ $O(1)$	$O(\log(n/k))/$ 不发生	删除 $O(n/K)$， 插入 $O(\log(n/K))/O(1)$

注：对于 HOT（Heap On Top）队列，顶端的桶使用二元堆，而所有其他的桶都是未排序数组。

尽管渐近标记给出了质的变化度量，然而，当数据规模较小时，可能 $O(\log n)$ 比 $O(n)$ 实际花费更多的时间。因此，实际应用时，需要依据具体问题的数据规模来选择相应的方法。

基本数据结构没有一种是完全合适的，也就是说，没有一种数据结构保证其所有操作都是最快的。因此，实际应用中，为了得到最佳性能，可以采用多种数据组织结构来混合实现。例如：使用一个索引数组进行集合关系检查，一个二元堆进行插入和删除。对于调整，可以使用索引数组以检查是否真的需要进行调整（通过在索引数组中保存额外信息），然后在少数确实需要进行调整的情况中，使用二元堆或使用索引数组保存堆中每个结点的位置。

8）A* 算法的变种

对于状态空间特别大的问题，可以采用波束搜索方法来优化 A* 算法，具体方法是通过限定 open list 的尺寸来实现。显然，该方法是不完全的，尽管减少了空间消耗并提高了时间效率，但缺点是有可能导致潜在的最佳方案被丢弃。因此，它适合于求近似解。另外，还可以采用带宽搜索方法，即给定一个范围 d（带宽），仅仅丢弃 open list 中 f(n) 值大于最优 f(n) 值 +d 的结点。

A* 也可以与迭代深化结合，形成 ID-A*。该方法从一个近似解开始，逐渐得到更精确的解。一旦得到的解不再有更多的改变或者改善，就可以认为已经得到足够好的解。

针对 A*，还可以对启发函数中的启发信息 h(n) 增加一个权值（大于等于 1），即 f(n) = g(n)+w(n)*h(n)，通过控制权值 w(n)，动态衡量速度与精度。例如：在开始搜索时，通过增加权值快速移动到任意位置；而在搜索接近结束时，通过降低这个权值移动到目标点（降低启发信息的重要性，同时增加路径真实代价的相对重要性）。

A* 也可以与双向搜索相结合，但与普通双向搜索不同，在此是选择一对具有最好的 g(start, x)+h(x, y)+g(y, goal) 的结点，而不是选择最好的前向搜索结点 g(start, x)+h(x, goal)，或者最好的后向搜索结点 g(y, goal)+h(start, y)。也就是，该方法不允许前向和后向搜索同时发生，它朝着某个最佳的中间结点运行前向搜索一段时间，然后再朝这个结点运行后向搜索。然后选择一个后向最佳中间结点，从前向最佳中间结点向后向最佳中间结点搜索。一直进行这个过程，直到两个中间结点碰到一起。

更进一步，可以使用 DA*（动态 A*）或 LPA*（终身计划 A*）来处理动态特征，即当初始路径计算出来之后，允许场景发生改变。其中，DA* 用于没有全局所有信息的时候，LPA* 用于代价会改变的情况。但是，DA* 和 LPA* 都需要较多内存用于存放更多的附加信息。

9) 处理应用场景的动态变化特性

一般而言,问题的应用场景是固定的,但游戏的应用场景往往是可变的,以便增加游戏的玩耍性。因此,A* 方法可以增加处理应用场景动态变化特性的拓展。

运动障碍物处理是应用场景动态变化的基本行为,一般而言,一个路径搜索算法沿着固定障碍物计算路径,然而当障碍物产生运动时又如何处理呢? 此时,可以每隔一个时间间隔、使用额外的 CPU 时间、每当拐弯或者跨越一个导航点或当附近场景发生改变的时候等重新计算路径。

重新计算路径会丢弃许多路径信息,因此如果希望有许多很长的路径,重新计算显然不是一个好的方法。事实上,当一条路径需要被重新计算时,意味着应用场景正在改变。对于一个正在改变的应用场景,对当前邻近区域的了解总是比对远处区域的了解更多。因此,应该集中于在附近寻找好的路径,同时假设远处的路径不需要重新计算,除非已经接近它。与重新计算整个路径不同,可以重新计算路径的前 M 步。具体而言:令 $p[1]\cdots p[N]$ 为路径(N 步)的剩余部分,为 $p[1]$ 到 $p[M]$ 计算一条新的路径,把这条新路径拼接到旧路径(即将 $p[1]\cdots p[M]$ 用新的路径值代替)。并且,通过查看新路径的长度,决定是否用重新计算的路径取代路径拼接。当然,M 的选择会在变化响应能力和路径质量之间进行折衷。

另外,与间隔一段时间重新计算全部或部分路径不同,还可以通过监视应用场景的变化,让场景的改变触发一次重新计算。场景可以分成区域,每个物体都可以对某些区域感兴趣(可以是包含部分路径的所有区域,也可以只是包含部分路径的邻近区域)。当一个障碍物进入或者离开一个区域,该区域将被标识为已改变,所有对该区域感兴趣的物体都被通知到,所以路径将被重新计算以适应障碍物的改变。

更进一步,如果障碍物的运动可以预测,就可以为路径搜索考虑障碍物的未来位置。例如:代价函数可以考虑时间,并用预测的障碍物位置检查在某个时刻应用场景某个位置是否可以通过。

10) 预计算路径的空间代价

对于需要存储路径本身的问题,路径计算的限制因素不是时间,而是用于数以百计的物体的存储空间,路径搜索需要空间以运行算法和保存路径。因此,可以通过用位置或者方向来表示一条路径、路径压缩(仅保存关键点和方向)、计算导航点(即关键点)、仅保存有限步路径长度等方法来优化用于计算路径的空间代价。

2.4 深入认识搜索及其优化

作为穷举模型的母方法,搜索方法在实际应用中占据半壁江山。然而,其穷举本质决定了其对处理规模大的复杂问题缺乏方法应用的有效性。为此,各种优化方法得到发展,以改善其性能,提高其有效性。

基于搜索的求解,其特征一般有两种:一种是给定起始结点,寻找一个满足要求的特定目标结点;另一个是给定起始结点和目标结点,寻找一条满足要求的特定路径。另外,无论是哪个特征,求解目标可以是最优,也可以是近似最优;可以是一个解,也可以是所有解;可以是解的度量值,也可以既要解的度量值,也要解的具体方案。因此,优化方法基本上都是围绕上述求解特征展开的。

搜索优化对于求解的状态空间本身并没有改变,仅仅是通过一些压缩方法提高空间效率,通过一些策略减少实际参与搜索的状态数量以提高时间效率,通过使用一些具有特定性质的数据组织结构提高各种局部频繁操作的时间效率。也就是说,搜索优化的总体出发点主要是针对数据处理 DNA 展开的,数据组织 DNA 的优化仅仅是辅助机制。

从改变搜索顺序到记忆化搜索,再到剪枝、启发式搜索,优化的思维逐步进化,特别是 A* 及其进一步拓展,体现了搜索优化的终极思维。对于求解最优值的各种数据组织结构体现了两个 DNA 一致性优化的集成思维。双向搜索和迭代深化体现了方法应用的多维思维。

2.5　本章小结

本章主要解析了各种常用的搜索优化方法并给出相应的案例解析。同时,进一步解析了这些优化方法之间的思维迁移以及应用这些方法时的思维维度拓展。

习　题

2-1　搜索优化一般针对穷举模型的哪些方面进行?

2-2　解和解的具体方案有什么不同?请举例说明。

2-3　什么是剪枝?剪枝应该满足哪些基本原则?

2-4　递归有重复计算,记忆化搜索不重复计算(有用的不再计算),剪枝不重复计算(无用的不再计算)。你是如何理解的?

2-5　例 2-1 属于什么类型的剪枝?是上下界剪枝吗?为什么?

2-6　对于例 2-1,给出另一种解状态空间树,并分析其剪枝情况。

2-7　结合回溯法基本模型(如图 1-9 所示),分析上下界剪枝的模型特征。

2-8　请分析例 1-4 非递归实现方式中,回溯模型直观表达图是否合理?

2-9　迭代深化方法一般适合求解什么类型的问题?

2-10　双向搜索方法一般适合求解什么类型的问题?

2-11　什么是子集树?什么是排列树?它们分别适合描述什么样的问题?结合回溯法模型,分析其算法模型的特点。

2-12　对于搜索的辅助结构 open list,采用优先队列有什么优点?该方法是否也是改变搜索顺序?

2-13　判重为什么采用 set?

2-14　什么是 A 方法?分支定界是 A 方法吗?

2-15　什么是 A* 方法?它与 A 方法有什么区别和联系?

2-16　搜索为了覆盖整个数据集并且不重复,往往需要一个辅助数据结构记录搜索轨迹及状态,该结构称为"活动表"。对于深度搜索和广度搜索,"活动表"分别采用什么数据组织结构?

2-17 剪枝、分支定界、A 搜索和 A* 搜索分别是如何填写"活动表"的?

2-18 A* 方法对 A 方法的改进与分支定界对普通剪枝的改进,两者具有同样的思维特征,请分析之。

2-19 选择一个熟悉的问题,采用各种优化方法实现求解,并和回溯方法的求解进行优化效果对比实验。

2-20 字串变换(NOIP2002 提高组)。

问题描述:已知有两个字串 A $, B $ 及一组字串变换的规则(至多 6 个规则):

A1 $ → B1 $

A2 $ → B2 $

规则的含义为:在 A $ 中的子串 A1 $ 可以变换为 B1 $ 、A2 $ 可以变换为 B2 $ 、…。例如:A $ = "abcd",B $ = "xyz",变换规则为:

"abc"→"xu"   "ud"→"y"   "y"→"yz"

则此时,A $ 可以经过一系列的变换变为 B $,其变换的过程为:"abcd"→"xud"→"xy"→"xyz",共进行了三次变换,使得 A $ 变换为 B $ 。

输入格式:

A $ B $

A1 $ B1 $

A2 $ B2 $ |→变换规则

……

所有字符串长度的上限为 20。

输出格式:

若在 10 步(包含 10 步)以内能将 A $ 变换为 B $,则输出最少的变换步数;否则输出"NO ANSWER!"。

输入样例:

abcd xyz

abc xu

ud y

y yz

输出样例:

3

(提示:双向广搜)

2-21 最复杂的数(Ural 1748)。

问题描述:把一个数的约数定义为该数的复杂程度,给出一个 n,求 $1 \sim n$ 中复杂程度最高的那个数。

输入格式:第一行一个整数 T,表示后面有 T 组数据($1 <= T <= 100$)。第二行至 T+1 行,每行一个整数,表示需要计算的数 n($1 <= n <= 10^{18}$)。

输出格式:共 T 行,每行两个整数,用空格隔开,第一个数是答案,第二个数是约数的数量(个数)。

输入样例：

5

1

10

100

1000

10000

输出样例：

1　1

6　4

60　12

840　32

7560　64

2-22　针对例 2-4,如果给出如下的数据集,则采用宽度优先搜索时会导致错误,请分析之。
（提示:队列维护时会导致秩序混乱）

##@##

. . . . .

####.

.T. $.

####.

.&.@ .

其中:@/队列中的待测结点;&/机关按钮;$/机关门。

第 3 章　有效策略之分治

3.1　概述

针对复杂问题处理,分而治之是最自然直接的方法。分治方法将复杂问题不断分解为多个相同或相似的子问题,直到子问题可以简单地直接求解,最后通过合并子问题的解得到原问题的解。

与搜索方法以数据处理 DNA 为出发点不同,分治方法以数据组织 DNA 为出发点。也就是说,分治方法是通过不断分解问题的处理规模,将复杂问题分解为相同或相似(规模变小的)子问题的手段来实现问题求解。这种方法淡化了数据处理的实现逻辑,用问题规模缩小的方法来简化处理逻辑,进而提高处理的执行效率。因此,分治方法通过分解,一方面提高了处理的效率,另一方面,使得无法直接求解的问题可以方便求解。

最简单的分治方法是二分法,其划分简单和均匀的特点,使其具有较好的实际应用价值。

3.2　分治方法的原理

分治方法的基本原理是分(分解)和治(求解与合并)。分解是通过拆分问题的数据集规模进行的,分解后的各个数据集规模(对应子问题)基本均匀并相互独立。也就是说,子问题仅仅是其数据集规模缩小,但其数据组织结构、问题性质等仍然与原问题相同或相似。正因子问题与原问题相同或基本相似,因此中间各级子问题的求解基本上仍然采用相同的分治方法;求解是指对于规模最小的问题,可以直接求解,但其直接求解的方法可以不同;合并是指各级子问题解的合并,其合并方法的形式相对较多,与具体问题相关。图 3-1 所示给出了分治方法的基本原理。一般而言,分治方法的时间复杂度为 $O(\log n)$。

子问题与原问题的相似性决定了分治方法通常可以基于递归方式实现,也就是说,除了规模最小的子问题的直接求解方法可以不同(对应于递归边界),中间各级的分解都可以采用统一的递归形式,即不断缩小问题的数据集规模进行递归处理。此时,子问题解的合并工作也简化为由递归后的综合方法自动完成(参见文献 1 中的函数调用递归方法)。对于递归方式的具体实现,依据分解是否均匀,可以分为一般式递归分解模型(分解基本均匀/分解后各个部分相

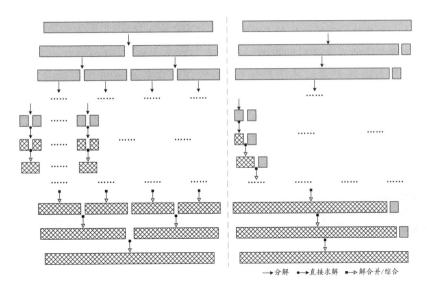

→ 分解　→ 直接求解　→ 解合并/综合

图 3-1　分治方法的基本原理

互独立并继续递归,对应图 3-1 的左部)和退化式递归分解模型(分解不均匀/分解后一个部分含有子问题并继续递归,另一个部分是可以直接求解的规模最小的子问题,递归后两者进行某种综合处理,对应图 3-1 的右部)。退化式递归分解模型就是基本递归处理方法的一种具体应用,严格而言,它不属于分治,因为其子问题不是相互独立的,而是含有重叠子问题。该模型可以看作是一种广义分治。另外,分治也可以基于递推方式实现,称为普通分解模型(分解均匀/分解后各个部分相互独立但不采用递归方式求解)。

3.3　分治方法的经典应用

分治方法的经典应用比较广泛,几乎绝大部分经典算法都带有分治思想的痕迹。最典型的有二分(折半)查找(不采用递归方式)、二叉树遍历、Shell 排序(不采用递归方式)、快速排序、归并排序、堆排序(不采用递归方式/分解不均匀)等等。事实上,分治方法的基本思想具备典型的计算思维属性。

搜索方法及其优化主要针对可以在内存中进行数据组织的问题规模而言,对于大型数据规模的问题,一般都是通过外存进行数据组织并存储。为了有效地操作外部数据,显然需要有专门的方法。因此,基于计算思维基本原理,首先将数据本身的组织方法与用于数据检索(所有操作的基础)的组织方法分开,将传统的一维式数据搜索处理方法拓展为二维式数据搜索处理方法。其次,针对用于数据检索的组织方法,构建相应的索引结构,实现大型数据规模问题的分治处理(数据本身的组织方法一般基于操作系统的文件系统实现)。

索引结构一般建立在平衡二叉树基础上,并对数据结点进行维度拓展,由一个关键词拓展为多个关键词,每个关键词对应于总区间的一个子区间,并且采用分层组织结构。B⁻树是常用的一种索引结构,其各级子树的维护就是分治方法的典型应用。有关 B⁻树的概念及相关实现,在此不作展开,请参见其他相关资料。

【例3-1】 求最值(找出 n 个元素中的最大元素和最小元素)

本题最自然直接的方法就是假设第一个元素为最大或最小,然后通过一个循环语句,将剩下的每个元素与当前最大或最小值作比较,依据比较进行调整即可。此时,时间复杂度为 $O(n)$。

如果采用分治法,可以将原始数据集分为两个独立的子集,分别求解子集的最大或最小,然后再在两个子集解的基础上作一次比较即可。此时,时间复杂度为 $O(\log n)$。 图3-2所示给出了相应的程序描述。

```cpp
#include<iostream>
#include<algorithm>
using namespace std;

#define inf 0x3f3f3f3f

void maxmin(int * a, int left, int right, int& max, int& min)
{
    int mid;
    int lmax =0, lmin =inf, rmax =0, rmin =inf;
    if(left ==right) {
        max =a[left]; min =a[right]; return;
    }
    mid =(left+right) / 2;
    maxmin(a, left, mid, lmax, lmin);
    maxmin(a, mid+1, right, rmax, rmin);
    if(lmax>rmax)
        max =lmax;
    else
        max =rmax;
    if(lmin<rmin)
        min =lmin;
    else
        min =rmin;
    return;
}
int main()
{
    int max, min, k, a[200];
    int m;
    while((cin>>k) && k) {
        for(m =0; m<k; m++)
            cin>>a[m];
        maxmin(a, 0, k-1, max, min);
        cout<<max<<" "<<min<<endl;
    }
}
```

图3-2 分治法求最值的程序描述

3.4　分治方法的实战应用

依据分治方法的基本原理,分治方法的实战应用主要体现为分别基于一般式递归分解模型、退化式递归分解模型和普通分解模型的三种基本形态。例 3-2、例 3-3 和例 3-4 分别给出了相应的示例及解析。

【例 3-2】 *棋盘覆盖*

在一个 $2^k \times 2^k$(k>=0)个方格组成的棋盘中,恰有一个方格与其他方格不同,称该方格为一特殊方格。显然,特殊方格在棋盘中出现的位置有 4^k 种情形,因而有 4^k 种不同的棋盘,图 3-3 所示是 k = 2 时 16 种棋盘中的一种。棋盘覆盖问题要求用图 3-4 所示的 4 种不同形状的 L 型骨牌覆盖给定棋盘上除特殊方格以外的所有方格,且任何两个 L 型骨牌不得重叠覆盖。

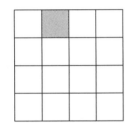

图 3-3　*k* = 2 时的棋盘状态之一

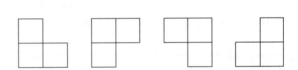

图 3-4　四种不同形状的 L 型骨牌

针对本题,应用分治方法求解时,关键在于如何将一个特殊棋盘分解为多个规模较小的特殊棋盘,使得原问题分解为规模较小的相似问题。显然,最自然直接的方法是可将 $2^k \times 2^k$ 的棋盘划分为四个 $2^{k-1} \times 2^{k-1}$ 的子棋盘(k>0),如图 3-5a 所示。由于原棋盘只有一个特殊方格,因此这四个子棋盘中只有一个子棋盘包含该特殊方格,其余三个子棋盘中没有特殊方格。为了将这三个没有特殊方格的子棋盘转化为特殊棋盘,需要用一个 L 型骨牌覆盖这 3 个较小棋盘的会合处,以便将原问题转化为四个规模较小的棋盘覆盖问题,如图 3-5b 所示。采用递归方法重复该过程,直至将棋盘分割为 1×1 的子棋盘。

考虑到 L 型骨牌有四种形状,因此在覆盖时需要进行选择。图 3-5c 所示给出了相应的程序描述。显然,本题采用的是基于一般式递归分解模型的求解形态。

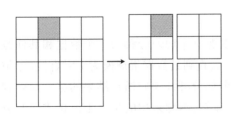 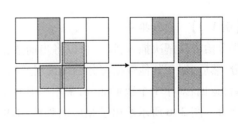

a) 均匀分解　　　　　　　　　　　　　　　b) 形成规模较小的相同子问题

```
int tile =1;   //L 型骨牌的编号
const int Maxnum =1<<10;   //棋盘的尺寸大小 (最大为 2¹⁰)
int Board[Maxnum][Maxnum];   //棋盘

void ChessBoard(int tr, int tc, int dr, int dc, int size)
{// tr, tc:棋盘左上角行号和列号;dr, dc:特殊方格的行号和列号;size:棋盘的尺寸
  if(size ==1)
    return;
  int t =tile++;
  int s =size / 2;   //(均匀)划分棋盘    ①

  if(dr<tr+s && dc<tc+s)  //左上子棋盘含有特殊方格    ②↓分别处理 4 个子棋盘
    ChessBoard(tr, tc, dr, dc, s); //继续递归
  else {
    Board[tr+s-1][tc+s-1] =t;   //用 t 号 L 型骨牌填充右下角
    ChessBoard(tr, tc, tr+s-1, tc+s-1, s); //继续递归
  }
  if(dr<tr+s && dc>=tc+s)//右上子棋盘含有特殊方格
    ChessBoard(tr, tc+s, dr, dc, s);   //继续递归
  else {
    Board[ tr+s - 1 ][ tc+s ] =t;   //用 t 号 L 型骨牌填充左下角
    ChessBoard(tr, tc+s, tr+s-1, tc+s, s);   //继续递归
  }
  if(dr>=tr+s && dc<tc+s)   //左下子棋盘含有特殊方格
    ChessBoard(tr+s , tc, dr, dc, s);   //继续递归
  else {
    Board[ tr+s ][ tc+s - 1 ] =t;   //用 t 号 L 型骨牌填充右上角
    ChessBoard(tr+s, tc, tr+s, tc+s-1, s);   //继续递归
  }
  if(dr>=tr+s && dc>=tc+s)   //右下子棋盘含有特殊方格
    ChessBoard(tr+s, tc+s, dr, dc, s);   //继续递归
  else {
    Board[ tr+s ][ tc+s ] =t;   //用 t 号 L 型骨牌填充左上角
    ChessBoard(tr+s, tc+s, tr+s, tc+s, s);   //继续递归
  }                    // ②↑分别处理 4 个子棋盘
}
```

c) 程序描述

图 3-5 "棋盘覆盖"问题求解的程序积木块描述

【例 3-3】 插入排序

用分治方法解决插入排序,可以将当前数据集规模非均匀分解为 1 个数据和其他数据两个部分,然后,对于其他数据部分继续采用递归方法,直到其数据集规模为 1 时直接(求解得到结果后)返回;对于 1 个数据部分,采用与其他数据部分继续递归所得结果的综合而得到问题的最终解。图 3-6 所示给出了相应的程序描述。显然,本题采用的是基于退化式递归分解模型的求解形态。

```
void InsertionSort(int a[ ], int n)
{
  if (n ==1) return;
  InsertionSort(a, n- 1);    //(非均匀分解)的大部分继续递归
  int i, m;
  m =a[n- 1];       //(非均匀分解)的另一小部分与递归结果进行综合   ①↓
  for (i =n- 2; i >=0; -- i) {
    if (m <a[i]){a[i+1] =a[i]; }
    else break;
  }
  a[i+1] =m;      //(非均匀分解)的另一小部分与递归结果进行综合   ①↑
}
```

图 3- 6　"插入排序"问题求解的程序积木块描述

【例 3- 4】　*循环赛日程表*

设有 $n = 2^k (k \geq 1)$ 个选手参加网球循环赛,循环赛共进行 $n - 1$ 天,每位选手要与其他 $n - 1$ 位选手比赛一场,且每位选手每天必须比赛一场,不能轮空。请按此要求为比赛安排日程。

针对本题,2^k 个选手的问题可以分解为两个 2^{k-1} 个选手的相同小问题,这两个小问题可以独立求解,也就是,两个小问题仅仅是选手编号不同,日程安排是一样的。最后,将两个小问题的解进行简单合并即可。

本题没有采用递归方式求解,而是采用反向思维,基于递推方式,由两个选手的比赛日程安排,逐步扩展到 2^k 个选手的日程安排,每次扩展都是以当前得到的日程表作为基础。图 3- 7 所示给出了相应的程序描述。显然,本题采用的是基于普通分解模型的求解形态。

```
#include<iostream>
using namespace std;

#define N 64
void GameTable(int k, int a[ ][N])
{  // k:比赛场次,a:日程表
  int n =2;   // k =1,可直接求解两个选手的日程
  a[1][1] =1; a[1][2] =2;    // ①
  a[2][1] =2; a[2][2] =1;    // ①
  int i, j, t;
  for(t =1; t<k; ++t) {  //(基于迭代方式)依次处理2², …,2ᵏ个选手的比赛日程
  int temp =n;
  n * =2;  //每增加一场比赛,选手人数扩大一倍   ②
  for(i =temp +1; i<=n; ++i)  //处理(左下角)另外两个选手的日程
                            //③↓另一个独立的两人组
    for(j =1; j<=temp; ++j)
      a[i][j] =a[i- temp][j] +temp;  //另外两个选手的日程可以直接按序编排
                            //③↑另一个独立的两人组

    for(i =1; i<=temp; ++i)  //依据对称关系,直接将左下角日程复制到右上角
```

```
    for(j=temp+1; j<=n;++j)
        a[i][j]=a[i+temp][(j+temp)% n ];

   for(i=temp+1; i<=n;++i)   //依据对称关系,直接将左上角日程复制到右下角
     for(j=temp+1; j<=n;++j)
        a[i][j]=a[i- temp][j- temp];
}

cout<<"运动员编号\\t";      // ④↓输出日程表
for(i=1; i<n;++i)
   cout<<"第"<<i<<"天\\t";
cout<<endl;
for(i=1; i<=n;++i) {
   cout<<i<<"号运动员:\\t";
   for(j=2; j<=n;++j)
      cout<<a[i][j]<<' \\t';
   if(j==n)
      cout<<n;
   cout<<endl;      // ④↑输出日程表
}
}
```

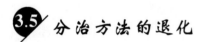

图 3-7 "循环赛日程表"问题求解的程序积木块描述

3.5 分治方法的退化

　　分治方法的本质在于通过简单的不断分解操作淡化了对问题处理复杂有效策略的谋求。因此,如果问题的处理是要寻找一个满足给定条件的最值,显然该问题处理方法即是判定某个值是否满足给定的条件(即可行解),即问题的处理方法淡化为一个条件满足性判断。于是,基于反向思维,可以通过分治方法将可行解区间不断缩小,直至区间为空,伴随着区间缩小,不断调整可行解,最终得到最值(最优解),这种方法称为二分答案方法。显然,二分答案方法是分治思想的一种典型应用,并且去掉了分治方法的子问题解综合部分和最简单子问题处理方法部分,仅仅使用了其划分部分。更进一步,二分答案方法加强了划分操作,一方面仍然是通过取中点实现数据集的均匀二分,另一方面通过条件满足性判断仅选择一个数据子集继续工作。因此,二分答案方法可以看作是分治方法的一种退化。

　　二分答案方法的适用场景(或使用前提)是问题的解必须满足区间单调性,即解区间上下限界确定并具备单调性。采用二分答案方法求解的问题也具有明显的特征:让最大值最小(即区间内求最小的最大值)或最小值最大(即区间内求最大的最小值)。

　　二分答案方法的基本原理如下:

　　1) 找出答案所在区间,即[L, R];

2）用验证函数(假设为 valid)验证当前值的可行性;

3）迭代求解:每次计算一个中点 mid = (L+R)/2,若 valid(mid) == true 时,根据单调性,选择更接近于不可能的一半区间,反之取另一半区间;

图 3-8 所示给出了相应的描述。二分答案方法的时间复杂度为 $O(\log n)$。

```
while( l < r ) {                  方式1
    mid = ( l + r ) / 2;
    if ( valid( mid ) ) l = mid + 1;
    else r = mid;
}
```

或

```
while( l < r ) {                  方式2
    mid = ( l + r + 1 ) / 2;
    if ( valid( mid ) ) l = mid;
    else r = mid-1;
}
```

注:如果l和r为相邻的一奇一偶,对于方式1,则每次mid计算后都等于l,如果每次只是让l=mid或r=mid的话,会出现死循环,故使l=mid+1;对于方式2,则每次mid计算后都等于r,如果每次只是让l=mid或r=mid的话,也会出现死循环,故使r=mid-1。

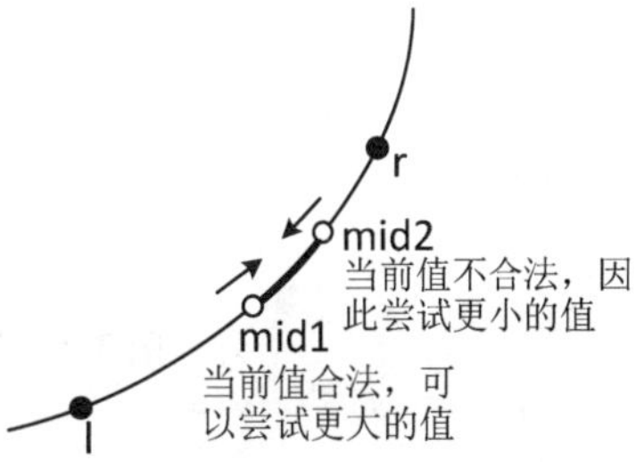

当前值不合法,因此尝试更小的值

当前值合法,可以尝试更大的值

图 3-8　二分答案方法的基本原理(最大值最小)

【**例 3-5**】　求使得 x^x 达到或超过 n 位数字的最小正整数 x($n <= 2\,000\,000\,000$)

对于本题,最自然直接的方法显然是迭代,即从 1 开始不断递增,直到找到第一个满足要求的正整数。然而,对于给定的数据范围,显然需要用到高精度运算,因此迭代方法不能满足实际需求。

事实上,正是题目明确给定了 n 的范围,因此,至少可以知道答案(x 的数字位数)一定在 1 与 2 000 000 000 之间。于是,可以将问题转换为求解正整数数字位数的二分查找问题。进一步,针对查找,显然还需要有比较,在此可以构造一个用于检查 x^x 的数字位数是否超过 n 的函数来实现。本题相当于求 $x^x >= 10^{n-1}$ 的最小整数 x,对于不等式 $x^x >= 10^{n-1}$,两边取常用对数: $x * \log(x) >= n-1$,显然, $x * \log(x)$ 是单调增的。因此,可以采用二分答案方法来实现本题的求解。图 3-9 所示给出相应的程序描述及解析。

```cpp
#include<iostream>
#include<cmath>
using namespace std;

bool valid(int x. int n)
{
    long long p =x;
    return p* log(1.0* x)>=n- 1);
}

int findx(int n)
{
    int left =0, right =2000000000;
    while(left +1 <right) {
        int mid =(left+right) / 2;   //取中点
        if(valid(mid, n)) right =mid;   //是一个合法解,尝试缩小范围找更优解
        else left =mid;   //解不合法,找合法的解
    }
    if(valid(left, n)) return left;   //尽量返回最优
```

```
    else return right;
}

int main()
{
    int n;
    cin>>n;
    cout<<findx(n);
    return 0;
}
```

图 3-9　二分答案方法应用示例(x^x问题的求解)

 ## 深入认识分治方法

3.6

　　分治方法主要从程序的两个 DNA 之一——数据组织的角度出发,将大规模数据集不断分解为小规模数据集,以便获得较好的处理效率。它对程序的另一个 DNA——数据处理不做太多的考虑(或者说,对于中间过程的处理方法就是数据集规模分解,对最小规模数据集的处理一般都是直接返回;对于小规模数据集解的综合一般也比较简单,例如直接合并等)。

　　基于分治方法的基本原理,分治方法的具体实现一般都是采用递归程序构造方式。然而,递归程序构造方式带来的堆栈操作时空消耗是一个值得考虑的问题。另外,非均匀分解模式中含有重叠子问题,子问题之间不再相互独立,由此,也可能带来时间消耗的问题(此问题可以通过记忆化方法进行优化)。事实上,分治方法的一个核心在于:子问题的规模大小是否接近,如果接近则算法效率较高。也就是说,狭义而言,一般式递归分解模型或普通式分解模型才是真正意义上的分治策略。

　　分治方法的难点在于如何综合小规模数据集的解。尽管通常的分治方法中,该部分的处理一般都是简单合并(例如归并排序、shell 排序等)、直接由递归本身返回时综合(例如快速排序、汉诺塔问题等)和带有简单处理方法的综合(例如插入排序等)三种,然而,对于一些高级的分治方法应用,特别是分解后几个部分存在联系的情况,其综合小规模数据集的解的方法相对比较复杂。

　　分治法适用于数据集可以分割、子问题解的合并操作简单易行的应用场景。

　　分治方法的特点适合于并行分布处理,因此,伴随着大数据时代的到来,对于超大规模的数据集的处理,分治方法有着重要的现实意义。

　　分治作为最自然直接的一种构建处理方法的思维,有着广泛的影响,到处都存在分治思想的应用痕迹,例如,生活中的分组活动(每组活动相同或不同)、分层分类管理等,这些都可以看作是一种广义的分治。

　　由分治方法退化而来的二分答案方法,本质上是一种思维转换策略,可以把一个很难的求解性问题转换为较为简单的判断性问题。对于二分答案方法的实现,一般情况下尽管都要依据具体问题的要求而定,但其基本框架如下:1)while 循环查找时,判断条件为 l+1<r;2)缩小范

围时使 l、r 等于 mid(确保最后找到的就是相邻的两个 l、r);3)以是否合法为第一条件,题目需求为第二条件,判断输出。

3.7 本章小结

本章主要解析了分治方法的基本原理及其应用,剖析了分治方法的核心及关键,指出分治方法具有显式的计算思维属性。同时,对二分答案方法及其与分治方法的思维联系也给予了解析。

习　题

3-1 请解析"重复"子问题和"重叠"子问题两个概念的异同。(提示:"重叠"就是"重复",但"重叠"从两个域存在交叉的角度看重复,"重复"一般从两个域不存在交叉的角度看重复)

3-2 在 n 个不同元素中找出第 k 个最小元素。

3-3 汉诺塔问题。有 A、B、C 三根柱子,A 柱上有 n 个(n>1)圆盘,圆盘的尺寸由下到上依次变小,要求按下列规则将所有圆盘移至 C 柱:1)每次只能移动一个圆盘;2)大圆盘不能叠在小圆盘上面。请问:如何移动圆盘? 最少要移动多少次圆盘? (提示:可将圆盘临时放置在 B 柱,也可将从 A 柱移出的圆盘重新移回到 A 柱,但都必须遵循上述两条规则)

3-4 求 x^n。

3-5 假币问题。在 n 枚外观相同的硬币中,有一枚是假币,并且已知假币与真币的重量不同,但不知道假币与真币相比是较轻还是较重。如何通过一架天平来高效地检测出这枚假币? (提示:将硬币分成 A、B、C 三组,如果 A 等于 C,则假币在 B 组,递归将 B 三等分,重复上述步骤;如果 A 不等于 C,则假币在 A 和 C 中,分别将 A 和 B、C 和 B 比较,哪个不等于 B,则假币必在其中,递归将其三等分,重复上述步骤。注意,当分组里的硬币数少于 3 个时,无须划分,直接将组里某个硬币与组外任一硬币比较,不同即是假币,相同的话说明另外一个必是假币)

3-6 矩形覆盖。用 2×1 的小矩形横着或者竖着去覆盖更大的矩形,请问用 n 个 2×1 的小矩形无重叠地覆盖一个 2×n 的大矩形,总共有多少种方法?

3-7 n 个元素的集合{1, 2, …, n} 可以划分为若干个非空子集。例如:当 n=4 时,集合{1, 2, 3, 4} 可以划分为 15 个不同的非空子集:{{1}、{2}、{3}、{4}}、{{1, 3}、{2}、{4}}、{{1, 4}、{2}、{3}}、{{2, 3}、{1}、{4}}、{{2, 4}、{1}、{3}}、{{3, 4}、{1}、{2}}、{{1, 2}、{3, 4}}、{{1, 3}、{2, 4}}、{{1, 4}、{2, 3}}、{{1, 2, 3}、{4}}、{{1, 2, 4}、{3}}、{{1, 3, 4}、{2}}、{{2, 3, 4}、{1}}、{{1, 2, 3, 4}},给定正整数 n 和 m,利用分治算法计算出 n 个元素的集合{1, 2, …, n} 可以划分为多少个不同的由 m 个非空子集组成的集合。

输入格式:元素个数 n 和非空子集数 m。

输出格式:计算出共有多少个不同的由 m 个非空子集组成的集合。

输入样例:

4 2

输出样例:

7

3-8 某石油公司计划建造一条由东向西的主输油管道,该管道要穿过一个有 n 口油井的油田,从每口油井都要有一条输油管道沿最短路径(南或北)与主管道相连。如果给定 n 口油井的位置,即它们的 x 坐标(东西向)和 y 坐标(南北向),应如何确定主管道的最优位置(即使各油井到主管道之间的输油管道长度总和最小的位置)? 给定 n 口油井的位置,编程计算各油井到主管道之间的输油管道最小长度总和。

输入格式:首行为油井数量 n,其他行为每口油井的横坐标 x_i、纵坐标 y_i。

输出格式:油井到主管道之间的输油管道最小长度总和。

输入样例:

5

1 2

3 5

3 7

3 4

2 7

输出样例:

8

3-9 求 3 位数,每位数字可以取 1~3 的所有可能。

3-10 (LeetCode 77, Combinations)给定两个整数 n 和 k,返回 1…n 中所有可能的 k 个数的组合。

输入格式:n = 4, k = 2

输出格式:

[

[2, 4],

[3, 4],

[2, 3],

[1, 2],

[1, 3],

[1, 4],

]

3-11 (LeetCode 39, Combination Sum)给出一个候选数字的集合 C 和目标数字 T,找到 C 中所有的组合,使找出的数字和为 T。C 中的数字可以无限制重复被选取。

输入格式:[2, 3, 5], 8

输出格式:

[

```
[2, 2, 2, 2],
[2, 3, 3],
[3, 5]
]
```

3-12 (POJ 1905)棍的膨胀。

问题描述:已知一根长为 L 的细棍被加热了 n 摄氏度,则其新的长度为 L' = (1+n * C) * L。其中,C 是热膨胀系数。

当一根细棍被夹在两面墙中间然后被加热,它会膨胀,其形状会变成一个弧,而原来的细棍(加热前的细棍)就是这个弧所对的弦。

你的任务是计算出弧的中点与弦的中点的距离。

输入格式:包含多组数据(每组占一行)。每一行包含三个非负数:细棍的长度、温度的变化值和细棍材料的热膨胀系数 C。输入数据保证细棍不会膨胀超过自己的一半。输入数据以三个连续的−1 结尾。

输出格式:对于每一组数据,输出计算的距离,答案保留三位小数。

输入样例:

1000 100 0.0001

15000 10 0.00006

10 0 0.001

−1−1−1

输出样例:

61.329

225.020

0.000

(提示:直接二分高度,通过高度和弦长推出半径,再算角度,最后与实际的弧长进行比较,并最后进行调整)

3-13 (POJ 3714)突袭。

问题描述:给出 A、B 两个点集,每个集合包含 N 个点。现要求分别从两个点集中取出一个点,使这两个点的距离最小。

输入格式:第一行包含一个整数 T,表示样例个数。接下来有 T 个样例,每个样例的第一行为一个整数 N(1<= N<= 100 000),表示每个组的点的个数,随后有 N 行,每行有两个整数 X(0<= X<= 1 000 000 000)和 Y(0<= Y<= 1 000 000 000),代表 A 组的各点的坐标。再随后 N 行,每行有两个整数 X(0<= X<= 1 000 000 000)和 Y(0<= Y<= 1 000 000 000),代表 B 组的各点的坐标。

输出格式:对于每个样例,输出两点间最小的距离(保留 3 位小数)。注意:两个点必须来自两个不同的组。

输入样例:

2

4

0 5

```
0 0
1 0
1 1
2 2
2 3
3 2
4 4
4
0 0
1 0
0 1
0 0
0 0
1 0
0 1
0 0
```

输出样例:

1.414

0.000

(提示:无集合限制的求最近点对:对所有点先按 x 坐标不减排序,对 x 进行二分,得到点集 S1,点集 S2,通过递归求得 S1,S2 的最小点对距离 d1,d2;D = min{d1,d2};合并 S1、S2,找到在 S1,S2 划分线左右距离为 D 的所有点,按 y 不减(不增也可以)排序;循环每个点找它后面 6 个点的最小距离;最后即求得最小点对距离。对于集合限制,把同一集合之间点的距离定为无穷大即可)

3-14 有 N 条绳子,它们的长度分别为 L_i。如果从它们中切割出 K 条长度相同的绳子,这 K 条绳子每条最长能有多长?(答案保留到小数点后 2 位)

输入格式:第一行两个整数 N 和 K,接下来 N 行,描述了每条绳子的长度 L_i。

输出格式:切割后每条绳子的最大长度。

输入样例:

4 11

8.02

7.43

4.57

5.39

输出样例:

2.00

(提示:二分答案。注意精度和浮点数误差问题,只要枚举小数即可)

3-15 快速傅里叶变换(FFT,Fast Fourier Transform)。

3-16　请分析 FFT 算法与求 x^n 方法之间的关系。

3-17　麦森数(NOIP2003 普及组)。

　　　问题描述:形如 2^P-1 的素数称为麦森数,这时 P 一定也是个素数。但反过来不一定,即如果 P 是个素数,2^P-1 不一定也是素数。到 1998 年底,人们已找到了 37 个麦森数。最大的一个是 P = 3 021 377,它有 909 526 位。麦森数有许多重要应用,它与完全数密切相关。

　　　任务:从文件中输入 P(1 000 < P < 3 100 000),计算 2^P-1 的位数和最后 500 位数字(用十进制高精度数表示)。

　　　输入格式:

　　　只包含一个整数 P(1 000 < P < 3 100 000)。

　　　输出格式:

　　　第 1 行:十进制高精度数 2^P-1 的位数。

　　　第 2~11 行:十进制高精度数 2^P-1 的最后 500 位数字。(每行输出 50 位,共输出 10 行,不足 500 位时高位补 0)。

　　　不必验证 2^P-1 与 P 是否为素数。

　　　输入样例:

　　　1279

　　　输出样例:

　　　386

　　　00000000000000000000000000000000000000000000000000

　　　00000000000000000000000000000000000000000000000000

　　　00000000000000010407932194664399081925240327364085 5

　　　38615262247266704805319112350403608059673360298012

　　　23944173232418484242161395428100779138356624832346

　　　49081399066056773207629241295093892203457731833496

　　　61583550472959420547689811211693677147548478866962

　　　50138443826029173234888531116082853841658502825560

　　　46662248318909188018470682220314052102669843548873

　　　29580288780508697361869007147207105557031687290875

3-18　问题描述:输入 b、p、k 的值,求 $b^p \bmod k$ 的值。其中,b、p、k*k 为长整形数。

　　　输入样例:

　　　2　10　9

　　　输出样例:

　　　$2^{10} \bmod 9 = 7$

3-19　表达式。

　　　问题描述:输入一个含有括号的四则运算表达式,可能含有多余的括号,编程整理该表达式,去掉所有多余的括号,原表达式中所有变量和运算符相对位置保持不变,并保持与原表达式等价。

　　　注意:1)输入 a+b 时,不能输出 b+a;2)表达式以字符串输入,长度不超过 255;3)输入不需要判错;4)所有变量为单个小写字母;5)不要求对表达式化简。

输入格式:

原表达式

输出格式:

整理后的表达式

输入样例:

(a*b)+c/d a*b+c/d

输出样例:

a*b+c/d a*b+c/d

第 4 章　有效策略之贪心

4.1　概述

搜索优化尽管大幅度减少了解状态空间中实际参与搜索的状态数量,但搜索优化仍然摆脱不了穷举的本质。贪心(也称贪婪)是消除穷举特征的一种方法,它将状态的每一次扩展作为一个阶段,阶段之间相对独立并通过迭代方式扩展阶段。对于每个阶段,贪心不再穷举其所有状态,而总是依据某种度量标准(称为贪心策略)在当前阶段选择"最好"的一个状态以便进一步扩展。

显然,贪心方法一方面消除了当前阶段的穷举,另一方面通过阶段之间的相对独立性消除了状态之间的组合情况的穷举。因此,贪心方法的执行轨迹相当于一条线,具有较高的执行效率。另外,与分治方法不同,贪心方法的思考出发点也是从程序的数据处理 DNA 出发的一种优化方法。

由于贪心方法在每一个阶段都要依据贪心策略选择一个"最优"的状态,因此,作为一个辅助方法,状态度量的有序化处理是必须的。依据具体问题,该有序化处理可以预处理,与主方法形成堆叠关系;也可以伴随着主方法进行实时处理,与主方法形成嵌套关系。

4.2　贪心方法的基本原理

贪心方法的具体实现仍然是基于回溯法基本模型的改进,主要是增加贪心策略并消除回溯(事实上,回溯的阶段扩展就是贪心,其贪心策略是按序简单地从当前候选穷举集中选第一个)。具体而言,贪心方法一般涉及如下数据组织结构和数据处理函数:

● 两个集合。一个包含已经被考虑过并被选出的候选对象,该集合作为当前局部解或一个全局解的数据组织结构(对应于搜索方法的 closed list);另一个包含已经被考虑过但被丢弃的候选对象,该集合也作为初始包含所有构成问题解候选对象的数据组织结构(对应于搜索方法的 open list)。

● 四个函数。一个完整解检查函数,用以检查一个候选对象的集合是否提供了问题的解答,即是否满足问题求解的最终要求(该函数不考虑此时的解决方法是否最优。如图 4-1 所示中的Ⓐ);一个(当前)可行解检查函数,用以检查一个候选对象的集合是否可行,即是否可能向该集合中添加更多的候选对象以便获得一个解(该函数也不考虑解决方法的最优性。如图 4-1

所示中的Ⓑ);一个选择函数,用以依据贪心策略进行选择,指出哪一个剩余的候选对象最有希望构成问题的解(如图4-1所示中的Ⓒ);一个目标函数,用以确定一个完整解是否最优(即使得完整解的值达到极值。如图4-1所示中的Ⓓ)。其中,选择函数是贪心方法所强调的(在回溯法中该函数被淡化),其他函数的作用类似于回溯法中的作用。

对于具体问题的处理,贪心方法首先需要寻找一个构成解的候选对象集合(该集合兼作已经被考虑过但被丢弃的候选对象集合)。其次,将已经被考虑过并被选出的候选对象的集合置为空,开始一步步迭代。对于每一步迭代,首先根据选择函数,从剩余候选对象中选出最有希望构成解的候选对象;然后依据可行解检查函数,如果当前被选出的候选对象的集合中加上该候选对象后不可行,那么该候选对象就被丢弃并不再考虑;否则就将该候选对象加到当前被选出的候选对象的集合里;每一次迭代都扩充当前被选出的候选对象的集合(即构成新的当前局部解),并对该集合依据完整解检查函数,检查其是否构成一个完整解。最后,通过目标函数确定一个完整解是最优解并输出其值。通常,找到的第一个完整解被确认为就是问题的可行最优解或近似解。图4-1所示解析了贪心方法的基本原理。

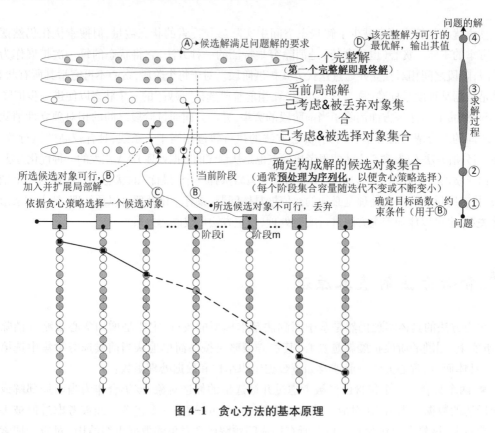

图4-1　贪心方法的基本原理

4.3　贪心策略的经典应用

所谓经典应用,在此主要是指前人已经归纳总结出来并经过抽象的、用以解决某一类问题的通用方法及其表达模型,这些方法一般都是经过证明的,可以得到问题的最优解。

从思维逻辑的角度,这些方法一方面是贪心方法的具体应用,另一方面,它们又作为一些新的基本方法,应用于其他同类实际问题的处理。也就是说,这些方法在贪心方法和各种实际问题之间建立了一种桥梁。

4.3.1　霍夫曼树(Huffman Tree)

霍夫曼树(也称最优二叉树)是由霍夫曼博士提出的一种基于有序频率的二叉树编码方法,其本质是使得出现频率高的字母使用较短的编码,出现频率低的字母使用较长的编码,使编码之后的字符串的平均长度、期望值降低,从而达到无损压缩数据的目的。

霍夫曼树是一种带权路径长度最短的二叉树。所谓树的带权路径长度,是指树中所有叶结点的权值乘以其到根结点的路径长度(若根结点为 0 层,叶结点到根结点的路径长度为叶结点的层数),即 wpl = $(w_1 * l_1 + w_2 * l_2 + w_3 * l_3 + \cdots + w_n * l_n)$,$n$ 个权值 $w_i (i = 1, 2, \cdots, n)$ 构成一棵有 n 个叶结点的二叉树,相应的叶结点的路径长度为 $l_i (i = 1, 2, \cdots, n)$,如图 4-2a 所示。

霍夫曼树的构造可以采用贪心方法实现,并且可以证明霍夫曼树的 wpl 是最小的。具体构造过程参见例 4-1,算法的时间复杂度为 $O(n\log n)$(n 为叶结点的个数)。

【例 4-1】　霍夫曼树的构造

为了使得带权路径长度最短,显然,权值越大的结点,其路径长度应该越小,权值越小的结点,其路径长度应该越大。为此,霍夫曼树的构造按如下方法进行:1)将所有权值按照升序排列;2)以两个最小权值作为结点构成一个基本二叉树,并将其根结点看作是一个新的权值并插入已排序的权值序列;3)不断重复上述过程,直到所有权值都处理完成。

显然,随着二叉树结构的构建过程,权值小的结点路径程度越来越大。由此,最终得到的二叉树结构,其 wpl 为最小。构建过程的关键在于要动态维护一个升序排列的权值数据组织结构,考虑到时间效率,基于堆排序的优先队列可以实现该操作(参见图 4-2b 中的 forward_list)。构造霍夫曼树的程序描述如图 4-2b 所示。

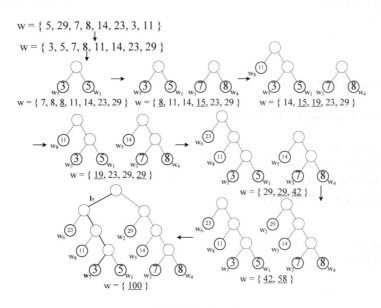

a) 霍夫曼树的原理

```
#include<iostream>
#include<algorithm>
using namespace std;

typedef struct HuffmanNode {
    int weight;   //权值
    HuffmanNode * lchild, * rchild;   //左右子女结点
} HuffmanTree;

void addNode(std::forward_list<HuffmanNode* >&huffmanNodes, HuffmanNode * node)
{
  forward_list<HuffmanNode* >::iterator iter =huffmanNodes.begin();
  forward_list<HuffmanNode* >::iterator before =huffmanNodes.before_begin();

  while(iter!=huffmanNodes.end()){
    if((* iter)->weight>node->weight) {
      huffmanNodes.insert_after(before, node);
      return;
    }
    else {
      before =iter; ++iter;
    }
  }
  huffmanNodes.insert_after(before, node);   //插入在最后
}

void Traverse(HuffmanTree * tree) //在此直接输出整个哈夫曼树   ④
{
  cout<<tree->weight<<" ";
  if (tree->lchild!=nullptr)
    Traverse(tree->lchild);
  if (tree->rchild!=nullptr)
    Traverse(tree->rchild);
}

HuffmanTree * createHuffmanTree(int w[ ], int n)
{
  forward_list<HuffmanNode* >huffmanNodes;

  for(int i =0; i<n;++i) {
    HuffmanNode * node =new HuffmanNode;
    node->lchild =NULL; node->rchild =NULL; node->weight =w[i];
    huffmanNodes.push_front(node);
  }

  huffmanNodes.sort([ ](HuffmanNode * n1, HuffmanNode * n2) {return n1->weight<n2->weight;
}); //按权值从小到大排序   ①

  int length =n;   //候选对象集容量
  while(length!=1) {   // ②
```

```
    HuffmanNode *  lNode =huffmanNodes.front();
                     //从当前阶段候选对象集中选择两个最小权值结点
    huffmanNodes.pop_front();
    HuffmanNode *  rNode =huffmanNodes.front();
    huffmanNodes.pop_front();

    HuffmanNode *  node =new HuffmanNode;
    node->weight =lNode->weight +rNode->weight;
                //构成二叉子树叶结点,同时将其权值合并
    node->lchild =lNode; node->rchild =rNode;

    addNode(huffmanNodes, node);
                //合并后的权值结点放入候选对象集,完成一次阶段迭代(或阶段扩展)
    -- length;
  }
  return huffmanNodes.front();   // ③n 为 1 时整个哈夫曼树构建完成
}
```

b) 霍夫曼树构造的程序描述

图 4-2　霍夫曼树的构造

依据贪心方法原理,wpl 最小是目标,每次只能选择两个最小权值的叶结点是约束条件。所有叶结点的权值构成解的候选对象集合并将其由小到大排序(参见图 4-2b 的①),然后每次从当前阶段候选对象集合中选择两个最小权值构成二叉子树的叶结点,同时将其权值合并放入候选对象集,由此完成一次阶段迭代(或阶段扩展)并简化问题的规模(参见图 4-2b 中的②。选择与可行判断两者合并)。当候选对象集为空时完成整个求解过程并得到一个最终解(参见图 4-2b 中的③)。最后,输出最终解的值 wpl 或整个哈夫曼树(参见图 4-2b 中的④)。显然,对于本题,每个阶段候选对象集的容量是不断减少的。

另外,由于每次合并结果放入数据集后,缩小的数据集需要重新排序,因此,时间复杂度为 $O(n\log n)$。通过增加一个队列专门存放每次合并后的候选对象集,可以去掉重新排序的操作,使算法的时间复杂度降为 $O(n)$,具体的程序描述如图 4-3 所示。

```
#include<iostream>
#include<algorithm>
#include<queue>

#define N 100000
using namespace std;

int data[N];   //输入的原始数据
int n;   //实际输入的结点个数
long ans;   // Huffman 树的权值
queue<int>a, b;   //普通队列:队列 a 初始时已排序,b 队列每次合并结果总是升序的

int get()
```

```
{    //双队列算法辅助函数:用于获取最小的数
  int min;
  if(a.empty()) {      // a 队列为空,取 b 队列的最小数
    min =b.front(); b.pop();
  }
  else if(b.empty()) {      //a 队列不空,b 队列空,取 a 队列最小数
      min =a.front(); a.pop();
    }
    else {      //a,b 队列都不空:优先合并两个队列中的最小的两个数
      if(a.front()<b.front()) {
        min =a.front(); a.pop();
      }
      else {
        min =b.front(); b.pop();
      }
    }
  return min;
}


int doubleQueue()
{
  int count =n;
  sort(data +1, data +1 +count);    //原始数据由小到大排序
  for(int i =1; i<=count; ++i)     //原始数据放入第一个队列
    a.push(data[i]);
  while(count!=1) {    //直到第二个队列中剩下一个数
    int x1 =get(); int x2 =get();
    ans +=x1 +x2;
    b.push(x1 +x2);    //每次合并完的数放入第二个队列
    count-- ;
  }
  return ans;
}
int main()
{
  cin>>n;
  for(int i =1; i<=n; ++i)
    cin>>data[i];
  int ans =doubleQueue();
  cout<<ans<<endl;
  return 0;
}
//↑双队列方法

//↓单队列方法 :定义升序优先级队列 q,并且原始数据在输入同时压入 q
priority_queue<int, vector<int>, greater<int>>q;
    //优先队列:每次合并结果放入队列 q 时,q 内部重新调整,以确保新队列的升序排列特征

int singleQueue()
{
```

```
    int t, ans =0;
    int count =n;

    while(-- count) {
       t =0;
       t+=q.top(); q.pop();
       t+=q.top(); q.pop();
       ans +=t; q.push(t);
    }
    return ans;
}
```

图 4-3　改进的霍夫曼树构造算法(仅给出值计算过程,不含树构造)

4.3.2　最小生成树(Minimum Spanning Tree)

所谓生成树是指一个无向图结构的连通子图,该子图包含原图结构的所有顶点,但不包含任何回路。所谓最小生成树,是指一个带权无向图的生成树,其所有边的权值之和为最小。图4-4所示是最小生成树示例。

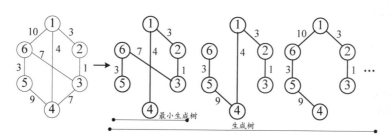

图 4-4　最小生成树示例

最小生成树的构造可以基于贪心方法实现,并且可以证明该方法能够得到全局最优解。最小生成树的具体构造一般有克鲁斯卡尔算法(Kruskal)和普里姆(Prim)算法,前者以边为考虑核心,时间复杂度为 $O(eloge)$(e 为图中边的数量),适合于求稀疏图的最小生成树;后者以顶点为考虑核心,时间复杂度为 $O(n^2)$(n 为图中顶点的数量),适合于求稠密图的最小生成树,两者都需要对回路问题进行判断。具体构造过程分别参见例4-2和例4-3。

【例 4-2】　最小生成树的构造(Kruskal)

克鲁斯卡尔算法将所有边作为候选对象集合,并依据权值按升序排列做初始化处理。然后从以所有顶点(不含边)构成的图出发,每次选择一条可行、权值最小的边加入图中,重复该过程,直到连通所有顶点。所谓可行,是指不能构成回路。因此,如何判断回路成为算法的关键。为此,采用并查集方法来解决该关键问题,即首先将每个点各自作为一个集合,每当选择一条权值最小的边时,判断该条边的两个顶点是否来自两个不同集合,如果是就将这两个顶点合并为一个集合,同时选中该条边;如果不是,则表示产生回路,放弃该条边,重新选择一条边。最小生成树的构造过程如图4-5a所示,具体的程序描述如图4-5b所示。

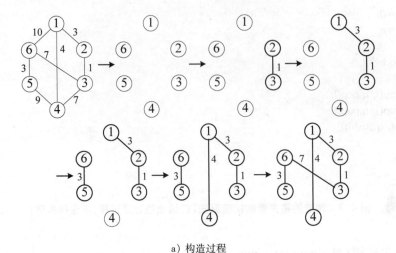

a）构造过程

```
#include <set>
#include <cmath>
#include <forward_list>
#include <algorithm>
using namespace std;

#define MAX 100

struct Edge {
    int startIndex;
    int endIndex;
    int weight;
};

int kruskal(int graph[ ][MAX], int m, int n, int(* tree)[MAX])    // tree：⑤
{
    set<int>nodeSet;
    forward_list<Edge* >edges;
    int index =0;
    for(int i =1; i<=m;++i) {        // ①↓
        for(int j =i+1; j<=m;++j) {
            if(graph[i][j]!=INT_MAX) {
                Edge * edge =new Edge;
                edge->startIndex =i;
                edge->endIndex =j;
                edge->weight =graph[i][j];
                edges.push_front(edge);
            }
        }
    }        // ①↑
    edges.sort([ ](Edge * e1, Edge * e2) {return e1->weight<e2->weight; });
                //按权值从小到大排序   ②
```

```
    int sum =0;
    while(nodeSet.size()<m) {    // ④
       Edge * edge =edges.front();
       edges.pop_front();     // ③
       bool isLoop =true;
       if(nodeSet.find(edge->startIndex) ==nodeSet.end()) {    // ⑥↓回路判断
          isLoop =false;
          nodeSet.insert(edge->startIndex);
       }
       if(nodeSet.find(edge->endIndex) ==nodeSet.end()) {
          isLoop =false;
          nodeSet.insert(edge->endIndex);
       }         // ⑥↑回路判断
       if(! isLoop) {    // ③
          tree[ edge->startIndex ][ edge->endIndex ] =edge->weight;
          sum+=edge->weight;
       }
    }
    return sum;        // ⑤
}
```

b）程序描述

图 4-5　Kruskal 算法原理

【例 4-3】　最小生成树的构造（Prim）

普里姆算法将图的顶点分为两个集合，一部分是已访问过的顶点集合，另一部分是未访问过的顶点集合。然后每次从已访问过的顶点集出发，寻找一条到达未访问过的顶点集合的最小权值边，并将该条边的未访问顶点加入到已访问过的顶点集中。重复该过程，直到边的数量等于顶点数减 1。显然，尽管每次都是选择权值最小的边，但每次供选择的候选对象集是动态的，因此不能预先依据权值按升序排列做初始化处理，而是每次都需要进行动态选择。最小生成树的构造过程如图 4-6a 所示，具体的程序描述如图 4-6b 所示。

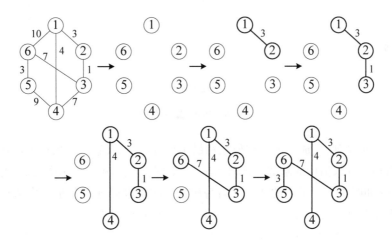

a）构造过程

73

```
#include<iostream>
#include<cmath>
using namespace std;

#define MAX 100

int graph[MAX][MAX];

int Prim(int graph[ ][MAX], int m, int n, int (* primTree)[MAX])    // primTree : ⑤
{//graph:输入的图,primTree:输出的最小生成树
  int sta[MAX];   //某一条边的起点值
  int lowcost[MAX];    //以 i 为终点的边的最小权值
  int min, minid, sum =0;    // min:最小权值,minid:权值最小的边所对应的终点
  for(int i =2; i<=n;++i){
    lowcost[i] =graph[1][i]; //初始化:初始值为从结点 1 出发到 i 的权值
    sta[i] =1;   //起点为 1
  }
  sta[1] =0; //结点 1 进入最小生成树
  for(int h =1; h<m;++h){    // ④
    min =INT_MAX;    // ③↓从当前候选对象集寻找最小权值的可行边
    for(int j =2; j<=n;++j){
      if(lowcost[j]<min && lowcost[j]!=0){
        min =lowcost[j]; minid =j;
      }
    }
    primTree[sta[minid]][minid] =lowcost[minid];
            //扩展最小生成树(将找到的最小权值边放入生成树)  ③↑

    lowcost[minid] =0;    //置该条边已考虑并采用的标志
    sum+=min;   //累计生成树的权值
    for(int s =2; s<=n;++s){
      if(lowcost[s]>graph[minid][s]){    //调整候选对象集
        lowcost[s] =graph[minid][s]; sta[s] =minid;
      }
    }
  }
  return sum;    // ⑤
}
```

b) 程序描述

图 4-6   Prim 算法原理

依据贪心方法原理,生成树的边权值之和最小是目标,每次添加一条边不能构成回路是约束条件。所有边及其权值构成解的候选对象集合(如图 4-5、图 4-6 所示中的①)并将其按权值由小到大排序(如图 4-5 所示中的②),然后每次从当前阶段候选对象集合中选择权值最小的可行边并将其添加到已考虑并被选择候选对象集(如图 4-5、图 4-6 所示中的③,图 4-6 中每次求最值),由此完成一次阶段迭代(或阶段扩展)并简化问题的规模。当已考虑并被选择候选对象集的容量为 $n-1$ 条边时(n 为原图结构的顶点数)完成整个求解过程并得到一个最终解(如

图4-5、图 4-6 所示中的④）。最后,输出最终解的值——最小生成树(如图 4-5、图 4-6 所示中的⑤）。显然,对于本题,每个阶段候选对象集的容量也是不断减少的。

尽管 Prim 算法和 Kruskal 算法都对候选边集进行贪心选择,但 Prim 算法通过生成树的不断扩展,具有显式的阶段迭代特征;Kruskal 算法以所有点为树根的森林出发,通过不断增加可行边逐步构建生成树,具有隐式的阶段迭代特征。并且,两者的思维方式正好相反。

通过综合 Prim 算法和 Kruskal 算法,可以得到另一种方法——Boruvka 算法,其基本原理是,用定点数组记录每个子树(一开始是单个定点)的最近邻居(类似 Prim 算法),对于每一条边进行处理(类似 Kruskal 算法),如果这条边的两个顶点属于同一个集合,则放弃该条边不做处理,否则检测该条边连接的两个子树,如果是连接这两个子树的最小权值边,则进行更新(或合并)。由于每次循环迭代时,每棵子树都会合并成一棵较大的子树,因此每次循环迭代都会使子树的数量至少减少一半。Boruvka 算法的时间复杂度为 $O(elogv)$ (e 为图中边的数量, v 为图中顶点的数量)。Boruvka 算法每次迭代同时扩展多棵子树,直到得到最小生成树。因此,Boruvka 算法适用于并行处理一个图。

4.3.3 单源最短路径(Single-Source Shortest Path)

最短路径是指带权图结构中两个顶点之间边权值的和为最小的一条通路。单源最短路径主要是指固定一个起始顶点,求其到达其他各个顶点的最短路径。图 4-7 所示是单源最短路径的示例。

图 4-7　单源最短路径示例

单源最短路径的求解可以基于贪心方法实现,并且可以证明该方法能够得到全局最优解。最短路径的具体求解主要有迪杰斯特拉算法(Dijkstra),时间复杂度为 $O(n^2)$,适合于求不含负权回路的稠密图的单源最短路径。具体构造过程参见例 4-4。

【例 4-4】 单源最短路径的求解(Dijkstra)

迪杰斯特拉算法初始时将源顶点到达各个其他顶点的最短距离初始化为原图给定的值(与源顶点不相邻的顶点,其最短距离为无穷大)。然后从源顶点出发,从其相邻的顶点中选择一个最短距离值最小的顶点,并以该顶点为中转同时调整其他各个顶点的最短距离值。直到所有顶点都已经被考虑为止。图 4-8a 所示是最短路径的求解过程,图 4-8b 所示是相应的程序描述。

依据贪心方法原理,指定的初始顶点(源)到其他各个顶点的路径边权值之和分别都最小是目标,每次选择当前顶点的相邻边是约束条件。所有边及其权值和相邻情况(即原始图结构)构成解的候选对象集合(如图 4-7 所示中的①),然后每次从当前阶段候选对象集合中选择权值最小的可行边(相邻边)并将其添加到已考虑并被选择候选对象集(如图 4-7 所示中的②),由此完成一次阶段迭代(或阶段扩展)并简化问题的规模。当已考虑并被选择候选对象集的容量为其他所有顶点（即源到所有其他顶点的最短路径都已得到），完成整个求解过程并得到一个最终解（如图4-7所示中的③）。最后，输出最终解的值——源到其他各个顶点的最短路径（如图4-7所示中的④）。显然，对于本题，每个阶段候选对象集的容量是不同的（取决于相邻情况），并且其序列化操作也无法预处理（只能朴素查找）。

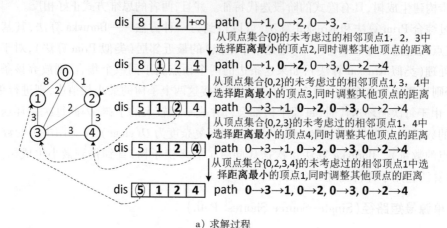

a）求解过程

```
#include<iostream>
#include<cmath>
#include<vector>
#define MAX 100
using namespace std;

vector<int>Dijkstra(int m, int s, int graph[ ][MAX], int t, int& distance)
{  // m:边数,s:源点,t:终点。graph : ①      distance : ④
  int * visited =new int[m+1];   // 边访问标志
  int * dis =new int[m+1];   // 距离（边权）
  int * preNode =new int[m+1];   // 前驱结点

  for(int i =0; i<m;++i)
    vector<int>path;

  for(int i =1; i<=m;++i)       // ①↓
    if(i!=s) {
      preNode[i] =s;
      dis[i] =graph[s][i];
      visited[i] =0;
  }       // ①↑

  int u, min;
  for(int i =1; i<=m- 1;++i) {// 从候选对象集寻找最小距离的可行边并采用 m- 1：③
    min =INT_MAX;   // ②↓从当前阶段候选对象集中选择权值最小的可行边（相邻边）
    for(int j =1; j<=m;++j)
      if(visited[j] ==0 && dis[j] <min) {
        min =dis[j]; u =j;
      }
```

```
    visited[u]=1;      // ②↑

    for(int v=1; v<=m;++v)   // ②↓将选到的边添加到"已考虑 & 被选候选对象集"
      if(graph[u][v]<INT_MAX){
        if(dis[v]>dis[u]+graph[u][v]){
          dis[v]=dis[u]+graph[u][v];    //松弛
          preNode[v]=u;
        }
      }     // ②↑
  }

  vector<int>path;       //⑤↓生成最短路径
  int nodeIndex=t;
  while(true){
    path.insert(path.begin(), nodeIndex);
    nodeIndex=preNode[nodeIndex];
    if(nodeIndex==s){
      path.insert(path.begin(), nodeIndex);
      break;
    }
  }     // ⑤↑生成最短路径
  distance=dis[t];     // ④
  return path;      // ④
}
```

b)程序描述

图 4-8　Dijkstra 算法原理

Dijkstra 算法不能处理带有负权的图,此时需要采用 floyd 算法(参见普通"数据结构"教材),该算法同时可以求解多源最短路径,并且还可以求有向图、无向图的最小环和最大环,其时间复杂度为 $O(n^3)$。 另外,Bellman-ford 算法、Spfa 算法(Bellman-ford 算法的优化版)也可以处理带有负权的图,其时间复杂度为 $O(ev)$(其中, e 为边数, v 为顶点数)。

对于无权图或权值相等的图,Dijkstra 算法退化为(或等价于)宽度优先搜索方法。

4.3.4　0-1 背包

所谓背包,是指对某一类问题的抽象模型,它一般涉及背包和物品两个资源,背包含有重量或容量一个属性,物品有多种,每种含有重量、体积或容量、费用等和价值两个属性,其求解的目标是如何将物品放入背包,使得背包中物品的价值总和为最大。

0-1 背包是最基础最简单的背包问题,每种物品只有一个且不允许分割,因此,该物品要么放入背包(即 0-1 的 1),要么不放入背包(即 0-1 的 0)。

0-1 背包问题可以通过贪心方法求解,例 4-5 给出了相应的示例,并给出三种不同的贪心策略。然而,该方法不能确保得到最优解。

【例 4-5】　0-1 背包问题的求解(贪心)

依据贪心方法原理,背包中物品的价值总和最大是目标,每次选择物品时,必须能够将该物品装入背包中(即背包的剩余重量或容量大于等于所选物品的重量或容量)是约束条件。所有物品及其属性构成解的候选对象集合并做序列化预处理(如图4-9所示中的①),然后每次从当前阶段候选对象集合中选择价值最大的可行物品并将其添加到背包(即已考虑并被选择候选对象集)中(如图4-9所示中的②),由此完成一次阶段迭代(或阶段扩展)并简化问题的规模。当已考虑并被选择候选对象集的容量等于背包的容量,或者尽管没有达到背包的容量,但无法再选择到可行物品时完成整个求解过程并得到一个最终解(如图4-9所示中的③)。最后,输出最终解的值——背包的最大价值(及其装包方案)(如图4-9所示中的④)。显然,对于本题,每个阶段候选对象集的容量是不断减少的。

依据计算思维原理,对于0-1背包问题可以进行各个维度的拓展,形成各种背包问题模型,通常有从物品数量角度出发:多重背包(每种物品最多有n个)、完全背包(每种物品有无限个)、混合背包(同时含有0-1背包、多重背包和完全背包);从物品属性角度出发:二维费用背包(每种物品有两种不同的费用及相应的最大可付出值,选择这种物品时需同时付出两种代价);从物品的关系角度出发:分组背包(n种物品分成若干组,每组中的物品互相冲突,最多只能选一件物品)、依赖背包(物品之间存在依赖关系,选中一件物品必须也选中其所依赖的物品;一件物品不能同时依赖于多种物品,不能出现循环依赖;等等)。更进一步,考虑物品的属性从静态固定拓展为动态不固定,即泛化物品背包(没有固定的费用及价值)等等。并且,上述多种思维角度还可以进一步叠加与嵌套。有关复杂背包问题的求解策略及解析,参见第7章。

```cpp
#include<vector>
#include<algorithm>
using namespace std;

struct Good {
    float weight;
    float price;
};

enum Strategy {
    CHOSE_WEIGHT,
    CHOSE_PRICE,
    CHOSE_UNITPRICE
};

bool choseWeight(Good g1, Good g2)    //②
{
    return g1.weight>g1.weight;    //优先选择重量大的
}

bool chosePrice(Good g1, Good g2)
{
    return g1.price>g2.price;    //优先选择价值大的
}

bool choseUnitPrice(Good g1, Good g2)    //⑤
```

```
{
    return(g1.price / g1.weight)>(g2.price /g2.weight);    //优先选择单位价值大的
}

int pack(vector<Good>goods, int capacity, Strategy strategy)    // 参数 1 : ①
{
    int totalPrice =0;
    if(strategy ==Strategy::CHOSE_WEIGHT) {    // ②
        sort(goods.begin(), goods.end(), choseWeight);    // ①
    }
    else if(strategy ==Strategy::CHOSE_PRICE) {
            sort(goods.begin(), goods.end(), chosePrice);
        }
        else {
            sort(goods.begin(), goods.end(), choseUnitPrice);    // ⑤
        }

    for(int i =0; i<goods.size();++i) {        // goods.size() : ③
        if(capacity >goods[i].weight) {    // ②
            totalPrice +=goods[i].price;
            capacity - =goods[i].weight;
        }
    }
    return totalPrice;    // ④
}
```

图 4-9　"0-1 背包"问题的程序描述

4.4　贪心策略的实战应用

所谓实战应用,在此主要是指针对各种具体应用问题的求解。与经典应用不同,实战应用的求解方法往往不具有通用性特点,仅仅针对给定的具体应用问题。

实战应用的求解方法,既可以直接使用贪心方法(例 4-6、例 4-7 和例 4-8),也可以首先映射到某些经典应用方法(或模型),从而间接使用贪心方法(例 4-9、例 4-10)。

【例 4-6】　均分纸牌(NOIP2002/提高组)

问题描述:有 n 堆纸牌,编号分别为 1, 2, …, n。每堆上有若干张,但纸牌总数必为 n的倍数。可以在任一堆上取若干张纸牌,然后移动。

移牌规则为:在编号为 1 的堆上取的纸牌,只能移到编号为 2 的堆上;在编号为 n 的堆上取的纸牌,只能移到编号为 n-1 的堆上;其他堆上取的纸牌,可以移到相邻左边或右边的堆上。

现在要求找出一种移动方法,用最少的移动次数使每堆上纸牌数都一样多。

例如:n = 4,4 堆纸牌数分别为:①9　②8　③17　④6

移动 3 次可达到目的:从③取 4 张牌放到④(9 8 13 10)→从③取 3 张牌放到②(9 11 10 10)→从②取 1 张牌放到①(10 10 10 10)。

输入格式:

n(n 堆纸牌,1<=n<=100)

$a_1\ a_2\cdots a_n$(n 堆纸牌,每堆纸牌初始数,l<= a_i <= 10 000)。

输出格式:

所有堆均达到相等时的最少移动次数。

输入样例:

4

9 8 17 6

输出样例:

3

针对本题,依据贪心策略选择的基本思路——覆盖全部要素,则应该将平均数(每堆牌最终的张数)计算出来(每堆牌的数量相当于一个要素),并且,再考虑应使得目标最优,即以平均数为目标,每次移动使得某堆牌(或同时两堆牌)的张数等于平均数,因为这样可以确保每堆牌最多仅移动一次。因此,基于平均数的移动策略就是贪心策略。每次移牌就是在构造最优解,扫描一遍就可以不断由局部最优到达全局最优。

然而,按什么顺序选择每一堆,又是一个问题。显然,移动一次能够使目标堆和自身都变为平均数是最优的。由于每次移动的张数任意,因此,针对本题,顺序选择可以不考虑(顺序不影响结果),直接从头到尾扫描一次即可。图 4-10 所示给出了相应的解析。

```
#include<bits/stdc++.h>
using namespace std;

int a[105];

int main()
{
  int n, i, avg, count, sum;
  sum =0;
  count =0;
  cin>>n;
  for(i =0; i<n;++i) {
    cin>>a[i]; sum+=a[i];
  }
  avg =sum / n;
  for(i =0; i<n; i++) //计算每堆多余/缺少的牌的张数(即与平均数的"距离")
    a[i] =a[i]- avg;
  for(i =0; i<n- 1; i++) { //从头到尾扫描一次
    if(a[i] !=0){ // 当前堆纸牌数不等于平均数
```

```
    a[i+1] =a[i] +a[i+1];   // 调整当前堆(向后面一堆移动/由后面一堆移过来)
    a[i] =0;   // 当前堆调整完成
    count++;   // 移动一次
  }
  else   // 当前堆纸牌数等于平均数,不需要调整
    continue;
 }
 cout<<count<<endl;
 return 0;
}
```

图 4-10 "均分纸牌"问题求解的程序描述

【例 4-7】 构造最大数

问题描述:给定 N 个正整数,构造一个程序,使它们连接在一起成为最大的数。例如:对于 3 个整数 12、456、342,组合数 45 634 212 为最大;对于 4 个整数 342、45、7、98,显然组合数 9 8745 342 为最大。

输入格式:

第一行一个整数 N,表示共有几个数;接下来一行含有 N 个数。

输出格式:

最大的组合数

针对本题,显然最自然直接的方法就是贪心,并且,可以以最大数优先作为贪心策略。然而,尽管贪心策略的考虑也覆盖了所有因子(即每个数),但其没有从满足目标最优的角度来考虑覆盖所有因子,也就是说,仅考虑了覆盖所有因子,但没有考虑使得目标最优。例如:对于 342、45、7、98 四个整数,如果仅考虑覆盖所有因子,则 342 98 45 7,显然结果不是最优的。从满足目标最优角度来考虑,显然应该是 98 7 45 342,即使得最后的组合数的高位尽量大。

因此,基于贪心策略选择的基本原理,需要对给定的 N 个数基于使得最后的组合数的高位尽量大原则进行排序。然后在此基础上,以最大数优先作为贪心策略。显然,在此的排序称为一个关键。具体方法可以有如下几种:

1)借用字符串字典顺序

将每个数字转化为字符串,对字符串的两两组合情况进行排序。

2)改造传统的排序方法

在此,以冒泡排序法为基础,改造其关键的两数比较操作。具体是,构造一个比较函数替换原来的直接比较方法,实现满足目标最优的排序。图 4-11 所示给出了比较函数。图 4-12 所示给出了相应的程序描述。

```
bool compare( int Num1, int Num2)
{
  int count1 =0, count2 =0;   //分别记录 Num1 和 Num2 的数字位数
  int MidNum1 =Num1, MidNum2 =Num2;
  while( MidNum1 ) {   //求 Num1 的数字位数
```

```
      ++count1; MidNum1 /=10;
   }
   while( MidNum2 ) { //求 Num2 的数字位数
      ++count2; MidNum2 /=10;
   }
   int a =Num1 * pow( 10, count2 ) +Num2; //组合 Num1 和 Num2
   int b =Num2 * pow( 10, count1 ) +Num1;  //组合 Num2 和 Num1

   return（a>b）? true : false;   //判断谁最优
}
```

图 4-11　新的比较函数

```
//转化为字符串比较方法
#include<iostream>
#include<cstdlib>
#include<cmath>
using namespace std;

string intToString( int num )
{ // 将整数 num 转化为对应的数字串
   char p[255];
   sprintf( p, "% d", num );
   string s( p ); return s;
}
int stringToint( const string& s )
{ // 将数字串 s 转化为对应的整数
   return atoi( s.c_str( ) );
}
void composeBiggest( int num[ ], int len )
{ // 基于选择排序方法, 穷举所有的组合情况
   int tempNum;
   string temp1, temp2;
   for( int i =0; i<len; ++i ) {
      for( int j =i+1; j<len; ++j ) {
         temp1 =intToString( num[ i ] ) + intToString( num[ j ] );
         temp2 =intToString( num[ j ] ) + intToString( num[ i ] );
         if( stringToint( temp1 ) - stringToint( temp2 ) <0 ) {
            tempNum =num[ i ]; num[ i ] =num[ j ]; num[ j ] =tempNum;
         }
      }
   }
   for( int i =0; i<len; ++i ) // 输出组合后的最大整数
      cout<<num[ i ];
   cout<<endl;
}
int main( )
{
   int n;
```

```
      cin>>n;
      int *a =new int[n];
      for(int i =0; i<len;++i)
        cin>>a[i];
      composeBiggest(a, n);
      delete[] a;
      return 0;
}

//改造传统排序方法
#include<iostream>
#include<cmath>
using namespace std;

bool compare(int Num1, int Num2)
{
    int count1 =0, count2 =0; //分别记录 Num1 和 Num2 的位数
    int MidNum1 =Num1, MidNum2 =Num2;

    while(MidNum1) {    //求 Num1 的位数
      ++count1; MidNum1 /=10;
    }

    while(MidNum2) {    //求 Num2 的位数
      ++count2; MidNum2 /=10;
    }

    int a =Num1 * pow(10, count2) +Num2; // Num1 和 Num2 组合
    int b =Num2 * pow(10, count1) +Num1; // Num2 和 Num1 组合

    return (a>b) ? true : false;    // 取最优的组合
}
int main()
{
    int n;
    cin>>n;
    int *a =new int[n];
    for(int i =0; i<n;++i)
      cin>>a[i];
    int temp;
    for(int i =0; i<n- 1;++i)    // 基于冒泡排序(向后冒泡)
      for(int j =0; j<n- i- 1; j++)
        if(compare(a[j], a[j+1])) { // 采用新构造的比较函数
          temp =a[j]; a[j] =a[j+1]; a[j+1] =temp;
        }
    for(int i =n- 1; i>=0; i-- ) // 输出组合后的最大整数
      cout<<a[i];
    cout<<endl;
    delete[] a;
    return 0;
}
```

图 4-12　"构造最大数"问题求解的程序描述

【例 4-8】 活动选择

问题描述:假设有一个需要使用同一资源(例如:同一个阶梯教室)的 n 个活动(activity)组成的集合 S,S = {a_1, a_2, …, a_n},该资源在一次只能被一个活动使用。每个活动 a_i 都有一个开始时间 s_i 和一个结束时间 f_i,其中 $0 \leq s_i < f_i < +\infty$。如果任务 a_i 被选中,则其发生在半开时间区间 $[s_i, f_i)$ 期间。如果两个活动 a_i 和 a_j 满足 $[s_i, f_i)$ 和 $[s_j, f_j)$ 不重叠,则称它们是兼容的(即,若 $s_i \geq f_j$ 或 $s_j \geq f_i$,则 a_i 和 a_j 是兼容的)。你的任务是选择由互相兼容的活动所组成的最大集合。

输入格式:

第 1 行为 n,第 2 行到第 n+1 行分别为 n 个活动的开始时间和结束时间(中间用一个空格隔开)。

输出格式:

共两行。第 1 行为满足要求的活动占用的时间 t,第 2 行为最大集合中的活动序号(中间用一个空格隔开)。

输入样例:

11

3 5

1 4

12 14

8 12

0 6

8 11

6 10

5 7

3 8

5 9

2 13

输出样例:

14

2 3 6 8

针对本题,相关因子有活动、活动的开始时间和结束时间。因此,贪心策略首先应该覆盖这三个因子。并且,为了使得目标最优,显然应该以使得余下的未被调度的时间最大化来选择一个活动,因为这样有利于选择更多兼容的活动,从而使得最终的集合最大化。因此,可以预先将 n 个待选择活动按其结束时间递增的顺序排列:$f_1 <= f_2 <= \cdots <= f_n$。

首先将递增活动中的第一个活动放入集合 S,然后依次分析递增序列的后续各个活动,每次将与 S 中的活动兼容的活动加入到集合 S 中。最终得到的集合 S 即为最大的集合。图 4-13 所示给出了相应的程序描述。

```cpp
#include<iostream>
#include<vector>
using namespace std;

void swap(int * a, int * b)
{
    int tmp =* a;
    * a =* b; * b =tmp;
}
int Adjust_Arr(int * a, int * b, int start, int end)
{
    int p =start, q =end, i =p- 1, j =p, key =a[q];
    while(j<q) {
        if(a[j] >=key) {
            j++; continue;
        }
        else {
            i++; swap(a+i, a+j); swap(b+i, b+j); j++;
        }
    }
    i++;
    swap(a+i, a+q); swap(b+i, b+q);
    return i;
}

void Quick_Sort(int * a, int * b, int start, int end)
{
    if(start<end) {
        int mid =Adjust_Arr(a, b, start, end);
        Quick_Sort(a, b, start, mid - 1); Quick_Sort(a, b, mid+1, end);
    }
}

vector<int>* Greedy_Activity_Selector(int * s, int * f, int n, int &t)
{   //非递归方式
    vector<int>* A =new vector<int>;
    int k =1;
    A->push_back(k); t =f[k];
    for(int m =2; m<=n; ++m) {
        if (s[m] >=f[k]) {
            A->push_back(m); k =m; t =f[k];
        }
    }
    return A;
}

int main()
{
    int n;
    cin>>n;
    int * s =new[n];
    int * f =new[n];
```

```
    for(int i =0; i<n;++i)
        cin>>s[i]>>f[i];
    Quick_Sort(f, s, 0, 12- 1);    //预处理:按结束时间递增对活动进行排序
    int last;
    vector<int>* A =Greedy_Activity_Selector(s, f, 12- 1, last);
    //递归方式:
    //vector<int>* A =new vector<int>;
    //Recursive_Activity_Selector(A, s, f, 12- 1, 0, last);
    cout<<last<<endl;    //输出活动占用的最后时间
    vector<int>::iterator iter;
    for(iter =A->begin(); iter!=A->end();++iter)    //输出最大集合
        cout<<* iter<<' ';
    cout<<endl;
    delete A;
    return 0;
}

void Recursive_Activity_Selector(vector<int>* A, int * s, int * f, int n, int k, int &t)
{    //递归方式
    int m =k+1;
    while(m<=n && s[m]<f[k]) m++;
    if(m<=n) {
        A->push_back(m); t =f[m]; Recursive_Activity_Selector(A, s, f, m, n, &t);
    }
}
```

图 4-13 "活动选择"问题求解的程序描述

【例 4-9】 最优布线

问题描述:学校有 n 台计算机,为了方便数据传输,现要将它们用数据线连接起来。两台计算机被连接是指它们间有数据线连接。由于计算机所处的位置不同,因此不同的两台计算机的连接费用往往是不同的。

当然,如果将任意两台计算机都用数据线连接,费用将是相当庞大的。为了节省费用,我们采用数据的间接传输手段,即一台计算机可以间接地通过若干台计算机(作为中转)来实现与另一台计算机的连接。

现在由你负责连接这些计算机,任务是使任意两台计算机都连通(不管是直接的或间接的)。

输入格式:第一行为整数 n(2<= n<= 100),表示计算机的数目。此后的 n 行,每行 n 个整数。第 x+1 行 y 列的整数表示直接连接第 x 台计算机和第 y 台计算机的费用。

输出格式:一个整数,表示最小的连接费用。

输入样例:

3

0 1 2

1 0 1

2 1 0

输出样例：

2　（注：表示连接 1 和 2,2 和 3,费用为 2）

针对本题,首先,两台电脑之间不一定非要直接连接,可以通过其他电脑间接传输,这样可以节省大量费用。其次,任意两台电脑之间必须保持连通,否则就会有电脑不能完成数据传输。为了解决这个问题,可以以电脑为顶点、以电脑之间两两直接连接为线边、两两直接连接的费用为线边的权值(或代价),将该问题抽象为一个网状结构模型(或带权图模型)。由于问题的求解目标是"连通"每一台计算机,并且费用最小。因此,可以依据有权图的最小生成树算法,找到一种费用最少的连接方法。图 4-14 所示给出了相应的程序描述及解析。

```cpp
#include<iostream>
#include<algorithm>
using namespace std;

const int MAXN =300001;
struct node {
    int u, v, w;
} edge[MAXN];
int num =1, father[MAXN];

void init()
{
    int n,m;
    cin>>n>>m;//输入顶点数(即计算机数)、边数(即计算机两两连接数)
    for(int i=1; i<=n;++i) father[i] =i; //去掉所有连接边
    for(int i=1; i<=m;++i) {   // 输入每个连接边及其费用
        cin>>edge[num].u>>edge[num].v>>edge[num].w; num++;
    }
}

int comp(const node& a,const node& b)
{
    if(a.w<b.w) return 1;
    else return 0;
}

int find(int x)    //寻找可以连接到结点 x、并且不构成环的结点
{
    if(father[x]!=x)
        father[x] =find(father[x]);
    return father[x];
}

void unionn(int x,int y)    //增长生成树(在已有生成树上再加入一条边)
{
    int fx =find(x);
    int fy =find(y);
    father[fx] =fy;
```

```
}

void work( )      //最小生成树算法
{
    long long int k =0;      //连通的边数
    long long int total =0;     //连通的费用总和
    for(int i=1;i<=num-1;i++){   //依据费用由小到大,逐条边判断是否作为连接边
        if(find(edge[i].u)!=find(edge[i].v)){   //当前边可以作为连接边
            unionn(edge[i].u,edge[i].v);   //加入当前边,增长生成树
            total+=edge[i].w;   //将当前边的费用累计到费用总和
            k++;
        }
        if(k==n-1)break; //生成树已经完成,剩余的边不需要再判断
    }
    cout<<total;
}

int main( )
{
    init( ); sort(edge+1,edge+num,comp); work( );
    return 0;
}
```

图 4-14 "最优布线"问题求解的程序描述及解析

【例 4-10】 小咪的旅行

问题描述:又到暑假了,住在 A 城市的小咪想和朋友一起去 B 城市旅游。每个城市都有四个机场,分布于一个矩形的四个角(注:由于某种原因,只能提供矩形三个角的坐标)。同一个城市中每两个机场之间都有一条笔直的高速铁路,第 i 个城市中高速铁路的单位里程价格为 T_i,任意两个不同城市的机场之间都有航线,所有航线的单位里程价格都为 t。图 4-15 所示给出了一个直观的描述。由于高速铁路和航线的单位里程价格不同,为了尽可能节省费用,小咪应该怎样选择旅游线路呢?

输入格式:第一行为一个正整数 n(0<= n<= 10),表示有 n 组测试数据。每组的第一行有四个正整数 s, t, A, B。s(0<s<= 100)表示城市个数,t 表示飞机航线的单位里程价格,A,B 分别表示城市 A,B 的序号(1<= A, B<=s)。接下来有 s 行,其中第 i 行都有 7 个正整数 x_{i1}, y_{i1}, x_{i2}, y_{i2}, x_{i3}, y_{i3}, T_i,其中(x_{i1}, y_{i1}), (x_{i2}, y_{i2}), (x_{i3}, y_{i3})分别表示第 i 个城市中任意三个飞机场的坐标,T_i 表示第 i 个城市高速铁路单位里程的价格。

输出格式:共有 n 行,每行一个数据对应相应组测试数据的输出结果,即总的最小花费。

输入样例:

1

3 10 1 3

1 1 1 3 3 1 30

2 5 7 4 5 2 1

8 6 8 8 11 6 3

输出样例：

47.55

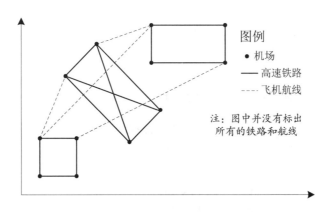

图例

● 机场

—— 高速铁路

---- 飞机航线

注：图中并没有标出所有的铁路和航线

图 4-15　交通分布图

对于本题，如果将机场作为顶点、以机场之间的铁路(同一城市)或航线(不同城市)为线边、铁路和航线的费用为线边的权值(或代价)，该问题的抽象模型也是一个网状结构模型(或带权图模型)，可以依据有权图的一些已知算法选择费用最少的旅游线路。然而，与例 4-9 的问题不同，在此不需要连通所有城市的所有机场，仅仅需要找到 A 城市和 B 城市之间费用最少的一条路线。因此，可以依据图模型的最短路径算法来解决。另外，在建立模型之前，还必须解决每个城市的最后一个机场的坐标。该子问题可以通过相应的数学知识来解决(如图 4-16 所示的解析)。本题在图模型基础上又叠加了一个简单的计算几何模型，实现两个模型的综合运用。图 4-17 所示给出了解决本应用问题的参考程序及其解析。

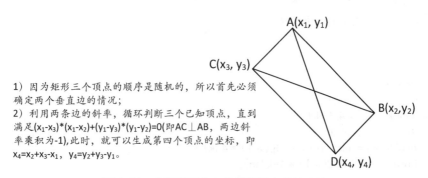

1) 因为矩形三个顶点的顺序是随机的，所以首先必须确定两个垂直边的情况；

2) 利用两条边的斜率，循环判断三个已知顶点，直到满足 $(x_1-x_3)*(x_1-x_2)+(y_1-y_3)*(y_1-y_2)=0$ (即 $AC \perp AB$，两边斜率乘积为-1)，此时，就可以生成第四个顶点的坐标，即 $x_4=x_2+x_3-x_1$，$y_4=y_2+y_3-y_1$。

图 4-16　由矩形三个点求解第四个点的方法

```cpp
#include<iostream>
#include<algorithm>
#include<cstdio>
#include<cstdlib>
#include<cmath>
#include<queue>
using namespace std;
```

```
const int Maxn =405;
const int Maxm =220000;
int q,n,size,S,T;
int first[Maxn],vis[Maxn];
double ans =1e9,m,dis[Maxn],t[Maxn],x[Maxn],y[Maxn];
struct shu{int to,next;double len;};
shu edge[Maxm<<1];

void cal(int id,double x1,double y1,double x2,double y2,double x3,double y3)
{
  x[(id-1)*4+4] =x1 +x3- x2; y[(id-1)*4+4] =y1 +y3- y2;
}
void Q(int id)
{
  double x1 =x[(id-1)*4+1],y1 =y[(id-1)*4+1];
  double x2 =x[(id-1)*4+2],y2 =y[(id-1)*4+2];
  double x3 =x[(id-1)*4+3],y3 =y[(id-1)*4+3];
  if((x1- x2)*(x3- x2)+(y1- y2)*(y3- y2)==0) cal(id,x1,y1,x2,y2,x3,y3);
  if((x1- x3)*(x2- x3)+(y1- y3)*(y2- y3)==0) cal(id,x1,y1,x3,y3,x2,y2);
  if((x3- x1)*(x2- x1)+(y3- y1)*(y2- y1)==0) cal(id,x3,y3,x1,y1,x2,y2);
}
double calc(int i,int j)
{
  return sqrt((x[i]- x[j])*(x[i]- x[j])+(y[i]- y[j])*(y[i]- y[j]));
}
void build(int x,int y,double z)
{
  edge[++size].next =first[x];
  first[x] =size;
  edge[size].to =y,edge[size].len =z;
}
void pre()
{
  for(int i =1;i<=n;++i){
    for(int j =1;j<=4;++j)
      for(int k =1;k<=4;++k){
        if(j==k) continue;
        double len =calc((i-1)*4+j,(i-1)*4+k)*t[i];
        build((i-1)*4+j,(i-1)*4+k,len);
      }
    for(int j =1;j<=n;j++){
      if(i==j) continue;
      for(int k =1;k<=4;k++)
        for(int l =1;l<=4;l++){
          double len =calc((i-1)*4+k,(j-1)*4+l)*m;
          build((i-1)*4+k,(j-1)*4+l,len);
        }
    }
  }
}
```

```
void dijkstra( int s)
{
    memset( vis,0,sizeof( vis) );
    priority_queue<pair<double,int>>q;
    q.push( make_pair( 0.0,s) ); dis[ s] =0.0;
    while( q.size( ) ) {
        int point =q.top( ).second; q.pop( );
        if( vis[ point] ) continue;
        vis[ point] =1;
        for( int u =first[ point];u;u =edge[ u] .next) {
            int to =edge[ u] .to;
            if( dis[ to] >dis[ point] +edge[ u] .len) {
                dis[ to] =dis[ point] +edge[ u] .len;
                q.push( make_pair( - dis[ to],to) );
            }
        }
    }
}
void solve( )
{
    for( int i =1;i<=4;++i) {
        for( int j =1;j<=n * 4;++j) dis[ j] =1e9;
            dijkstra( ( S- 1) * 4 +i);
        for( int j =1;j<=4;++j)
            if( ans>dis[ ( T- 1) * 4 +j] ) ans =dis[ ( T- 1) * 4 +j] ;
    }
}
int main( )
{
    cin>>q;
    while( q-- ) {
        cin>>n; cin>>m; cin>>S; cin>>T;
        size =0;
        for( int i =1;i<=n * 4;++i) first[ i] =0;
        for( int i =1;i<=n;++i) {
            for( int j =1;j<=3;++j)
                cin>>x[ ( i- 1) * 4 +j] >>y[ ( i- 1) * 4 +j] ;
            Q( i);
            cin>>t[ i] ;
        }
        pre( ); solve( );
        printf( "% .2lf\n",ans);
    }
    return 0;
}
```

图 4-17　"小咪的旅行"问题求解的程序描述及解析

4.5 深入认识贪心方法

贪心方法将一个复杂问题简单地分隔为一系列阶段来求解,每个阶段依据既定的策略选择当前最优值并将该值直接添加到当前局部解中实现局部解的扩展,它不考虑阶段之间的内在联系(或阶段之间相对独立)。因此,这种方法具有固有的缺陷,它不能确保由每个阶段最优值综合而得到的最终解一定是最优解。因此,一般而言,贪心方法用于求解最优解的近似解或可行解,除非对于某一类问题,能够证明其满足最优子结构特征,则该类问题可以得到完美解决(证明方法:首先证明问题的一个整体最优解是从贪心选择开始的,而且做了贪心选择后,原问题简化为一个规模更小的类似子问题;然后,运用数学归纳法,证明通过每一步贪心选择,最终可得到问题的一个整体最优解)。正是其简单地隔离阶段内在关系,本质上对维度进行了退化处理,因此会失去高维的一些优点和特征。

另外,最优子结构可以引伸出无后效性特征。所谓无后效性特征是指当前阶段最优值一旦选取确定,其对后面阶段最优值的选取不会产生影响(或者说,后面阶段最优值的选取确定是建立在到当前阶段为止所构成的局部最优解基础上)(详细解析参见第 5.8.1 小节)。显然,贪心方法本身是不能确保其满足最优子结构特征的(因其无后效性特征无法确保),因为每个阶段都是相对独立地选择最优,这种选择结果尽管每次局部都是最优,但可能会对后面阶段的最优选择带来影响。图 4-18 所示给出了一个反例。尽管如此,因贪心方法消除了执行过程的回溯,具有较高的时间效率。并且,其编程复杂度较低。因此,针对一些数据规模较大仅求近似最优解的应用问题,以及可以证明满足无后效性特征的应用问题,仍然应该作为首要的选择方法。

正是贪心方法不考虑阶段之间的内在联系,因此,可以将每个阶段的各种状态值独立出来并将其序列化,以便贪心策略直接选取最值。另外,贪心方法以一系列阶段的简单分隔来求解一个问题,因此,求解过程可以采用递推方式进行。随着当前解的不断扩展,问题的求解由最简单状态不断向最终的复杂状态靠拢。因此,用贪心方法解决问题的程序构造思路是,首先分析问题并确定目标和约束,然后确定构成解的候选对象集合、寻找一个贪心策略并将该集合序列化,接着通过递推方式不断求解直到得到一个可行解,最后输出该可行解即可(如图 4-1 所示中的①②③④)。

贪心方法中,候选对象集合一般都预先进行序列化,因此,每个阶段可以按既定策略直接选取最值,不需要进行多余的操作。另外,递推方式的求解过程具备单向性。因此,贪心方法具有较高的执行效率,相当于将一个网状结构的搜索转化为一个线性结构搜索。

相对于朴素搜索方法,贪心方法也可以看作是一种剪枝,即每个阶段的最值选取,剪去了不符合贪心策略的所有其他分枝。然而,这种剪枝不一定满足剪枝的正确性原则。

从思维角度看,贪心方法将一个多维问题简单地降为多个相对独立的一维问题,正是多个一维问题的相对独立性,使得每个维度的候选对象集可以做序列化预处理,方便直接快速地选择,不需要动态地做最值(最优化)选择,从而提高执行效率。

贪心方法的贪心策略应该覆盖全部要素,是全部要素的一个综合模型,并且,该模型还应该使得目标为当前最优。一般而言,仅仅关注部分要素的效果不如覆盖全部要素的效果(如图 4-9 所示中的⑤)。

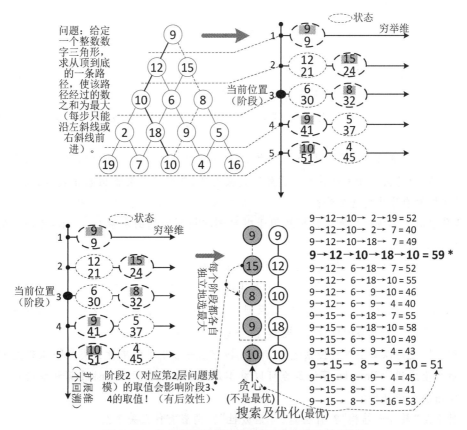

图4-18 贪心方法固有缺陷解析(贪心方法的反例)

本质上,贪心方法也是不断缩小数据规模,然后采用同样的贪心方法求解缩小后的数据规模。因此,贪心方法也是计算思维原理的一种应用。并且,贪心方法的数据集规模缩小也可以看作是分治的退化式递归分解模型的一种应用,只不过实现时一般采用递推方式。

贪心方法的大量实战应用,可以进一步归纳并抽象出更多的经典应用方法及其表达模型,实现隐性知识的显性化挖掘,并提高人类的认识能力。

4.6 本章小结

本章主要解析了有效策略之一——贪心方法的基本原理,剖析了该方法的特点及其适用范围,给出了用该方法解题的程序构造基本思路,特别是给出了间接和直接的两种使用方式及其带来的思维和认识,并且,对贪心方法的本质进行了深入的解析。

习　题

4-1　参考回溯法基本原理,分析贪心方法本质上仅仅是加强了搜索方法中的哪一个部分? 这种加强是否也可以看作是对朴素搜索方法的一种优化? 这种优化尽管具有较高的执行效率,但是否也存在问题?存在什么问题?(提示:①扩展状态时,如何选择一个状态;②每次扩展状态时相对独立,会导致不能精确求解最优解)

4-2 贪心方法实现的四个函数中,哪个函数的作用优化了穷举的数量?

4-3 与搜索方法对比,贪心方法实现的两个数据组织结构,哪个数据组织结构的空间得到优化?它的空间大小是单调下降的吗?为什么?

4-4 贪心方法是否也可以看作是一种剪枝?如果可以,这种剪枝满足剪枝的原则吗?为什么?

4-5 什么是贪心策略?为配合贪心方法的实现,通常对当前阶段供选择的状态度量进行有序化处理,为什么?如果这种有序化处理是实时的,并且状态度量值也比较多,则应该选择什么样的有序化处理方法?

4-6 两种求最小生成树的算法分别适用于哪种图状模型问题的求解?(提示:考虑图的稠密性、稀疏性)

4-7 对于含有负权值的图,如何求其单源最短路径?

4-8 用搜索及其优化方法求解背包问题,并比较搜索、搜索优化和贪心三者的时间效率。

4-9 贪心策略设计时应该满足哪些基本原则?其中,哪个基本原则通常可以采用逆向思维方式,以启发贪心策略的设计?(提示:两个基本原则)

4-10 数塔问题可以采用哪种搜索优化方法?该方法一般用于解决什么类型问题的优化?

4-11 最小生成树的 Boruvka 算法是否可以看作是对 Prim 算法和 Kruskal 算法综合的一种多维拓展?请分析。

4-12 什么是"最优子结构"?什么是"无后效性"?两者有什么关系?

4-13 对于图4-3,请分析:时间复杂度从 $O(n\log n)$ 到 $O(n)$ 的改进,主要体现在什么地方?为什么双队列可以提高执行效率?(提示:从单调队列的实现方式考虑)

4-14 "接水"问题一。

问题描述:有 n 个人在一个水龙头前排队接水,每个人接水的时间为 $t[i]$,请找出这 n 个人排队的一种顺序,使得 n 个人的平均等待时间最小。(注意:若两个人的等待时间相同,则序号小的优先)

输入格式:第一行为 n。第二行到最后一行中,共有 n 个整数,分别表示第一个人到第 $n(0 < n <=900)$ 个人每人的接水时间 $t[1]$,$t[2]$,$t[3]$,$t[4]$,…,$t[n]$ $(0< t[i]<=1000)$,每个数据之间有一个空格或换行。

输出格式:共两行,第一行为一种排队顺序,即 1 到 n 的一种排列;第二行为这种排列方案下的平均等待时间(保留到小数点后两位)。

输入样例:

10

56 12 1 99 1000 234 33 55 99 812

输出样例:

3 2 7 8 1 4 9 6 10 5

291.90

4-15 "接水"问题二。

问题描述：$n(1 <= n <= 100\,000)$ 个人一起排队接水，第 i 个人的重要性是 $a[i](0 <= a[i] <= 1\,000)$，需要 $b[i](0 <= b[i] <= 1\,000)$ 的时间来接水。同时只能有一个人接水，正在接水的人和没有接水的人都需要等待。完成接水的人会立刻消失，不会继续等待。你可以决定所有人接水的顺序，并希望最小化所有人等待时间乘以自己的重要性 $a[i]$ 的总和。

输入格式：第一行一个整数 n。以下 n 行，每行两个整数 $a[i]$ 和 $b[i]$。

输出格式：一行一个整数，表示答案。

输入样例：

4

1 4

2 3

3 2

4 1

输出样例：

35

4-16　"删数"问题。

问题描述：输入一个高精度的正整数 $n(n <= 240$ 位$)$，去掉其中任意 s 个数字后，剩下的数字按原左右次序组成一个新的正整数。要求对给定的 n 和 s，寻找一种方案，使剩下的数字组成的新数最小。

输入格式：共两行，第一行为一个正整数 n，第二行为一个整数 s。

输出格式：仅一行，表示最后剩下的最小数。

输入样例：

178543

4

输出样例：

13

4-17　"取数"游戏。

问题描述：给出 $2*n(n <= 100)$ 个小于等于 $30\,000$ 的自然数，游戏双方分别为 A 方(计算机方)和 B 方(对弈的人)，只允许从数列两头取数，A 先取，然后双方依次轮流取数，取完时，谁取得的数字总和最大即为取胜方，双方和相等，则 A 方胜。请问 A 方是否有必胜的策略？

输入格式：第一行输入 n，第二行输入用空格隔开的 $2*n$ 个自然数。

输出格式：共 $3*n+2$ 行，其中前 $3*n$ 行为游戏经历，每 3 行分别为 A 方所取的数和 B 方所取的数，以及 B 方取数前应给予的适当提示，让游戏者选择取哪一头的数(L 表示左端，R 表示右端)。最后 2 行分别为 A 方和 B 方取得数的和。

4-18　独木舟。

问题描述：单位计划组织一次独木舟旅行，租用的独木舟都是一样的，最多乘坐 2 人，而且载重有限度。为了节约费用，应尽可能租用最少的舟。你的任务是读入独木舟的载重量、参加旅游的人数及每个人的体重,计算出所需要的租船数目。

输入格式:第一行是 w($80 <= w <= 200$),表示每条独木舟的最大载重量,第二行是整数 n($1 <= n <= 30\,000$),表示参加旅行的人数,接下来 n 行,每行为一个整数 Ti($5 <= Ti <= w$),表示每个人的重量。

输出格式:仅一行,表示最少的租船数目。

输入样例:

100
9
90
20
20
30
50
60
70
80
90

输出样例:

6

第 5 章　有效策略之动态规划

概述

　　搜索优化虽然提高了执行效率,但其并没有改变穷举的本质;分治通过不断分解问题的处理规模,简化了数据处理逻辑(或数据处理方法)的实现并通过较好地处理(广义分治中的)重复(及重叠)子问题以提高执行效率,但其递归实现方式会带来额外的空间消耗以及栈溢出风险;贪心方法通过隔离各个阶段并对各个阶段的处理行为进行统一,简化了数据处理的逻辑并具有较好的执行效率,但其不能确保对所有问题总是适合。

　　针对贪心方法的缺陷,可以考虑让每个阶段的最优选择建立在前面阶段最优解的基础上,即考虑阶段之间的关系(不是仅局限于一个阶段本身),以便满足最优子结构特征。并且,继续保留贪心方法一直向前、永不回溯的优点(消除因回溯带来的无效搜索)。对于每个阶段的最优选择,仍然采用穷举方法选择最优值状态,其穷举域中各个候选状态由与当前阶段决策有关系的前面阶段中的各种最优解(或者当前阶段对应的大规模问题可以分解出的各种小规模子问题的解)与本阶段各个增量值的所有组合构成(即考虑阶段之间的联系)。由于满足了最优子结构特征,显然可以采用基于退化式递归分解模型的分治策略。基于搜索优化、分治和贪心方法的集成,可以建立一种新的有效处理策略——动态规划。

动态规划方法的基本原理

　　与贪心方法类似,动态规划方法也是一种多阶段问题处理方法,它适合于具有阶段单调性特征并满足最优子结构及无后效性特征(即以前阶段已做的选择不应该对后面阶段的最优选择带来副作用或影响,或后面阶段进行最优选择时不能再对以前阶段已做的选择进行回溯修改或调整)的应用问题的最优值求解。与贪心方法类似,动态规划方法首先依据分治思想,将问题处理规模不断分解,不同规模的问题构成一个个子问题(同一规模下可以有多个子问题),依据退化式递归分解模型,规模对应于阶段,所有阶段形成一个单调的阶段序列,整个问题的求解过程沿阶段序列不断扩展,直到原问题规模。其次,除第一个阶段外,其他每个阶段的最优选择(或决策)建立在前面阶段最优解的基础上,该决策细分为两个基本步骤:1)找出与当前阶段决策有关系的前面阶段中的各种最优解(或与当前问题相关的各种子问题的解),并与本阶段各个增量值进行组合,构成当前阶段的所有可能/候选状态;2)从当前所有可能/候选状态中选择一个最优状态,其值就是当前阶段的最优解。显然,这个最优决策行为具有动态性。因此,如果将每个阶段的决策行为看作是一个小方法,则动态规划方法就是不断重复执行这个小方法。相应地,第一个阶段仅仅是做初始化处理。动态规划方法的基本原理如公式 5-1 所示。

$$dp_i = \max/\min \{dp_k + s_{i,j}\} \tag{5-1}$$
$$1 \leqslant i \leqslant n, 1 \leqslant k \leqslant i-1, 1 \leqslant j \leqslant m$$

其中,dp_i 表示第 i 阶段(与从起始阶段到第 i 阶段所构成的问题规模对应,也可称为 i 阶段问题,简称 i 问题,可以有多个)的最优解(指 dp_i 的值)。相应地,dp_i 的表达形式称为解状态描述,简称解状态、状态),dp_k 表示起始阶段到第 $i-1$ 阶段中与当前阶段 dp_i 决策有关系的各种最优解(即当前规模问题求解时可以依赖的所有可能的小规模问题的解,或 i 问题可以直接分解的各种子问题)。k 最少为 1 个,即 $k=i-1$,表示仅前一个阶段),$s_{i,j}$ 为第 i 阶段可以穷举的第 j 个增量值,max 或 min 为最值求解函数(即决策),n 为阶段总数,m 为第 i 阶段可以穷举的增量值总数(可以为 0,即没有可穷举的增量),整个公式称为状态转移方程。动态规划的"动态"含义主要体现在每个阶段都要实时求最值(称为一个决策。微观视角/核心含义)和整个求解过程按阶段动态推进(称为决策序列。宏观视角/广义含义)两个方面。

正是 dp_i 的计算需要用到 dp_k,并且 dp_k 中存在重叠子问题,因此,随着阶段的推进,需要不断将每个子问题的最优值(局部解)进行保存(记忆化,用于考虑阶段之间的联系),以便减少重复计算。

由公式 5-1 可知,dp_n 就是问题的最终解。为了求得 dp_n,动态规划方法的具体实现方式一般有递归和递推两种,递推方式相当于记忆化贪心,可以顺推(由小规模向大规模推进),也可以逆推(由大规模向小规模推进);递归方式相当于基于退化式递归分解模型的分治/记忆化搜索,可以顺向递归(由大规模向小规模推进),也可以反向递归(由小规模向大规模推进)。尽管动态规划方法具有较好的时间效率,但它也存在一个弊端,即由记忆化带来的空间消耗。

另外,公式 5-1 中阶段 i 和 k 的关系(以及 k 中阶段 k_p 和 k_q 的关系,$p \geqslant q$)是相对的,仅表示阶段之间的依赖关系。如果阶段反向推进,则 dp_1 就是问题的最终解。

图 5-1 所示给出了动态规划方法的直观解析。

综上所述,运用动态规划方法解题时的基本步骤如下:

1)针对给定的问题及其处理规模,依据分治思想,分析问题与子问题及其关系。在此基础上,依据单调性原则,确定阶段如何划分;

2)依据问题涉及的各个特征或参数,设计描述(子)问题解的数据组织结构,即(解)状态描述方法;

3)找出一个阶段可以穷举的所有增量值;

4)通过 1)、2)和 3),建立状态转移方程(对应阶段推进或问题规模扩展/缩小),并且,确定初始阶段的各个状态初值(即边界);

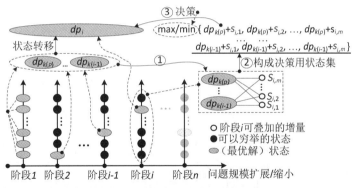

图 5-1　动态规划方法的基本原理

5）依据 4），采用某种方式具体实现。

【例 5-1】　凑钱

问题描述：有面值为 1 元、3 元和 5 元的硬币若干枚，如何用最少的硬币凑够 11 元？

针对本题，表面上看显然可以用贪心方法求解，但贪心方法无法保证总是可以求出正确解（例如：将题目中的 1 元硬币换成 2 元硬币）。其次，可以考虑用搜索方法求解，但随着问题规模的扩大，时间效率太差。因此，考虑使用动态规划方法来求解。

首先，依据题目的处理规模——凑够 11 元，以及分治思想（退化式递归分解模型），可以考虑通过不断缩小处理规模，分解出原问题（凑够 11 元）与各种子问题（分别凑够 10 元、9 元、8 元、7 元、6 元、5 元、4 元、3 元、2 元、1 元和 0 元 11 个不同规模的子问题）。依据阶段单调性原则，显然可以通过问题的处理规模来划分阶段，每个阶段对应不同规模的子问题。具体而言，在此可以通过变量 i 来表示阶段，$0 \leqslant i \leqslant 11$。

其次，本题求解涉及的参数仅仅一个，就是面值，因此，对应于各个阶段的（解）状态描述结构，可以用 $dp[i]$ 来表示，其值表示凑够 i 元需要的最少硬币数（即对应 i 规模子问题的解）。显然，$dp[11]$ 的值就是最终解（对应 11 规模子问题的解）。

接着，对于每个阶段的可穷举增量，显然就是当前阶段可选的面值，分为四种情况：第 0 阶段为 0，第 1、2 阶段为 1，第 3、4 阶段为 2，以后各个阶段都为 3（即三种面值，数量可以有多个）。

最后，通过各个阶段的增量情况，并结合子问题的分解及状态描述结构，依据公式 5-1，可以构建相应的状态转移方程，如公式 5-2 所示。

$$dp[i] = \min\{dp[i - v_j] + 1\} \tag{5-2}$$

其中，$0 \leqslant i \leqslant 11$，$v_j$ 表示第 j 种硬币的值（$0 \leqslant j \leqslant 3$），$i - v_j \geqslant 0$。

其中，加 1 是指当前阶段选择第 j 种硬币一枚，$i - v_j$ 表示当前阶段中选择第 j 种硬币一枚后的子问题，显然，一个阶段中可以有多个子问题，例如：第 3 阶段中，其穷举增量为 2 个（1 元和 3 元硬币），于是可以分解为有 2 个子问题，即 $dp[2] + 1$（$dp[3-1] + 1$，选取面值为 1 的硬币一枚）和 $dp[0] + 1$（$dp[3-3] + 1$，选取面值为 3 的硬币一枚）。初始阶段（第 0 阶段）仅含有一个状态 $dp[0]$，初值为 0。

图 5-2 给出了相应的直观描述，图 5-3 给出了相应的程序描述及解析。

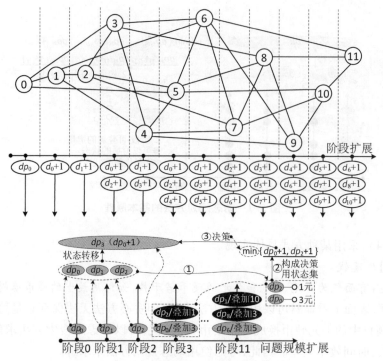

图 5-2　"凑钱"问题的直观解析

```
#include<iostream>
#define MAXINT 32767

int main( )
{
  int n, i, j;

  cin>>n>>m;    //输入总钱数、硬币的种类
  int *v =new int[m];
  int *dp =new int[n];

  for(j=0; j<m; j++)    //输入各种面额的硬币
    cin>>v[j];

  for(i=1; i<n; i++)    //初始化
    dp[i] =MAXINT;
    dp[0] =0;
    for(j=1; j<=m; j++){    // 穷举面值（增量）
    //前面阶段最优值与可穷举增量组合以构成当前最优解
      for(i=0; i<n; i++)
        if(v[j] <=i && dp[ i- v[j]] +1 <dp[i])    // 动态决策
          dp[i] =dp[ i- v[j] ] +1;
  }
  cout<<dp[n- 1];
  return 0;
}
```

图 5-3　"凑钱"问题求解的程序描述

本题中,每个阶段的可穷举增量个数不一致,由此导致每个阶段的子问题数量也不完全一致。

 一维动态规划方法及其应用

一般而言,一维动态规划方法用于求解仅仅涉及一个主体行为的应用问题,此时,其状态描述在逻辑上仅含有一个维度。然而,具体实现中,状态描述可以是一维数组(对应于具有线性结构特征的问题),也可以是二维数组等(对应于具有平面结构特征的问题),相应地,一维数组实现中,数组下标对应于阶段;二维数组实现中,两个数组下标联合对应于阶段。例5-2和例5-3分别给出了相应的应用示例。

【例5-2】 导弹拦截

问题描述:某国为了防御敌国的导弹袭击,开发了一种导弹拦截系统,但是,这种导弹拦截系统有一个缺陷:虽然它能拦截的第一发导弹可以到达任意高度,但是以后拦截的每一发炮弹所能到达的高度都不能高于等于前一发导弹达到的高度。某天,雷达捕捉到敌国导弹来袭,由于该系统还在试用阶段,所以只有一套系统,因此有可能不能拦截所有的导弹。请你依据敌国发射导弹的数量及每个导弹能够到达的高度,计算出最多能够拦截的导弹数量。

输入格式:共三行,第一行输入测试数据组数N(1<= N<= 10),第二行输入这组测试数据共有多少个导弹m(1<= m<= 100),第三行输入导弹依次飞来的高度(所有高度值均是大于0的正整数,数据之间用空格隔开)。

输出格式:共一行,包含一个整数,表示最多能拦截的导弹数目。

输入样例:

2

8

389 207 155 300 299 170 158 65

3

88 34 65

输出样例:

6

2

本题仅涉及一个行为主体(即一个导弹拦截系统),导弹按照时间顺序发射(即满足线性结构特征问题),具有明显的方向单调性,导弹发射总数就是需要处理的问题规模。依据分治思想,可以以导弹数 i(或映射为阶段号,$1 \leq i \leq m$)来分解问题规模,形成各种规模的子问题 $dp[i]$。 每个阶段的穷举增量显然为 1 个,即当前发射导弹的高度。与当前阶段决策有关的前面阶段可以是前面每一个阶段,因此,1~i-1 阶段的最优值与当前导弹的高度(当前阶段的增量)可以组合出当前阶段决策候选状态集(如图 5-4 所示)。因此,状态转移方程如公式 5-3 所示。

$$dp[i] = \max\{dp[j] + 1\} \qquad (5\text{-}3)$$

$$0 \leq i < m, 0 \leq j \leq i - 1, a[i] < a[j]$$

其中,+1 表示当前导弹可以被拦截,$a[i] < a[j]$ 表示当前 i 阶段导弹到达的高度小于前面 j 阶段导弹到达的高度(满足约束条件)。图 5-5 给出了相应的程序描述。

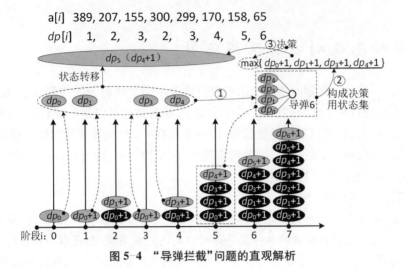

图 5-4 "导弹拦截"问题的直观解析

```cpp
#include<iostream>
using namespace std;

int n=2, h[101]={0}, a[101]={0}, best=1, maxlong;

int main()
{
    a[1]=1;
    while(cin>>h[n])
        n++;
    n--;
    for(int i=2; i<=n; i++){
        maxlong=1;
        for(int j=1; j<=i-1; j++){
            if(h[i]<h[j])
                if(a[j]+1>maxlong) maxlong=a[j]+1;
            a[i]=maxlong;
        }
    }
    for(int i=1; i<=n; i++)
        if(a[i]>best) best=a[i];
    cout<<best;
    return 0;
}
```

图 5-5 "导弹拦截"问题求解的程序描述

【例 5-3】 取数游戏

问题描述:给定 m×n 的矩阵,其中每个元素都是-10 到 10 之间的整数。你的任务是从左上角(1,1)走到右下角(m,n),每一步只能向下或向右,并且不能走出矩阵的范围。你所经过的元素必须被选取,请找出一条最合适的道路,使得在路上被选取的数字之和达到尽可能小的正整数。

输入格式:第一行两个整数 m、n(2≤m, n≤10),分别表示矩阵的行数和列数。接下来 m 行,每行 n 个整数,表示矩阵中每行的 n 个元素,数据之间用空格隔开。

输出格式:一行含一个整数,表示所选道路上数字之和能够达到的最小正整数(如不能达到任何正整数,则输出-1)。

输入样例:

2 2

0 2

1 0

输出样例:

1

本题显然也是仅涉及一个行为主体(即默认隐式的取数者),问题具有平面结构特征(即矩阵)。由于题目规定每次只能向下或向右走,因此具有明显的方向单调性。并且,需要从左上角走到右下角,因此,到达右下角就是需要处理的问题规模。依据分治思想,可以以前进的位置 (i, j) $(1 \leq i \leq m, 1 \leq j \leq n)$ 作为阶段号划分阶段,以形成不同处理规模的子问题 $dp[i, j]$。每个阶段的穷举增量总是 1 个,即当前位置的数据元素。依据题目的约束条件,与当前阶段决策有关的前面阶段仅有两个,可分别对应于 $dp[i-1, j]$(从上而来)和 $dp[i, j-1]$(从左而来),因此,两个阶段的最优值与当前位置数据元素值(当前阶段的增量)可以组合出当前阶段决策候选状态集。因此,状态转移方程如公式5-4所示。

$$dp[i, j] = \min\{dp[i-1, j] + a[i, j], dp[i, j-1] + a[i, j]\} \tag{5-4}$$

$$1 \leq i \leq m, 1 \leq j \leq n$$

其中,$a[i, j]$ 表示当前位置数据元素值。另外,每次前进不能走出矩阵(约束条件)。图5-6给出了相应的程序描述。

```
#include<stdio.h>
#include<string.h>
#define MAXNM 14
#define oo 123456789

int a[MAXNM][MAXNM], ans;
int m, n;

void search(int i, int j, int sum)
{
  sum+=a[i][j];
  if(i<m)
    search(i+1, j, sum);
  if(j<n)
```

```
      search(i, j+1, sum);
    if(i==m && j==n && sum<ans && sum>0)
      ans=sum;
}

int main()
{
  int i, j, sum;
  scanf("%d %d", &m, &n);
  for(i=1; i<=m; i++)
    for(j=1; j<=n; j++)
      scanf("%d", &a[i][j]);
  ans=oo;
  sum=0;
  search(1, 1, sum);
  if(ans!=oo)
    printf("%d\n", ans);
  else
    printf("-1\n");
  return 0;
}
```

图5-6 "取数游戏"问题求解的程序描述

相对于例5-2,本题的阶段号由(i, j)联合并隐式地给出。

5.4 二维动态规划方法及其应用

二维动态规划方法(也称双线程/多进程动态规划方法)用于求解涉及两个主体行为协同的应用问题,其状态描述在逻辑上应该含有两个维度。然而,具体实现中,状态描述可以是二维数组,也可以是三维、四维数组等,相应地,二维数组实现中,两个数组下标联合对应于阶段;三维、四维数组实现中,所有数组下标联合对应于阶段。例5-4、例5-5和例5-6分别给出了相应的应用示例。

【例5-4】 最长公共子串

问题描述:一个字符串 A 的子串被定义成从 A 中顺次选出若干个字符构成的串。例如:A="cdaad",顺次选1,3,5个字符就构成子串"cad"。现给定两个字符串,求它们的最长公共子串。

输入格式:第一行两个字符串用空格分开。(两个串的长度均小于2 000)

输出格式:最长公共子串及其长度。

输入样例:

abccd aecd

输出样例:

acd

3

基于分治思想,考虑将两个字符串分别去掉一个字符或都去掉一个字符,可以得到三个规模缩小的子问题,显然子问题与原问题一样,满足最优子结构特征。同时,子问题的求解不会返回去调整已经作出的决策,符合无后效性特征。然而,本问题涉及两个行为主体的行为协同,即两个字符串合作。因此,可以采用二维动态规划方法来处理。由于两个行为主体之间没有任何约束要求,因此,是一种最简单的二维动态规划。具体而言,可以用 $c[i, j]$ 记录状态,i 和 j 分别对应于两个字符串的当前状态位置,状态转移方程如公式 5-5 所示。

$$c[i, j] = \begin{cases} 0 & , i = 0 \text{ or } j = 0 \\ c[i - 1, j - 1] + 1 & , i, j > 0 \text{ and } x_i = y_j \\ \max\{c[i, j - 1], c[i - 1, j]\} & , i, j > 0 \text{ and } x_i \neq y_j \end{cases} \qquad (5\text{-}5)$$

其中,第一式为边界,第二式表示当前字符是两者的公共字符,第三式表示当前字符不是两者的公共字符。显然,可以从边界开始顺推,最后的 $c[m, n]$ 即为公共子串的最大长度(m、n 分别表示两个字符串的长度)。图 5-7 所示给出了相应的程序描述。

```cpp
#include<iostream>
#include<string>
#include<vector>
using namespace std;

std::vector<char>common;    //记录最长公共子串

int lcs(string a, string b)
{
  std::vector<vector<int>>len;    //记录各个状态的值
  len.resize(a.size()+1);
  for(int i=0; i<=static_cast<int>(a.size()); ++i)
    len[i].resize(b.size()+1, 0);    //构造 len 并初始化为 0;对应边界
  for(int i=1; i<=static_cast<int>(a.size()); ++i)
    for(int j=1; j<=static_cast<int>(b.size()); ++j) {
      if(a[i-1]==b[j-1])    //对应第二式
        len[i][j]=len[i-1][j-1]+1;
      else if(len[i-1][j]>=len[i][j-1])//对应第三式
          len[i][j]=len[i-1][j];
        else
          len[i][j]=len[i][j-1];
    }
  int apos=a.size();        // ①↓构造最长公共子串
  int bpos=b.size();
  int commonlen=len[apos][bpos];
  int k=commonlen;
  common.resize(commonlen);
  while(apos && bpos) {
    if(len[apos][bpos]==len[apos-1][bpos-1]+1) {
```

```
        common[--k]=a[--apos]; --bpos;
    }
    else if(len[apos-1][bpos]>=len[apos][bpos-1])
            --apos;
        else
            --bpos;
}       //①↑构造最长公共子串
for(int i=0; i<commonlen;++i)        //②↓输出最长公共子串
    cout<<common[i];
cout<<endl;        //②↑输出最长公共子串
return commonlen;
}


int main()
{
    string a;
    string b;
    cin>>a;
    cin>>b;
    cout<<lcs(a, b);
    return 0;
}
```

图 5-7 "最长公共子串"问题求解的程序描述

依据公式 5-1,公式 5-5 第二式中的"+1"相当于当前阶段叠加量,第三式中当前阶段的叠加量为 0。第二、第三两式是对一维的拓展,需要考虑两种情况。另外,本题不仅要求最优解(即最长公共子串的长度),还需要求出最优解的具体方案(即具体的最长公共子串)。

【例 5-5】 花店橱窗布置

问题描述:某花店的橱窗固定了一排花瓶共有 N 个,现有 K 束不同种类的花,用来插入花瓶布置橱窗。每瓶最多插一束花,而且,花也必须按照编号 1 至 N 从左到右插入花瓶。由于花瓶的式样和颜色各不相同,所以不同的花插入花瓶中给人的美感效果也不一样。请设计一种插花方案,使橱窗看起来效果最好,即美感得分的总分最高。

输入格式:第一行包含两个数 N,K,分别表示花瓶和花束的数目(1<= N, K<= 100);接下来有 N 列、K 行的整数,表示花束 f 插入花瓶 v 的美感值,数据之间用空格隔开。

输出格式:包含两行,第一行是最优美感值;第二行按照花瓶从左到右的编号顺序输出插花的具体方案。

输入样例:

5 3

7 23 -5 -24 16

5 21 -4 10 23

-21 5 -4 -20 20

输出样例:

53

2 4 5

本题显然涉及两个行为主体的协同,即花束和花瓶。因此,可以用 $dp(i, j)$ 描述状态,表示前 i 束花放入前 j 个花瓶的最大美感值,显然,$dp(K, N)$ 为最终的解。

依据分治思想,状态转移方程如公式 5-6、公式 5-7 所示。

$$dp[i][j] = \max\{dp[i-1][k] + a[i][j]\},\ 1 \leqslant k \leqslant j-1 \tag{5-6}$$

或

$$dp[i][j] = \max\{dp[i-1][j],\ dp[i-1][j-1] + a[i][j]\} \tag{5-7}$$

公式 5-6 中,$a[i][j]$ 表示第 i 束花放入第 j 个花瓶的美感值,$dp(i-1, k)$ 表示前 $i-1$ 束花放入前 k 个花瓶的美感值。与公式 5-1 对照,$a[i][j]$ 是当前阶段可以叠加的增量,由 k 的穷举构成当前阶段的候选状态集。

公式 5-6 也可以优化为公式 5-7,此时,$a[i][j]$ 仍然表示第 i 束花放入第 j 个花瓶的美感值,但 $dp(i, j)$ 表示前 i 个花瓶放入前 j 束花的美感值(两个下标的含义互换)。在此,对于第 j 个花瓶可以考虑插花与不插花两种选择即可。

本题的约束是花束和花瓶两者不同组合及其带来的不同美感值。图 5-8 给出了相应的程序描述。

```
//方法 1
#include<bits/stdc++.h>
using namespace std;

#define maxn 120
#define INF 2e9
int f, v, a[maxn][maxn], dp[maxn][maxn];
int s[maxn][maxn], q[maxn];

inline int read()
{
    int num =0;
    char c =' ';
    bool flag =true;
    for(; c>'9' || c<'0'; c =getchar())
        if(c =='-') flag =false;
    for(; c>='0' && c<='9';num =num * 10 +c- 48, c =getchar());
    return flag ? num :- num;
}
int main()
{
    f =read(); v =read();
    for(int i =1; i<=f; i++)
        for(int j =1; j<=v; j++) {
            a[i][j] =read(); dp[i][j] =- INF;
        }
    for(int i =1; i<=f; i++) dp[0][i] =0;
    for(int i =1; i<=f; i++)
```

```
          for( int j =i; j<=v; j++)
            for( int k =i- 1; k<=j- 1; k++)
              if( dp[ i][ j] <dp[ i- 1][ k] +a[ i][ j]) {
                dp[ i][ j] =dp[ i- 1][ k] +a[ i][ j]; s[ i][ j] =k;
              }
        int ans =- INF;
        for( int i =1; i<=v; i++)
          if( dp[ f][ i] >ans) { q[ f] =i; ans =dp[ f][ i]; }
        printf( "% d\n", ans);
        for( int i =f; s[ i][ q[ i]] !=0; i-- ) q[ i- 1] =s[ i][ q[ i]];
        for( int i =1; i<=f- 1; i++) printf( "% d ", q[ i]);
        printf( "% d\n", q[ f]);
        return 0;
}

//方法 2
#include<iostream>
using namespace std;

int flower[ 64][ 64];
int dp[ 64][ 64];
int cnt[ 105];
int temp[ 105];
int ma =0;
int n, c;

void dfs( int now, int p)
{
  if( now>=n) return;
  if( p<=0)
    cout<<'0';
  else {
    if( dp[ n- now][ p] - flower[ p][ n- now] ==dp[ n- now- 1][ p- 1])
      cout<<p-- ;     //如果拿 n- now 里插 p 朵花的美观度减去当前这朵花的美观度
                      //等于 n- now- 1 里插 p- 1 朵花的美观度,则说明该位置就是要插花的,所以输出
    else
      cout<<'0';
  }
  dfs( now+1, p);
}
int main( )
{
  cin>>n>>c;
  for( int i =1; i<=c; i++)
    for( int j =1; j<=n; j++)
      cin>>flower[ i][ j];
  for( int i =1; i<=c; i++)
    for( int j =i; j<=n; j++)
      dp[ j][ i] =max( dp[ j- 1][ i], dp[ j- 1][ i- 1] +flower[ i][ j]);
  cout<<dp[ n][ c] <<endl;
  dfs( 0, c);
  return 0;
}
```

图 5- 8 "花店橱窗布置"问题求解的程序描述

【例 5-6】　传纸条(NOIP2008,Vijos—1493)

问题描述:小渊和小轩是好朋友也是同班同学,他们在一起总有谈不完的话题。一次素质拓展活动中,班上同学安排坐成一个 m 行 n 列的矩阵,而小渊和小轩被安排在矩阵对角线的两端,因此,他们就无法直接交谈了。幸运的是,他们可以通过传纸条来进行交流。纸条要经由许多同学传到对方手里,小渊坐在矩阵的左上角,坐标(1, 1),小轩坐在矩阵的右下角,坐标(m, n)。从小渊传到小轩的纸条只可以向下或者向右传递,从小轩传给小渊的纸条只可以向上或者向左传递。

在活动进行中,小渊希望给小轩传递一张纸条,同时希望小轩给他回复。班里每个同学都可以帮他们传递,但只会帮他们一次,也就是说,如果此人在小渊递给小轩纸条的时候帮忙,那么在小轩递给小渊的时候就不会再帮忙。反之亦然。

还有一件事情需要注意,全班每个同学愿意帮忙的好感度有高有低(注意:小渊和小轩的好心程度没有定义,输入时用 0 表示),可以用一个 0~100 的自然数来表示,数越大表示越好心。小渊和小轩希望尽可能找好心程度高的同学来帮忙传纸条,即找到来回两条传递路径,使得这两条路径上同学的好心程度之和最大。现在,请你帮助小渊和小轩找到这样的两条路径。

输入格式:输入第一行有 2 个用空格隔开的整数 m 和 n,表示班里有 m 行 n 列(1<= m,n<= 50)。接下来的 m 行是一个 m*n 的矩阵,矩阵中第 i 行 j 列的整数表示坐在第 i 行 j 列的学生的好心程度。每行的 n 个整数之间用空格隔开。

输出格式:输出共一行,包含一个整数,表示来回两条路上参与传递纸条的学生的好心程度之和的最大值。

输入样例:

3 3

0 3 9

2 8 5

5 7 0

输出样例:

34

本题显然涉及两个行为主体的协同,即小渊和小轩。由于纸条传递只能向下或者向右传递(反向时,只能向上或向左传递),具备方向的单向性,可以尝试用动态规划求解。

首先,对问题进行简化,只求一条从(1, 1)到(m, n)的路径。显然,可以以随传递方向延展的传递位置来划分阶段(对应问题规模的不断扩大),即采用 $dp[x][y]$ 来表示纸条传递到(x, y)这个坐标位置时的最大好心程度之和,于是可以得到如公式 5-8 所示的状态转移方程。

$$
\begin{aligned}
&dp[1][1] = 0 \\
&dp[x][y] = 0,(x, y) \text{ 在界外} \\
&dp[x][y] = \max(dp[x-1][y], dp[x][y-1]) + a[x][y],(x, y) \text{ 在界内}
\end{aligned}
\tag{5-8}
$$

其次,需要考虑两个行为主体的行为(即两次纸条传递)协调问题,即满足题目的一个约束:其他每个同学只能帮助传一次纸条。因此,需要同时考虑两个行为主体的状态记录并处理其相互之间的约束条件。另外,由于本题只要求最优解,并不需要求出解的具体方案(即具体传递的路径),因此,与传递的方向无关,可以转换一下思路,想象成两次传递都从(1,1)到(n,m),并且增加对两次传递的约束问题(即交叉点问题,满足其他每个同学只能帮助传一次纸条的约束)的处理即可。因此,可以采用$dp[x1][y1][x2][y2]$来表示两次传递时,第一次到达$(x1,y1)$、同时第二次传递到达$(x2,y2)$时的最大好心程度之和。于是公式5-8可以拓展为公式5-9所示的状态转移方程。

$$dp[x1][y1][x2][y2] = \max(dp[x1-1][y1][x2-1][y2], dp[x1-1][y1][x2][y2-1],$$
$$dp[x1][y1-1][x2-1][y2], dp[x1][y1-1][x2][y2-1])$$
$$+a[x1][y1]+a[x2][y2]$$

约束:两次不能存在交叉点 (5-9)

对于约束处理,如果在动态规划的过程中进行判断,显然代码量会增加很多。事实上,本题仅仅是求最值,而且每个位置的数据仅仅是0~100的整数,因此,对于约束的处理可以简化为在每次决策后增加一个判断,即if$(x1 == y1 \&\& x2 == y2)dp[x1][y1][x2][y2]$ -= $a[x1][y1]$;(即避免同一个位置的热心值被使用两次,参见图5-9b)。

显然,在此是以两次同时传递的步数作为阶段的划分,是一种隐式阶段划分。图5-9所示给出了相应的程序描述。

```cpp
#include<bits/stdc++.h>
using namespace std;

int n, m, dp[55][55][55][55], a[55][55];

int main()
{
  freopen("in.txt", "r", stdin);
  while( ~scanf("%d%d", &m, &n)){
    memset(a, 0, sizeof a); memset(dp, 0, sizeof dp);
    for(int i=1; i<=m;++i)
      for(int j=1; j<=n;++j)
        scanf("%d", &a[i][j]);
    for(int i=1; i<=m;++i){
      for(int j=1; j<=n;++j){
        for(int k=1; k<=m;++k){
          for(int l=1; l<=n;++l){
            if((i<m ||j<n) && i<=k && j<=l) //交叉点判断,"<"用于消除
                                            //当(i,j)与(k,l)互换时的重复计算
              continue;
            int num =0;
            num =max(num, dp[i-1][j][k-1][l]); //两条路都从正上方走下来
            num =max(num, dp[i][j-1][k][l-1]); //两条路都从左方走下来
            if(i-1 !=k && l-1 !=j) //第一条路从上方走来,第二条路从左方走来并判重
              num =max(num, dp[i-1][j][k][l-1]);
            if(j-1 !=l && k-1 !=l) //第一条路从左方走来,第二条路从上方走来并判重
              num =max(num, dp[i][j-1][k-1][l]);
            dp[i][j][k][l] =num+a[i][j] +a[k][l];
```

```
                }
              }
            }
          }
        printf("% d\n", dp[m][n][m][n]);
      }
    return 0;
}
```

a) 两次传递的约束问题(即交叉点问题)处理无优化

```
#include<bits/stdc++.h>
using namespace std;

int a[52][52], dp[52][52][52][52];

int max(int a, int b, int c, int d)
{
  if(a<b) a =b;
  if(a<c) a =c;
  if(a<d) a =d;
  return a;
}

int main ( )
{
  int m, n;
  int x1, y1, x2, y2;
    scanf("% d % d", &m, &n);

  for(x1 =1; x1 <=m; x1 ++)
    for(y1 =1; y1 <=n; y1 ++)
      scanf("% d", &a[x1][y1]);
  for(x1 =1; x1 <=m; x1 ++) {
    for(y1 =1; y1 <=n; y1 ++) {
      for(x2 =1; x2 <=m; x2 ++) {
        if(x1 +y1- x2 >0)
          y2 =x1 +y1- x2;
        else continue;
        dp[x1][y1][x2][y2] =max(dp[x1- 1][y1][x2- 1][y2], dp[x1][y1- 1][x2- 1][y2],
                                dp[x1][y1- 1][x2][y2- 1], dp[x1- 1][y1][x2][y2- 1])
                                +a[x1][y1] +a[x2][y2];
        if(x1 ==x2 && y1 ==y2)   // 交叉点判断及处理
          dp[x1][y1][x2][y2]- =a[x1][y1];
      }
    }
  }
  printf("% d",dp[m][n][m][n]);
  return 0;
}
```

b) 两次传递的约束问题(即交叉点问题)处理有优化

图 5-9 "传纸条"问题求解的程序描述(1)

显然,二维动态规划方法不仅仅是一维动态规划的维拓展,而是其本质发生改变,主要表现为状态的描述必须同时考虑两个主体的行为(协同工作),并且这两个主体的行为必须满足某种约束(协同工作时的约束/两个主体行为的关系)。事实上,两个主体行为是否有约束是区分二维动态规划和一维动态规划维拓展的关键标志。

基本的资源分配型动态规划(一维资源、资源就一种)就是典型的二维动态规划方法的具体应用,其中,资源和资源接收者(或资源共享者)两者是两个行为主体(由此,状态描述也是由[资源共享者,资源]两个维度来构建的),并且,资源共享者的分得资源总和不能超过给定的资源总额,这就是约束,可以看作是两个行为主体必须满足的一种约束。

5.5 动态规划方法的维拓展及其应用

维拓展主要是指一维或二维动态规划方法的多维度堆叠应用形态,本质上,它仍然是一维或二维动态规划方法,仅仅是方法的多次独立应用,每次应用所针对的数据集不同,或者说,把一维或二维动态规划方法看作是一个小方法,然后通过对数据集的分解,重复使用该小方法。相对于一维或二维动态规划方法的应用,其维度拓展仅仅是在每次一维或二维动态规划方法应用后再做一次最值求解即可。例5-7和例5-8分别给出了相应的应用示例。

【例5-7】 滑雪

问题描述:丁丁很喜欢滑雪,他觉得滑雪很刺激。为了获得更好的体验,丁丁需要在一个高低不平的雪域寻找一条最长的滑道。雪域由一个二维数组给出,数组的每个元素值代表各个小山丘的高度。丁丁可以从某个小山丘滑向上下左右相邻的四个小山丘之一,当然这些小山丘的高度必须低于起滑小山丘的高度。现在请你为丁丁找到一条最长的滑雪道。

输入格式:第一行表示雪域二维数组的行数 R 和列数 C(1≤R,C≤100),接下来是 R 行,每行有用一个空格分隔的 C 个数,代表各个小山丘的高度。

输出格式:雪域中最长滑雪道的长度。

输入样例:

5 5

1 2 3 4 5

16 17 18 19 6

15 24 25 20 7

14 23 22 21 8

13 12 11 10 9

输出样例:

25

本题仅仅涉及丁丁一个行为主体,并且问题相关特征参数也仅仅是雪道一个。依据题目,构成雪道的各个小山丘的高度显然是单调下降的,因此,可以通过滑雪道经过的小山丘的高度 (i, j) 从高到低的推进来隐式地划分阶段,并用 $dp[i][j]$ 描述相应阶段的状态。显然,一个阶段的候选状态有四个(对应当前位置的上下左右),即 $dp[i-1][j]$,$dp[i+1][j]$,$dp[i][j-1]$ 和 $dp[i][j+1]$;一个阶段的叠加增量仅有一个,即该阶段相应小山丘的高度。因此,相应的状态转移方程如公式 5-10 所示。

$$dp[i][j] = \max\{dp[i-1][j]+1, dp[i+1][j]+1, dp[i][j-1]+1,$$
$$dp[i][j+1]+1, dp[i][j]\}$$
$$0 \leqslant i < r, 0 \leqslant j < c \tag{5-10}$$

其中，$dp[i][j]$ 表示到达当前小山丘位置已找到的最长滑雪道长度，+1 表示当前小山丘是滑雪道的一个构成点(叠加增量/滑雪道长度增加 1 站)。候选状态中增加自身 $dp[i][j]$，主要是因为四个方向子问题求解时带来的重叠子问题的影响。图 5-10 给出了相应的程序描述。

```c
#include<stdio.h>
#include<math.h>
#define MAX_NUM 101

int map[MAX_NUM][MAX_NUM];   //雪域各个小山丘的高度
int dp[MAX_NUM][MAX_NUM];   // 问题各个阶段的解
int dp_x[] ={-1, 0, 1, 0}, dp_y[] ={0,-1, 0, 1};  //四个方向的位移
int row, column;

int find_max(int num1, int num2)
{   //返回两个数中的最大数
  if (num1>num2)
    return num1;
  else
    return num2;
}

int search_max(int x, int y)
{  // 基于递归方式的实现
  int i;
  int vx_, vy_;

  if(dp[x][y])   //记忆化:避免重叠子问题的重复计算
    return dp[x][y];
  for(i=0; i<4; i++) {  // 穷举当前阶段四个方向子问题的解(候选状态)
    vx_ =x+dp_x[i];  // 按方向尝试前进一步
    vy_ =y+dp_y[i];
    if (map[vx_][vy_] !=-1 && vx_>=0 && vx_<row &&
      vy_>=0 && vx_<column && map[vx_][vy_]<map_arr[x][y]){
                              // 检查该方向是否合理(是否满足构成滑雪道的条件)
      dp[x][y] =find_max(dp[x][y], search_max(vx_, vy_)+1);// 状态转移
    }
  }
  return dp[x][y];
}
int main()
{
  int i, j, max_;

  while(scanf("% d % d", &row, &column) ==2) {
    for(i=0; i<MAX_NUM;++i) {   // ①↓考虑到边界的统一处理,雪域数组中各
                              //小山丘高度初始化为-1(不存在)
```

```
      for(j=0; j<MAX_NUM;++j){
         map[i][j] =- 1;
      }
   }    // ①↑考虑到边界的统一处理,雪域数组中各小山丘高度初始化为-1(不存在)

   for(i=1; i<=row;++i) //②↓输入雪域各小山丘的高度,同时初始化解状态数组 dp
      for(j=1; j<=column;++j)
         scanf("% d", &map[i][j]); dp[i][j] =0;
      }
   }    // ②↑输入雪域各小山丘的高度,同时初始化解状态数组 dp

   max_ =0;   // ③↓求最值(维拓展)

   for(i=1; i<=row;++i) {
      for(j=1; j<=column;++j) {
         max_ =find_max(max_, search_max(i, j));
      }
   }    // ③↑求最值(维拓展)

   printf("% d\\n", max_+1); // +1 是计算滑道的最后一个小山丘
   }

   return 0;
}
```

图 5-10   一维动态规划维拓展应用示例("滑雪"问题求解的程序描述)

本题中,每个小山丘都可以作为一条滑雪道的起滑位置,因此,针对每一个起滑位置,都可以使用一次动态规划方法(即重复使用相同的动态规划方法)。最后,需要对以每个小山丘为起滑位置找到的多条滑雪道再做一次求最值,即可得到整个雪域中最长的滑雪道。

本题是明显的一维动态规划方法的维拓展应用。

【例 5-8】 矩阵取数(NOIP2007/提高组)

问题描述:帅帅经常跟同学玩一个矩阵取数游戏,对于一个给定的 n×m 的矩阵,矩阵中的每个元素 a_{ij} 均为非负整数。游戏规则如下:

1. 每次取数时须从每行各取走一个元素,共 n 个。m 次后取完矩阵所有元素;

2. 每次取走的各个元素只能是该元素所在行的行首或行尾;

3. 每次取数都有一个得分值,为每行取数的得分之和,每行取数的得分= 被取走的元素值 $* 2^i$,其中 i 表示第 i 次取数(从 1 开始编号);

4. 游戏结束总得分为 m 次取数得分之和。

帅帅想请你帮忙写一个程序,对于任意矩阵,可以求出取数后的最大得分。

输入格式:第 1 行为两个用空格隔开的整数 n 和 m。第 2~n+1 行为 n×m 矩阵,其中每行有 m 个用单个空格隔开的非负整数。

输出格式:仅包含 1 行,为一个整数,即输入矩阵取数后的最大得分。

输入样例:

2 3

1 2 3

3 4 2

输出样例：

82

样例解释：

第 1 次：第 1 行取行首元素，第 2 行取行尾元素，本次得分为 $1*2^1+2*2^1=6$

第 2 次：两行均取行首元素，本次得分为 $2*2^2+3*2^2=20$

第 3 次：得分为 $3*2^3+4*2^3=56$。

总得分为 $6+20+56=82$

数据规模：60% 的数据满足：$1<=n$, $m<=30$，答案不超过 10^{16}；100% 的数据满足：$1<=n$, $m<=80$, $0<=a_{ij}<=1\,000$。

由题目要求可知，尽管每一轮取数必须从每行各取走一个数，但一个行的取数不影响其他行，仅影响本行的下一轮取数，行与行之间是相互独立的。因此，仅需要针对每个行求得最大得分，然后累加即可。

针对每个行的取数，显然涉及两个行为主体（即对应于两端取数的两个隐式主体），随着一轮一轮的取数，问题的处理规模不断缩小，并且后面的取数不能对前面的取数效果进行回溯修改或调整。因此可以采用动态规划方法求解。显然可以以取数的轮次作为隐式阶段的划分，轮次的描述可以采用 (i,j)（考虑两个行为主体的位置），其相应的解状态描述为 $dp[i][j]$（表示当前行左端已经取到第 i 位置，右端已经取到第 j 位置时所获得的最大得分）。状态转移方程如公式 5-11 所示。

$$dp[i][j]=\max\{dp[i+1][j]+a[k][i]*2^x,\ dp[i][j-1]+a[k][j]*2^x\}$$
$$0\le i,j<m,\ 0\le k<n \tag{5-11}$$

其中，k 表示当前行，两个候选状态分别对应当前第 k 行两端取数的情况，x 表示取数的轮次，显然它可以转换为 i 或 j 的函数。

考虑到本题的数据规模，显然需要叠加一个高精度数处理小方法。另外，对于 2^x，可以通过预处理预先计算好。图 5-11 所示给出了相应的程序描述。

```c
#include<stdio.h>
#include<algorithm>
#include<string.h>
using namespace std;

const int maxn =85;
const int maxm =85;
const int maxl =30;
int N,M;
int a[maxn];
int dp[maxn][maxm][maxl];
int ys[maxn][maxl];
int ans[maxl], tmp[maxl];
```

```
void Multi(int *x, int *y, int z)
{
    memset(tmp, 0, sizeof(tmp));
    tmp[0] =y[0];
    for(int i =1; i<=tmp[0];++i)
        tmp[i] =y[i] * z;
    for(int i =1; i<=tmp[0];++i) {
        tmp[i+1] +=tmp[i] / 100000; tmp[i] % =100000;
    }
    while(tmp[ tmp[0]+1]) {
        tmp[0]++;
        tmp[ tmp[0]+1 ] +=tmp[ tmp[0] ] / 100000;
        tmp[ tmp[0] ] % =100000;
    }
    for(int i =0; i<30;++i) x[i] =tmp[i];
    return ;
}
void Add(int * x, int * y, int * z)
{
    memset(tmp, 0, sizeof(tmp));
    if(y[0] >z[0]) tmp[0] =y[0];
    else tmp[0] =z[0];
    for(int i =1; i<=tmp[0];++i)
        tmp[i] =y[i] +z[i];
    for(int i =1; i<=tmp[0];++i) {
        tmp[ i+1 ] +=tmp[i] / 100000; tmp[i] % =100000;
    }
    if(tmp[ tmp[0]+1 ]) tmp[0]++;
    for(int i =0; i<30;++i) x[i] =tmp[i];
    return ;
}
bool Max(int * x, int * y)
{
    if(x[0] >y[0]) return 1;
    else if(y[0] >x[0]) return 0;
        else {
            for(int i =x[0]; i>=1;-- i)
                if(x[i] >y[i]) return 1;
                else if(x[i] <y[i]) return 0;
        }
    return 1;
}
int main()
{
    scanf("% d % d", &N, &M);
    ys[0][0] =1; ys[0][1] =1;
    for(int i =1; i<=M;++i)
        Multi(ys[i], ys[i-1], 2);
    ans[0] =1; ans[1] =0;
```

```
for(int i=1; i<=N;++i) {
    for(int j=1; j<=M;++j) {
        scanf("%d", &a[j]); Multi(dp[j][j], ys[M], a[j]);
    }
    for(int k=2; k<=M;++k) {
        for(int x=1; x<=M-k+1;++x) {
            int y=x+k-1;
            int xm[31], ym[31], cm[31];
            Multi(cm, ys[M-k+1], a[x]); Add(xm, cm, dp[x+1][y]);
            Multi(cm, ys[M-k+1], a[y]); Add(ym, cm, dp[x][y-1]);
            if(Max(xm, ym))
                memcpy(dp[x][y], xm, sizeof(int) * 30);
            else
                memcpy(dp[x][y], ym, sizeof(int) * 30);
        }
    }
    Add(ans, ans, dp[1][M]);
}
printf("%d", ans[ ans[0] ]);
for(int i=ans[0]-1; i>=1;--i)
    printf("%05d", ans[i]);
printf("\n");
return 0;
}
```

图 5-11　二维动态规划维拓展应用示例("矩阵取数"问题求解的程序描述)

本题中,每行运用一次动态规划方法,最后累加每行的最大得分即可。

本题是明显的二维动态规划方法的维拓展应用。

从数据处理规模分解(问题分解)角度看,上述维拓展主要是基于退化式递归分解模型分治思想的一种应用,一般适合于线性的数据组织结构。也就是说,尽管对数据集进行了分解,但数据集的逻辑特性并没有改变,仍然是(一个)线性到(多个)线性。维度拓展的另一种形态是,基于一般式递归分解模型分治思想的一种应用,该方法从数据组织 DNA 的角度,实现线性结构到树状层次型结构的拓展,实现数据集逻辑特性的改变。正是数据集逻辑特性的拓展,导致其一般适合采用区间描述问题规模,并通过对区间的拆分来分解问题的处理规模,这种方法就是所谓的区间动态规划方法。

区间动态规划方法的基本原理是:首先以区间作为问题规模的描述,其次对区间进行基于一般式递归分解模型分治思想的问题规模分解,接着穷举所有可能的分解方案。公式 5-12 给出了区间动态规划的原理。

$$dp(i, j) = \max/\min\{dp(i, j),\ dp(i, k) + dp(k + 1, j)\} + a_{ij}$$
$$i \leqslant k < j \tag{5-12}$$

其中, $dp(i, j)$ 表示区间 $[i, j]$ 的最优解, $dp(i, k)$ 和 $dp(k + 1, j)$ 表示将区间 $[i, j]$ 分解为两个相对独立的子区间(基于一般式递归分解模型分治思想), k 表示区间 $[i, j]$ 之间的分解隔离点,用于穷举两个相对独立部分的各种分解方案。 a_{ij} 表示区间 $[i, j]$ 提供的增量(可以没有)。与线性一维或二维动态规划对应,$dp(i, k)$ 是阶段 $[i, j]$ 的候选状态。另外,候选状态中增加自身 $dp(i, j)$,主要是因为子问题求解时可能带来的重叠子问题的影响。

【例 5-9】 石子合并

问题描述:有 n 堆石子堆放在路边,现要将石子有序地合并成一堆,规定每次只能移动相邻的两堆石子合并,合并花费为新合成的一堆石子的数量。求将这 n 堆石子合并成一堆的总花费(最小或最大)。

输入格式:第一行为石子堆数 N;第二行为每堆石子数,数字之间用一个空格分隔。

输出格式:最小的得分总和。

输入样例:

21

17 2 9 20 9 5 2 15 14 20 19 19 1 9 8 8 9 14 9 4 8

输出样例:

936

石子合并问题可以看作是 1 ~ n 堆石子规模的合并,用 $dp[1][n]$ 表示。基于分治思想,可以将 1 ~ n 规模分解为 1 ~ k 和 k + 1 ~ n 两个相互独立的缩小规模后的子问题。显然子问题具备原问题的性质。因此,状态转移方程如公式 5-13 所示。

$$dp(i, j) = \max/\min\{dp(i, k) + dp(k + 1, j) + w(i, j)\},\ 1 \leq k < j \qquad (5\text{-}13)$$

其中,设 $dp(i,j)$ 表示从第 i 堆石子到第 j 堆石子合并的最大/最小花费,$dp(i, k)$ 表示从第 i 堆石子到第 k 堆石子合并的最大/最小花费,$dp(k + 1, j)$ 表示从第 $k + 1$ 堆石子到第 j 堆石子合并的最大/最小花费,$w(i, j)$ 表示从第 i 堆到第 j 堆的石子数量之和。显然,k 作为两个子区间的分隔点,需要穷举各种分隔情况。图 5-12 所示给出了相应的程序描述。

```cpp
#include<iostream>
using namespace std;

#define LEN 1024
#define MAXDATA 200000
int MIN[LEN][LEN];
int MAX[LEN][LEN];
int data[LEN];
int sum[LEN];

int min(int a, int b)
{ return a>b ? b : a; }

int max(int a, int b)
{ return a>b ? a : b; }

void straight(int len)
{
  for( int i=1; i<=len;++i) {   //边界:区间长度为 0 时的情况
    MIN[i][i] =0; MAX[i][i] =0;
```

```
    }
    sum[0] =0; sum[1] =data[1];
    for( int i =1; i<len;++i)
        sum[i+1] =sum[i] +data[i+1];
    for( int i =0; i<=len;++i)
        cout<<sum[i] <<"\t";
    for( int v =2; v<=len;++v)
        for( int i =1; i<=len- v+1;++i) {
            int j =i+v- 1;
            MIN[i] [j] =MAXDATA; MAX[i] [j] =- 1;
            int temp =sum[j] - sum[i- 1];
            for( int k =i; k<j;++k) {
                MIN[i] [j] =min( MIN[i] [j], MIN[i] [k] +MIN[k+1] [j] +temp);
                MAX[i] [j] =max( MAX[i] [j], MAX[i] [k] +MAX[k+1] [j] +temp);
            }
        }
}
int main( )
{
    int all;
    cout<<"请输入有多少堆石子"<<endl;
    cin>>all;
    cout<<"请分别输入每堆石子的个数"<<endl;
    for( int i =1; i<=all;++i)
        cin>>data[i];
    straight( all);
    cout<<"\n";
    cout<<"直线形最小花费是"<<MIN[1] [all] <<endl;
    cout<<"直线形最大花费是"<<MAX[1] [all] <<endl;
    return 0;
}
```

图 5-12　"石子合并"问题求解的程序描述

与一维或二维动态规划方法类似,区间型动态规划方法也可以进一步做维拓展应用,即多次使用区间型动态规划方法,并对多次的结果再求一次最值。例 5-10、例 5-11 所示给出了相应的应用示例。

【**例 5-10**】　环形石子合并

问题描述:在一个圆形操场的四周摆放着 n 堆石子。现要将石子有次序地合并成一堆。规定每次只能选择相邻的两堆石子合并成新的一堆,并将新的一堆石子数记为该次合并的得分。请计算出将 n 堆石子合并成一堆的最小得分和最大得分。

输入格式:第一行一个整数 n,第二行 n 个整数,分别表示 n 堆石子的数量;

输出格式:两行,第一行为最小得分,第二行为最大得分。

输入样例:

4

4 4 5 9

输出样例：

43

54

对于环形，相当于多个线性区间问题的叠加，因此只要穷举多个线性区间的起点即可，每个区间都是一次线性区间动态规划。最后，再做一次求最值即可。具体而言，考虑到环形中最后一堆和第一堆也是相邻的，因此，可以把圆形转换成直线型，把问题扩展为 $2n-1$ 堆石子，分别计算区间 $0 \sim n-1$，$1-n$，$2-n+1$，$\cdots$，$n-1 \sim 2n-2$，最后求其中的最值。或者，不扩展空间，直接使用模运算计算下标，以便实现第一堆和最后一堆的相邻问题。此时，区间的表示方法改变为以起点和长度来表示。图 5-13 分别给出了相应的程序描述。

```cpp
//方法1
#include<iostream>
using namespace std;

int n, num[105], sum[105]={};
int dp[105][105], ans=0x3f3f3f3f;;

int main()
{
  cin>>n;
  for (int i=1; i<=n;++i) {
    cin>>num[i];
    num[i+n]=num[i];
    dp[i][i]=0;
  }
  for (int i=1; i<=n+n;++i)
    sum[i]=sum[i-1]+num[i];
  for (int k=2; k<=n;++k) {
    for (int i=1; i<=2*n-k+1;++i) {
      int j=i+k-1;
      dp[i][j]=0x3f3f3f3f;
      for (int t=i; t<j;++t) {
        dp[i][j]=min(dp[i][j], dp[i][t]+dp[t+1][j]+sum[j]-sum[i-1]);
      }
    }
  }
  for (int i=1; i<=n;++i)
    ans=min(ans, dp[i][i+n-1]);
  cout<<ans;
  return 0;
}

//方法2
#include<iostream>
using namespace std;

int sum[100]={0}, ans=0x3f3f3f3f;
```

```
int n, num[100], dp[100][100];

int getsum(int u, int s)
{
    s-- ;
    if (u+s>n) return sum[n]-sum[u-1]+sum[(u+s)%n];
    else return sum[u+s]-sum[u-1];
}


int main()
{
    cin>>n;
    for (int i=1; i<=n;++i) {
        cin>>num[i];
        sum[i]=sum[i-1]+num[i];
        dp[i][1]=0;
    }
    for (int k=2; k<=n;++k)
        for (int i=1; i<=n;++i) {
            dp[i][k]=0x3f3f3f3f;
            for (int t=1; t<k;++t) {
                dp[i][k]=min(dp[i][k], dp[i][t]+dp[(i+t-1) % n+1][k-t]+getsum(i, k));
            }
        }
    for (int i=1; i<=n;++i)
    ans=min(ans, dp[i][n]);
    cout<<ans;
    return 0;
}
```

图 5-13 "环形石子合并"问题求解的程序描述

【例 5-11】 能量项链(NOIP2006)

问题描述:在 Mars 星球上,每个 Mars 人都随身佩戴着一串能量项链。在项链上有 N 颗能量珠。能量珠是一颗有头标记与尾标记的珠子,这些标记对应着某个正整数。并且,对于相邻的两颗珠子,前一颗珠子的尾标记一定等于后一颗珠子的头标记。因为只有这样,通过吸盘(吸盘是 Mars 人吸收能量的一种器官)的作用,这两颗珠子才能聚合成一颗珠子,同时释放出可以被吸盘吸收的能量。如果前一颗能量珠的头标记为 m,尾标记为 r,后一颗能量珠的头标记为 r,尾标记为 n,则聚合后释放的能量为 m * r * n(Mars 单位),新产生的珠子的头标记为 m,尾标记为 n。

需要时,Mars 人就用吸盘夹住相邻的两颗珠子,通过聚合得到能量,直到项链上只剩下一颗珠子为止。显然,不同的聚合顺序得到的总能量是不同的,请你设计一个聚合顺序,使一串项链释放出的总能量最大。

例如:设 N=4, 4 颗珠子的头标记与尾标记依次为(2, 3) (3, 5) (5, 10) (10, 2)。我们用记号 ⊕ 表示两颗珠子的聚合操作,(j⊕k)表示第 j,k 两颗珠子聚合后所释放的能量。则第 4、1 两颗珠子聚合后释放的能量为:

(4⊕1)= 10 * 2 * 3 = 60。

这一串项链可以得到最优值的一个聚合顺序所释放的总能量为:

$((4 \oplus 1) \oplus 2) \oplus 3) = 10 * 2 * 3 + 10 * 3 * 5 + 10 * 5 * 10 = 710$。

输入格式:输入文件 energy.in 的第一行是一个正整数 N($4 \leqslant N \leqslant 100$),表示项链上珠子的个数。第二行是 N 个用空格隔开的正整数,所有的数均不超过 1 000。第 i 个数为第 i 颗珠子的头标记($1 \leqslant i \leqslant N$),当 i< N 时,第 i 颗珠子的尾标记应该等于第 i+1 颗珠子的头标记。第 N 颗珠子的尾标记应该等于第 1 颗珠子的头标记。

对于珠子的顺序,你可以这样确定:将项链放到桌面上,不要出现交叉,随意指定第一颗珠子,然后按顺时针方向确定其他珠子的顺序。

输出格式:输出文件 energy.out 只有一行,是一个正整数 E($E \leqslant 2.1 * 10^9$),为一个最优聚合顺序所释放的总能量。

输入样例:

4

2 3 5 10

输出样例:

710

针对本题,因为项链是环状的,因此,可以从某处断开,将问题转变为线性形状,并用动态规划方法进行求解。最后,枚举所有的断开点,再做一次求最值即可。

具体而言,对于断开后的珠子,按顺序依次标号为 $1 \sim n$,用 e_max$[i][j]$ 表示从第 i 颗珠子到第 j 颗珠子合并所能得到的最大能量,则问题的解就是 e_max$[1][n]$。设 $e[i]$ 表示第 i 颗珠子的头标记,则可以构造如公式 5-13 所示的状态转移方程。

$$e\_max[i][j] = \max\{e\_max[i][k] + e\_max[k+1][j] + e[i] * e[k+1] * e[j+1]\}$$
$$i <= k < j \tag{5-13}$$

此时,考虑枚举的断开点、i、j、k,则时间复杂度为 $O(n^4)$,对于 $n <= 100$ 的极限数据而言,时间效率可能不能满足要求。在此,通过在读入数据时将 $e[i]$ 复制一份(fin>>e$[i]$;e$[i+n]$ = e$[i]$),就可以不需要枚举断开点,从而优化掉该维。因为当断开点为 n∣1 时,其对应 e_max$[1]$ $[n]$;当断开点为 1∣2 时,其对应 e_max$[2][n+1]$,以此类推。由此,时间复杂度可以降为 $O(n^3)$。

另外,仔细分析公式 5-13 可以发现,e_max$[i][j]$ 是由 e_max$[i][k]$ 和 e_max$[k+1][j]$ 转移而来的,由于 $k < j$、$j <= j$、$i >= i$、$k+1 > i$,于是,先自小到大枚举 j 再自大到小枚举 i,可以方便程序的描述。图 5-14 所示给出了相应的程序描述。

```cpp
#include<fstream>
using namespace std;

int main()
{
    ifstream fin("energy.in");
    ofstream fout("energy.out");
    int n, e[201], e_max[201][201], ans =0;
    fin>>n;
    for(int i=1; i<=n; i++) {
```

```
    fin>>e[i]; e[i+n]=e[i];
  }
  memset(e_max, 0, sizeof(e_max));
  for(int i=2; i<n+n; i++)
    for(int j=i-1; j>=1 && i-j<n; j--) {
      for(int k=j; k<i; k++) {
        int tem=e_max[j][k]+e_max[k+1][i]+e[j]*e[k+1]*e[i+1];
        if(tem>e_max[j][i]) e_max[j][i]=tem;
      }
      if(e_max[j][i]>ans) ans=e_max[j][i];
    }
  fout<<ans<<endl;
  fin.close(); fout.close();
  return 0;
}
```

图 5-14　"能量项链"问题求解的程序描述

区间动态规划作用的数据集,尽管基于一般式递归分解模型分治思想进行分解,在逻辑上呈现出从线性结构到层次性结构的转变,但其实际(物理上)的数据集一般仍然是线性结构。如果实际数据集由线性结构拓展为层次型结构,则一维或二维动态规划方法的维拓展演变为树型动态规划。

树型动态规划是一种特殊的动态规划方法,其特殊性在于数据组织结构一定是树。事实上,树型动态规划是动态规划方法在树型结构上的一种特殊应用。因此,树型动态规划运用了树型结构本身的特点。具体而言,对于阶段划分,显然就是树的层次;对于阶段状态的描述,一般都是由(子)树根以及附加维组成,附加维的确定(即是否需要增加、增加几个维、如何增加),需要依据具体问题而定;对于状态转移,变化情况比较多,这也是树型动态规划的关键与核心,也需要依据具体问题而定。然而,树型结构的特点决定了其无论如何变化,总是考虑当前子树根与其子女子树、与其父结点之间的各种应用约束关系;对于最终的实现,鉴于树型数据组织结构的递归特点,基本上都是采用记忆化(递归)搜索方法以简化编程的复杂度,并且,决策的递推顺序一般都是由树叶(对应边界初始化)到树根(对应最终解)(反之也可以,但考虑到编程实现的复杂性,实际应用中由树根到树叶的递推顺序实现方式一般较少)。

基于计算思维原理,树型动态规划中,对于多叉树的处理,一般都是将其转变为二叉树来处理(个别的,也有直接针对多叉树进行处理),并且考虑到状态转移时一般需要考虑子树根与其子女子树、与其父结点之间的各种关系,一般都是将树转换为"左子女、右兄弟"(即二叉树的左指针指向子女,右指针指向兄弟)的形式进行存储(这也是树型动态规划求解问题的基础)。

基于对当前子树根与其子女子树和与其父结点之间各种关系的不同考虑,及其在树型结构本身的一些性质(例如:树的直径、树的重心、点覆盖集等等)方面的具体应用映射,树型动态规划的基本原理一般有两种基本形式,分别如公式 5-14、公式 5-15 所示。

$$f(i, t) = \max/\min\{f(ch(i, 1), j) + f(ch(i, 2), t-j-1)\} + a_i$$
$$0 \leqslant j \leqslant t-1 \tag{5-14}$$

其中,$f(i, t)$ 表示以 i 为子树根,增加附加维 t(一般而言,对应问题需要考虑的某个因素)

所表示的最优解(例如:最小代价或最优收益等);$ch(i, 1)$ 和 $ch(i, 2)$ 表示 i 子树的左子树和右子树;j 表示(当前阶段)用于穷举的量(相当于考虑左右子树对附加维 t 的各种分割情况),类似于区间动态规划中的区间分隔点;a_i 表示子树根 i 本身可以叠加的增量(即当前阶段 i 可以叠加的增量)。

$$f(i, 0) = \sum_{t=1}^{n} \max/\min\{f(i_t, 0), f(i_t, 1)\} + a_i$$

$$f(i, 1) = \sum_{t=1}^{n} f(i_t, 0) \tag{5-15}$$

其中,$f(i, 0)$ 和 $f(i, 1)$ 分别表示以 i 为子树根,i 结点上的增量选择和不选择两种不同情况下的最优解;i_t 表示 i 的直接子女结点,n 表示 i 直接子女的个数;a_i 表示考虑 i 结点可以叠加的增量(如果 i 结点没有需要叠加的增量,则 a_i 可以省略)。

本质上,公式 5-14 仍然是沿用一维或二维动态规划的基本思维,仅仅是对于每个阶段(除第一个阶段)的状态需要对其左、右两棵子树所构成的子问题解的各种情况及其与当前阶段可以叠加的增量所构成的候选状态集进行穷举;公式 5-15 是依赖型背包问题(参见第 6 章相关解析)在树型结构上的一种应用,它不是简单地考虑父子之间恒定的递推关系,还要考虑父子之间的具体依赖关系(即一种约束关系)。事实上,公式 5-14 对于子树根结点总是考虑,公式 5-15 对于子树根结点有考虑和不考虑两种情况,因此,后者在维度上做了进一步拓展。

例 5-12 和 5-13 所示分别给出了相应的应用示例。例 5-14、例 5-15 所示给出了多叉树树型动态规划的应用示例(直接多叉树形式和转换为二叉树形式)。

【例 5-12】 二叉苹果树

问题描述:有一棵苹果树,如果树枝有分叉,一定是分 2 叉(就是说没有只有 1 个儿子的结点),这棵树共有 N 个结点(叶子结点或者树枝分叉点),编号为 1~N,树根编号一定是 1。

我们用一根树枝两端连接的结点的编号来描述一根树枝的位置。图 5-15 是一棵有 4 个树枝的树。现在这棵树枝条太多了,需要剪枝。但是一些树枝上长有苹果。给定需要保留的树枝数量,求出最多能留住的苹果数量。

输入格式:第 1 行 2 个数,N 和 Q($1 <= Q <= N$, $1 < N <= 100$)。N 表示树的结点数,Q 表示要保留的树枝数量。接下来 N-1 行描述树枝的信息,每行 3 个整数,前两个是它连接的结点的编号,第 3 个数是这根树枝上苹果的数量。每根树枝上的苹果不超过 30 000 个。

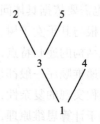

图 5-15 含有 4 个树枝的苹果树

输出格式:一个数,最多能留住的苹果的数量。

输入样例:

5 2

1 3 1

1 4 10

2 3 20

3 5 20

输出样例：

21

本题的数据组织结构已给定是二叉树,每个结点对应的阶段仅仅与其子女结点有关,可以采用树型动态规划方法求解。

首先,将每个树枝的苹果数放到树枝对应边的尾部结点,将带权图转变为除根结点外,每个结点带权的二叉树,此时,问题转变为求保留多少个结点,仍然满足树的性质。

依据公式 5-14,用 $f[i, t]$ 表示以 i 为当前子树根、保留 t 个结点(对应树枝)所得到的最大权值(对应苹果数)。依据题目要求,需要保留的树枝是 Q 条,也就是保留结点 $t = Q + 1$ 个(树根必须保留)。此时,依据子树根与其子女子树的关系,可以分三种情况讨论保留苹果的最大数。

① 当前子树根 i 的左子树为空,全部保留右子树,右子树中保留 $t-1$ 个结点;

② 当前子树根 i 的右子树为空,全部保留左子树,左子树中保留 $t-1$ 个结点;

③ 当前子树根 i 的左、右子树都不为空,设左子树保留 j 个结点,则右子树保留 $t-j-1$ 个结点。

显然,上述三者的最大值即为当前状态的最优值,当 i 为树根时,即为整个问题的解。于是,依据公式 5-14,可以得到如公式 5-16 所示的状态转移方程。

$$f[i, t] = \max\{f[ch[i, 1], j] + f[ch[i, 2], t-j-1] + num[i]\} \qquad (5\text{-}16)$$

$$0 \leqslant j \leqslant t-1$$

其中,增加附加维 t 表示保留的结点数,$ch(i, 1)$ 和 $ch(i, 2)$ 表示 i 子树的左、右结点,$num[i]$ 表示子树根 i 本身的权值。初始化时,$f[i, t] = 0(t=0)$,$f[i, t] = num[i]$($ch[i, 1] = 0$ 且 $ch[i, 2] = 0$),问题解为 $f[1, t]$。图 5-16 所示给出了相应的程序描述。

```cpp
#include<cstdio>
#include<cstring>
#include<algorithm>
using namespace std;
int n,m,x,y,z;
struct Edge{
int next,to,dis;
}edge[1001];
int f[1001][1001]; //f[i][j]在以 i 为根的子树中选出 j 个结点(不包括自身)时的最大价值

int head[101],num_edge;
void add_edge(int from,int to,int dis)
{
  edge[ ++num_edge].next =head[from];
  edge[num_edge].to =to; edge[num_edge].dis =dis; head[from] =num_edge;
}

int dfs(int x,int fa)
{ //返回这个点为根的子树中结点的个数(不包括本身)
  int sum =0;
  for (int i=head[x]; i!=0; i=edge[i].next) {
    if (edge[i].to ==fa) continue; //防止走到父亲结点（相当于做了标记）
    sum+=dfs(edge[i].to,x) +1;
    for (int j=sum; j>=1; j-- )
```

```
        for ( int k=1; k<=j; k++)
            f[x][j] =max(f[x][j],f[x][j-k] +f[edge[i].to][k-1] +edge[i].dis);
    }
    return sum;
}

int main( )
{
    scanf("% d% d",&n,&m);
    for ( int i=1; i<=n-1; i++) {
        scanf("% d% d% d",&x,&y,&z);
        add_edge(x,y,z); add_edge(y,x,z);
    }
    dfs(1,0);
    printf("% d",f[1][m]);
    return 0;
}
```

图 5-16 "二叉苹果树"问题求解的程序描述

本题是一个基本的、标准的树型动态规划问题,其叠加的一个维度是保留的苹果数。

【例 5-13】 战略游戏(TJU1041)

问题描述:Bob 喜欢玩电脑游戏,特别是战略游戏。但是他经常无法找到快速玩过游戏的办法,现在有个问题:

他要建立一个古城堡,城堡中的路形成一棵树。他要在这棵树的结点上放置最少数目的士兵,使得这些士兵能瞭望到所有的路。

注意:某个士兵在一个结点上时,与该结点相连的所有边将都可以被瞭望到。

请你编一个程序,给定一棵树,帮 Bob 计算出他需要放置的最少士兵数。

输入格式:第一行 N,表示树中结点的数目。第二行至第 N+1 行,每行描述每个结点信息,依次为:该结点标号 i,k(后面有 k 条边与结点 i 相连)。接下来 k 个数,分别是每条边的另一个结点标号 r1, r2, …, rk。对于一个 n(0<n<=1 500)个结点的树,结点标号在 0 到 n-1 之间,在输入数据中每条边只出现一次。

输出格式:输出文件仅包含一个数,为所求的最少的士兵数目。

输入样例:

4

0 1 1

1 2 2 3

2 0

3 0

输出样例:

1

本题有一个明显的隐藏约束,就是相邻两个结点之间显然只需要一个结点存放士兵即可(因为求最少士兵数)。因此,对于某个子树而言,其根结点和直接子女结点之间存在依赖关系。假设以 $f[i]$ 表示以 i 为根的子树上需要安放的最少士兵数量,考虑子树与其子女两者的约束和协调关系,i 结点本身有放与不放两种可能。当 i 结点放时,它的子女结点放和不放都可以;当 i 结点不放时,它的子女结点必须放。因此,需要扩展 $f[i]$,为其添加一个维度来表示(子)树的根结点是否存放,以便从子树推算出父结点的最值。

因此,依据公式 5-15,设 $f[i,1]$ 表示 i 结点放士兵时,以 i 为根的子树需要的最少士兵数目;$f[i,0]$ 表示 i 结点不放士兵时,以 i 为根的子树需要的最少士兵数目。则状态转移方程如公式 5-17 所示。

$$f(i,0) = \sum_{j=1}^{n} f(j,1)$$

$$f(i,1) = \sum_{j=1}^{n} \min\{f(j,1)), f(j,0)\} + 1 \tag{5-17}$$

其中,j 为 i 的子女。显然,初始边界为 $f[i][0]=0$,$f[i,1]=1$(i 表示叶结点),问题的解为 $\min\{f[s][0], f[s][1]\}$(s 表示根结点)。

图 5-17 所示给出了相应的程序描述。

```cpp
#include<iostream>
#include<cstdio>
#include<cctype>
using namespace std;

const int maxn=1510;
int n, s, cnt=2, ans=0;
int first[maxn], f[maxn][2];
struct edge { int u, v, w, nxt; };
edge e[maxn<<1];
int read()
{
  int x=0; bool f=0; char c=getchar();
  while(! isdigit(c)) {
    f |=c=='-'; c=getchar();
  }
  while(isdigit(c)) {
    x=(x<<3)+(x<<1)+(c ^ 48); c=getchar();
  }
  return f ? - x : x;
}
void add(int u, int v)
{
  e[cnt].u=u; e[cnt].v=v; e[cnt].nxt=first[u]; first[u]=cnt++;
}
void dfs(int x, int fa)
{
  f[x][0]=0, f[x][1]=1;
  for(int i=first[x]; i; i=e[i].nxt){
    int y=e[i].v;
    if(y==fa) continue;
    dfs(y, x);
    f[x][1]+=min(f[y][0], f[y][1]); f[x][0]+=f[y][1];
```

```
    }
}
int main( )
{
    n =read( );
    for( int i =1; i<=n;++i) {
        int idx =read( ), k =read( );
        for( int j =1; j<=k;++j) {
            int r =read( ); add( idx, r); add( r, idx);
        }
    }
    s =1; dfs(0,-1); ans =min(f[0][0], f[0][1]);
    cout<<ans; return 0;
}
```

图 5-17　"战略游戏"问题求解的程序描述

【例 5-14】　最大利润

问题描述:政府邀请你在火车站开饭店,但不允许同时在两个相连接的火车站开。任意两个火车站有且只有一条路径,每个火车站最多有 50 个和它相连接的火车站。告诉你每个火车站的利润,问你可以获得的最大利润为多少。

输入格式:第一行输入整数 N(<= 100 000),表示有 N 个火车站,分别用 1, 2, ……, N 来编号。接下来 N 行,每行一个整数表示每个站点的利润,接下来 N-1 行描述火车站网络,每行两个整数(数据之间用一个空格隔开),表示相连接的两个站点。

输出格式:输出一个整数表示可以获得的最大利润。

输入样例:

6

10

20

25

40

30

30

4 5

1 3

3 4

2 3

6 4

输出样例:

90(即最佳投资方案是在 1, 2, 5, 6 这 4 个火车站开饭店可以获得利润为 90)

首先,本题是一棵多叉树;其次,题目给出了结点之间的依赖关系,即不允许同时在两个相连接的火车站开。因此,属于第二种树型动态规划(参见公式 5-15)。进一步分析,当尝试着将它引向动态规划方法解题思路时,可以发现:当前结点只与其子女结点的子女结点(因为隔一个火车站)有关系。

用 $f[i]$ 表示 i 这个树根结点上开饭店,$g[i]$ 表示 i 这个树根结点上不开饭店(也可以用 $f[i][1]$ 和 $f[i][0]$ 来分别表示)。然后,枚举 i 的子女:如果 i 开饭店,那么 i 的子女就不能开饭店;如果 i 不开饭店,则 i 的子女就可以开或可以不开饭店(取最大值)即可;最后,问题的解为:$\max(f[1], g[1])$。

另外,针对树的存储,由给定的范围 $n(<100\,000)$ 可知,可以采用邻接表存储。同时,指定编号 1 为树根。

图 5-18 所示给出了相应的程序描述。

```cpp
#include<iostream>
#include<cstdio>
using namespace std;

const int e=100020;
int f[e]={0}, g[e]={0}, a[e]={0}, link[e]={0};
int n, t=0;
struct qq {
  int y, next;
} ee[2*e];

void dfs(int root, int father)
{
  int tempf=0, tempg=0;
  for(int i=link[root]; i; i=ee[i].next) {
    if(ee[i].y !=father) {
      dfs(ee[i].y, root);
      f[root] +=g[ee[i].y];
      g[root] +=max(f[ee[i].y], g[ee[i].y]);
    }
  }
  f[root] +=a[root];
}
void insert(int startt, int endd) //邻接表存储树
{
  ee[++t].y =endd; ee[t].next =link[startt]; link[startt] =t;
}

int main()
{
  cin>>n;
  for(int i=1; i<=n;++i)
    scanf("% d", &a[i]);
  for(int i=1; i<n;++i){
    int xx, yy;
    scanf("% d% d", &xx, &yy);
    insert(xx, yy); insert(yy, xx);
  }
  dfs(1, 1);
  cout<<max(f[1], g[1]);
  return 0;
}
```

图 5-18　"最大利润"问题求解的程序描述

【例 5-15】 基地防卫(参见 hdu 4044)

问题描述:有一个由 n 个点组成的地理迷宫,从 1 开始编号,并通过通道连接(任何一对点之间始终只有一条路)。在这 n 个点中至少有两个是死胡同,第一点是一个死胡同,它是敌人的基地,所有其他的死胡同都是你的基地。

为了防止敌人到达你的基地,必须在一些点上建造射击塔来攻击并消灭敌人。你可以在任何一点上建塔(只能在一个点上建塔),一座塔只有在敌人经过它时才能射中敌人(在敌人的基地或你的基地中建塔都是有效的,如果敌人在你的基地中被射杀,你仍然获胜)。建造一座塔可以有多种方案选择,每一种方案都以(价格,力量)的形式给出。你也可以在一个点上不建立任何东西,这样就不会花钱。塔的攻击力会降低敌人的生命值,当生命值小于或等于零时,敌人立即死亡。

敌人的基地只会释放一个敌人,他一路奔跑直到死亡或到达你的基地。敌人移动的很快,导致你在他跑动时不能做任何事情(例如:建设塔)。另外,你也无法预测敌人将要经过的路线。因此,为了守住基地(赢得游戏比赛),你必须在战略上放置塔楼以便在敌人到达你的基地之前(含在基地中)杀死他们,从而获得最佳效果。

输入格式:第一行含一个整数 T(1<= T<=20),表示有 T 组测试案例。对于每一组测试案例,第一行包含一个整数 n(2<=n<=1 000),表示地理迷宫的点个数;接下来 n-1 行,每行包含两个整数 u 和 v,表示点 u 和 v 之间有一条通路;再接下来一行包含一个整数 m(1<= m<= 200),表示游戏开始时你拥有的费用;再接下来有 n 行,其中第 i 行描述第 i 个点的情况:先是一个整数 k_i(0<= k_i <= 50),后跟 k_i 对整数,其中第 j 对整数是(price$_{i,j}$, power$_{i,j}$),(0<= price$_{i,j}$ <= 200, 0<= power$_{i,j}$ <= 50 000),k_i 为 0 意味着你不能在第 i 点建立一个塔。

输出格式:对于每一组测试案例,输出一行,包含一个整数 HP,表示你能消耗的敌人的最高能力。如果敌人的能力大于这个最高值,则你不能守住自己的基地。

输入样例:
```
2
2
1 2
30
3 10 20 20 40 30 50
3 10 30 20 40 30 45
4
2 1
3 1
1 4
60
3 10 20 20 40 30 50
3 10 30 20 40 30 45
3 10 30 20 40 30 35
3 10 30 20 40 30 35
```
输出样例:

70

80

依据题意,本题的数据组织结构显然是一棵树(死胡同防止了环的形成)。并且,敌人从其基地出发一直朝着我们的基地前进,具有单向性。再者,问题本身也具有最优子结构特点。因此,可以考虑采用树型动态规划方法求解。

为方便处理,可以将树结构转换为二叉树结构(采用左子女、右兄弟)。设 $dp[i][j]$ 表示以 i 为根结点的(子)树、花费 j 元钱对敌人所能造成的最大伤害 HP。首先,计算出 i 和他子女一起用 j 元钱对敌人所能造成的最大伤害 HP,即 $dp[i][j]=\max\{dp[i][j-k]+dp[son][k] \mid 0<=k<=j\}$,然后,再计算他的兄弟情况,即:$dp[i][j]=\max\{\min(dp[i][j-k]+dp[brother][k]) \mid 0<=k<=j\}$,最后,$dp[1][m]$ 就是问题的解。图 5-19 给出了相应的程序描述。

```cpp
#include<cstdio>
#include<vector>
using namespace std;

const int MAXN =1010;
vector adj[MAXN];
int n, m;
int opt[MAXN];
int price[MAXN][52], power[MAXN][52];
int f[MAXN][MAXN];
struct Node{ // 左子女,右兄弟
  int left, right;
}E[MAXN*2];

void initNode(int e)
{
  E[e].left =E[e].right =- 1;
}
void buildBinTree(int u, int fa)
{// 多叉转二叉
  initNode(u);
  int e, last;
  for (e =0; e<adj[u].size();++e) {
    int v =adj[u][e]; if (v ==fa) continue; initNode(v);
    last =E[u].left =v; buildBinTree(v, u);++e; break;
  }
  for (; e<adj[u].size();++e) {
    int v =adj[u][e]; if (v ==fa) continue;
    initNode(v); E[last].right =v; last =v; buildBinTree(v, u);
  }
}
void dfs(int u)
{
  for (int v =m; v>=0;-- v) {
    for (int j =0; j<opt[u];++j) {
      if (price[u][j] <=v) f[u][v] =max(f[u][v], power[u][j]);
    }
  }
```

```
    if (E[u].left != -1) {// 和子女的分配
        int son =E[u].left;   dfs(son);
        for (int i=m; i>=0;-- i) {
            for (int j=0; j<=i;++j)
                f[u][i] =max(f[u][i], f[u][i- j] +f[son][j]);
        }
    }
    if (E[u].right !=-1) {// 和兄弟的分配
        int brother =E[u].right;   dfs(brother);
        for (int i=m; i>=0;-- i) {
            int tmp =0;
            for (int j=0; j<=i;++j)
                tmp =max(tmp, min(f[u][i-j] , f[brother][j]));
            f[u][i] =tmp;
        }
    }
}
int main( )
{
    int nCase;
    scanf("% d", &nCase);
    while (nCase-- ) {
        scanf("% d", &n);
        for (int i=0; i<=n;++i)
            adj[i].clear();
        for (int i=0; i<n- 1;++i) {
            int u, v;
            scanf("% d % d", &u, &v);
            adj[u].push_back(v); adj[v].push_back(u);
        }
        scanf("% d", &m);
        for (int i=1; i<=n;++i) {
            scanf("% d", &opt[i]);
            for (int j=0; j<opt[i];++j)
                scanf("% d% d", &price[i][j], &power[i][j]);
        }
        buildBinTree(1,-1);
        memset(f, 0, sizeof(f));
        dfs(1);
        printf("% d\n", f[1][m]);
    }
    return 0;
}
```

图 5-19 "基地防卫"问题求解的程序描述

　　本质上,树型动态规划的第一种形式是树型一维动态规划(不需要考虑树根与子女两者行为协同/依赖的约束),相对于线性(或特殊图型结构)的一维动态规划,其阶段的候选决策状态仅仅是左右子女两种状态(而在线性结构动态规划中,阶段的候选决策状态由前面各个阶段中相关的子问题状态构成;特殊图型结构动态规划中,阶段的候选决策状态由前一个阶段中相关的子问题状态构成)。对于树型动态规划的第二种形式,可以看作是一种树型二维动态规划(需要考虑树根与子女两者、以及与子女和父亲三者行为协同/依赖的约束),其第二维考虑了结点的"考虑"与"不考虑"及其与子女之间(以及与父亲之间)存在的协调/依赖约束关系,相当于考虑了第二个行为主体的行为。

在基本树型动态规划基础上,也可以进一步做维拓展应用。维拓展的方法有两种基本形式:一种是对其做多维堆叠应用,最后再对各个堆叠维的应用做一次最优决策即可。这种形式一般对应于无根树的应用场景。例 5-16 给出了相应的解析;另一种是增加约束量,使得状态描述中同时考虑(子)树根本身和约束量(或多约束量)主体(例 5-15 就是一种增加约束量的维拓展),由两者联合隐式表示阶段(同时考虑两个/多个主体的行为)。例 5-17 和例 5-18 分别给出了对应两种树形动态规划基本模型的相应应用示例。一般而言,鉴于第二种树形动态规划模型中,子树根、其子女及父亲三者之间的约束关系形态相对比较多,因此其维拓展变化形态也比较灵活。

反之,基本树型动态规划也可以简化(或退化),既不考虑对子女状态的决策,也不考虑与子女之间的约束关系,更不考虑约束量的增加。也就是说,状态描述中没有附加维,仅有一个表示子树根的维度,这是最简单的树型动态规划。例 5-19 所示给出了相应的解析。

【例 5-16】　爱心蜗牛

问题描述:猫猫把嘴伸进池子里,正准备"吸"鱼吃,却听到门铃响了。猫猫擦了擦脸上的水,打开门一看,那人正是它的好朋友——川川。

川川手里拿着一辆玩具汽车,对猫猫说:"这是我的新汽车!"接着,伴随一阵塑料叩击声,玩具汽车的车门竟开了,一只蜗牛慢慢吞吞爬了出来。

"哇!这么大的蜗牛……"猫猫惊讶道。

"这是我的宠物蜗牛,它叫点点。"川川介绍道。

"把它送给我好吗?"猫猫央求道。

"可以让它陪你几天,但是不能送给你……"

点点沿着川川的身体,爬到了地上,又移到了猫猫的池子旁边,只听见猫猫向川川介绍它的"创意吃鱼法",心里不禁起了一丝凉意:"这个女生太毒了……吃鱼前还要玩鱼……"转眼一看,池中的鱼依旧畅快地游来游去。

"或许这些鱼听不懂猫语吧……好在我会一点儿猫语,也会一点鱼语……阿弥陀佛,善哉善哉。我还是救救这些鱼吧……"点点自言自语,一边费力地移动着身躯。它认识到——单凭自己的力量,把猫猫的阴谋告诉每一条鱼,似乎不太可能——自己底盘太低,走不快,看来只得想其他办法来传达信息。一番认真思考之后,点点想到,如果把猫猫的计划告诉其中一条鱼,再让鱼们互相传达消息,那么在相对较短的时间内,每条鱼都会得知猫猫的计划。

鱼们的社会等级森严,除了国王菜鱼之外,每条鱼均有且只有一个直接上级,菜鱼则没有上级。如果 A 是 B 的上级,B 是 C 的上级,那么 A 就是 C 的上级。绝对不会出现这样两条鱼 A、B:A 是 B 的上级,B 也是 A 的上级。

最开始的时刻是 0,点点要做的,就只是用 1 单位的时间把猫猫的阴谋告诉某一条"信息源鱼",让鱼们自行散布消息。在任意一个时间单位中,任何一条已经接到通知的鱼,都可以把消息告诉它的一个直接上级或者直接下属。

现在,点点想知道:

1. 到底需要多长时间,消息才能传遍池子里的鱼?

2. 使消息传递过程消耗的时间最短,可供选择的"信息源鱼"有哪些?

输入格式:第一行有一个数 N(N≤1 000),表示池中的鱼数,池鱼按照 1 到 N 编上了号码,国王菜鱼的标号是 1。第 2 行到第 N 行(共 N-1 行),每一行一个数,第 I 行的数表示鱼 I 的直接上级的标号。

输出格式:第一行有一个数,表示最后一条鱼接到通知的最早时间。第二行有若干个数,表示可供选择的鱼 F 的标号,按照标号从小到大的顺序输出,中间用空格分开。

输入样例:

8

1

1

3

4

4

4

3

输出样例:

5

3 4 5 6 7

本题尽管明确了上级与下级的关系,但是由于每条鱼在一个时间内既可以通知上级,也可以通知下级,因此,上级和下级实际上是没有区别的。因此,可以将这棵树看作是一棵无根树,任意选一条鱼作为根结点,构造一棵有根树,来分析题目的最优性质。

用 f[i] 表示通知完以 i 为根的子树所需要的最短时间,以根结点 root 为例,来考虑 f[root] 的求解方法。

显然,对于边界值 f[leaf](即叶子结点而言),f[leaf] = 1,但是对于非叶结点,问题就稍微复杂了一些。由于开始的时候只通知了 root,那么 root 的所有直接子女只能从 root 这里得知消息,并且假设 root 所有子女的 f 值已经求出,那么 root 到底先通知哪个子女比较好呢?

假设 root 的子女为 s_1, s_2, s_3, $\cdots$, s_n,且 $f[s_1]>f[s_2]>f[s_3]\cdots>f[s_n]$,则让 root 在每个单位时间内依次通知 $s_1,s_2,s_3,\cdots,s_n$,得到的结果是最优的。也就是,$f[root] = \max\{f[s_i]+i\}$(即哪个儿子的 f 值最大,就先通知谁)。

因为假设 $i<j$ 且 $f[s_i]>f[s_j]$,则通知这两棵子树的最短时间为 $\min\{f[s_i]+i, f[s_j]+j\}$;当交换顺序后,则通知这两棵子树的最短时间为 $\min\{f[s_i]+j, f[s_j]+i\}$;由于 $f[s_i]>f[s_j]$ 且 $j>i$,因此,交换顺序后得到的最小值显然不会比原来的最优值更优。

因此,整个求解方法是:首先枚举每个结点当作树根,建立有根树并进行一次树型动态规划,其状态转移方程为:$f[i] = \max\{f[s_j]+j\}$,其中,s_j 为 i 的子女。最后,再对每次的最优值做一次最优决策即可。图 5-20 给出了相应的程序描述。

```cpp
#include<cstdio>
#include<cstring>
#include<cstdlib>
#include<climits>
using namespace std;
const int maxn=1024;
int res[maxn];
struct edge {
  int y;
  edge * next;
  edge(int y, edge * next) : y(y), next(next) {}
} * E[maxn];
int root;
int par[maxn];
int order[maxn];
int cost[maxn];
int best;
int N;

void input()
{
  scanf("% d", &N);
  menset(E, 0, sizeof(E));
  for(int i=2; i<=N;++i) {
    int j;
    scanf("% d", &j);
    E[i]=new edge(j, E[i]); E[j]=new edge(i, E[j]);
  }
}
void bfs()
{
  int head=0, tail=0;
    order[tail++]=root;
    memset(par, 0, sizeof(par));
    for(;;) {
      int x=order[head++];
      for(edge * e=E[x]; e; e=e->next) {
        int y=e->y;
        if(y==par[x])
            continue;
      par[y]=x;
      order[tail++]=y;
    }
    if(head==tail) break;
  }
}
int compare(const void * a, const void * b)
{
  return * (int * )a- * (int * )b;
}
int child[maxn];
void handle(int x)
{
  int childn=0;
```

```
    for(edge * e =E(x); e; e =e->next) {
        int y =e->y; if(y ==par[x]) continue;
        child[childn++] =cost[y];
    }
    qsort(child, childn, sizeof(int), compare);
    cost[x] =0;
    for(int i =0; i<childn;++i) {
        int cur =child[i] +childn- i;
        if(cur>cost[x])
            cost[xl =cur;
    }
}
int solve(int x)
{
    root =x; bfs();
    for(int i =N- 1; i>=0;-- i) {
        handle(order[i]);
        if(cost[order[i]]>best) return INT_MAX;
    }
    return cost[root];
}
void solve()
{
    best =INT_MAX;
    for(int i =1; i<=N;++i) {
        root =i; res[i] =solve(i);
        if(res[i]<best) best =res[i];
    }
}
void output()
{
    printf("% d\n", best+l); bool first =true;
    for(int i =1; i<=N;++i) {
        if(res[i] ==best) {
            if(first) first =false;
            else putchar(' ');
            printf("% d", i);
        }
    }
    putchar('\n');
}
int main()
{
    freopen("badnews.in", "r", stdin);
    freopen("badnews.out", "w", stdout);
    input(); solve(); output();
}
```

图 5-20 "爱心蜗牛"问题求解的程序描述

【例 5-17】　选课

问题描述:学校实行学分制。每门必修课都有固定的学分,同时还必须获得相应的选修课程学分。学校开设了 N(N< 300)门选修课程,每个学生可选课程的数量 M 是给定的。学生选修了这 M 门课并考核通过就能获得相应的学分。

在选修课程中,有些课程可以直接选修,有些课程需要一定的基础知识,必须在选了其他的一些课程的基础上才能选修。例如《Frontpage》必须在选修了《Windows 操作基础》之后才能选修。我们称《Windows 操作基础》是《Frontpage》的先修课。每门课的直接先修课最多只有一门。两门课也可能存在相同的先修课。每门课都有一个课号,依次为 1, 2, 3, …

你的任务是为自己确定一个选课方案,使得你能得到的学分最多,并且必须满足先修课优先的原则。假定课程之间不存在时间上的冲突。

输入格式:输入文件的第一行包括两个整数 N、M(中间用一个空格隔开),其中 $1 \leq N \leq 300, 1 \leq M \leq N$。以下 N 行每行代表一门课,课号依次为 1, 2, …, N。每行有两个数(用一个空格隔开),第一个数为这门课先修课的课号(若不存在先修课则该项为 0),第二个数为这门课的学分。学分是不超过 10 的正整数。

输出格式:只有一个数,实际所选课程的学分总数。

针对本题,首先判断课程之间的关系,属于树型结构;其次,增加了一个约束量——课程;再次,选课有依赖约束关系。因此,除了树本身外,增加了第二个行为主体——课程,并且,课程与树之间存在选课的依赖约束。因此,是对树型动态规划的维拓展,其状态描述必须同时考虑树本身和课程两个行为主体。在此,以 $f[i][j]$ 表示以 i 结点为根、选 j 门课的最大值,针对两种情况:i 不修,则 i 的子女一定不修,所以为 0;i 修,则 i 的子女们可修可不修(在这里其实可以将其转化为将 $j - 1$ 个对 i 的子女们进行资源分配的问题,也属于背包问题);问题的解是 $f[1][m]$。状态转移方程如公式 5-18 所示。

$$f[i][j] = \max\{f[b[i]][j], f[c[i]][k] + f[b[i]][j - k - 1] + a[i]\} \qquad (5-18)$$

其中,k 表示左子女学了 k 种课程(即考虑课程的各种分隔情况),$a[i]$ 表示 i 结点的学分(即可以叠加的增量)。

本题将多叉树转变为二叉树,通过两个一维数组,$b[i]$(brother)和 $c[i]$(child)分别表示结点 i 的子女和兄弟,以左子女和右兄弟的二叉树的形式存储。依据给定的数据范围,可以采用邻接矩阵存储。图 5-21 所示给出了相应的程序描述。

```cpp
#include<iostream>
#include<cstdio>
using namespace std;

const int e =320;
int n, m;
int c[e]={0}, b[e]={0}, s[e]={0}, f[e][e]={0}; //c[]:child; b[]:brother

void maketree()
{ //多叉转二叉
  cin>>n>>m;
```

```
    for( int i =1; i<=n;++i) {
        int ta, tb;
        scanf( "% d% d", &ta, &tb);
        s[ i] =tb;
        if( ta ==0) ta =n+1;
        b[ i] =c[ ta];
        c[ ta] =i;
    }
}

void dfs( int x, int y)
{
    if( f[ x] [ y] >=0) return;
    if( x ==0 || y ==0) { f[ x] [ y] =0; return; }
    dfs( b[ x], y); //max( ) :f[ b[ x] ] [ y];
    for( int k =0; k<y;++k) {
        dfs( b[ x], k); //不取根结点
        dfs( c[ x], y- k- 1);//取根结点
        f[ x] [ y] =max( f[ x] [ y], max( f[ b[ x] ] [ y], f[ b[ x] ] [ k] +f[ c[ x] ] [ y- k- 1] +s[ x] ) );
    }
    return;
}

int main( )
{
    memset( f,- 1, sizeof( f) );
    maketree( );
    dfs( c[ n+1], m);
    cout<<f[ c[ n+1] ] [ m] <<endl;
    return 0;
}
```

图 5-21 "选课"问题求解的程序描述

【例 5-18】 河流(IOI2005)

问题描述:几乎整个 Byteland 王国都被森林和河流所覆盖。小点的河汇聚到一起,形成了稍大点的河。就这样,所有的河水都汇聚并流进了一条大河,最后这条大河流进了大海。这条大河的入海口处有一个村庄——Bytetown。在 Byteland 国,有 n 个伐木的村庄,这些村庄都坐落在河边。目前在 Bytetown,有一个巨大的伐木场,它处理着全国砍下的所有木料。木料被砍下后,顺着河流而被运到 Bytetown 的伐木场。Byteland 的国王决定,为了减少运输木料的费用,再额外地建造 k 个伐木场。这 k 个伐木场将被建在其他村庄里。这些伐木场建造后,木料就不用都被送到 Bytetown 了,它们可以在运输过程中第一个碰到的新伐木场被处理。显然,如果伐木场坐落的那个村子就不用再付运送木料的费用了。它们可以直接被本村的伐木场处理。注:所有的河流都不会分叉,形成一棵树,根结点是 Bytetown。

国王的大臣计算出了每个村子每年要产多少木料,你的任务是决定在哪些村子建设伐木场能获得最小的运费。其中运费的计算方法为:每一吨木料每千米 1 分钱。

（村子的个数、要建设的伐木场数目、每年每个村子产的木料的块数以及河流的描述，都从文件读入。请计算最小的运费并输出。）

输入格式：第一行包括两个数 n(2<=n<=100)，k(1<=k<=50，且 k<=n)。n 为村庄数，k 为要建的伐木场的数目。除了 Bytetown 外，每个村子依次被命名为 1，2，3，……，n。Bytetown 被命名为 0。接下来 n 行，每行 3 个整数：

wi：每年 i 村子产的木料的块数。(0<=wi<=10 000)；

vi：离 i 村子下游最近的村子。(即 i 村子的父结点)(0<=vi<=n)；

di：vi 到 i 的距离（千米）。(1<=di<=10 000)。

保证每年所有的木料流到 bytetown 的运费不超过 2 000 000 000 分。(50% 的数据中 n 不超过 20。)

输出格式：输出最小花费，精确到分。

输入样例：

4 2

1 0 1

1 1 10

10 2 5

1 2 3

输出样例：

4

本题的问题是，每个结点是一个带有权值的点（生产的木料块数），这个点可以就地消掉（如果该点上建立新的伐木场），也可以通过带有权值（即费用）的边送到它的父结点，要求所有结点都消掉的最小代价。

针对本题，首先，其数据组织结构显然已给定是树结构；其次，新伐木场的建设显然存在依赖约束。因此，可以考虑尝试采用第二种树型动态规划方法求解。具体是：首先，通过左子女、右兄弟方式将多叉树转为二叉树；其次，以 $dp[i][j][k]$ 表示第 i 个结点、离 i 最近的所有祖先中建了伐木场的结点 j、i 的子女及兄弟一共建了 k 个伐木场，此时所获得的最小运费。考虑到 i 结点有建造伐木场或不建造伐木场两种情况，基于公式 5-15，可以得到如公式 5-19 所示的相应的状态转移方程。

$$dp[i][j][k] = \min(dp[i][j][k], dp[leftson][i][l] + dp[rightson][j][k-l-1])$$
$$\begin{aligned} dp[i][j][k] = \min(dp[i][j][k], & dp[leftson][j][l] \\ & + dp[rightson][j][k-l] + val[i] * (dis\ i..j)) \end{aligned} \tag{5-19}$$

其中，在 i 结点建伐木场时，i 的子女们就可以直接将木料送到 i 结点，因此左儿子为 $dp[leftson][i][l]$；但 i 的兄弟们无法到达 i，所以它们依然需要送到 j（离 i 最近且建了伐木场的结点），因此右儿子为 $dp[rightson][j][k-l-1]$。l 表示 k 个伐木场的分配情况穷举分隔位置（即考虑伐木场的所有可能的分配情况）。另外，由于 i 建造用去一个伐木场，所以方程中的第三维需要减一。

不在 i 结点建伐木场时，其左右子女都需送到 j 结点，于是需要加上 i 结点权值乘以 i 结点到 j 结点的距离（对于 i 结点到 j 结点路径中结点的权值，在此不需要处理，此处只考虑 i 结点，i 结

点到 j 结点路径中的结点以后可以推出)。相应于公式 5-15，在此，$dp[i][j][k]$ 也可以用 $dp[i][j][k][1,0]$ 来分别表示 i 结点的选择与不选择，最后再在 $dp[i][j][k][0]$ 和 $dp[i][j][k][1]$ 两者之间取最值。图 5-22 所示给出了相应的程序描述。

```cpp
#include<cstdio>
#include<cstring>
#include<iostream>
using namespace std;

struct node{
    int left, right, num, dis;
}gg[105];
int dui[105], deep[105], child[105], f[105][105][51], tot, fa[105];
const int INF=0x7f7f7f7f;

void dfs(int k, int dep)    //生成从后往前推的序列
{
    dui[++tot]=k; deep[k]=dep+gg[k].dis;
    int i=gg[k].left;
    while(i){
        dfs(i, deep[k]); i=gg[i].right;
    }
}

int main()
{
    int n, K;
    cin>>n>>K;
    memset(fa,-1, sizeof fa);
    for(int i=1; i<=n;++i){
        int a, b, c;
        cin>>a>>b>>c;
        if(! child[b]) gg[b].left=i;
        else gg[child[b]].right=i;
        child[b]=i; gg[i].num=a; gg[i].dis=c; fa[i]=b;
    } //多叉转二叉
    dfs(0,0);
    memset(f, INF, sizeof f); //需要赋初值
    memset(f[0], 0, sizeof f[0]); //
    for(int i=n+1; i>=2;--i) {
        int now=dui[i];
        int le=gg[now].left;
        int ri=gg[now].right;
        for(int j=fa[now]; j!=-1; j=fa[j]) //枚举父亲结点
            for(int k=0; k<=K; k++) {
                for(int l=0; l<=k; l++)   //不选 i
                    if(f[le][j][l] !=INF && f[ri][j][k-l] !=INF) {
                        int add=gg[now].num * (deep[now]-deep[j]);
```

```
            int op =f[le][j][l] +f[ri][j][k-l] +add;
            f[now][j][k] =min(f[now][j][k], op);
        }
      for( int l=0; l<k; l++)    //选 i
        if( f[le][now][l] !=INF && f[ri][j][k-l-1] !=INF) {
            int op =f[le][now][l] +f[ri][j][k-l-1];
            f[now][j][k] =min(op, f[now][j][k]);
        }
    }
  }
  printf( "% d", f[gg[0]. left][0][K]);
}
```

图 5-22　"河流"问题求解的程序描述

相对于例 5-14,本题中(子)树根结点与其子女结点的依赖约束关系呈现出了动态性(因为 k 个伐木场的建设位置不是固定的),即这种依赖关系不是固定的,需要考虑各种可能的分配情况及其带来的依赖关系,因此,状态描述数据组织结构中,增加了第三个维度 k。另外,本题不仅考虑了(子)树根与其子女的依赖约束关系,还考虑了(子)树根与其父亲的依赖约束关系。

【例 5-19】　最大子树和(洛谷 P1122)

问题描述:小明对数学很感兴趣,并且是个勤奋好学的学生,总是在课后留在教室向老师请教一些问题。一天早晨他骑车去上课,路上见到一个老伯正在修剪花花草草,顿时想到了一个有关修剪花卉的问题。于是当日课后,小明就向老师提出了这个问题:

一株奇怪的花卉,上面共连有 N 朵花,共有 N-1 条枝干将花儿连在一起,并且未修剪时每朵花都不是孤立的。每朵花都有一个"美丽指数",该数越大说明这朵花越漂亮,也有"美丽指数"为负数的,说明这朵花看着都让人恶心。所谓"修剪",意为:去掉其中的一条枝条,这样一株花就成了两株,扔掉其中一株。经过一系列"修剪"之后,还剩下最后一株花(也可能是一朵)。老师的任务就是:通过一系列"修剪"(也可以什么"修剪"都不进行),使剩下的那株(那朵)花卉上所有花朵的"美丽指数"之和最大。

老师想了一会儿,给出了正解。

输入格式:第一行一个整数 N(1≤N≤16 000)。表示原始的那株花卉上共 N 朵花。第二行有 N 个整数,第 I 个整数表示第 I 朵花的美丽指数(整数之间用空格隔开)。接下来 N-1 行每行两个整数 a,b,表示存在一条连接第 a 朵花和第 b 朵花的枝条。

输出格式:一个数,表示一系列"修剪"之后所能得到的"美丽指数"之和的最大值。(保证绝对值不超过 2 147 483 647)。

输入样例:

7

-1 -1 -1 1 1 1 0

1 4

2 5

3 6

```
4 7
5 7
6 7
```

输出样例:

```
3
```

本题实质是给出一棵 n 个结点的树,以 1 号结点为根,求以每个结点为根的子树大小,用 $f[x]$ 表示以 x 为根且包含 x 的最大权值联通块,则有状态转移方程:$f[x] += \max(0, f[y])$,其中 y 为 x 的子女,由于子女结点的美丽值可能小于 0,因此要与 0 逐个比较来判断是否选择。

图 5-23 所示给出了相应程序描述。

```cpp
#include<iostream>
#include<cstdio>

#define INF 0x3f3f3f3f
#define PI acos(-1.0)
#define N 100000
#define MOD 16007
#define E 1e-6
#define LL long long
using namespace std;

struct Edge{
    int to;
    int next;
}edge[N];
int n;
int a[N];
int head[N], f[N];
int cnt, res;
void addEdge(int x, int y)
{
    edge[++cnt].to=y; edge[cnt].next=head[x]; head[x]=cnt;
}
void treeDP(int x, int father)
{
    f[x]=a[x];
    for(int i=head[x]; i; i=edge[i].next) {
        int y=edge[i].to;
        if(y!=father) {
            treeDP(y, x); f[x]+=max(0, f[y]);
        }
    }
    res=max(res, f[x]);
}
int main()
{
```

```
scanf("% d", &n);
for(int i=1; i<=n;++i)
    scanf("% d", &a[i]);
for(int i=1; i<n;++i) {
    int x, y;
    cin>>x>>y;
    addEdge(x, y); addEdge(y, x);
}
treeDP(1, 0);
printf("% d", res);
return 0;
}
```

图 5-23 "最大子树和"问题求解的程序描述

5.6 动态规划方法的阶拓展及其应用

阶拓展主要是指一维或二维动态规划方法的高阶嵌套应用形态,本质上,它是在一维或二维动态规划方法基础上再做一维或二维动态规划方法。也就是说,需要做两次(或多次)动态规划,并且两次(或多次)动态规划之间存在引用(或依赖)关系。显然,从本质上看,阶拓展才是真正原理层面的高维特性,而维拓展仅仅是应用层面的多维特性。例 5-20 所示给出了相应的解析。

【例 5-20】 String Painter(ACM08 成都赛区)

问题描述:有两个字符串 A 和 B,它们分别都是由 a 到 z 的小写字母组成。你可以将 A 串中任意一个区间的小写字母都染色成另外一个小写字母,问最少需要多少次染色,可以将 A 串变为 B 串。

输入格式:含有多组数据,每组数据含两行,第一行为 A 串,第二行为 B 串。

输出格式:对于每组数据分别输出一行,含一个整数,表示将 A 串变为 B 串的最少染色次数。

输入样例:

zzzzzfzzzzz

abcdefedcba

abababababab

cdcdcdcdcdcd

输出样例:

6

7

样例解释:

共有两组数据,对于第一组数据,染色过程如下:zzzzzfzzzzz→aaaaaaaaaaa→abbbbbbbbba→abccccccccba→abcddddddcba→abcdeeedcba→abcdefedcba,共染色 6 次;对于第二组数据,染色过

程如下：abababababab → cccccccccccb → cdddddddddcb → cdccccccccdcb → cdcddddcdcb → cdcdcccdcdcb→cdcdcdcdcdcb→cdcdcdcdcdcd，共染色 7 次。

针对本题，表面上看显然是涉及两个行为主体 A 串和 B 串，可以采用二维动态规划求解，例如：由 $dp[i][j]$ 表示 A 串染色到 i 位置、同时 B 串染色到 j 位置时所需要的最少染色次数。然而，状态转移方程很难给出！

由样例可以得到启示，对于一个区间，如果其两端字母相同，则显然应该使其在一次染色中完成较好，否则会多一次。于是，基于分治思想，可以将问题规模按区间进行缩小形成子问题，并且子问题具有同样的性质。因此，以 B 串为对象，首先通过区间动态规划完成如何从一个空白串染色成 B 串的最小染色次数。设 $dp[i][j]$ 表示从 i 到 j 变成 B 串需要的最少次数，显然 $dp[i][i]=1$，$dp[i][j]=dp[i+1][j]+1$。状态转移方程如公式 5-20 所示。

$$dp[i][j]=\min\{dp[i][j],\ dp[i+1][k]+dp[k+1][j]\} \tag{5-20}$$

其中，如果 $B[i]=B[k]$，则从 i 到 j 就相当于 i+1 到 j。并且，依据对区间的各种分隔，k 作为区间分隔点进行枚举。

在此基础上，继续考虑 A 串到 B 串的转变问题。设 $ans[i]$ 表示从 1 到 i，A 串变为 B 串需要染色的最少次数，于是可以得到如公式 5-21 所示的状态转移方程。

$$ans[i]=\min\{ans[j]+dp[j][i],\ dp[1][i]\} \tag{5-21}$$

其中，当 $A[i]==B[i]$ 时，$ans[i]=ans[i-1]$。

图 5-24 所示给出了相应的程序描述。

```cpp
#include<iostream>
#include<cstdio>
using namespace std;

#define inf 0x3f3f3f3f
#define ll long long
const int    maxn =1e5 +10;
string a, b;
int dp[110][110], ans[110];

int main()
{
    while(cin>>a>>b) {
        memset( dp, 0, sizeof( dp) );
        int len =a.length();
        for( int i =0; i<len; ++i) dp[i][i] =1;
        for( int l =2; l<=len; l++)
            for( int i =0; i<=len- l; ++i) {
                int j =l +i- 1; dp[i][j] =dp[i+1][j] +1;
                for( int k =i+1; k<=j; ++k)
                    if( b[i] ==b[k]) dp[i][j] =min( dp[i][j], dp[i+1][k] +dp[k+1][j]);
            }
        for( int i =0; i<len; ++i) ans[i] =dp[0][i];
        for( int i =0; i<len; ++i) {
            if( a[i] ==b[i]) ans[i] =ans[i- 1];
```

```
        else
          for( int j=0; j<i; j++)
            ans[i]=min(ans[i], ans[j]+dp[j+1][i]);
      }
    cout<<ans[len-1]<<endl;
  }
  return 0;
}
```

图 5-24　"字符串染色"问题求解的程序描述

在此,公式 5-21 的求解建立在公式 5-20 基础上(或者,公式 5-21 中嵌套了公式 5-20),是一种阶的拓展。

 动态规划方法的优化

针对具有阶段单调性的一类问题,尽管动态规划方法通过改进搜索的 $m*n$ 穷举范围到 $1*n$ 的穷举范围(对于相邻两个阶段而言),并通过记忆化消除冗余计算以及通过阶段最优化联系消除贪心的弊端,来提高执行效率,然而,它是通过空间换取了时间。因此,动态规划方法的优化首先是对空间的优化,主要包括如何减少参与处理的状态总数及改进状态的具体表示方法(包括状态表示结构的维度压缩和状态压缩表示及相应处理)等。由此,避免内存溢出,以及间接带来时间效率的优化。空间优化是从数据组织 DNA 出发的优化。

另外,尽管动态规划方法在数据处理 DNA 方面相对简单,只要依靠状态转移方程在记忆化基础上递推(或采用递归方式)即可,但是,从数据处理 DNA 出发,仍然可以做一些适当优化(在此称为时间优化),以直接改善时间效率。依据动态规划方法的原理,当前阶段用于决策的候选状态数量以及决策本身,显然是直接影响时间效率的两个因素。因此,时间方面的优化主要围绕这两个因素展开。前者主要涉及如何通过改进处理方法来减少候选状态的数量(例如:消除无用状态、减少穷举的范围等等),后者主要涉及优化决策方法(例如:采用合适的数据结构和计算方法、做一些预处理等等)。

5.7.1　空间优化(从数据组织 DNA 出发的优化)

1. 减少状态总数

依据穷举的原理,显然状态总数直接影响时间效率,因此,减少状态总数可以提高时间效率。状态的总数与状态的描述对象及其处理规模密切相关,转换思维视角看待问题,从规模较小的处理对象出发来构建状态表示,可以实现状态总规模的缩减。

【例 5-21】　青蛙过河

一条宽度为 L 的小河上漂浮着一些荷叶,青蛙要踩着这些荷叶过河。由于河宽和青蛙一次跳过的距离都是正整数,我们可以把青蛙可能到达的点看成数轴上的一串整点:0、1、…L(其中,L 是河宽)。坐标为 0 的点位于河的一侧,坐标为 L 的点位于河的另一侧。青蛙从坐标为 0 的点开始,不停地向坐标为 L 的点的方向跳跃。一次跳跃的距离是 s 到 t 之间的任意正整数(包括 s,t)。当青蛙跳到或跳过坐标为 L 的点时,就算青蛙已经越过河了。

输入格式:第 1 行为河宽 $L(1 \leq L \leq 10^9)$,第 2 行为青蛙跳跃的距离范围 $s,t(1 \leq s \leq t \leq 10)$ 和荷叶片数 $m(1 \leq m \leq 100)$,第 3 行为 m 个正整数,依次给出河中各片荷叶的位置(保证起点和终点处没有荷叶)。

输出格式:青蛙要想过河最少需要踩到的荷叶数。

本题给出了河的宽度、河中荷叶的位置及青蛙一次跳跃的范围,显然,可以采用搜索方法求解,但其编程复杂度和执行效率都不理想。

由于计算是从左向右展开的,且满足动态规划方法的求解特点,因此,可以以河中的位置作为阶段,此时,状态转移方程如公式 5-22 所示。

$$dp[n] = \min\{dp[n-i] + rock[n]\}, s \leq i \leq t \qquad (5-22)$$

其中,$dp[n]$ 表示青蛙达到 n 位置最少需要踩到的荷叶数,$rock[n]$ 表示位置 n 的荷叶标志,如果位置 n 有荷叶,则为 1,否则为 0。显然,此时的时间复杂度为 $O(n)$。由于 n 的上限为 10^9,因此,极限数据在有限时间内无法得到结果。

由题目可知,相比上限为 10^9 的河宽而言,荷叶数 m 要小得多,其上限仅为 100。因此,可以改变思维角度,以荷叶为考虑对象,自左向右、通过逐片荷叶进行动态规划。假设 $x[i]$ 为河中自左向右按顺序第 i 个荷叶的位置,$dp[i,j]$ 为青蛙跳到 $x[i]$ 左边相对距离为 j 位置时所经过的最少荷叶总数 $(0 \leq i \leq n, 0 \leq j \leq t-1)$。若 $j=0$,则青蛙踩到了河中第 i 个荷叶。初始时,$dp[i,j]=n+1$。显然,青蛙在跳跃过程中有两种可能情况:

1) $x[i]-j$ 位置位于 $x[i]-1$ 的左边,即 $x[i]-j <= x[i-1]$(如图 5-25a),此时,跳至 $x[i]-j$ 位置经过的最少荷叶总数为 $dp[i-1, j-x[i]+x[i-1]]$。

2) $x[i]-j$ 位置位于 $x[i]-1$ 的右边,即 $x[i]-j > x[i-1]$(如图 5-25b),此时,如果青蛙能够由 $x[i-1]-v$ 位置跳到 $x[i]-j$ 位置(即 $can(x[i]-j-x[i-1]+v)$ 为 true),则跳至 $x[i]-j$ 位置经过的荷叶总数为 $dp[i-1, v]$ 或 $dp[i-1,v]+1(j=0$ 时,即踩到了河中第 i 个荷叶)。然而,究竟 v 多大时,才能使得最少荷叶数达到最小呢? 显然无法预知,只能在 0 到 $t-1$ 范围内穷举 v。

因此,状态转移方程如公式 5-23 所示。

$$dp[i,j] = \begin{cases} dp[i-1, j-x[i]+x[i-1]] & (x[i]-j \leq x[i-1]) \\ \min\{dp[i-1,v] \mid 0 \leq v \leq t-1, \text{青蛙能够从} \\ x[i-1]-v \text{位置跳至} x[i-1]-j \text{位置}\} & (x[i]-j > x[i-1], j \neq 0) \\ \min\{dp[i-1,v] \mid 0 \leq v \leq t-1, \text{青蛙能够从} \\ x[i-1]-v \text{位置跳至} x[i-1]-j \text{位置}+1\} & (x[i]-j > x[i-1], j = 0) \end{cases}$$

$$(5-23)$$

值得注意的是,当 s 等于 t 时,公式 5-23 所示的状态转移方程无法使用,因为在此情况下,青蛙不可避免地跳到其位置为 s 的倍数的荷叶上。因此,只需要在所有荷叶中,统计出坐标为 s 的倍数的荷叶个数就可以了。

改进后方法的状态总数为 $O(m*t)$,每次状态转移的状态数为 $O(t)$,而状态转移的时间为 $O(1)$,所以总的时间复杂度为 $O(m*t^2)$。并且,空间复杂度也由原来的 $O(n)$ 降至为 $O(m*t)$。

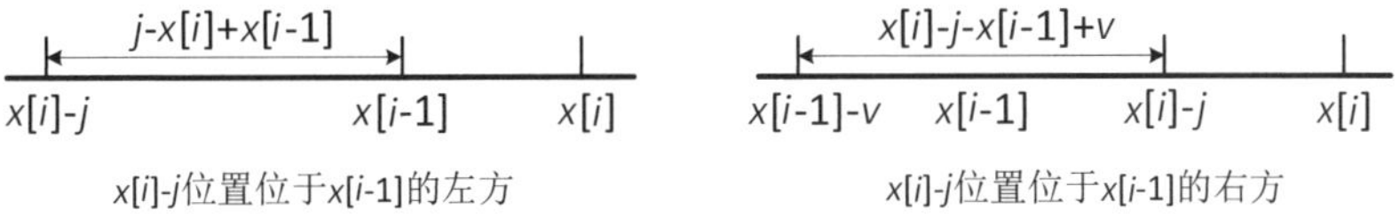

图 5-25 青蛙跳跃过程中的两种可能情况

图 5-26 所示给出了相应的程序描述。

```cpp
#include<iostream>
#include<algorithm>
using namespace std;

long L;     //小河的宽度
long s, t, m;   //青蛙一次跳跃的最小距离和最大距离为 s,t,河中的荷叶数为 m
long x[101];   //由左至右记录每个荷叶的位置
long a[101][10];   //a[i][j]为青蛙跳到 x[i]-j 位置经过的最少荷叶数
bool b[101];   //b[i]记录能否用[s-- t]的距离从原点到达 i 位置
long best;   //结果

bool canArraveV(long v)
{   //判断青蛙能否跳到位置 v
  bool can =false;
  if (v<10) can =false;
  else {
    if (v>=s * s- s) can =true;
    else can =b[v];
  }
  return can;
}


int main()
{
  cin>>L;
  cin>>s>>t>>m;
  for (int i =1; i<=m;++i)
    cin>>x[i];
  int n =m;
  while (x[n]>L)
    n-- ;
  if (s ==t) {
    best =0;
    for (int i =1; i<=n;++i){
      if (x[i] % s ==0) best++;
      cout<<best<<endl;
      return 0;
    }
  }
```

```
for (int i=0; i<sizeof(b) / sizeof(bool);++i)
  b[i]=false;
b[10]=true;
for (int i=11; i<101;++i)
  for (int j=s; j<=t; j++)
    b[i]=(b[i] || b[i-j]);
for (int i=0; i<=n;++i)
  for (int j=0; j<=t-1;++j)
    a[i][j]=n+1;
x[0]=0; a[0][0]=0;
for (int i=1; i<=n;++i)
  for (int j=0; j<=t-1;++j)
    if (x[i]-j<=x[i-1])
      a[i][j]=a[i-1][j-x[i]+x[i-1]];
    else {
      for (int v=0; v<=t-1;++v) {
        if (canArraveV(x[i]-j-x[i-1]+v) && (a[i-1][v]<a[i][j]))
          a[i][j]=a[i-1][v];
      }
      if (j==0) a[i][j]++;
    }
best=n+1;
for (int i=0; i<=t-1;++i)
  if (a[n][i]<best) best=a[n][i];
cout<<best<<endl;
return 0;
}
```

图 5-26 "青蛙过河"问题求解的程序描述

另外,对于青蛙可以跳多远,可以分为两种情况考虑:

1) 如果相对距离 $v >= s*(s-1)$,则青蛙一定能够采用一次跳跃 s 距离或 $s-1$ 距离的方式到达该位置;

由于 $1 \le s \le t \le 10$,因此,当相邻的两个荷叶之间的距离不小于 $s(s-1)=10*9=90$ 时,后面的距离都可以到达(可以认为它们之间的距离就是 90)。因此,就将原来 L 的范围缩小为 $100*90=9\,000$。

2) 如果相对距离 $v < s*(s-1)$,则用一次跳跃的距离范围递推;

假设 $b[i]$ 为青蛙能否用 s 到 t 的一次跳跃距离跳至 i 远的标志,则:

$$b[i]=\text{true} \qquad , i=0$$
$$b[i]=\text{or}\{b[i-j]\} \quad , 1 \le i \le 90, s \le j \le t$$

综合而言,即可判断出青蛙能否跳到相对距离为 v 的位置。假设以 $can[v]$ $(v <= 90)$ 作为青蛙能否跳到相对距离为 v 的标志,则:

$$can[v]=\text{false}, v < 0$$
$$\text{true}, \ v >= s*(s-1)$$
$$b[v], 0 <= v < s*(s-1)$$

2. 决策过程记忆空间的优化

问题的解一般包含两个相关的目标:解和解方案。解通常是一个最优数值,解方案是指构成最优解值的具体形成轨迹,即沿阶段推进由各个阶段最优值状态所构成的最优状态链,以及依据该链反推出题目的具体最优方案。为了最终能够得到题目的实际最优方案,显然,整个求解过程必须全部保存,这对于规模较大的问题,空间消耗巨大。实际应用中,往往会有一部分问题的求解特征是,当前状态仅仅依靠前一个状态即可,此时如果不需要求得解方案,则只要保存上一个阶段的状态值即可,不需要记录全过程状态,这样可以大幅度降低状态记录的空间消耗。例 5-22 给出相应的应用示例。

【例 5-22】 最长公共子序列

问题描述:给定两个字符串 str1 和 str2,返回两个字符串的最长公共子序列的长度。例如,str1 = "1A2C3",str2 = "B1D23","123"是最长公共子序列,那么两字符串的最长公共子序列的长度为 3。

输入格式:第一行为两个正整数,表示两个字符串的长度。接下来两行,分别为两个字符串。

输出格式:一行含一个正整数,表示最长的公共子序列的长度。

输入样例:

7 6

ABCBDAB

BDCABA

输出样例:

4

本题涉及两个行为主体,即两个字符串,因此采用二维动态规划,以 $c[i, j]$ 表示第一个字符串到达第 i 个字符、第二个字符串到达第 j 个字符时,两者公共子序列的长度。于是,基于分治思想,可以得到如公式 5-24 所示的状态转移方程:

$$c[i, j] = \begin{cases} 0 & , i = 0 \text{ or } j = 0 \\ c[i-1, j-1] + 1 & , i, j > 0 \text{ and } x_i = y_j \\ \max\{c[i, j-1], c[i-1, j]\} & , i, j > 0 \text{ and } x_i \neq y_j \end{cases} \quad (5\text{-}24)$$

具体实现时,显然可以通过二维数组配合双重循环完成。然而,对于规模较大的字符串而言,二维数组的空间显得较为浪费。事实上,由公式 5-24 可知,每次的状态转移仅仅与前一行相关,而且本题不需要给出解的具体方案(即具体的公共子序列),因此,可以采用滚动数组进行优化,大幅度降低决策过程的记忆空间消耗。具体而言,就是定义一个两行的数组,两行数组滚动使用。图 5-27 所示给出了相应的程序描述。

```cpp
#include<iostream>
#include<cstdio>
#include<algorithm>
#include<cstring>
using namespace std;
```

```
int main( )
{
  string a,b;
  while( cin>>a>>b) {
    int len1 =a.size( );
    int len2 =b.size( );
    int e[2][max( len1, len2) +5 ];   // 两行的滚动数组
    memset( e, 0, sizeof( e) );
    int now =0;
    for( int i =0; i<=len1;++i) {
      for( int j =0; j<=len2;++j) {
        if( i ==0 || j ==0)
          e[ ( now+1) % 2 ][j] =0;   // 以下（now+1）% 2 使用滚动数组
        else if( a[i- 1] ==b[j- 1])
                e[ ( now+1) % 2 ][j] =e[now][j- 1] +1;
            else
                e[ ( now+1) % 2][j] =max( e[ ( now+1) % 2][j- 1], e[now][j]);
      }
      now =( now+1) % 2;   // 实现数组行的滚动
      if( i ==len1)
        cout<<e[ now][ len2] <<endl;
    }
  }
}
```

图 5-27　滚动数组方法的应用示例

另外,对于不能仅仅依靠前一个阶段进行当前阶段状态决策的问题,如果状态数量巨大,还可以采用 hash 方式对状态记忆进行优化、采用指针数组按需动态申请和释放内存、采用多次间断的动态规划等方法,不仅可以减少空间消耗或充分平衡空间使用,还可以提高处理效率。

3. 状态描述数据组织结构的优化

状态总数降低和决策过程记忆空间优化解决的是空间优化宏观方面的问题,对于空间优化微观方面,状态描述数据组织结构的参数维度缩减和状态压缩可以从内因上解决空间的缩减。

对于状态描述数据组织结构的参数维度缩减,可以从构成维度的几个参数之间的关系出发,分析参数之间的内在联系,看看是否某个参数可以由其他参数综合而得,如果可以,则将此参数去掉改为由其他相关参数实时计算,这样就可以使得状态描述中缩减一个参数维度,以达到空间优化的目的。例 5-23 给出了相应的解析。

另外,依据状态需要表征的特点,某些问题中尽管不能缩减参数维度,但可以采用状态压缩,以达到缩减空间的目的。所谓状态压缩是指状态用一种压缩的形式存储。一般而言,都是将状态压缩为某种进制的一个数据（相当于将多个参数压缩为一个综合参数）,常用的是二进制数,因为可以充分利用其高效的位运算操作（基于二进制数的状态压缩也称为位图模式）。状态压缩可以将一个阶段的所有状态映射到一些对应的某种进制数,并运用数的简单运算实现状态转移。因此,相对于状态描述数据组织结构的参数维度缩减,状态压缩可以大大降低状

态记录的空间并提高执行效率。状态压缩优化一般适用于问题整体规模相对比较小或某一个维度的规模相对比较小的问题(因为映射到的目标进制数的表示具有一定的范围)。例 5-24 给出了相应的解析。例 5-25 和例 5-26 进一步给出了各种空间优化方法综合运用的应用示例及其解析。

【例 5-23】　传纸条(NOIP2008,Vijos-1493)

(问题描述参见例 5-6)

例 5-6 尽管解决了问题,然而,阶段的特征并没有被很好地利用。例如:$dp[1][1][3][3]$ 所表示的两次传递步数不一致的状态是完全无用的,应该只关注那些两次传递同步决策的状态:$dp[x1][y1][x2][y2]$,且 $x1 + y1 = x2 + y2$。因此,状态 $dp[x1][y1][x2][y2]$ 可以压缩成 $dp[x1][y1][x2]$,$y2$ 直接通过计算得出($y2 = x1 + y1 - x2$)。由此,状态的描述结构可以缩减一个参数,时间和空间复杂度都从 $O(n^4)$ 下降到 $O(n^3)$。图 5-28 所示给出了相应的程序描述。

```cpp
#include<bits/stdc++.h>
using namespace std;

int n, m, i, j, k, a[51][51], dp[111][51][51];

int Max(int a, int b, int c, int d)
{
  if(a>=b && a>=c && a>=d) return a;
  if(b>=a && b>=c && b>=d) return b;
  if(c>=a && c>=b && c>=d) return c;
  if(d>=a && d>=b && d>=c) return d;
}

int main()
{
  scanf("% d% d", &n, &m);
  for(i=1; i<=n;++i)
    for(j=1; j<=m;++j)
      scanf("% d", &a[i][j]);
  for(k=1; k<=n+m-2;++k)
    for(i=1; i<=n;++i)
    for(j=1; j<=n;++j)
    if(i==n && j==n && k==n+m-2)
      dp[k][i][j] =Max(dp[k-1][i-1][j], dp[k-1][i][j-1],dp[k-1][i][j], dp[k-1][i-
                  1][j-1]) +a[i][k+2-i] +a[j][k+2-j];
    else if(i !=j && k+2-i>=1 && k+2-j>=1)
          dp[k][i][j] =Max(dp[k-1][i-1][j], dp[k-1][i][j-1],
                      dp[k-1][i][j], dp[k-1][i-1][j-1]) +a[i][k+2-i] +a[j][k+
                      2-j];
  printf("% d", dp[n+m-2][n][n]);
  return 0;
}
```

图 5-28　"传纸条"问题求解的程序描述(2)

【例 5-24】 关灯问题

问题描述:现有 n 盏灯以及 m 个按钮,每个按钮可以同时控制这 n 盏灯,按下了第 i 个按钮,对于所有的灯都有一个效果。按下 i 按钮对于第 j 盏灯,是如下三种效果之一:如果 a[i][j] 为 1,那么当这盏灯开的时候,就把它关上,否则不管;如果 a[i][j] 为 -1,那么当这盏灯是关的时候,就把它打开,否则也不管;如果 a[i][j] 为 0,无论这盏灯是否开,都不管。

现在这些灯都是开的,给出所有开关对所有灯的控制效果,问最少要按几下按钮才能全部关掉。

针对本题,一个状态就是所有灯的开关情况,因此,可以使用二进制方式进行状态压缩。具体而言,将 n 盏灯编号为 0 ~ n-1,一个状态对应一个二进制数。

依据题意,按下某一个按钮,则所有的灯都会改变,从当前的状态改变为确定的另一个状态。对于从初始情况到这 n 盏灯的某一个状态,它的最少按按钮次数即为所有可能转移到该状态的状态所得到的最少按按钮次数加上 1。因此,假设 A 为 n 盏灯的一个状态,T 为可以转移到该状态的一个状态集合,则可以得到状态转移方程为 $f[A] = \min\{f[T]\} + 1$,边界条件为 $f[(1 << n) - 1] = 0$(即到达所有灯都开着的状态不需要按按钮,结果为 $f[0]$,即所有灯都关上的状态)。

具体实现时,对于每一个状态,枚举它可以到达的所有状态,然后判断是否可以转移即可。图 5-29 所示给出了相应的程序描述。

```cpp
#include<algorithm>
#include<cstdio>
using namespace std;

const int MAXN =10;
int n, m, f[(1<<MAXN)+1], a[101][MAXN+1];

int main()
{
  scanf("%d%d", &n, &m);
  for(int i=1; i<=m;++i)
    for(int j=1; j<=n;++j)
      scanf("%d", &a[i][j]);
  memset(f, 0x3f,sizeof(f));
  int ALL =(1<<n)-1;
  f[ALL] =0;
  for(int i=ALL; i>-1;--i)
    for(int j=1; j<=m;++j) {
      int t =i;
      for(int k=1; k<=n;++k)
        if(a[j][k]==-1) t |=1<<k-1;
        else if(a[j][k]==1) t &=~(1<<k-1);
      f[t] =min(f[t], f[i]+1);
    }
  if(f[0] !=0x3f3f3f3f)
    printf("%d", f[0]);
  else
    printf("-1");
  return 0;
}
```

图 5-29 "关灯问题"求解的程序描述

【例 5-25】 炮兵阵地(POJ1185)

问题描述:司令部的将军们打算在 N * M 的网格地图上部署他们的炮兵部队。一个 N * M 的地图由 N 行 M 列组成,地图的每一格可能是山地(用“H”表示),也可能是平原(用“P”表示),如图 5-30。在每一格平原地形上最多可以布置一支炮兵部队(山地上不能够部署炮兵部队);一支炮兵部队在地图上的攻击范围如图 5-30 中黑色区域所示。

P	P	H	P	H	H	P	P
P	H	P	H	P	H	P	P
P	P	P	H	H	H	P	H
H	P	H	P	P	P	P	H
H	P	P	P	P	H	P	H
H	P	P	H	P	H	H	P
H	H	H	P	P	P	P	H

图 5-30

如果在地图中的黑色所标识的平原上部署一支炮兵部队,则图中的灰色的网格表示它能够攻击到的区域:沿横向左右各两格,沿纵向上下各两格。图上其他白色网格均攻击不到。从图上可见炮兵的攻击范围不受地形的影响。

现在,将军们规划如何部署炮兵部队,在防止误伤的前提下(保证任何两支炮兵部队之间不能互相攻击,即任何一支炮兵部队都不在其他炮兵部队的攻击范围内),在整个地图区域内最多能够摆放多少我军的炮兵部队。

输入格式:第一行包含两个由空格分开的正整数,分别表示 N 和 M;接下来的 N 行,每一行含有连续的 M 个字符(‘P’或者‘H’),中间没有空格,按顺序表示地图中每一行的数据,N≤100;M≤10。

输出格式:一行包含一个整数 K,表示最多能摆放的炮兵部队的数量。

输入样例:

5 4
PHPP
PPHH
PPPP
PHPP
PHHP

输出样例:

6

本题中,当前状态显然仅仅与前后两行的状态有关(对于列,同理),因此,可以按行进行动态规划,采用 $dp[i][j][k]$ 表示当上一行的状态为 j,上两行的状态为 k 时,第 i 行最多能部署炮兵部队的数量,则可以得到转移方程如公式 5-25 所示。

$$dp[i][j][k] = \max(dp[i][j][k],\ dp[i-1][k][l] + num[i]) \qquad (5\text{-}25)$$

其中,$num[i]$ 表示第 i 行的数目。显然,通过枚举 i(层数)、j(当前层状态)、k(上一层状态)、l(上两层状态),就可以实现状态转移。图 5-31 所示给出了相应的程序描述。

```
#include<iostream>
using namespace std;

long maxx,i,j,k,l,map[101],f[101][61][61],tot,n,m,sta[61],num[61];
char c;
```

```
long find( long a)
{
    long ans,i;
    ans =0;
    for ( i =1;i<=m;++i) {
        if ( ( ( 1<<i- 1) &a) !=0) ans++;
    }
    return ans;
}
void build( )
{
    long i1,i2,i;
    for ( i =0;i<=(1<<m) - 1;++i) {
        long i1,i2;
        i1 =i>>1; i2 =i>>2;
        if ( ( ( (i&i1) ==0) &&( (i&i2) ==0) &&( (i1&i2) ==0) ) ) {
            tot++; sta[ tot] =i; num[ tot] =find( i) ;
        }
    }
}
int main( )
{
    cin>>n>>m;
    for ( i =1;i<=n;++i)
        for ( j =1;j<=m;++j) {
            cin>>c;
            if ( c =='H') map[ i] =map[ i] |(1<<j- 1) ;
        }
    build( ) ;
    for ( i =1;i<=tot;++i)
        if ( ( sta[ i] &map[ 1] ) ==0) f[ 1] [ i] [ 0] =max(f[ 1] [ i] [ 0] ,num[ i] ) ;

    for ( i =1;i<=tot;++i)
        for ( j =1;j<=tot;++j)
            if ( ( ( sta[ i] &map[ 2] ) ==0) &&( ( sta[ j] &map[ 1] ) ==0) &&( ( sta[ i] &sta[ j] ) ==0) )
                f[ 2] [ i] [ j] =max(f[ 2] [ i] [ j] ,f[ 1] [ j] [ 0] +num[ i] ) ;

    for ( i =3;i<=n;++i) {
        for ( j =1;j<=tot;++j) {
            if ( ( sta[ j] &map[ i] ) ==0)
                for ( k =1;k<=tot;++k) {
                    if ( ( sta[ k] &map[ i- 1] ) ==0)
                        for ( l =1;l<=tot;++l) {
                            if ( ( sta[ l] &map[ i- 2] ) ==0)
                                if ( ( ( ( sta[ j] &sta[ k] ) ==0) &&( ( sta[ k] &sta[ l] ) ==0) &&( ( sta[ l] &sta[ j] ) ==
0) ) )
                                    f[ i] [ j] [ k] =max(f[ i] [ j] [ k] ,f[ i- 1] [ k] [ l] +num[ j] ) ;
                        }
                }
        }
    }
```

```
      }
  for (i=1;i<=n;++i)
    for (j=1;j<=tot;++j)
      for (k=1;k<=tot;++k)
        if (maxx<f[i][j][k]) maxx=f[i][j][k];
            cout<<maxx;
  return 0;
}
```

图 5-31　"炮兵阵地"问题求解的程序描述(1)

图 5-31 中,同时还进行了如下几种进一步的状态压缩优化:

1) 枚举状态数量的缩减(预处理)

因为每一个炮台左右都是会互相攻击的,所以有些状态是无效状态,不需要枚举。因此,通过预处理并将有效状态(最多 60 个状态)预存在数组 sta 中。此时,对于状态 x,只需要右移一位之后与原数做"位与"(&)操作并判断是否为零即可快速判断其是否存在互相攻击的情况(原理:如果二进制位的每一个 1 都是被大于等于 1 个 0 隔开的,那么错位之后绝对不会出现两个 1 位于同一个位置上,所以 & 操作之后一定为 0,反之如果不为 0,则说明至少有一个地方出现了两个 1 相连。由于本题可以打两格,所以右移一位判断不够,还需要再同理右移两位之后来判断)。

2) 原始地图的数字化存储

本题没必要将地图用 char 型数组存储,这样会带来字符操作的麻烦。因为对于地图只关心其中的'H'位置是否会和枚举的状态发生冲突,因此,可以把地图每一行也用二进制压缩的方式转变成一个数,整张地图就会变成一个一维数组。然后,可以充分利用位操作,非常方便地进行是否发生冲突的判断。

3) 状态之间是否冲突的判断

判断上下层是否冲突,即是判断两个状态对应的压缩数是否存在同一个位置都为 1,因此,只需要通过"位与"运算(&),由其结果是否为 0 决定(结果为 0,表示不存在同一个位置都为 1,状态不冲突)。

更进一步,本题还可以利用滚动数组、状态下标映射等方法,进一步实现决策过程记忆空间的优化。具体如下:

1) 利用滚动数组降低决策过程状态记忆空间的优化

针对本题,可以发现,转移方程的每一次转移其实仅仅与上一层有关,因此,没有必要把所有的 dp 值都转移出来,只需要用一个 now 来记录当前位的层数,用 now^1 来取上一层的值,并且在转移完成以后将当前层变成上一层即可(即 now^= 1)。

2) 通过状态下标映射进一步状态压缩

针对本题,尽管状态一共有 0~1 023 这么多,但是在经过去掉无效状态后,剩下的有效状态也只有 60 种,因此,只需要采用 $dp[105][65][65]$ 来记录状态即可。此时,后两维的含义并不是一个状态,而是状态对应的的下标,即 $dp[i][j][k]$ 表示的是第 i 层状态为 sta$[j]$,第 $i-1$ 层状态为 sta$[k]$ 的 dp 值。图 5-32 所示给出了相应的程序描述。

```
#include<iostream>
using namespace std;

long maxx, i, j, k, l, map[101], f[101][61][61], tot, n, m, sta[61], num[61];
char c;

long find(long a)
{
    long ans, i;
    ans =0;
    for (i =1; i<=m;++i)
        if (((1<<i-1) & a) !=0) ans++;
    return ans;
}
void build()
{
    long i1, i2, i;
    for (i =0; i<=(1<<m)-1;++i) {
        long i1, i2;
        i1 =i>>1; i2 =i>>2;
        if (((i & i1)==0) && ((i & i2)==0) && ((i1 & i2)==0)) {
            tot++; sta[tot] =i; num[tot] =find(i);
        }
    }
}
int main()
{
    cin>>n>>m;
    for (i =1; i<=n;++i)
        for (j =1; j<=m;++j) {
            cin>>c; if (c=='H') map[i] =map[i] | (1<<j-1);
        }
    build();
    for (i =1; i<=tot;++i)
        if ((sta[i] & map[1])==0) f[1][i][0] =max(f[1][i][0], num[i]);

    for (i =1; i<=tot;++i)
        for (j =1; j<=tot;++j)
            if (((sta[i] & map[2])==0) && ((sta[j] & map[1])==0) &&((sta[i] & sta[j])==
0))
                f[2][i][j] =max(f[2][i][j], f[1][j][0] +num[i]);

    for (i =3; i<=n;++i) {
        for (j =1; j<=tot;++j) {
            if ((sta[j] & map[i])==0)
                for (k =1; k<=tot;++k) {
                    if ((sta[k] & map[i-1])==0)
                        for (l =1; l<=tot;++l) {
                            if ((sta[l] & map[i-2])==0)
```

```
                    if (((sta[j] & sta[k])==0)&&((sta[k] & sta[l])==0)&&((sta[l] & sta
[j])==0))
                        f[i][j][k]=max(f[i][j][k],f[i-1][k][l]+num[j]);
                    }
                }
            }
        }

    for (i=1; i<=n;++i)
        for (j=1; j<=tot;++j)
            for (k=1; k<=tot;++k)
                if (maxx<f[i][j][k]) maxx=f[i][j][k];
                    cout<<maxx;
    return 0;
}
```

图 5-32　"炮兵阵地"问题求解的程序描述(2)

【例 5-26】　最大 m 子序列和(参见 hdu1024)

问题描述:给出一个由 n 个数组成的序列,请你在里面找到 m 个子序列,使得这 m 个子序列的和最大。也就是,把一个数组分成 m 段,求最大的 $sum(i_1,j_1)+sum(i_2,j_2)+sum(i_3,j_3)+\cdots+sum(i_m,j_m)$,其中,$i_k$、$j_k$ 是连续的,j_k 和 i_{k+1} 可以不连续。

输入格式:第一行两个整数 m 和 n,第二行 n 个整数 $S_1,S_2,S_3,S_4,\cdots,S_x,\cdots,S_n(1\leqslant x\leqslant n\leqslant 1\,000\,000,-32\,768\leqslant S_x\leqslant 32\,767)$,数据之间用空格隔开。

输出格式:一行含一个整数,表示最大的子序列和。

输入样例:

2 6

-1 4 -2 3 -2 3

输出样例:

8

本题可以依据子序列的顺序来划分阶段,同时扩展一个参数维,用于描述子序列划分的最后一个数位置。具体而言,可以用 $dp[i][j]$ 表示在选取第 j 个数的情况下,将前 j 个数分成 i 个子序列的最大和,则它的求解有两种可能:①(x_1,y_1),(x_2,y_2),$\cdots$,(x_i,y_i),$(num[j])$;②(x_1,y_1),(x_2,y_2),$\cdots$,(x_{i-1},y_{i-1}),$\cdots$,$(num[j])$,其中,y_{i-1} 是第 k 个数。于是,可以得到如公式 5-26 所示的状态转移方程:

$$dp[i][j]=\max(dp[i][j-1],dp[i-1][k])+num[j]$$
$$k=i-1,i,\cdots,j-1 \tag{5-26}$$

其中,$dp[i][j-1]$ 表示将第 j 个数 $num[j]$ 归入第 i 序列的最后一个子序列,$dp[i-1][k]$ 表示将第 j 个数 $num[j]$ 单独作为一个子序列并且将前 $j-1$ 个数构成的第 $i-1$ 个子序列的情况进行穷举。

考虑到题目给定的数据规模(以及 m 的各种可能范围),记录全部状态显然会导致内存空间不够用,因此必须进行空间优化处理。

事实上,由公式 5-26 可知,$d[i][*]$ 只与 $d[i][*]$ 和 $d[i-1][*]$ 有关,即当前状态只与前一个状态有关,因此,可以采用滚动数组实现(如公式 5-27 所示),以便节省空间。

$$dp[t][j] = \max(dp[t][j-1], dp[1-t][k]) + num[j]$$
$$k = i-1, i, \cdots, j-1, t = 1 \tag{5-27}$$

其中,t 的含义发生改变,仅仅作为当前状态和前一个状态两个状态的标志,并且通过 t 与 $1-t$ 实现两者的交替(即滚动)。图 5-33 所示给出了相应的程序描述。

```cpp
#include<iostream>
#include<cstdio>
#include<memory.h>
using namespace std;

const int maxn =1000005;
const int maxm =100;
const int inf =0x7fffffff;
int dp[maxm][maxn];   // dp[i][j] 表示第 j 个数放在第 i 子序列中时的最大值
int num[maxn];

int main()
{
  freopen("in.txt", "r", stdin);
  int m, n, tmp;

  while(cin>>m>>n) {
    for(int i =1; i<=n;++i)
      cin>>num[i];
    for(int i =0; i<=n;++i) {
      dp[0][i] =0; dp[i][0] =0;
    }
    for(int i =1; i<=m;++i) {
      for(int j =i; j<=n;++j) {
        tmp =- inf;
        for(int k =i- 1; k<=j- 1;++k) {
          if(tmp<dp[i- 1][k]) tmp =dp[i- 1][k];
        }
        dp[i][j] =max(dp[i][j- 1], tmp) +num[j];
      }
    }
    cout<<dp[m][n] <<endl;
  }
  return 0;
}
```

图 5-33 "最大 m 子序列和"问题求解的程序描述(1)

上述优化尽管解决了空间的问题,然而,其时间效率并没有优化,也就是,其计算量并没有改变。事实上,对于第二种情况最后一个子序列的穷举位置 k 并不需要记录(不需要推算具体方案),只需要在 $j-1$ 处记录当前的最大和(当前最优解,即穷举后的结果值)即可。此时,状态转移方程变换为如公式 5-28 所示:

$$dp[t][j] = \max\{dp[t][j-1],\ \text{pre}[j-1]\} + \text{num}[j] \qquad (5\text{-}28)$$

其中，$\text{pre}[j-1]$ 表示不包括 $\text{num}[j-1]$ 的 $j-1$ 之前的最大和，对应于公式 5-26 中 k 穷举完的最优值。

经过该优化可以发现，t 这个维度已经失去意义，因此也可以去掉。由此得到最终的状态转移方程如公式 5-29 所示。在此，空间消耗得到进一步的改善。图 5-34 所示给出了相应的程序描述。本题多次使用了状态压缩方法。

$$dp[j] = \max(dp[j-1],\ \text{pre}[j-1]) + \text{num}[j] \qquad (5\text{-}29)$$

```cpp
#include<iostream>
#include<cstdio>
#include<memory.h>
using namespace std;

const int maxn =1000005;
const int maxm =100;
const int inf =0x7fffffff;
int num[maxn];
int dp[maxn];
int pre[maxn];

int main()
{
    freopen("in.txt", "r", stdin);
    int m, n, tmp;

    while(cin>>m>>n) {
        int tmp;
        for(int i =1; i<=n;++i)
            cin>>num[i];
        memset(dp, 0, sizeof(dp)); memset(pre, 0, sizeof(pre));
        for(int i =1; i<=m;++i) {
            tmp =- inf;
            for(int j =i; j<=n;++j) {
                dp[j] =max(dp[j-1], pre[j-1]) +num[j];
                pre[j-1] =tmp;
                tmp =max(tmp, dp[j]);
            }
        }
        cout<<tmp<<endl;
    }
    return 0;
}
```

图 5-34　"最大 m 子序列和"问题求解的程序描述(2)

状态表示方法(或状态的具体数据组织结构)的改变，既降低了空间复杂度，也降低了时间复杂度，因此，对于动态规划方法的优化具有较好意义。本质上，空间优化具有明显的高阶思维特征,将视野从单纯的数据组织(一维视野)拓展到数据组织与数据处理的综合(二维视野),因为状态表示结构的优化必然伴随着与优化结构相对应的处理方法。

5.7.2 时间优化(从数据处理 DNA 出发的优化)

除了空间优化带来的间接时间优化,动态规划中还可以通过改变各个方面的处理方式来进行直接的时间优化,具体表现为:选择适当的规划方向、(通过改变处理方式或思维角度)实现阶段决策量(或候选状态量)缩减及其穷举的优化,等等。

1. 选择适当的规划方向

动态规划方法中,规划方向有两种:顺推和逆推。在有些情况下,选取不同的规划方向可以得到不同的时间效率。一般而言,若初始状态确定、目标状态不确定时,则应考虑采用顺推;反之,若初始状态不确定、目标状态确定时,就应该考虑采用逆推;若初始状态和目标状态都已确定、顺推和逆推都可采用时,则可以考虑采用双向规划。与双向宽度优先搜索优化方法类似,双向规划可以大幅度减少实际参与处理的状态量,以期在两者的交汇处得到规划的解,从而提高处理的时间效率。

【例 5-27】 划分大理石

问题描述:已知有单价分别为 1~6 的大理石各 a[1..6] 块,大理石的总数不超过 20 000。现要将它们分成两个部分,使得两个部分的总价值和相等,问是否可以实现。

输入格式:6 个整数,依次为单价 1~6 的大理石块数。

输出格式:如果能够分成价值和相等的两部分,则输出 6 块大理石的数量;否则输出"NoSolution"。

本题中,价值和为 $S = \sum_{i=1}^{6} i \times a[i]$。若 S 为奇数,则显然不可能实现。否则,令 Mid = $S/2$,则问题转化为能否从给定的大理石中选取部分大理石,使其总价值和为 Mid。以 $dp[i, j]$ 表示能否从单价为 1 ~ i 的大理石中选取部分大理石,使其总价值和为 j(0 <= i <= 6, 0 <= j <= Mid),若能,则用 true 表示,否则用 false 表示。显然,如果能从前 i 种大理石中产生其总价值和为 j 的选石方案,且其中单价为 i 的大理石选取了 k 块(0 <= k <= a[i]),则前 $i-1$ 种大理石的总价值和一定为 $j - i*k$,反之亦然。因此,可以得到状态转移方程如公式 5-30 所示。

$$dp[i, j] = dp[i, j] \quad \text{或} \quad dp[i-1, j-i*k] \tag{5-30}$$

此时,边界条件为:$dp[i, 0]$ =true。显然,若 $dp[i, \text{Mid}]$ =true(0 <= i <= 6),则可以实现题目要求,否则不可以实现。依据该顺推方向规划,每个状态可能转移的状态数为 a[i],每个状态转移的时间为 $O(1)$。但状态总数是所有值为 true 的状态总数。在大理石的种类数 i 较小时,由于可选择的大理石的品种单一、数量也较少,因此值为 true 的状态也较少。但是,随着 i 的增大,大理石价值品种(单价品种)和数量增多,值为 true 的状态也急剧增多,导致整个规划过程的速度减慢,算法执行效率受到影响。

事实上,本题关心的仅是能否得到总价值和为 Mid 的值为 true 的状态,因此,可以采用从两个方向分别进行规划,即分别求出从单价 1~3 的大理石中选出部分大理石所能获得的所有价值和(顺向规划),以及从单价 4~6 的大理石中选出部分大理石所能获得的所有价值和(逆向规划),最后通过判断两者中是否存在和为 Mid 的价值和即可。此时,状态转移方程如公式

5-31 所示。

$$dp[i,j] = dp[i,j] \quad 或 \quad dp[i-1,j-i*k], 1 <= k <= a[i] \quad i <= 3$$

$$dp[i,j] = dp[i,j] \quad 或 \quad dp[i+1,j-i*k], 1 <= k <= a[i] \quad i > 3 \qquad (5-31)$$

此时,边界条件为: $dp[i,0] = \text{true}(0 <= i <= 7)$。于是,若存在 k,使得 $dp[3,k] = \text{true}$ 和 $dp[4, \text{Mid} - k] = \text{true}$,则可以实现题目要求,否则无法实现。图 5-35 所示给出了相应的程序描述。

```cpp
#include<iostream>
using namespace std;

const int price[7] ={ 0,1,2,3,4,5,6 };
const int maxw =320000;
typedef bool ftype[maxw+1];
typedef long prttype[maxw+1];
long p[7], num[7];
ftype f1, f2;
prttype prt1, prt2;
long sum, ans1, ans2;
bool ans;
long i, j, k;

void calc(ftype f, prttype prt, long st, long ed)
{
  memset(f, false, sizeof(ftype)); memset(prt, 0, sizeof(prttype));
  f[0] =true;
  for (i =st; i<=ed;++i)
    for (j=1; j<=p[i];++j)
      for (k=sum; k>=price[i] * j;-- k)
        if (! f[k] && f[k- price[i]]) {
          f[k] =true; prt[k] =i;
        }
}


int main()
{
  for (i =1; i<=6;++i)
    cin>>p[i];
  ans =false; sum =0;
  for (i =1; i<=6;++i)
    sum+=price[i] * p[i];
  if (sum % 2 ==1){    //总价为奇数,不能分成两部分
    cout<<"No Solution"<<endl;        return 0;
  }
  sum /=2; calc(f1, prt1, 1, 3);        calc(f2, prt2, 4, 6);
  for (int i =0; i<65;++i)
    cout<<f1[i] <<" ";
```

```
      cout<<endl;
      for (int i=0; i<65;++i)
        cout<<f2[i]<<" ";
      cout<<endl;
      for (i=0; i<=sum;++i){
        if (f1[i] && f2[sum-i]){
           ans=true; ans1=i; ans2=sum-i; break;
        }
      }
      if (ans){
        for (i=1; i<=6;++i)
          num[i]=0;
        while (ans1>0){
          num[prt1[ans1]]++; ans1=ans1-price[prt1[ans1]];
        }
        while (ans2>0){
          num[prt2[ans2]]++; ans2=ans2-price[prt2[ans2]];
        }
        for (i=1; i<=6;++i)
          cout<<num[i]<<" ";
        cout<<endl;
      }
      else
        cout<<"No Solution"<<endl;
      return 0;
   }
```

图 5-35 "划分大理石"问题求解的程序描述

　　本题的实际背景与双向搜索的背景十分相似,一方面,状态的增长速率都相当快,导致在瞬间产生庞大的状态空间;另一方面,都是有确定的初始状态和目标状态,并且可以实现两个方向搜索交汇的判断。因此,采用双向动态规划后,时间效率得到明显的提高。表 5-1 给出了相应的比较分析。

表 5-1 时间效率比较

样例	单向规划	双向规划
$n=10\ 000$	0.25 s	0.16 s
$n=15\ 000$	0.52 s	0.36 s
$n=20\ 000$	0.94 s	0.64 s

　　双向规划尽管没有减少总的状态数,但真正参与工作的状态数仅仅是所有状态的一个子集,因此,逻辑上达到了状态数的减少。由此可见,双向规划也可以看作是一种减少状态总数的空间优化。

2. 阶段决策量缩减及其穷举的优化

　　一般而言,用于一个阶段决策的候选状态数量不会太多,因此,动态规划方法中都是直接通过 if 语句、直接求最值或朴素穷举完成一个阶段的决策。然而,在某些情况下,对于规模较大的问题而言,这个部分的时间消耗累积还是相当可观的。因此,对于该部分的处理优化也将直接提高整个动态规划方法的执行效率。

1) 阶段决策量缩减

阶段决策量缩减一般涉及两个方面:减少穷举的范围和减少候选状态数。前者利用“四边形不等式”性质,使得在不减少候选状态数的前提下,减少穷举的范围;后者利用某种特征剪掉一些对决策无用的状态。阶段决策量缩减也实现了减少每个状态转移出的状态数量的目的。例 5-28 和例 5-29 分别给出相应的应用示例。

【例 5-28】 最优排序二叉树

问题描述:所谓二叉排序树是指具有下列性质的非空二叉树:

(1) 若根结点的左子树不空,则左子树的所有结点值都小于根结点值;

(2) 若根结点的右子树不空,则右子树的所有结点值都不小于根结点值;

(3) 根结点的左右子树也分别是二叉排序树。

输入格式:第 1 行为关键字数 n,第 2 行为 $2n$ 个正整数,依次为 $n(1 <= n <= 1\,000)$ 个关键字的权值 k_i 和查找频率 $p_i(1 <= i <= n)$。

输出格式:对应二叉排序树的总查找长度 $\sum_{i=1}^{n} p_i(depth(k_i) + 1)$ 的最小值。

针对本题,令 $w(i, j)$ 表示结点 i 到结点 j 的频率之和 $\sum_{a=i}^{j} p_a$;k 为中间结点,即结点 i 到结点 $k-1$ 为左子树序列,结点 k 到结点 j 为右子树序列。则结点 i 到结点 j 对应子树的查找长度为:

$$\sum_{a=i}^{j} p_a(depth(k_a) + 1) = \sum_{a=i}^{j} p_a(depth(k_a)) + \sum_{a=i}^{j} p_a = \sum_{a=i}^{j} p_a(depth(k_a)) + w[i, j]。$$

依据区间型动态规划方法,结点 i 到结点 j 对应子树的最小查找长度 $c[i, j]$ 的状态转移方程如公式 5-32 所示。

$$C[i, j] = \min\{c[i, k-1] + c[k, j]\} + w[i, j] \tag{5-32}$$
$$i < k <= j, 1 <= i <= j <= n, c[i, i] = p_i$$

显然,时间复杂度为 $O(n^3)$。

很明显,若有 $[i, j]$ 包含于 $[i', j']$,则有 $w[i, j] <= w[i', j']$,即 w 是关于区间包含关系单调的。进一步,由 w 的单调性可以推出状态转移方程也是满足“四边形不等式”的单调函数。于是,由状态转移方程的单调性可以推出最优决策函数的单调性,即如果令 $K_{i, j} = \max\{k \mid c[i, j] = c[i, k-1] + c[k, j] + w[i, j]\}$,则由 $c[i, j]$ 的单调性,可以推出最优决策函数 $K_{i, j}$ 的单调性即 $K_{i, j} <= K_{i, j+1} <= K_{i+1, j+1}(i <= j)$。最后,利用 $K_{i, j}$ 的单调性,可以得到优化的状态转移方程如公式 5-33 所示。

$$C[i, j] = \min\{c[i, k_{i,j}-1] + c[k_{i,j}, j]\} + w[i, j] \tag{5-33}$$
$$k_{i, j-1} < k_{i, j} <= k_{i+1, j}, 1 <= i <= j <= n, c[i, i] = p_i$$

当以区间长度 L 划分阶段 $(2 <= L <= n)$,以区间 (i, j) 的首指针 i 作为状态 $(1 <= i <= n - L + 1, j = L + i - 1)$。在第 L 阶段计算 $K_{i, j}$ 时,已经在第 $L-1$ 阶段计算出 $K_{i+1, j}$ 和 $K_{i, j-1}$,穷举 $K_{i, j}$ 可能值的时间复杂度为 $O(K_{i+1, j} - K_{i, j-1} + 1)$,该阶段中计算 $K_{1, L+1}$,…,$K_{n-L, n}$ 共需时间

$O(K_{n-L+1,\,n} - K_{1,\,L} + n - d) <= O(n)$。共有 n 个阶段,由此得到总的时间复杂度为 $O(n^2)$,相比于原始的动态规划减少了一个阶,时间效率明显提高。图 5-36 所示给出了相应的程序描述。

```cpp
#include<iostream>
using namespace std;

const int maxn =1000;
const long maxw =1000000000;
long a[maxn+1];
long p[maxn+1];
long sum[maxn+1];
long c[maxn+1][maxn+1];
long prt[maxn+1][maxn+1];
long n, i, j, k, l, ans;

int main()
{
  cin>>n;
  for (i=1; i<=n;++i)
    cin>>a[i]>>p[i];
  sum[0] =0;
  for (i=1; i<=n;++i)
    sum[i] =sum[i-1] +p[i];
  //状态转移方程和记录表初始化
  memset(c, 0, sizeof(c)); memset(prt, 0, sizeof(prt));
  for (i=1; i<=n;++i) {
    prt[i][i] =i; c[i][i] =p[i];
  }
  for (l=2; l<=n;++l) {
    for (i=1; i<=n-l+1;++i) {
      j=i+l-1; c[i][j] =maxw;
      for (k=prt[i][j-1]; k<=prt[i+1][j];++k) {
        if (c[i][k-1] +c[k+1][j]<c[i][j]) {
          c[i][j] =c[i][k-1] +c[k+1][j]; prt[i][j] =k;
        }
        c[i][j] +=(sum[j]- sum[i-1]);
      }
    }
  }
  cout<<c[1][n] <<endl;
  return 0;
}
```

图 5-36 "最优排序二叉树"问题求解的程序描述

本题的优化方法,对于区间型动态规划方法优化具有较为普适的作用。也就是说,对于公式 5-34 所示的状态转移方程(参见公式 5-11),可以按照如下步骤进行优化:

1)证明代价 a_{ij} 是关于区间包含关系的单调函数;

2)由 a_{ij} 的单调性,推出状态转移方程 $dp(i,j)$ 满足"四边形不等式"的单调函数(注:当函数

$f[i,j]$ 满足 $f[i,j] + f[i',j'] <= f[i',j] + f[i,j']$，$i <= i' <= j <= j'$ 时，称 f 满足"四边形不等式"，当函数 $f[i,j]$ 满足 $f[i',j] <= f[i,j']$，$i <= i' <= j <= j'$ 时，称 f 关于区间包含关系单调）；

3）由"四边形不等式"推出最优决策 s 的单调性 $s[i,j-1] <= s[i,j] <= s[i+1,j]$。

4）计算当前问题的最优决策 $s[i,j]$ 时，因其子问题的最优决策 $s[i,i-1]$ 和 $s[i+1,j]$ 已经得出，因此可以在该范围内穷举，从而减少每个状态转移的穷举量，将时间复杂度由 $O(n^3)$ 降低为 $O(n^2)$。

该方法利用"四边形不等式"性质，基于对状态值之间特殊关系的分析，推出最优决策的单调性，通过记录子区间的最优决策并充分加以利用来减少当前的决策量。因此，动态规划方法具体应用时，不仅可以实现状态值的充分利用，也可以实现最优决策的充分利用，从另一个角度实现"减少冗余"。

$$dp(i,j) = \max/\min\{dp(i,k-1) + dp(k,j)\} + a_{ij} \tag{5-35}$$

【例 5-29】　最长上升子序列

问题描述：给出一个数列 $\{a1, a2, \cdots, an\}$，要求选出尽量多的元素，使这些元素按其相对位置单调递增。

输入数据：第一行是序列的长度 N（1<= N <= 10 000）。第二行给出序列中的 N 个整数，这些整数的取值范围都是 0~10 000。

输出要求：最长上升子序列的长度。

输入样例：

7

1 7 3 5 9 4 8

输出样例：

4

针对本题，以 $dp[i]$ 表示以 $a[i]$ 结尾的最长上升子序列的长度（1<= i <= n），显然，问题的解为 $\max\{dp[i]\}$。相应的状态转移方程如公式 5-35 所示。

$$dp[i] = \max\{0, dp[k]\} + 1, 1 <= k < i, a[k] < a[i] \tag{5-35}$$

其中，$a[k]$ 为最长单调上升子序列中 $a[i]$ 左邻的元素（$1 <= k < i$，$a[k] < a[i]$）。同时，当 $dp[i] > 1$ 时，可以令 $p[i] = k$（记录最优决策），以便最终构造最长的单调上升子序列（即求最优解的具体方案）。此时，状态总数为 $O(n)$，每个状态转移的状态数最多为 $O(n)$，每次状态转移的时间为 $O(1)$，总的时间复杂度为 $O(n^2)$。

在此，每个阶段都需要在前面阶段所有子问题中进行枚举，以选择其中的最优解。随着问题规模的加大，该枚举过程的时间效率极低，直接影响整个算法的执行效率。为此，可以对其进行适当优化。

事实上，对于两个数 $a[x]$ 和 $a[y]$（$x < y$ 且 $dp[x] = dp[y]$），显然，选择 $a[x]$ 对于以后的状态转移更优，因为可能出现 $a[x] < a[z] < a[y]$ 的情况（也就是说，可以由状态 $dp[y]$ 转移得到状态 $dp[z]$，$z > y$，$z > x$，必有 $a[z] > a[y] > a[x]$，因此 $dp[z]$ 也能由 $dp[x]$ 转移得到；另一方面，可以由状态 $dp[x]$ 转移得到状态 $dp[z]$，$z > y$，$z > x$，当 $a[y] > a[z] > a[x]$ 时，$dp[z]$ 就无法由 $dp[y]$ 转移得到）。因此，对于每一个阶段，其穷举域的所有子状态中，当 $dp[t]$ 相同

时,尽量选择更小的 $a[x]$。也就是说,对于 $dp[t] = k$,只需要保留相应所有 $a[t]$ 中的最小值(以 $d[k]$ 表示),即 $d[k] = \min\{a[t], dp[t] = k\}$。

因此,对于当前保留的状态集 S,具有下列性质:对于任意 $x \in S$,$y \in S$,$x \neq y$,有 $dp[x] \neq dp[y]$,且若 $dp[x] < dp[y]$,则 $a[x] < a[y]$,否则 $a[x] > a[y]$。也就是说,保留的状态中不存在相同的状态值,且随着状态值的增加,最后一个元素的值也是单调递增的(也就是,$d[k]$ 在整个规划过程中单调上升,即 $d[1] < d[2] < d[3] < \cdots < d[n]$)。基于该性质,可以按如下方法求解(假设当前已求出的最长上升子序列的长度为 len,初始值为 1):对于每次读入的一个新元素 x,若 $x > d[len]$,则直接加入到 d 的末尾,且 $len++$;否则,在 d 中二分查找,找到第一个比 x 小的数 $d[k]$,以 x 替换 $d[k+1]$(即以二分法维护有序集合 S)。图 5-37 所示给出了相应的程序描述。

```cpp
#include<iostream>
using namespace std;

const int N =41000;
int a[N];    //a[i] 原始数据
int d[N];    //d[i] 长度为 i 的递增子序列的最小值

int BinSearch(int key, int * d, int low, int high)
{
    while(low<=high) {
        int mid =(low+high) >>1;
        if(key>d[mid] && key<=d[mid+1])
            return mid;
        else if(key>d[mid])
            low =mid+1;
        else
            high =mid-1;
    }
    return 0;
}

int LIS(int * a, int n, int * d)
{
    int i, j;
    d[1] =a[1];
    int len =1;          //递增子序列长度
    for(i =2; i<=n;++i) {
        if(d[len] <a[i])
            j =++len;
        else
            j =BinSearch(a[i], d, 1, len) +1;
        d[j] =a[i];
    }
    return len;
}
```

```
int main( )
{
    int p;
    cin>>p;
    for(int i=1; i<=p; i++)
        cin>>a[i];
    cout<<LIS(a, p, d)<<endl;
    return 0;
}
```

图 5-37　"最长上升子序列"问题求解的程序描述

本题利用了问题本身决策时的单调性特点来维护有用的状态,达到减少每个阶段穷举状态数量的目的。同时,也减少了每个状态可能转移的状态数。另外,由性质可知,S 实际上是以 x 值或 dp 值为关键字的有序集合。如果采用平衡树实现有序集合 S,由于每个状态转移的状态数仅为 $O(1)$,而每次状态转移的时间变为 $O(\log n)$,因此,算法的时间复杂度降为 $O(n\log n)$。然而,平衡树的编程复杂度相对较高。除平衡树外,依据具体问题,还可以用其他相对有效的方法来维护有序集合。

事实上,候选状态量的缩减就是尽量去掉一些对决策无用的状态,这与搜索剪枝优化具有相同的思维渊源。

2)阶段决策量穷举的优化

依据动态规划方法的原理,阶段的决策需要不断引用已经计算过的相关状态来构建当前的候选状态集,并对候选状态集进行穷举。因此,对已经计算出的状态进行合理地组织,并在此基础上配合高效的计算方法,显然有助于提高阶段决策的效率。

阶段决策量穷举的优化(或者减少状态转移的计算时间),作为动态规划方法优化的核心之一,就是要通过合理的数据结构以及计算方法来实现对决策本身的优化。例 5-30 至例 5-33 分别从单调性结构维护、高效计算方法、预处理以及多段离散化状态转移几个方面进行相应解析。

【例 5-30】　土地购买

问题描述:农夫 John 准备扩大他的农场,正在考虑 N(1<= N<= 50 000)块长方形的土地,每块土地的长度满足:1<= 宽<= 1 000 000;1<= 长<= 1 000 000。

每块土地的价格是它的面积,但 John 可以同时购买多块土地,这些土地的价格是它们最大的长乘以它们最大的宽,但是土地的长宽不能交换。如果 John 买一块 3×5 的土地和一块 5×3 的土地,则他需要支付 5×5 = 25。

John 希望买下所有的土地,但是他发现分组来买这些土地可以节省经费。他需要你帮助他找到最小的费用。

输入格式:第一行一个整数 N;第 2~N+1 行,每行包括两个整数,分别表示一块土地的长和宽,数据之间用一个空格隔开。

输出格式:一行一个整数,表示最小费用。

输入样例:

4

100 1

15 15

20 5

1 100

输出样例:

500

(样例解析:分三组购买,第一组100×1,第二组1×100,第三组20×5和15×15)

以 $w(i)$ 和 $h(i)$ 分别表示第 i 块土地的宽和高,如果 $w(i) >= w(j) \&\& h(i) >= h(j)$(即第 i 块土地包含第 j 块土地),则可以忽略第 j 块土地(不影响最后答案)。因此,当去掉被包含的土地后,将所有的土地按照土地的宽度递减排序,则高度是递增的。此时,以土地号为阶段,可以得到相应的状态转移方程如公式 5-36 所示。

$$dp[i] = \min\{dp[j] + w(j+1) * h(i)\}, 0 <= j <= i-1, 1 <= i <= N \quad (5-36)$$

其中,边界为 $dp[0] = 0$。

针对其中 j 的枚举进一步分析可知,假设存在从 j 到 i 和从 k 到 i 两种选择($j < k$),如果有 $dp[j-1] + w(j) * h(i) < dp[k-1] + w(k) * h(i)$,则应选择 j,否则选择 k。将 $dp[j-1] + w(j) * h(i) < dp[k-1] + w(k) * h(i)$ 转换为 $(dp[j-1] - dp[k-1])/(w(j) - w(k)) < -h(i)$(因为 $j < k$,故 $w(j) > w(k)$),将 $(w(j),$ $dp[j-1])$ 看作是坐标点 $P[j]$,则转换后不等式的左边就是两点之间的斜率。此时,针对当前阶段 i 决策的状态穷举,将前面所有可能状态以点坐标方式映射到坐标系中,如果 $(w(j), dp[j-1])$(即 $P[j]$)和 $(w(k), dp[k-1])$(即 $P[k]$)两点之间连线的斜率小于 $-h(i)$,则 j 比 k 优;反之,如果斜率大于 $-h(i)$,则 k 比 j 优。因此,只要保留点的连线的斜率是递减的哪些点即可(保持"凸包性质",参见图 5-38。该方法也称为斜率优化)。从而,缩小用于穷举的状态量。

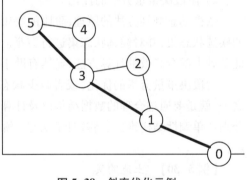

图 5-38　斜率优化示例

进一步,依据单调性,可以通过单调队列维护相应状态,如果队列中开始两点连线的斜率比当前的 $-h(i)$ 大,则可以去掉第一个点。因此,决策总是在队列的第一个点获得最优值(时间复杂度为 $O(n)$)。图 5-39 所示给出了相应的程序描述。

```cpp
#include<cstdio>
#include<climits>
#include<utility>
#include<functional>
#include<algorithm>
#include<vector>
```

```
const int MAXN =50000;
std::pair<int, int>A[MAXN];
std::vector<std::pair<int, int> * >vec;
int n;
long long dp[MAXN+1];

inline void prepare()
{
  std::sort(A, A+n, std::greater<std::pair<int, int>>());
  std::pair<int, int> * last =NULL;
  for (int i =0; i<n; ++i) {
    if (! last || A[i].second>last->second) {
      vec.push_back(&A[i]); last =&A[i];
    }
  }
  n =vec.size();
}

inline long long w(const int i)
{
  return static_cast<long long>(vec[i-1]->first);
}
inline long long h(const int i)
{
  return static_cast<long long>(vec[i-1]->second);
}
inline double slope(const int a, const int b)
{
  return double(dp[a]-dp[b]) / double(w(b+1)-w(a+1));
}

inline void dp()
{
  dp[0] =0; std::fill(dp+1, dp+n+1, LLONG_MAX);

  static int q[MAXN+1];
  int *l=&q[0], *r=&q[0];
  *r=0;

  for (int i =1; i<=n; ++i) {
    while (l<r && slope(*(l+1), *l)<h(i)) l++;

    int tmp = *l;
    dp[i] =dp[tmp]+w(tmp+1) * h(i);

    if (i !=n) {
      while (l<r && slope(*r, *(r-1))>slope(*r, i)) r--;
      *++r=i;
    }
  }
}
```

```
}

int main( )
{
    scanf( "% d", &n);
    for (int i =0; i<n;++i)
        scanf( "% d % d", &A[ i].first, &A[ i].second);
    prepare( ); dp( ); printf( "% lld\n", dp[ n ]);
    return 0;
}
```

图 5-39 "土地购买"问题求解的程序描述

本题首先也是利用单调性达到缩小每个阶段穷举状态数量的目的。进一步,决策时采用高效的单调队列求最值。

【例 5-31】 句子划分

问题描述:现给出一张单词表、特定的语法规则和一篇文章,文章和单词表中只含 26 个小写英文字母 a~z。单词表中的单词只有名词、动词和副词这 3 种词性,且相同词性的单词互不相同。单词的长度均不超过 20 个字母。语法规则可简述为以下几点:

● 名词短语:任意个副词前缀接上一个名词。

● 动词短语:任意个副词前缀接上一个动词。

● 句子:以名词短语开头,名词短语与动词短语相间连接而成。

文章的长度不超过 1 000 个字母。且已知文章是由有限个句子组成的,句子只包含有限个单词。编程将这篇文章划分成最少的句子,在此前提之下,要求划分出的单词数最少。

输入格式:第 1 行为单词数 n;以下 n 行,给出每个单词及其属性,格式为"ch.单词",其中 ch 为单词属性,ch=n 表示名词,ch=v 表示动词,ch=a 表示副词。从第 n+2 行开始输入文章,文章以"."结尾。

输出格式:第 1 行为文章划分出的最少句子数,第 2 行为文章划分出的最少单词数。

输入样例:

11

n.table

n.baleine

a.silly

n.snoopy

n.sillysnoopy

v.is

v.isnot

n.kick

v.kick

a.big

v.cry

sillysnoopyisnotbigtablebaleinekicksnoopysillycry.

输出样例：

2

9

[样例说明]（为了阅读方便，划分的单词用空格分隔，在单词右边标出它的词性，每行写一个句子，用句号表示句子结束。）输出对应的划分：

sillysnoopy[n] isnot[v] big[a] table[n].

baleine[n] kick[v] snoopy[n] silly[a] cry[v].

分别以 v、n、a 表示动词、名词和副词，以 $L[1..M]$ 表示文章，以 $F[v, i]$ 表示 L 前 i 个字符划分为以动词结尾（当 $i<>M$ 时，可带任意个副词后缀）的最优解方案时划分的句子数与单词数，以 $F[n, i]$ 表示 L 前 i 个字符划分为以名词结尾（当 $i<>M$ 时，可带任意个副词后缀）的最优解方案时划分的句子数与单词数。过去的分解方案仅通过最后一个非副词的词性影响以后的决策，这种状态满足无后效性。此时，可以得到状态转移方程如公式 5-37 所示。

$$F[v, i] = \min\{F[n, j] + (0, 1), L[j+1..i] \text{ 为动词}; F[v, j] + (0, 1), L[j+1..i] \text{ 为副词}, i<>M\}$$

$$F[n, i] = \min\{F[n, j] + (1, 1), L[j+1..i] \text{ 为名词}; F[v, j] + (0, 1), L[j+1..i] \text{ 为名词};$$

$$F[n, j] + (0, 1), L[j+1..i] \text{ 为副词}, i<>M\} \tag{5-37}$$

边界条件为 $F[v, 0] = (1, 0)$；$F[n, 0] = (\infty, \infty)$。问题的解为 $\min\{F[v, M], F[u, M]\}$。

上述算法中，状态总数为 $O(M)$，每个状态转移的状态数最多为 20，在进行状态转移时，需要查找 $L[j+1..i]$ 的词性，根据其词性做出相应的决策，并引用相应的状态。因此，查找词性的操作成为决策计算的"瓶颈"，不同的计算方法会带来不同的时间复杂度。

假设单词表的规模为 N，首先对单词表进行预处理，按字典顺序排序并合并具有多重词性的单词。然后分别考虑采用如下计算方法：

● 采用顺序查找法

最坏情况下需要遍历整个单词表，因此，最坏情况下的时间复杂度为 $O(20NM)$，比较次数最多可达 $1\,000×5k×20 = 10^8$，当数据量较大时效率较低。

● 采用二分查找法

最坏情况下的时间复杂度为 $O(20M\log N)$，最多比较次数降为 $5k×20×\log 1\,000 = 10^6$，当数据量较大时可以忍受。

● 采用散列表查找

首先将字符串每 4 位折叠相加计算关键值 k，然后用双重散列法计算数列函数值 $h(k)$。基于这种方法，通过 $O(N)$ 时间的预处理构造散列表，每次查找只需 $O(1)$ 的时间，因此，算法的时间复杂度为 $O(20M + N) = O(M)$。

● 采用检索树查找

散列法是进行集合查找的一般方法，但是，散列法在计算出散列函数值后还要处理冲突问题。因此，对于以字符串为元素的集合，更为高效的查找方法是采用检索树。通过检索树查找字符串只要从树根出发走到叶顶点即可，需要的时间正比于字的长度。如果散列函数确实是随机的,那么散列函数的值与字符串中的每一个字母都有关系。所以计算散列函数值的时间与检索树执行一次运算的时间大致相当。因此,一般情况下,在进行字符串查找时,检索树比散列表节省时间。

由于每个状态在进行状态转移时需要查找的所有单词都是分布在同一条从树根到叶子的路径上的,因此,如果选取从树根走一条路径到叶子作为基本操作,则每个状态进行状态转移时需最多20次单词查找,只需 $O(1)$ 的时间。另外,建立检索树需要 $O(N)$ 的时间,因此,算法总的时间复杂度虽然仍为 $O(M)$,但是由于时间复杂度的常数因子比散列表方法小,因此,运行速度也更快。

图5-39所示给出了采用检索树查找方法的程序描述。

```cpp
#include<iostream>
#include<algorithm>
using namespace std;

const int maxl =5000;          //文章长度上限
const int maxn =1000;           //单词数上限
const int maxstl =20;           //单词长度的上限
const int maxw =1000000000;     //无穷大
//单词搭配表,1:两个属性的单词可搭配一个句子;0:句子数不变;-1:不能搭配
int g[][4]={ {1,0,1,0},{0,-1,0,-1},{0,-1,0,-1},{-1,0,-1,0} };
struct nodetype {    //检索树的结点类型
    bool leaf;          //叶结点标志
    char ch;         //字母
    int g[26][2];   //在边权 ch、是否与叶结点连接的标志位 t 的情况下,另一边的端点序号为 g[ch][t]
    bool p[5]={0,0,0,0,0};//单词属性:1/名词 2/动词 3/修饰名词的辅词 4/修饰动词的辅词
};
struct ftype {    //转移方程的元素类型
    int s =0, w =0;//最少句子数和单词数
};
ftype f[maxl][5];    //f(i,v):前 i 个字符以属性 v 的单词结尾划分出最优结果
char s[maxl];       //文章
nodetype node[maxn * maxstl];         //检索树
int tot,         // 文章长度
n,        //单词数 n
ans, i,j=0,
kk, k,      //前后搭配的两个单词属性为 kk,k
temp;

int find( string st,int lst,int * l)
{//检查单词是否在检索树中,若在,返回单词最后一个字母在检索树的序号;
    //若不在,则返回最后匹配字符在检索树中序号结点,l 为 st 的前缀匹配长度+l
    int t;
    t =0, * l=0; //树根开始匹配
    while ( node[t].g[st[ * l]][false]!=0 && * l<lst) {
        t =node[t].g[st[ * l]][false]; ( * l) +=1;
```

```
    }
    return t;          //返回最后匹配字符结点序号
}
void add( int t, char ch,bool leaf)
{ //在检索树的结点 t 后,插入一个字符值为 ch,单词结尾标志位 leaf 的结点
    tot++; node[t].g[ch][leaf] =tot; node[tot].leaf =leaf; node[tot].ch =ch;
}
void insert_string( string st)
{    //将单词插入检索树
    int i, t, l, pp =0, lst;
    //词性解析
    if ( st[0] =='n') pp =1;
    else if ( st[0] =='v') pp =2;
         else if ( st[0] =='a') pp =3;
    st =st.substr(2);//删除属性标志
    lst =st.length();//单词长度
    t =find( st, lst, &l); //计算检索树中的前缀长度加 1 后缀后匹配的结点序号 t
    if ( l ==lst) {
        if ( node[t].g[st[l]][true] ==0) {
            add( t, st[l], true); t =tot;
        }
        elset =node[t].g[st[l]][true];
    }
    else {
        while ( l<lst) {    //依次将后面的插入搜索树
            add( t, st[l], false); t =tot; l++;
        }
        add( t, st[l], true); t =tot;
    }
    //单词为修饰名词的辅词,则叶结点的单词属性设为修饰名词和动词的辅词;
    //否则叶结点的属性标志为单词属性
    if ( pp ==3) {
        node[t].p[3] =true; node[t].p[4] =true;
    }
    else node[t].p[pp] =true;
}
bool find_string( string st, int * t)
{//检索树中查找单词 st,返回成功与否的标志和最后匹配字符的结点序号 t
    int l, lst;
    bool ret =false;
    lst =st.length(); * t =find( st, lst, &l);
    if ( l ==lst && node[ * t].g[st[l]][true] !=0) {
        ret =true; * t =node[ * t].g[st[l]][true];
    }
    return ret;
}
int main()
{
    cin>>n;
    for ( i =0; i<n;++i) {
```

```
        string st;
        cin>>st; insert_string(st);
    }
    tot =0;
    char ch; // 文章
    cin>>ch;
    while ( ch !='.') {
        tot++; s[tot] =ch; cin>>ch;
    }
    f[0][1].s =maxw; f[0][4].s =maxw;// 状态转移初始化
    for ( i =1; i<=tot;++i) {//依次右移文章前缀的尾指针
        for ( int m =1; m<=4;++m) {//单词不同的属性
            f[i][m].s =maxw; f[i][m].w =maxw;//文章前缀长度为i,最后单词属性为k的最优方案初
始化

            string st ="";
            for ( int j =1; j<=min(maxstl, i);++j) {//递推最后一个单词的长度
                st.insert(0, 1, s[i- j+1]);//将文章字符 s[i- j+1]插入单词 st 的首部
                if ( find_string( st, &temp)) { //存在单词 st,则进行状态转移
                    for ( k =1; k<=4;++k) {
                        if ( node[temp].p[k]) {
                            for ( kk =1; kk<=4;++kk) {
                                if ( g[kk- 1][k- 1] !=- 1) {
                                    if ( f[i- j][kk].s +g[kk- 1][k- 1]<f[i][k].s) {
                                        //属性为 kk 的单词搭配单词 st 后可使得句子数更少,则调整句子数和单词数
                                        f[i][k].s =f[i- j][kk].s +g[kk- 1][k- 1];
                                        f[i][k].w =f[i- j][kk].w +1;
}

                                    else if ( f[i- j][kk].s +g[kk- 1][k- 1] ==f[i][k].s&& f[i- j][kk].w +1 <f[i]
[k].w)
                                        // 若搭配句子数相同但单词变少,则调整单词数
                                        f[i][k].w =f[i- j][kk].w +1;
                                }
                            }
                        }
                    }
                }
            }
        }
    }
    // 文章最优划分方案以名词或动词结束,则记下最后一个单词的属性
    if ( f[tot][1].s<f[tot][2].s || (f[tot][1].s ==f[tot][2].s) && f[tot][1].w<f[tot][2].w)
        ans =1;
    else
        ans =2;
    cout<<f[tot][ans].s +1 <<endl; // 最少句子数
    cout<<f[tot][ans].w<<endl;// 最少单词数
    return 0;
}
```

图 5-40 "句子划分"问题求解的程序描述

对于某些可以通过相应方法预先估算出所有可能的决策代价的应用场景,可以通过常量表存放这些决策代价,在状态转移时直接从此常量表中获取所需决策代价即可。从而可以有效减少决策时间。具体案例请读者参见文献 4,在此不再展开。

【例 5-32】 公路巡逻

问题描述:在一条没有分岔的公路上有 n(n<= 50) 个关口,相邻两个关口之间的距离都是10 km。所有车辆在这条公路上的最低速度为 60 km/h,最高速度为 120 km/h,且只能在关口处改变速度。

有 m(m<= 300) 辆巡逻车分别在时刻 T_i 从第 n_i 个关口出发,匀速行驶到达第 n_i+1 个关口,路上耗费时间为 t_i 秒。两辆车相遇是指它们之间发生超车现象或同时到达某个关口。求一辆于 6 点整从第 1 个关口出发去第 n 个关口的车(称为目标车)最少会与多少辆巡逻车相遇。假设所有车辆到达关口的时刻都是整秒。

输入格式:第 1 行为关口数量 n、巡逻车数量 m。接下来 m 行,依次输入每辆巡逻车的出发时刻 T_i、出发关口 n_i、路上耗费时间 t_i。

输出格式:从第一个关口出发去第 n 个关口的目标车最少会与多少辆巡逻车相遇。

针对本题,可以用 $dp[i, T]$ 表示目标车在时刻 T 到达第 i 个关口的途中与巡逻车相遇的最少次数,用 $w[i, j, k]$ 表示目标车于时刻 j 从第 i 个关口出发、于时刻 k 到达第 $i+1$ 个关口途中与巡逻车相遇的次数。显然,目标车在时刻 T 到达第 j 个关口的途中与巡逻车相遇的次数由两个部分的和组成:目标车在时刻 $T-T_k$ 到达第 $i-1$ 个关口的途中相遇的次数 $dp[i-1, T-T_k]$ + 时刻 $T-T_k$ 从第 $i-1$ 个关口出发、于时刻 T 到达第 i 个关口的途中相遇次数 $w[i-1, T-T_k, T]$。要使得 $dp[i, T]$ 最小,则必须枚举目标车在第 $i-1$ 个关口至第 i 个关口之间的行驶时间 $T_k(300 <= T_k <= 600)$,以求出 $dp[i-1, T-T_k] + w[i-1, T-T_k, T]$ 的最小值。因此,状态转移方程如公式 5-38 所示。

$$dp[i, T] = \min\{dp[i-1, T-T_k] + w[i-1, T-T_k, T]\} \qquad (5-38)$$

其中,$2 <= i <= n$,$300 <= T_k <= 600$,边界条件是 $dp[1, 06{:}00{:}00] = 0$。显然,问题的解为 $\min\{dp[n, T]\}$。因为问题的阶段数是 n,第 i 个阶段的状态数为 $(i-1)*300$,则状态总数为 $O(\sum_{i=1}^{n}(i-1) \times 300) = O\left(300 \times \frac{n \times (n-1)}{2}\right) = O(150n^2)$。

由于每个状态转移的状态数为 300,因此,对于 $w[i-1, T-T_k, T]$ 的计算会直接影响每次状态转移所需的时间。

如果在每一个决策中都进行一次计算,对所有从第 i 个关口出发的巡逻车进行判断,此时平均每次状态转移的时间为 $O(1+m/n)$,因 m 的最大值为 300,则算法总的时间复杂度为 $O(150n^2 \times 300 \times (1+m/n)) = O\left(\frac{m^2 n^2}{2} + \frac{m^3 n}{2}\right) = O(m^3 n)$。

其实,在对状态 $dp[i, T]$ 进行转移时,所计算的函数 w 都是从第 i 个关口出发的,而且出发时刻都是 T,只是相应的达到时刻不同。因此,$w[i, T, k]$ 与 $w[i, T, k+1]$ 存在一定的关系,可以通过优化来提高计算 w 的时间效率。具体如下(参见图 5-41):

对于每辆从第 i 个关口出发的巡逻车,设其出发时刻和到达时刻分别为 ST 和 Tt,则分为三种情况:

● 若 $Tt < k$ 或 $Tt > k + 1$,则目标车 A、目标车 B 与该巡逻车的相遇情况相同;

● 若 $Tt = k$,则目标车 A 与该巡逻车相遇,对于目标车 B 又可分为:若 $St <= T$,则目标车 B 不与该巡逻车相遇;否则,目标车 B 也与该巡逻车相遇;

● 若 $Tt = k + 1$,则目标车 B 与该巡逻车相遇,对于目标车 A 又可分为:若 $St >= T$,则目标车 A 不与该巡逻车相遇;否则,目标车 A 也与该巡逻车相遇。

令 $\Delta k = w[i, T, k+1] - w[i, T, k]$,函数 $G(c)$ 表示所有从 i 个关口出发,且满足条件 c 的巡逻车的数目,则由上述分析可得 $\Delta k = G((Tt = k + 1) \text{ and } (St >= T)) - G((Tt = k) \text{ and } (St <= T))$。于是,可以在对状态 $dp[i, T]$ 进行转移时,先对所有从第 i 个关口出发的巡逻车进行一次扫描,在求出 $w[i, T, T + 300]$ 的同时,求出 $\Delta[T + 301..T + 600]$,该步计算的时间复杂度为 $O(m/n)$。在以后的状态转移中,由 $w[i, T, k+1] = w[i, T, k] + \Delta k$,仅需 $O(1)$ 的时间即可。

因此,总时间复杂度为 $O(150n^2 \times (m/n + 300)) = O\left(\frac{m^2 n^2}{2} + \frac{m^2 n}{2}\right) = O(m^2 n^2)$。尽管时间复杂度的阶并没有降低,但由于 m 的最大值为 300, n 的最大值为 50,因此,实际优化效果还是十分明显的。图 5-41 所示给出了相应的程序描述。

图 5-41 w[i, T, k] 与 w[i, T, k+1] 之间的关系

```cpp
#include<iostream>
#include<algorithm>
using namespace std;

const int maxn =30;
const int maxm =300;
const int maxt =maxn * 600;
long st[maxm+1], tt[maxm+1], g[maxm+1], p4[maxm+1], first[maxn+1],
    w[maxt+1][301], dt[maxt+1][301], f[maxn+1][maxt+1], m4, n4, ans4;

int main()
{
  cin>>n4>>m4;
  for (int i =0; i<=n4;++i)
    first[i] =-1;
  for (int i =1; i<=m4;++i) {
    int t;
    cin>>st[i]>>p4[i]>>t;
    tt[i] =st[i] +t; g[i] =first[p4[i]]; first[p4[i]] =i;
  }
  memset(f, 0, sizeof(f));
  f[1][0] =0;
  for (int i =2; i<=n4;++i) {
```

```
    memset(w, 0, sizeof(w));
    for (int t=300 * (i-2); t<=600 * (i-2);++t) {
        memset(dt, 0, sizeof(dt));
        long temp=first[i-1];
        while (temp !=-1) {
            if (t<=st[temp] && (tt[temp]<=(t+300)))
                w[t][0]++;
            else {
                if (st[temp]<=t && (tt[temp]-t)>0 && (tt[temp]-t)<=300)
                    dt[t][tt[temp]-t]--;
                if (st[temp]>=t && (tt[temp]-t)>=0 && (tt[temp]-t)<=300)
                    dt[t][tt[temp]-t]++;
            }
            temp=g[temp];
        }
        for (int j=1; j<=300;++j)
            w[t][j]=w[t][j-1]+dt[t][j-1];
    }
    for (int t=300 * (i-1); t<=600 * (i-1);++t) {
        for (int tk=300; tk<=600; tk++)
            if ((t-tk)>=0)
                f[i][t]=max(f[i][t], f[i-1][t-tk]+w[t-tk][tk-300]);
            else
                break;
    }
}
ans4=0;
for (int i=300 * n4; i<=600 * n4;++i)
    ans4=max(ans4, f[n4][i]);
cout<<ans4<<endl;
return 0;
}
```

图 5-42　"公路巡逻"问题求解的程序描述

依据动态规划的原理(参见公式 5-1),状态转移方程中,当前阶段的叠加量 S_{ij}(称为常数项)在决策时也是一个影响因素,如何减少其计算时间以提高决策效率是值得考虑的。本题就是针对常数项进行的一种时间优化,以减少计算递推时间。

本质上,本题的优化方法是将动态规划方法的思想再次运用到常数项的计算上,通过引进函数 Δ,充分利用过去的计算结果,避免了重复计算(消除了"冗余"),从而提高时间效率。本题的优化方法也是动态规划方法阶拓展(双重动态规划)的一种具体运用,具有普遍意义。

【例 5-33】　城市交通

问题描述:某城市有 $n(1<=n<=50)$ 个街区,某些街之间开设了公共汽车线路,如图 5-43所示。街区 1 和 2 有一条公共汽车线路相连,且由街区 1 至街区 2 的时间为 34 min。由于街区与街区之间的距离较近,等车时间可以忽略不计,所以 34 min 为两趟公共汽车的时间间隔,即

平均的等车时间。由于街区 1 至街区 5 的最快走法为 1-3-5,总时间为 44 min。

现在市政府为了提高城市交通质量,决定加开 m(1<=m<=10)条公共汽车线路。若在某两个街区 a、b 之间加开线路(前提是 a、b 之间必须已有线路),则从 a 到 b 的等车时间缩小为原来的一半(距离未变,只是等车时间缩短了一半)。例如:若在 1、2 之间加开一条线路,则时间变为 17 min,加开两条线路,时间变为 8.5 min,以此类推。所有的线路都是环路,即如果由 1 至 2 的时间变为 17 min,则由 2 至 1 的时间也变为 17 min。

求加开一些线路,能使由街区 1 至街区 n 的时间最少。例如:在图 5-43 中,如果 m=2,则在 1-3、3-5 间加开线路,总的时间可以减少为 22 min。

输入格式:第 1 行为街区数 n 和加开的线路数 m;第 2 行至第 n+1 行,每行为 n 个实数,第 i+1 行第 j 列表示由街区 i 至街区 j 的时间。如果时间为 0,则街区 i 不可能到达街区 j。

输出格式:第 1 行为街区 1 到街区 n 的最小时间 X(保留小数点后两位);第 2 行为增加的 m 条线路。

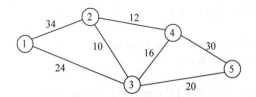

图 5-43　城市交通图示例

针对本题,如果以 $val[a, b, m]$ 表示增加 m 条线路后街区 a 到街区 b 的最短路长,其中 $val[a, b, 0]$ 表示原交通图中街区 a 到街区 b 的最短路长(可以直接使用 Floyd 算法计算)。

实际上,Floyd 算法是以最短路中间顶点的取值来划分阶段的,第 k 个阶段为所有最短路的中间顶点 $<=k$ 时的情况。第 k 个阶段只与前 $k-1$ 个阶段有关系,具有阶段单调性特征。由于同时满足"无后效性"与"最优子问题"两个性质,因此属于一种动态规划方法。

可以将道路 a~b 上增加的 m 条线路的状态转移细化成如下两个状态转移:

● 求 a~k 增加 t 条线路;

● 求 k~b 增加 $m-t$ 条线路。(k 为 a~b 最短路上的一个点)

t 可以取从 $0 \sim m$ 的任意值。问题 a~b 增加 m 条线路的最优解取决于这两个子问题的最优解。在求 m 条线路的过程中,始终只与 a~k 增加 t 条线路和 k~b 增加 $m-t$ 条线路的子问题发生联系,两个子决策之间满足最优化原理和无后效性,即符合最优决策的子决策也是最优决策,前面的子决策不影响后面的子决策。设

$$val[a, b, m] = \min\{\min\{val[a, k, t] + val[k, b, m-t]\},$$
$$val[a, k, 0] + val[k, b, m] \mid val[k, b, m] > 0,$$
$$val[k, b, 0] + val[a, k, m] \mid val[a, k, m] > 0\}$$
$$0 <= t <= m, a <= k <= b$$

(注:val 数组的初始值与 Floyd 不同,应为 maxint。该算法时间复杂度为 $O(n^3 * m^2)$,约为 $O(n^5)$。图 5-44 给出了相应的程序描述。

```
#include<iostream>
#include<string>
#include<fstream>
using namespace std;

const string finName ="City.In";    //输入文件名和输出文件名
const string foutName ="City.Out";
const int big =1000000;        //极大值
ifstream fin;        //文件读取/写入
ofstream fout;
typedef double maps[51][51];        //地图类型定义
maps map;    //城市地图
maps val[11];    //增加 k 条边后的最短距离列表为 val[k]
/* 记录表,其中 l—r 增加 k 条(l, r)的最佳方案为:l—>way[k][l][r][2]增加 way[k][l][r][1]条
边,way[k][l][r][2]—>r 增加 k- way[k][l][r][1]条边 */
int way[11][51][51][3];
int n5, m5;    //顶点数和增加的边数

void mapsAssign(maps &des, const maps src,int n)
{   // 将 src 的值赋值给 des
    for (int i=0; i<=n;++i)
        for (int j=0; j<=n;++j)
            des[i][j] =src[i][j];
}
void Init()
{   //初始化过程,输入数据
    fin.open(finName);
    fin>>n5>>m5;
    for (int i=1; i<=n5;++i)
        for (int j=1; j<=n5;++j)
            fin>>map[i][j];
    fin.close();
}

void Make()
{   //应用多重动态规划计算 1- n 增加 m 条边的最短路
    int i, j, k, p, q;
    double r;
    memset(way, 0, sizeof(way)); mapsAssign(val[0], map, n5);
    //使用 Floyed 算法计算加边前的最短距离列表
    for (k=1; k<=n5;++k) {
        for (i=1; i<=n5;++i) {
            if (val[0][i][k]>0) {
                for (j=1; j<=n5;++j) {
                    if (val[0][k][j]>0 && i !=j) {
                        if (val[0][i][j] ==0 || val[0][i][j]>(val[0][i][k] +val[0][k][j])) {
                            val[0][i][j] =val[0][i][k] +val[0][k][j];
                            way[0][i][j][1] =0; way[0][i][j][2] =k;
                        }
```

```
                }
              }
            }
          }
        }
    for (p=1; p<=m5;++p) { //阶段:逐条边加入
      for (i=1; i<=n5; i++)
        for (j=1; j<=n5; j++)
          map[i][j] =map[i][j] / 2;
      mapsAssign(val[p], map, n5);

      for (k=1; k<=n5;++k)
        for (i=1; i<=n5;++i)
          if (val[0][i][k]>0)
            for (j=1; j<=n5;++j)
              if (val[0][k][j]>0 && i !=j) {
                for (q=1; q<=p-1;++q) {
                  if (val[p][i][j] ==0 || val[p][i][j]>(val[q][i][k] +val[p-q][k][j])) {
                    val[p][i][j] =val[q][i][k] +val[p-q][k][j];
                    way[p][i][j][1] =q; way[p][i][j][2] =k;
                  }
                  if (val[p][k][j]>0) {
                    if (val[p][i][j] ==0 || val[p][i][j]>(val[0][i][k] +val[p][k][j])) {
                      val[p][i][j] =val[0][i][k] +val[p][k][j];
                      way[p][i][j][1] =0; way[p][i][j][2] =k;
                    }
                  }
                  if (val[p][i][k]>0) {
                    if (val[p][i][j] ==0 || val[p][i][j]>(val[p][i][k] +val[0][k][j])) {
                      val[p][i][j] =val[p][i][k] +val[0][k][j];
                      way[p][i][j][1] =p; way[p][i][j][2] =k;
                    }
                  }
                }
              }
    }
}
void Pr(int l, int r, int k)
{  //递归输出 l~r 增加 k 条边的具体方案
   int i;
   if (way[k][l][r][2] ==0) {     //若 l~r 没有中间点,则增加 k 条(l,r)
     for (i=1; i<=k;++i)
       fout<<l<<" "<<r<<endl;
   }
   else { //否则,分别递归输出 l—>way[k][l][r][2]增加 way[k][l][r][1]条边、
       // way[k][l][r][2]—>r 增加 k-way[k][l][r][1]条边的具体方案
     Pr(l, way[k][l][r][2], way[k][l][r][1]); Pr(way[k][l][r][2], r, k-way[k][l][r][1]);
   }
```

```
    }
void Print( )
{
    fout.open(foutName);
    fout<<val[m5][1][n5]<<endl; Pr(1, n5, m5);
    fout.close( );
}
int main( )
{
    Init( ); Make( ); Print( );
    return 0;
}
```

图 5-44　"城市交通"问题求解的程序描述

本题将原来的一次状态转移细化为若干次状态转移,以减少总的状态转移次数。因为优化前的决策一般都是复合决策,也就是一些子决策的排列,因此决策的规模较大,每个状态可能转移的状态数也较多。通过将每个复合决策细化为若干个子决策,并在每个子决策后面增设一个状态来实现优化,使得后面的子决策只在前面的子决策达到最优解时才进行转移。因此,该优化方法尽管状态总数增加了,但总的状态转移次数却减少了,算法的总复杂度也就降低了。

由此可见,实现一个因素的优化可能要以削弱另一个因素作为代价。但为了降低算法的总时间复杂度,需要在各个因素之间进行平衡。

细化状态转移优化方法实现的前提应该满足一个条件,即原来每个复合决策的各个子决策之间也满足最优化原理和无后效性。因此,具有二阶动态规划的思维特征。

5.7.3　对动态规划方法优化的综合认识

动态规划的时间复杂度主要取决于三个因素:状态总数、每个状态的决策数(供决策的候选状态数)和每次状态转移所需要的时间。其中,状态总数是从数据组织 DNA 出发的优化,每个状态的决策数和每次状态转移所需要的时间是从数据处理 DNA 出发的优化,两者本身都可以基于数据组织 DNA 或数据处理 DNA 及其综合而实现。

状态总数是基础,它可以间接地影响每个状态的决策数和每次状态转移所需要的时间。因此,状态总数的优化是动态规划方法优化的基础,每个状态的决策数优化和每次状态转移所需要的时间优化是在此基础上的进一步优化。

针对状态总数的优化,可以通过改变状态的表示(数据组织 DNA 出发/数据组织 DNA 实现)、以小规模处理对象作为思维核心设计状态(数据处理 DNA 出发/数据组织 DNA 实现)等物理性减少状态总数,也可以通过选择适当规划方向(数据处理 DNA 出发/数据处理 DNA 实现)等逻辑性减少实际参与作用的状态总数。

针对每个状态决策数的优化,可以通过缩减阶段决策量及优化其穷举方法来实现。

针对每次状态转移所需要的时间,可以通过序化(单调性)、最值化、(独立/常量项的)预处理以及二阶动态规划等实现。

针对高维的动态规划(即行为主体数量比较多),存在量变到质变的问题,其状态数、状态转移数等都随着状态描述的参数维的增加而增加,此时,阶段之间状态的关系变得十分复杂,相当于一个复杂的隐式图结构。因此,即使采用优化,动态规划方法的效率也不再有效,可以转变为网络流方法来处理(参见第 7 章相关解析)。

 5.8 深入认识动态规划

动态规划方法仅仅是一种策略,缺少明确的算法,比较抽象。也正是如此,适用于动态规划方法的题目形式多样、类型丰富、思路灵活,更能考查学习者分析问题、解决问题的能力,特别是发散性、创造性的思维和归纳综合能力。因此,尽管其解题的基本思想比较简洁,但相对其他算法策略而言,动态规划方法具有显著的开放性和创造性特征。

动态规划方法集成了其他各种方法策略的优点,其解题思路主要体现在阶段划分和状态描述方法的构造上。事实上,正是自然界本身到处蕴含的递归特性,使得动态规划方法相对于其他算法策略具有更加广泛的使用场景。

5.8.1 特点及认知解析

动态规划方法带来了问题、子问题、解(值)、解方案、解状态或状态、最优解状态、解状态空间或状态空间、阶段、状态转移方程、重叠子问题、决策等一系列概念,概念之间存在内在联系,正确理解并区分这些概念,有助于理解和掌握动态规划方法。其中,解(值)和(解)状态容易混淆,状态是解的一种形式化描述,对应相应(子)问题,它涉及解本身以及解的一些相关特征参数两个方面的含义,解本身是指一个形式化描述的具体数值(即问题的解),相关特征参数是指形式化描述的维度及其构成的一种数据组织结构(对应问题的描述,通常含有问题规模的描述)。一个阶段可以由多个状态来体现(即阶段对应的数据规模问题可以直接分解为多个相关的小数据集规模子问题),决策是指从候选状态集(由阶段的多个状态与当前阶段可以叠加的增量组合构成。参见图 5-1)中动态地选择一个最优状态,决策实现了阶段的推进。

一般而言,基于递归的自然特性,依据分治思想,大部分应用问题都具有子结构特征,然而,由于某些问题对无后效性性质并不能满足,导致这类问题不能满足最优子结构性质,从而不能采用动态规划方法求解。事实上,恰恰是无后效性性质才是适用动态规划方法的关键。

尽管普遍认为开放性特征是动态规划方法学习和应用的难点,但此仅为表象,本质上是对无后效性性质的错误理解才是导致动态规划方法学习和应用认知困难的关键所在。所谓无后效性是指,到当前阶段为止,前面阶段(含当前阶段)已经做出的决策不能对以后阶段的决策带来影响(或者说,后面阶段的决策不能/不应该再去修改前面阶段已做的决策),因为一旦带来影响,就意味着前面阶段所做的决策不对,需要回溯去进行调整或修改(如果不调整或修改,那么结果就得不到最优),这样就破坏了阶段单调性的原则,导致方法本身失去其应有的执行效率(即回到了搜索方法)。由于因此可以引申出"前面阶段的决策不影响后面阶段的决策"(应该是<u>不直接影响</u>,而是通过当前阶段间接地影响;或不应该影响)、"未来与过去无关"(应该是<u>无直接关系</u>,因为当前阶段已经概括了前面阶段的情况)、"后面阶段的决策只能取决于当前阶段,与前面阶段的决策无关"(应该是<u>无直接关系</u>)等等不严谨的表述及其带来的含义,由此导致了认知误区。特别是"与前面阶段的决策无关"尤其显得不够准确,会导致总认为状态转移方程中,某个阶段的决策只能与其前一个阶段有关,从而直接制约了构造状态转移方程的思维。事实上,尽管大部分应用问题都是二维或三维(或多维)问题,其阶段的划分一般都是每个阶段呈现多种状态(参见图 5-45a),此时,阶段的划分表现为显式特征,因此,每个阶段的多个状态已经包含了其前面阶段的决策结论,并在此基础上做进一步决策以构成本阶段的最优解。此时,阶段的推进方式呈现出显式的逐级形式,于是得出"下一个阶段的决策仅与当前阶段有关、与前面阶段的决策无关"的表述及认知。

然而,针对一维问题,阶段的划分一般都是表现为隐式特征,每个阶段呈现的多种状态(即与阶段对应的问题直接相关的多个子问题)分布在前面各个阶段中,因此,"下一个阶段的决策不仅与当前阶段有关,也与前面某些相关阶段有关"(如果仅是与当前阶段有关,则退化为递推)。由此带来了与二维或多维问题认知的不一致(具体表现为状态转移方程中当前阶段的决策涉及前面多个阶段),从而导致学习时的困惑。显然,两者对于"阶段"的理解或认知角度是不同的。正是这种不同的认知角度,导致了对动态规划方法的认知困惑。

进一步分析可知,针对"阶段"这个概念,从本质上看,它对应于问题的规模,即针对问题某种规模的求解代表一个阶段。显然,依据分治思想,当前规模问题一般都可以分解为多个规模更小的子问题,这些子问题的求解也分别对应各个阶段。依据动态规划基本原理,阶段必须具备单调性以便从规模最小逐步推进到最终规模。然而,对于当前规模问题这个阶段与其直接相关的规模更小的各个子问题阶段的单调性排列方法(或认知角度)并没有一个明确的统一规定,可以简单地按规模由小到大顺序排列,此时与一个阶段相关的多个规模更小的子问题必然是分布在该阶段的前面阶段之中(通常对应于一维应用问题/基于一维思维方式),也可以将与一个阶段相关的多个规模更小的子问题统一组合在一起作为一个整体并纳入该阶段,此时可以显式的观察重叠子问题(通常对应于二维或多维问题/基于多维思维方式)。甚至针对同一个问题,基于不同思维策略的阶段划分认知角度,会带来不同的解释。图 5-45b 以线性形式排列不同规模问题,与 5-45a 对应形成另一种阶段划分方式;图 5-46 以多维形式排列不同规模问题,针对例 5-1"凑钱"问题和例 5-2"导弹拦截"问题也形成另一种阶段划分方式,此时,显然符合"下一个阶段的决策仅与当前阶段有关、与前面阶段的决策无关"的表述,但可以清楚地看到阶段之间存在的重叠子问题(事实上,重叠子问题的线性排列就是"下一个阶段的决策不仅与当前阶段有关,也与前面某些相关阶段有关"这个表述)。因此,从整个决策推进过程来看,不应该将阶段仅仅看作是指某个"点",应该将其看作是从开始到某个"点"的"线",对应于问题规模的不同推进过程。综合而言,阶段的正确划分方式是有效应用动态规划方法的关键和核心。

事实上,无论是一维认知角度(基于一维思维方式/状态线性排列并构成阶段)还是多维认知角度(基于多维思维方式/状态统一合在一起构成阶段),从"阶段"概念的本质含义出发,当前阶段决策时已经考虑了以前阶段的情况,从概念上讲需要回溯去改变和调整的情况应该是已归并到当前阶段决策之中(即当前阶段决策时已经考虑了回溯的情况),因此,以前阶段决策结果与后面阶段的叠加量,构成的候选决策状态集和当前阶段状态决策结果与后面阶段的叠加量构成的候选决策状态集两者是等价的,于是出现所谓"当前是过去的总结"、"过去不影响未来"、"过去只能通过当前去影响未来"、"未来仅取决于当前"等等的说法。

另外,一个阶段的候选状态集都是来源于前一个阶段的最优决策值与当前阶段所有增量的组合,但是从原理上讲(或从"阶段"的本意出发),一个阶段用于决策的候选状态集,是由本阶段的增量集和前面阶段中与本阶段决策相关的各个阶段的最优状态组合而得(本质上就是要对前面阶段各个相关最优值进行穷举)。也就是说,从问题处理规模缩小并分解的角度,一个状态(对应于问题的解)是由其相关的其他状态(对应于相关的子问题解)与本阶段增量进行组合并由此穷举做最优决策而得。其中,对应于子问题的各个相关状态,在多维问题中一般合并在同一个阶段中(基于多维思维方式),由此,带来了"下一个阶段的决策仅与当前阶段有关、与前面阶段无关"的认知表述。

因此,对于无后效性性质的理解,简单合理的解释是,每个阶段的决策都不能对后面阶段的决策带来影响或副作用(或者反之,后面的决策不会再有对前面已经做出的决策进行修改或调整的企图)。体现到状态转移方程中,无论是顺推还是逆推,其递推逻辑必须满足单调性。

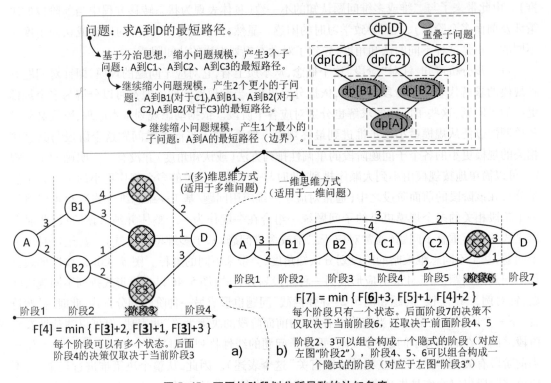

图5-45 不同的阶段划分所导致的认知角度

动态规划方法与分治方法一样,先不断分解,再不断合并解。但是,分治方法每次分解都产生全新的子问题,而动态规划产生的新子问题中通常存在较多重叠子问题。也就是,通常大部分动态规划都采用分治方法的退化式递归分解模型。并且,动态规划方法的合并解操作就是统一为"动态决策"。

动态规划方法与贪心方法一样,每个阶段总是按照既定策略做一个最优决策。但是,贪心方法的候选状态是明确的,不需要考虑与前面阶段的联系及其动态构造,不需要穷举,仅仅依据贪心策略选择一个最优值即可(即贪心的决策不依赖于子问题)。而动态规划每次都要动态地先构造候选状态集,然后才能通过穷举选择最优值(即动态规划的决策依赖于子问题)。其中候选状态集的构造含有与前面阶段的关系,相当于部分隐式的回溯,因此,克服了贪心方法的弊端。图5-47所示给出了相应的解析。另外,其候选集一般较小,故穷举可以退化为一个

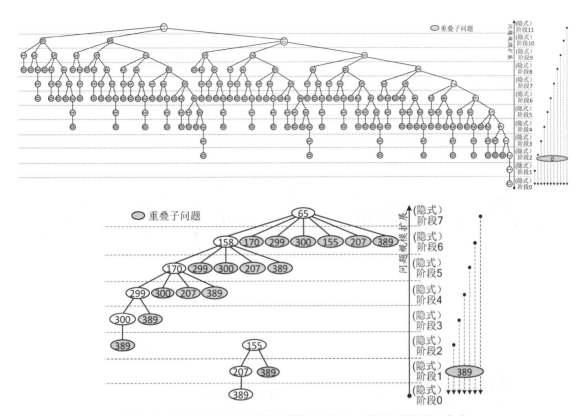

图 5-46　"凑钱"问题 &"导弹拦截"问题的另一种阶段划分认知角度

循环或条件语句。因此,可以称为记忆化贪心。动态规划与贪心两者都是选择性方法,即从一个候选集中选择适当元素加入解集合。贪心只按逻辑序选择第一个,不考虑后面的;动态规划试探性构造,需要穷举,考虑后面的元素。尽管贪心可以改用动态规划,但能够用贪心时尽量用贪心方法,因为不需要保留前面所有(子问题)结果,只保留一步即可。贪心可以看作是动态规划的一种简化、特例或退化,这种退化去掉了阶段之间内在关系的考虑,因此不能确保适用所有问题。

　　一般而言,贪心用于解决一维问题,而动态规划可以解决一维、二维或多维问题。在此,所谓维,是指阶段决策候选状态集构造时相应的相关原始状态空间的逻辑结构形态。

　　动态规划与搜索都是可以解决最优化问题的方法,搜索可以说是一种"万能"的方法,因此,动态规划方法可以解决的问题,搜索也一定可以解决。将一个基于动态规划方法的算法改写成基于搜索方法的算法是非常方便的,其状态转移方程以及边界条件都可以直接"移植",所不同的只是求解的顺序。动态规划是自底向上的递推求解,而搜索则是自顶向下的递归求解(针对深度优先搜索,宽度优先搜索类似)。反之,也可以将搜索算法改写成动态规划算法。状态空间的搜索实际上是对隐式图中的顶点进行枚举,这种枚举是自顶向下的。如果将枚举的顺序反过来,变成自底向上,则就成了动态规划。当然,在此有个前提条件,即隐式图中的顶点是可以排序的(即阶段单调性)。正是因为动态规划和搜索有着求解顺序上的不同,这也造成了它们时间效率上的差别。在搜索中,往往会出现某些状态被搜索多次(即回溯,不满足无后效性),在深度优先搜索中,这样的重复会引起以这些状态为根的整个子搜索树的重复搜索;尽

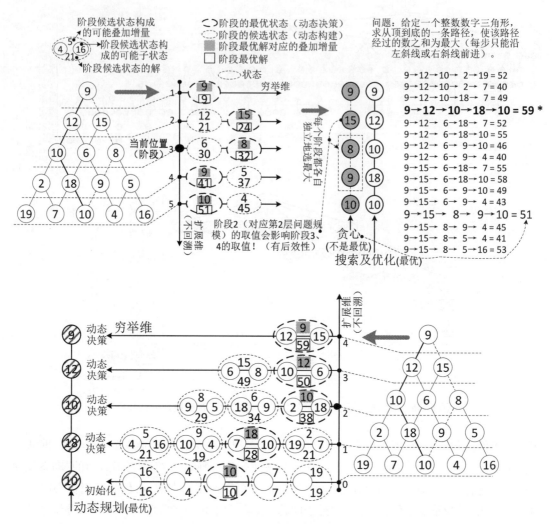

图 5-47 贪心方法与动态规划方法的比较(以"数塔"问题为例)

管可以通过记忆化搜索消除这种重复,在宽度搜索中,通过判重可以立即消除这种重复,但其时间代价也是不小的。而动态规划的阶段单调性特点就确保没有这个问题。一般而言,动态规划在时间效率上的优势是搜索无法比拟的(当然对于某些题目,根本不会出现状态的重复,这样搜索和动态规划的速度就没有差别)。从理论上看,任何拓扑有序(现实中这个条件常常可以满足)的隐式图的搜索算法都可以改写成动态规划(相当于是搜索的一种特殊子集),反之则不一定可行。例如:如果隐式图中存在从初始状态无法到达的状态(参见图 5-46 "导弹拦截"问题),则在搜索中这些状态就不会考虑。然而,由于动态规划是自底向上求解,无法估计到这种情况,因而遍历了全部的状态。一般而言,动态规划总是要遍历所有的状态,而搜索可以排除一些无效状态。尽管如此,但事实上,在很多情况下,仍然不得不采用搜索算法。更进一步,搜索可以做剪枝优化,剪去大量不必要的状态,在空间开销上往往比动态规划要低很多。因此,动态规划是高效率、高消费方法。

本质上,动态规划方法(以及贪心方法)可以看作是搜索的特例,即满足单向性特征的搜索。并且,动态规划方法又是对贪心方法的进一步改进,是其增强子集。而分治方法则是贪心方法、动态规划方法、乃至搜索方法的思维基础。

5.8.2　基本谱系及基本模式

动态规划方法具有开放性和灵活性,针对不同的问题,其状态转移方程呈现出各种各样的具体形态。即使是针对同一问题,基于思维的不同角度及优化等,其状态转移方程也会呈现出不同的具体形态。从而,导致其表面上的繁杂、纷乱。然而,对应分治策略的两种基本模型,动态规划方法也基本呈现出两种基本的模式,其主要区别在于对数据集的划分方式,即划分后的各个部分是否相对独立(或者说是否在逻辑上不存在交叉/重叠)。例如:普通动态规划和树型动态规划第一种模型可以看作是属于同一类模式,对应于分治策略的退化式递归分解模型;区间动态规划和树型动态规划第二种模型可以看作是另一类模式,对应于分治策略的一般式递归分解模型。图 5-48 所示给出了动态规划方法的基本谱系。

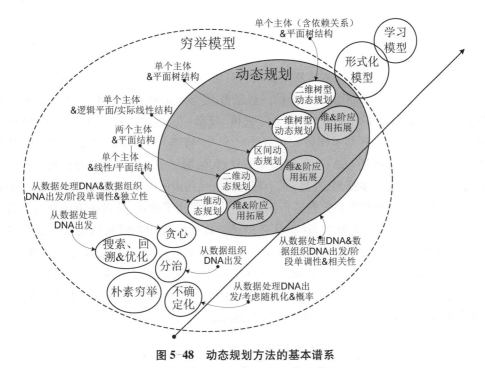

图 5-48　动态规划方法的基本谱系

5.8.3　应用的正确思维路线

动态规划方法解题的关键在于分析问题与子问题及其关系。在此可以通过问题的处理规模并依据分治思想来考虑,即参照递归方法,通过不断缩小处理规模定义问题与子问题,并由此确定阶段的划分。对于状态描述,依据问题涉及的各个特征或参数来构造解描述的数据组织结构,其中,参数对应(子)问题或阶段、以及附加的特征表达。对于状态转移方程的建立,可以依据状态增量值,以及找出前面已规划阶段中适合用于组合的子问题候选集,在此基础上动态构建候选状态集并进行最优化决策。

在上述基本思维路线基础上,可以进一步细化。首先,对于阶段划分,必须考虑所有主体行为的共同作用(含相互约束);其次,对于状态的描述,附加的特征表达可以从零开始逐步添加,并且,在其数量及其蕴含的含义和状态转移方便性之间进行平衡。因为特征维的增加会带来空间开销,最终影响执行效率。事实上,状态的描述也与后效性有关,产生后效性的原因就是状态描述结构的特征参数不够,某些特征的影响没有记忆下来,从而导致需要回溯去处理。因此,附加的特征表达以及状态描述结构优化可以以无后效性为核心,不断增加(升维)或减少(降维);第三,对于当前阶段候选状态集的穷举问题,应该尽量挖掘并利用问题本身的一些特点,采取有效的组织结构和处理方法,提高决策的执行效率。

一般而言,某个问题的处理应该依据该问题本身各阶段之间状态的转移方式来决定,即每个阶段的状态与前面状态总是存在固定转移关系的(即不需要动态决策),则退化为递推方法;每个阶段的最优状态都是基于本阶段增量值做最优状态决策得到的,则采用贪心方法;每个阶段的最优状态是由之前所有阶段的状态组合而得到的,则采用搜索方法;每个阶段的最优状态可以从之前某个(些)相关阶段的最优状态与本阶段增量值的组合而直接动态决策得到的,则采用动态规划方法。

5.8.4 思维拓展

相对其他各种策略,动态规划方法明显具有高阶的思维属性,主要表现为:1)动态规划集成了穷举、搜索、分治、贪心和递归、递推的一些思想,是多种策略的思维体现;2)动态规划对区间型问题的数据集划分,除了图5-49的①("去尾"模型)和②("中分"模型)两种常规模型外(分别对应分治方法的两种基本模型),还有③("交叉"模型)。本质上,③是①的二维应用拓展,即交叉的每一部分都是①;3)对于树型动态规划,依据父子结点之间是否存在某种应用依赖约束,可以形成两种基本模型,并且,对于有应用依赖约束的模型,可以依据应用约束的具体复杂程度,状态转移方程的个数按需进行拓展;4)多阶段决策优化、阶段决策涉及的二阶动态规划;5)对于状态描述,具有解状态(指状态描述的数据结构)和解(指状态描述数据结构的值)两种思维视图;6)对于阶段的标识,具有显式和隐式之分,显式标识中又分为一维(一维动态规划/线性结构)及二维(区间动态规划/线性结构、树形动态规划/平面结构)表现形态,隐式标识中又分为二维(一维动态规划/平面结构)及多维(二维动态规划/平面结构)表现形态;7)动态规划策略本身涉及静态和动态两种思维及其关系,等等。

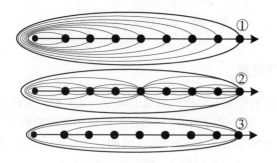

图5-49　区间型问题的数据集划分

由于图结构体现的关系复杂而无序,一般难以呈现阶段特征(除了特殊图和多段图),因此,动态规划在图论中的应用不多,但对于无环有向图,由于其顶点是有序的,从而可以据此划分阶段。例如:在有向无环图中求最短路径算法,已经体现了简单的动态规划思想。

然而,随着问题的复杂性增加,需要考虑的主体变多,动态规划的状态描述需要兼顾所有主体行为及其关系约束(高维形态),因此,需要用多维向量表示。此时,尽管方法可行,但其时间复杂度是维度的指数级,实现中的局限性很大(尤其是空间复杂度),此时可以转变为网络流问题求解(参见第 7 章相关解析)。然而,考虑到动态规划的编程实现复杂度要比网络流的编程实现简单得多,因此,对于维度比较小的题目应尽量采用动态规划方法。

5.9　本章小结

本章主要解析了动态规划方法的基本原理,梳理了动态规划方法常用基本形态的逻辑脉络和谱系,给出了动态规划方法的进一步优化思路。同时,剖析了制约动态规划方法学习和应用的瓶颈,给出了动态规划方法应用的基本思维路线。并且,深度解析了动态规划方法与其他方法的内在联系及其高阶思维属性。

习　题

5-1　请解析解、状态、最优解状态、解空间、阶段、子问题等几个概念之间的关系。

5-2　请解析"子结构"、"最优子结构"和"无后效性"三者的关系。

5-3　请举一个"最优子结构"的例子。

5-4　什么是无后效性? 它与问题规模扩展有什么关系?

5-5　解析无后效性与回溯的关系?

5-6　什么是重复子问题? 什么是重叠子问题? 它们是什么关系? 两者是否相同? 请分别举例说明。

5-7　动态规划方法是如何克服贪心方法的弊端的?

5-8　动态规划方法是如何克服搜索(回溯)的弊端的?

5-9　什么是阶段单调性原则? 它与无后效性有什么关系?

5-10　请解析什么是"显式"阶段? 什么是"隐式"阶段? 两者存在什么思维区别? 请举例说明。"隐式"阶段可以针对多维问题吗? "显式"阶段可以针对一维问题吗?

5-11　请解释动态规划方法的"动态"的含义?

5-12　当前阶段动态决策的具体过程是怎样的? 与穷举的关系? 举例说明。

5-13　当前阶段的候选决策状态数量的最大值和最小值分别是多少?

5-14　当前阶段决策的增量个数的最大值和最小值分别是多少?

5-15　动态规划方法两种实现方式中,递归方式为什么应该叠加记忆化优化?

5-16　动态规划方法解题的基本步骤? 哪个步骤是关键?

5-17　动态规划方法的穷举将搜索的穷举关系改造为 M * M 到 1 * M

5-18　动态规划方法子问题是重复子问题、重叠子问题、还是两者?

5-19　描述状态的特征参数维度与解的区别?

5-20　动态规划方法一个阶段的穷举为何不用有序化预处理? 是否可用? 什么情况下使用?

5-21　如何利用"当前是历史的总结,未来仅取决于当前"?

5-22　对照公式5-15,例5-13、例5-14的当前阶段叠加增量 ai 分别表示什么含义?

5-23　例5-4、例5-5中,两个行为主体之间的约束是什么? 请分析之。

5-24　针对"后面阶段的决策仅取决于当前阶段,与前面阶段无关",结合线性结构和平面结构问题,如何理解其含义? 对于线性结构,其含义与递推是否一致?

5-25　下列问题中,阶段的增量有几个? 相关的前面阶段有几个? 请分析?

● 最小路径和(1个增量/2个来源)

● 最长递增序列(1个增量/多个来源)

● 0-1背包(1个增量/2个来源)

● 最大子数组和(1个增量/3个来源)

5-26　文本压缩。已知一份编码表(含编码字符串和对应的编码,编码用二进制01串表示),用该编码表对一篇文本进行压缩,求使得整个文本编码最短的二进制串的长度。

输入格式:第一行一个整数 n,表示需要压缩的文本数。接着,每个文本压缩问题的描述是:第一行给出要压缩的文本,接下来为编码表,每项一行。

输出格式:对应每个文本的压缩,输出编码后的文本的最短长度(每个文本压缩问题答案占一行。如果无法完成编码,则输出0)。

输入样例:

2

abcdef

(a,01)

(abc,0)

(abcd,1011)

(bcd,1)

(def,10)

(ef,11)

aa

(a,1)

(ab,10)

输出样例:

3

2

5-27　求限定子树数量的二叉树的最大子树和。给定一棵二叉树,并给定一个非0整数 K(K 代表选取相连的 K 个结点),求 K 个子结点组成和最大的子树。例如:如图5-50所示,在 K 为5的情况下,和最大的子树是3,4,8,10,2。

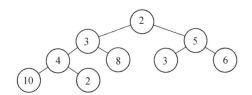

图 5-50 二叉树示例

5-28 复制书稿。

问题描述:在复印机发明之前,复制一本书是非常困难的,书中的所有内容只能请抄写员用手工重新抄写。一个抄写员要完成复制一本书的工作,往往需要几个月的时间。但是无论如何,复制书稿这种工作是非常令人讨厌的,而提高复制速度的唯一方法只能是雇佣更多的抄写员。

很久以前,有一个戏院的艺术团准备演出一场著名的古代悲剧,这个古代悲剧的原著被分成了许多本书。显然,表演者需要这些书稿的副本,所以,他们雇佣了许多抄写员来复制这些书稿。现在请你主持复制工作,假设你有 m 本书(编号为 1, 2, …, m),想将这些书每本复制一份,m 本书的页数有可能不同(页数分别是 P_1, P_2, …, P_m)。你的任务是将这 m 本书分给 k 个抄写员(k≤m),每本书只能分配给一个抄写员进行复制,而每个抄写员所分配到的书必须是连续顺序的。意思是说,存在一个连续升序数列 $0 = b_0 < b_1 < b_2 < … < b_{k-1} < b_k = m$,这样,第 i 号抄写员得到的书稿是从第 b_{i-1}+1 本书到第 b_i 本书。复制工作是同时开始进行的,并且每个抄写员复制的速度都是一样的,所以,复制完所有书稿所需的时间取决于分配得到最多工作的那个抄写员的复制时间。因此,你的任务是找到一个最优分配方案,尽量平均分配工作量,使得分配给每一个抄写员的页数的最大值尽可能的小(如果存在多个最优分配方案,只要输出其中一种)。

输入格式:数据存放在当前目录下的文本文件 books.dat 中。文件的第 1 行是两个整数 m 和 k(1≤k≤m≤500)。第 2 行有 m 个整数 P_1, P_2, …, P_m,这 m 个整数均为正整数且都不超过 1 000 000。每两个整数之间用空格分开。

输出格式:答案输出到当前目录下的文本文件 books.out 中。文件应该有 k 行,每行有两个正整数。整数之间用空格分开。第 i 行的两个整数 a_i 和 b_i,表示第 i 号抄写员所分配得到的书稿的起始编号和终止编号,即从第 a_i 本书到第 b_i 本书是第 i 号抄写员复制。

输入样例 1:

9 3

100 200 300 400 500 600 700 800 900

输出样例 1:

1 5

6 7

8 9

输入样例 2:

5 4

100 100 100 100 100

输出样例2:

1 1

2 2

3 3

4 5

5-29   针对"数塔"问题(如图5-47所示),阶段2和阶段3的非最优候选状态(最左边)是否可以不再计算而优化掉? 为什么? 这对数据规模较大的数塔有什么优点? 如何实现该优化?

第 6 章　方法拓展与思维进阶

6.1　概述

　　算法的世界尽管纷繁复杂,但从本质上看,相互之间存在内在的联系,这种联系基于思维的不断进阶,并由此实现对方法的不断拓展。思维进阶的基本轨迹是:从一维到多维,从静态到动态,从固定到可变。于是,方法的拓展也就围绕维度拓展、动态性和可变性展开。具体而言,针对程序的两个 DNA 及其关系,依据维度、动态和可变进行拓展,由此构造出各种新的面向特定类应用场景的通用型方法。

　　方法拓展及拓展前后所有的方法仅是一种外表,方法拓展及演化脉络背后隐藏的以及驱动方法拓展的内在思维进阶规律才是核心,由此可以深入理解各种方法的精髓及其使用特点。更为重要的是,它可以为发展和创造新的有效算法奠定必要的思维基础。

6.2　搜索优化方法的思维进阶

　　作为穷举模型的母方法,搜索方法尽管适用面宽广,但其穷举特点的实际有效性不佳,因此,针对母方法,诞生了各种各样的优化方法。

　　优化方法尽管名目繁多,表面上也相对独立,但其内部存在必然的思维联系。首先,从宏观上看,基于穷举模型的本质,优化的基本思路就是围绕程序的数据处理 DNA 展开,通过设计不同的搜索策略,减少实际参与工作的解状态(相当于围绕程序的数据组织 DNA,减少状态空间),从而提高搜索方法的工作效率。也就是说,从本质上看,搜索优化方法对于数据组织 DNA 并不做任何处理,逻辑上就是与问题对应的解状态空间结构。但是,实际使用中,各种优化方法都是搜索了解状态空间结构的一个子集,等于间接地考虑了数据组织 DNA。其次,从微观上看,所有优化方法都可以看作是一种(广义的)剪枝,并且,剪枝的策略是沿着朴素(无界)剪枝、有条件带约束(固定界)剪枝、多维(固定界)剪枝、(动态界)剪枝、多维带预测(动态界)剪枝基本思路进化,思维的维度和阶不断增加。

6.3　树型结构的平衡性维护

　　树型结构具有相对较好的时间复杂度(以 $O(\log n)$ 为基础),其核心在于树型结构不能退化为线性结构。

二叉排序树(Binary Sort Tree,BST,又称二叉搜索/查找树,Binary Search Tree)是大部分树型结构处理的基础,它能够支持多种针对动态数据集合的操作,具有广泛的应用。例如:序化集合(二叉排序树的中序遍历)、建立索引、优先队列等。然而,如果二叉排序树退化为线性表,则其基本操作在最坏情况下的时间复杂度由 $O(\log n)$ 退化为 $O(n)$。因此,为了保持树型结构的优点,需要处理树型结构的平衡性。

6.3.1 AVL 树及其应用

AVL 树(Adelson-Velsky-Landis tree,也称为自平衡树)通过扩展结点结构,记录额外的平衡因子来维护二叉排序树的平衡性,实现真正的平衡,使得对于查找、插入和删除等基本操作在最坏情况下的时间复杂度都为 $O(\log n)$。

AVL 树的基本原理是,确保任何一个结点左右子树的高度之差绝对值(称为平衡因子)不超过1(如图6-1所示)。一旦超过1,则通过旋转操作维护树的平衡。旋转操作有四种:LL(左子女的左子树因插入导致不平衡)、RR(右子女的右子树因插入导致不平衡)、LR(左子女的右子树因插入导致不平衡)和RL(右子女的左子树因插入导致不平衡)。其中,LL 和 RR 是两种基本的旋转操作,LR 和 RL 是两种基本旋转操作的二维应用拓展。对于删除操作引起的不平衡,可以转换为相对应的插入操作所引起的不平衡进行相似处理。图6-2 所示给出了直观解析,图6-3 所示是相应的程序描述。

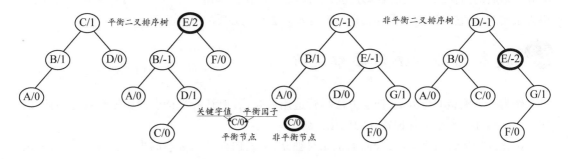

图 6-1 AVL 树示例

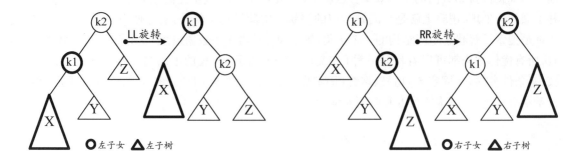

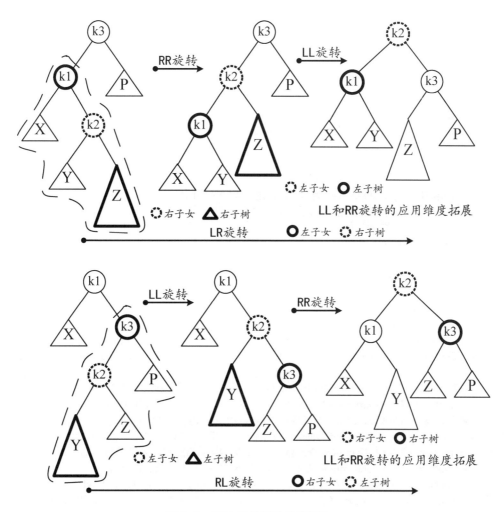

图 6-2 AVL 树的四种旋转操作

```
template<class T>
class AVLTreeNode{
  public:
    T key;    // 关键字(键值)
    int height;    // 高度
    AVLTreeNode * left;    // 左子女
    AVLTreeNode * right;    // 右子女

    AVLTreeNode(T value, AVLTreeNode * l, AVLTreeNode * r) :
    key(value), height(0), left(l), right(r) {}
};
template<class T>
class AVLTree {
  private:
    AVLTreeNode<T> * mRoot;    // 根结点
  public:
```

```cpp
    AVLTree();
    ~AVLTree();
    int height();    // 获取树的高度
    int max(int a, int b);    // 取 a 和 b 的最大数
    void preOrder();    // 前序遍历 AVL 树
    void inOrder();    // 中序遍历 AVL 树
    void postOrder();    // 后序遍历 AVL 树
    AVLTreeNode<T> * search(T key); // 查找 AVL 树中键值为 key 的结点(递归实现)
    AVLTreeNode<T> * iterativeSearch(T key); //查找 AVL 树中键值为 key 的结点 (非递归实现)
    T minimum();// 查找最小结点并返回最小结点的键值
    T maximum();// 查找最大结点并返回最大结点的键值
    void insert(T key); // 将结点(key 为结点键值)插入到 AVL 树中
    void remove(T key);// 删除结点(key 为结点键值)
    void destroy();// 销毁 AVL 树
    void print();// 打印 AVL 树
  private:
    int height(AVLTreeNode<T> * tree) ; //height()的内部接口
    void preOrder(AVLTreeNode<T> * tree) const; // preOrder()的内部接口
    void inOrder(AVLTreeNode<T> * tree) const; // inOrder()的内部接口
    void postOrder(AVLTreeNode<T> * tree) const; // postOrder()的内部接口
    AVLTreeNode<T> * search(AVLTreeNode<T> * x, T key) const;  //search()的内部接口
    AVLTreeNode<T> * iterativeSearch(AVLTreeNode<T> * x, T key) const; //iterativeSearch()的内部
接口
    AVLTreeNode<T> * minimum(AVLTreeNode<T> * tree);  //mininum()的内部接口
    AVLTreeNode<T> * maximum(AVLTreeNode<T> * tree);  //maxinum()的内部接口
    AVLTreeNode<T> * leftLeftRotation(AVLTreeNode<T> * k2); // LL(左单旋转)
    AVLTreeNode<T> * rightRightRotation(AVLTreeNode<T> * k1); // RR(右单旋转)
    AVLTreeNode<T> * leftRightRotation(AVLTreeNode<T> * k3); // LR(左双旋转)
    AVLTreeNode<T> * rightLeftRotation(AVLTreeNode<T> * k1); // RL(右双旋转)
    AVLTreeNode<T> * insert(AVLTreeNode<T> * &tree, T key); // 将结点插入到 AVL 树中
    AVLTreeNode<T> * remove(AVLTreeNode<T> * &tree, AVLTreeNode<T> * z); //删除 AVL 树中的结
点并返回被删除的结点
    void destroy(AVLTreeNode<T> * &tree); //destroy()的内部接口
    void print(AVLTreeNode<T> * tree, T key, int direction);//print()的内部接口
};
template<class T>
int AVLTree<T>::height(AVLTreeNode<T> * tree)
{
  if (tree !=NULL)
    return tree->height;
  return 0;
}
template<class T>
int AVLTree<T>::height()
{ return height(mRoot); }
template<class T>
AVLTreeNode<T> * AVLTree<T>::leftLeftRotation(AVLTreeNode<T> * k2)
{
  AVLTreeNode<T> * k1;
```

```
    k1 =k2->left;
    k2->left =k1->right;
    k1->right =k2;
    k2->height =max(height(k2->left), height(k2->right))+1;
    k1->height =max(height(k1->left), k2->height)+1;
    return k1;
}
template<class T>
AVLTreeNode<T> * AVLTree<T>::rightRightRotation(AVLTreeNode<T> * k1)
{
    AVLTreeNode<T> * k2;
    k2 =k1->right;
    k1->right =k2->left;
    k2->left =k1;
    k1->height =max(height(k1->left), height(k1->right))+1;
    k2->height =max(height(k2->right), k1->height)+1;
    return k2;
}
template<class T>
AVLTreeNode<T> * AVLTree<T>::leftRightRotation(AVLTreeNode<T> * k3)
{
    k3->left =rightRightRotation(k3->left);
    return leftLeftRotation(k3);
}
template<class T>
AVLTreeNode<T> * AVLTree<T>::rightLeftRotation(AVLTreeNode<T> * k1)
{
    k1->right =leftLeftRotation(k1->right);
    return rightRightRotation(k1);
}
template<class T>
AVLTreeNode<T> * AVLTree<T>::insert(AVLTreeNode<T> * &tree, T key)
{
    if (tree ==NULL) { // 新建结点
        tree =new AVLTreeNode<T>(key, NULL, NULL);
        if (tree ==NULL) {
            cout<<"ERROR: create avltree node failed!"<<endl;
            return NULL;
        }
    }
    else if (key<tree->key) { // 将 key 插入到 tree 的左子树
        tree->left =insert(tree->left, key);
        if (height(tree->left)- height(tree->right) ==2){//插入结点后,若 AVL 树失去平衡,则进行相应
的调节
            if (key<tree->left->key)
                tree =leftLeftRotation(tree);
            else
                tree =leftRightRotation(tree);
        }
```

```
        }
        else if (key>tree->key){ // 将 key 插入到 tree 的右子树
            tree->right =insert(tree->right, key);
            if (height(tree->right)- height(tree->left) ==2){   // 插入结点后, 若 AVL 树失去平衡, 则
进行相应的调节
                if (key>tree->right->key)
                    tree =rightRightRotation(tree);
                else
                    tree =rightLeftRotation(tree);
            }
        }
        else { //key ==tree->key
    cout<<"添加失败:不允许添加相同的结点!"<<endl;
    }
  tree->height =max(height(tree->left), height(tree->right))+l;
  return tree;
}

template<class T>
void AVLTree<T>::insert(T key)
{
    insert(mRoot, key);
}
template<class T>
AVLTreeNode<T> * AVLTree<T>::remove(AVLTreeNode<T> * &tree, AVLTreeNode<T> * z)
{
  if (tree ==NULL || z ==NULL) // 根为空或者没有要删除的结点
    return NULL;
  if (z->key<tree->key) { // 待删除的结点在 tree 的左子树中
    tree->left =remove(tree->left, z);
    if (height(tree->right)- height(tree->left) ==2) { // 删除结点后, 若 AVL 树失去平衡, 则进行相应的
调节
        AVLTreeNode<T> * r =   tree->right;
        if (height(r->left)>height(r->right))
          tree =rightLeftRotation(tree);
        else
          tree =rightRightRotation(tree);
    }
  }
  else if (z->key>tree->key) {   //待删除的结点在 tree 的右子树中
        tree->right =remove(tree->right, z);
        if (height(tree->left)- height(tree->right) ==2) { // 删除结点后, 若 AVL 树失去平衡, 则进行相
应的调节
            AVLTreeNode<T> * l =   tree->left;
            if (height(l->right)>height(l->left))
              tree =leftRightRotation(tree);
            else
              tree =leftLeftRotation(tree);
        }
```

```
    }
    else {    // tree 对应要删除的结点
      if ((tree->left!=NULL) && (tree->right!=NULL)){// tree 的左右子女都非空
        if (height(tree->left)>height(tree->right )){//如果 tree 的左子树比右子树高;则找出 tree 的
                                                      左子树中的最大结点/将该最大结点的值赋值给
                                                      tree /
          // 删除该最大结点(用 tree 的左子树中最大结点做 tree 的替身),AVL 树仍然保持平衡
          AVLTreeNode<T> * max =maximum(tree->left);
          tree->key =max->key; tree->left =remove(tree->left, max);
        }
        else{ // 如果 tree 的左子树不比右子树高(相等或右子树比左子树高 1);则找出 tree 的右
子树中的最小结点 /
          //将该最小结点的值赋值给 tree / 删除该最小结点(用 tree 的右子树中最小结点做 tree
的替身),AVL 树仍然保持平衡
          AVLTreeNode<T> * min =maximum(tree->right);
          tree->key =min->key; tree->right =remove(tree->right, min);
        }
      }
      else {
        AVLTreeNode<T> * tmp =tree;
        tree =(tree->left!=NULL) ? tree->left : tree->right;
        delete tmp;
      }
    }
  }
  return tree;
}

template<class T>
void AVLTree<T>::remove(T key)
{
  AVLTreeNode<T> * z;
  if ((z =search(mRoot, key)) !=NULL)
    mRoot =remove(mRoot, z);
}
```

图 6-3　AVL 树四种旋转操作及相关功能的程序描述

6.3.2　红黑树及其应用

尽管 AVL 树通过扩展结点结构增加平衡因子并通过旋转操作来维护二叉排序树的严格平衡,然而,针对插入和删除比较频繁的应用场合,其旋转操作可能需要执行多次,实际执行效率受到影响。

红黑树(Red-Black Tree,RBT)也是通过扩展结点结构增加一个存储位来表示结点的颜色(红或黑),并通过对任何一条从根结点到叶子结点的路径上各个结点着色方式进行限制,来维护二叉排序树的一部分达到平衡,用非严格的平衡来换取增删结点时旋转操作次数的降低,并且,确保任何不平衡都会在三次旋转操作之内解决。红黑树的查找、插入和删除等基本操作的时间复杂度都为 $O(\log n)$。

对于一棵二叉排序树,必须满足如下性质才能称为红黑树:

- 每个结点或者是红的,或者是黑的;
- 根结点是黑的;
- 每个空叶结点都是黑的;
- 如果一个结点是红的,则它的两个子女都是黑的;
- 对于任意结点而言,其到叶子结点的每条路径都包含相同数目的黑结点。

图6-4所示给出了红黑树的直观示例。

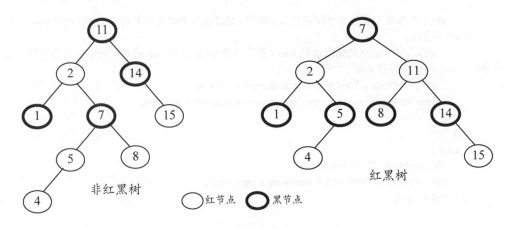

图6-4　红黑树示例

尽管二叉排序树的多数基本操作,如查找、求最大值、求最小值、求前趋、求后继等,都可以在红黑树中直接使用。然而,插入和删除操作却不能直接使用,因为这两个操作都对树做了修改,导致操作后的树并不能保证仍然满足红黑树性质。因此,为了保持这些性质,需要改变树中某些结点的颜色以及指针的关系结构。指针关系结构的修改通过旋转操作来完成,在此,旋转操作是可以保持关键字中缀次序的局部操作。并且,旋转操作的时间复杂度为 $O(1)$(在旋转中被改变的仅仅是指针,而结点的其他数据域保持不变)。

红黑树的旋转操作分为左旋和右旋两种,图6-5所示分别给出了相应的直观描述,图6-6所示分别给出了相应的程序描述。

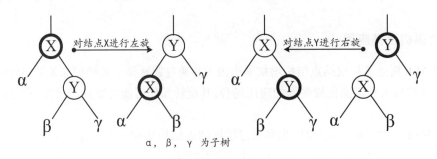

图6-5　红黑树旋转操作示例

```
template<class T>
void RBTree<T>::leftRotate(RBTNode<T> * &root, RBTNode<T> * x)
{
    RBTNode<T> * y =x->right;   // 设置 x 的右子女为 y
    x->right =y->left;// 将 y 的左子女设为 x 的右子女
    if (y->left !=NULL)// y 的左子女非空,将 x 设为 y 的左子女的父亲
        y->left->parent =x;
    y->parent =x->parent; // 将 x 的父亲设为 y 的父亲
    if (x->parent ==NULL)   // x 的父亲是空结点,则将 y 设为根结点
        root =y;
    else {
        if (x->parent->left ==x)   // x 是它父结点的左子女
            x->parent->left =y;//则将 y 设为 x 的父结点的左子女
        else   // x 是它父结点的右子女
            x->parent->right =y; //则将 y 设为 x 的父结点的右子女
    }
    y->left =x;   // 将 x 设为 y 的左子女
    x->parent =y; // 将 x 的父结点设为 y
}
template<class T>
void RBTree<T>::rightRotate(RBTNode<T> * &root, RBTNode<T> * y)
{
    RBTNode<T> * x =y->left; // 设置 x 是当前结点的左子女
    y->left =x->right;   // 将 x 的右子女设为 y 的左子女
    if (x->right !=NULL) // x 的右子女非空,将 y 设为 x 的右子女的父亲
        x->right->parent =y;
    x->parent =y->parent;   // 将 y 的父亲设为 x 的父亲
    if (y->parent ==NULL)// y 的父亲是空结点,则将 x 设为根结点
        root =x;
    else {
        if (y ==y->parent->right)   // y 是它父结点的右子女
            y->parent->right =x;   //则将 x 设为 y 的父结点的右子女
        else   // y 是它父结点的左子女
            y->parent->left =x;   //将 x 设为 y 的父结点的左子女
    }
    x->right =y;   // 将 y 设为 x 的右子女
    y->parent =x; // 将 y 的父结点设为 x
}
```

图 6-6   红黑树旋转操作的程序描述

对于红黑树的结点插入操作,首先将红黑树当作一棵二叉查找树,将结点插入;然后,将结点着色为红色(满足红黑树的性质 5);最后,通过旋转和重新着色等一系列操作来修正该树,使之重新成为一颗红黑树(即继续满足红黑树的性质 1~4。对于性质 1 和 2 显然是满足的;对于性质 3,插入非空结点并不会对它们造成影响;因此,仅需满足性质 4)。图 6-7 所示给出了相应的程序描述。

```
template<class T>
void RBTree<T>::insert(RBTNode<T> * &root, RBTNode<T> * node)
{ // 内部接口
   RBTNode<T> * y =NULL;
   RBTNode<T> * x =root;
   //将红黑树当作一颗二叉查找树,将结点插入到二叉查找树中
   while (x !=NULL) {
      y =x;
      if (node->key<x->key)
         x =x->left;
      else
         x =x->right;
   }
   node->parent =y;
   if (y!=NULL) {
      if (node->key<y->key)
         y->left =node;
      else
         y->right =node;
   }
   else
      root =node;
   //设置插入结点的颜色为红色
   node->color =RED;
   //将红黑树重新修正
   insertFixUp(root, node);
}

template<class T>
void RBTree<T>::insert(T key)
{ // 外部接口
   RBTNode<T> * z =NULL;
   //如果新建结点失败,则返回
   if ((z =new RBTNode<T>(key,BLACK,NULL,NULL,NULL)) ==NULL)
      return ;
   insert(mRoot, z);
}

template<class T>
void RBTree<T>::insertFixUp(RBTNode<T> * &root, RBTNode<T> * node)
{
   RBTNode<T> * parent, * gparent;
   while ((parent =rb_parent(node)) && rb_is_red(parent)) { // 父结点存在,并且父结点的颜色是红色
      gparent =rb_parent(parent);
      if (parent ==gparent->left) { //若父结点是祖父结点的左子女
         // Case 1条件:叔叔结点是红色
         RBTNode<T> * uncle =gparent->right;
         if (uncle && rb_is_red(uncle)) {
```

```
            rb_set_black(uncle); rb_set_black(parent); rb_set_red(gparent);
            node = gparent; continue;
         }
         if (parent->right == node) { // Case 2 条件：叔叔是黑色，且当前结点是右子女
            RBTNode<T> * tmp;
            leftRotate(root, parent); tmp = parent; parent = node; node = tmp;
         }
         // Case 3 条件：叔叔是黑色，且当前结点是左子女
         rb_set_black(parent); rb_set_red(gparent); rightRotate(root, gparent);
      }
      else {    //若 z 的父结点是 z 的祖父结点的右子女
         //Case 1 条件：叔叔结点是红色
         RBTNode<T> * uncle = gparent->left;
         if (uncle && rb_is_red(uncle)) {
            rb_set_black(uncle); rb_set_black(parent); rb_set_red(gparent);
            node = gparent; continue;
         }
         if (parent->left == node) { // Case 2 条件：叔叔是黑色，且当前结点是左子女
            RBTNode<T> * tmp;
            rightRotate(root, parent); tmp = parent; parent = node; node = tmp;
         }
         // Case 3 条件：叔叔是黑色，且当前结点是右子女
         rb_set_black(parent); rb_set_red(gparent); leftRotate(root, gparent);
      }
   }
   rb_set_black(root);    // 将根结点设为黑色
}
```

图 6-7　红黑树插入操作的程序描述

对于红黑树的结点删除操作，首先将红黑树当作一棵普通二叉搜索树，将需要删除的结点从二叉搜索树中删除（具体分为三种情况：①被删除结点没有子女（即叶结点）。则直接将该结点删除即可；②被删除结点只有一个子女。则直接删除该结点，并用该结点的唯一子结点代替它的位置；③被删除结点有两个子女。则先找出它的后继结点；然后把它的后继结点的内容复制给该结点的内容；之后，删除它的后继结点。也就是，后继结点相当于被删除结点的替身，在将其内容复制给被删除结点之后被删除）；然后，通过"旋转和重新着色"等一系列操作来修正该树，使之重新成为一棵红黑树。图 6-8 所示给出了相应的程序描述。

```
template<class T>
void RBTree<T>::remove(RBTNode<T> * &root, RBTNode<T> * node)
{ //内部接口
   RBTNode<T> * child, * parent;
   RBTColor color;
   if ((node->left!=NULL) && (node->right!=NULL)) {   // 被删除结点的左右子女都不为空
      //被删结点的后继结点称为取代结点，用来取代被删结点的位置，然后再将被删结点去掉
```

```
    RBTNode<T> * replace =node;
    //获取后继结点
    replace =replace->right;
    while (replace->left !=NULL)
        replace =replace->left;
    if (rb_parent(node)) { // node 结点不是根结点
        if (rb_parent(node)->left ==node)
            rb_parent(node)->left =replace;
        else
            rb_parent(node)->right =replace;
    }
    else // node 结点是根结点,更新根结点
        root =replace;

    // child 是取代结点的右子女,也是需要调整的结点。取代结点肯定不存在左子女! 因为它是一个
后继结点
    child =replace->right;
    parent =rb_parent(replace);

    color =rb_color(replace);    // 保存取代结点的颜色
    if (parent ==node) //被删除结点是它的后继结点的父结点
        parent =replace;
    else {
        if (child)    // child 不为空
            rb_set_parent(child, parent);
            parent->left =child; replace->right =node->right;
            rb_set_parent(node->right, replace);
        }
        replace->parent =node->parent; replace->color =node->color;
        replace->left =node->left; node->left->parent =replace;
        if (color ==BLACK)
            removeFixUp(root, child, parent);
        delete node;
        return ;
    }
    if (node->left !=NULL)
        child =node->left;
    else
        child =node->right;
    parent =node->parent;
    color =node->color;    // 保存取代结点的颜色
    if (child)
        child->parent =parent;
    if (parent) {    // node 结点不是根结点
        if (parent->left ==node)
            parent->left =child;
        else
            parent->right =child;
    }
```

```
      else
         root =child;
      if (color ==BLACK)
         removeFixUp(root, child, parent);
      delete node;
}

template<class T>
void RBTree<T>::remove(T key)
{ //外部接口
   RBTNode<T> * node;
   //查找 key 对应的结点(node),找到的话就删除该结点
   if ((node =search(mRoot, key)) !=NULL)
      remove(mRoot, node);
}
template<class T>
void RBTree<T>::removeFixUp(RBTNode<T> * &root, RBTNode<T> * node, RBTNode<T> * parent)
{
   RBTNode<T> * other;
   while ((! node || rb_is_black(node)) && node !=root) {
      if (parent->left ==node) {
         other =parent->right;
         if (rb_is_red(other)) {
            // Case 1: x 的兄弟 w 是红色
            rb_set_black(other); rb_set_red(parent); leftRotate(root, parent); other =parent->right;
         }
         if((! other->left || rb_is_black(other->left))&&(! other->right || rb_is_black(other->right))){
            // Case 2: x 的兄弟 w 是黑色,且 w 的俩个子女也都是黑色
            rb_set_red(other); node =parent; parent =rb_parent(node);
         }
         else {
            if (! other->right || rb_is_black(other->right)) {
               // Case 3: x 的兄弟 w 是黑色,并且 w 的左子女是红色,右子女为黑色
               rb_set_black(other->left); rb_set_red(other); rightRotate(root, other);
               other =parent->right;
            }
            // Case 4: x 的兄弟 w 是黑色;并且 w 的右子女是红色,左子女颜色任意
            rb_set_color(other, rb_color(parent)); rb_set_black(parent); rb_set_black(other->right);
            leftRotate(root, parent); node =root; break;
         }
      }
      else{
         other =parent->left;
         if (rb_is_red(other)){ // Case 1: x 的兄弟 w 是红色
            rb_set_black(other); rb_set_red(parent); rightRotate(root, parent); other =parent->left;
         }
         if((! other->left || rb_is_black(other->left))&&(! other->right || rb_is_black(other->right))){
```

```
    // Case 2: x 的兄弟 w 是黑色,且 w 的俩个子女也都是黑色
      rb_set_red(other); node =parent; parent =rb_parent(node);
    }
    else{
      if (! other->left || rb_is_black(other->left)){
        // Case 3: x 的兄弟 w 是黑色,并且 w 的左子女是红色,右子女为黑色
        rb_set_black(other->right); rb_set_red(other); leftRotate(root, other);
        other =parent->left;
      }
      // Case 4: x 的兄弟 w 是黑色;并且 w 的右子女是红色,左子女颜色任意
      rb_set_color(other, rb_color(parent)); rb_set_black(parent); rb_set_black(other->left);
      rightRotate(root, parent); node =root; break;
    }
  }
}
if (node)
  rb_set_black(node);
}
```

图 6-8　红黑树删除操作的程序描述

6.3.3　Splay 树及其应用

Splay 树(也称为伸展树)也是对二叉排序树的一种改进,与 AVL 树和红黑树不同,它降低了对平衡性特征的要求。尽管它并不能保证树一直是平衡的,但对于它的一系列操作,可以确保其每一步操作的"平摊时间"(即在一系列最坏情况的操作序列中,单次操作的平均时间)复杂度都是 $O(\log n)$。因此,伸展树也可以看作是一种平衡的二叉排序树。相对于其他维护平衡的各种树型数据结构,伸展树的空间复杂度(不需要记录用于平衡的冗余信息)和编程复杂度都较低。

Splay 树的基本原理是,依据数据访问的局部性特征(即刚刚被访问的结点,极有可能在不久之后再次被访问到;将被访问的下一个结点,极有可能就在不久之前被访问过的某个结点的附近)来维护二叉排序树的基本平衡,达到分摊时间复杂度为 $O(\log n)$。在局部访问特征强、缓存命中率极高时,可以得到较高的执行效率。然而,它仍不能保证最坏退化情况的出现,不适合效率敏感的应用场合。究其原因,Splay 树并不能维护二叉排序树的真正平衡。

伸展树获得较好平摊效率的方法是采用"自调整",即不断通过旋转操作来维持二叉排序树结构的平衡特征。旋转操作主要有左旋(ZAG)和右旋(ZIG)两种,如图 6-9a 所示。

伸展树的基本操作如下:

• Splay(x,S)

Splay(x,S)称为伸展操作,是一个核心操作。它在保持伸展树有序性的前提下,通过一系列旋转,将伸展树 S 中的元素 x 所在结点调整至树的根部。在调整的过程中,一般涉及三种情况,如图 6-9 所示。图 6-10 给出了一个伸展操作的调整过程示例。

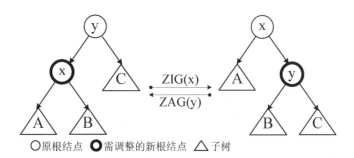

a）结点 x 的父结点 y 是根结点

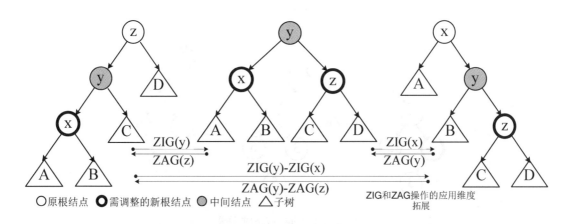

b）结点 x 的父结点 y 不是根结点且 x 与 y 同时为各自父结点的左子女或右子女

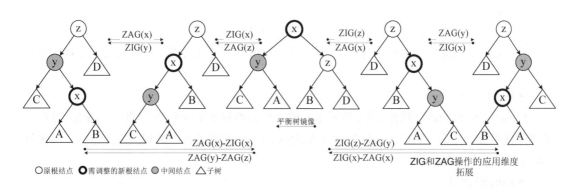

c）结点 x 的父结点 y 不是根结点且 x 与 y 分别为其父结点的左子女或右子女

图 6-9　伸展操作调整的三种情况

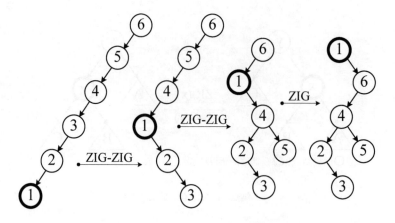

a) 执行几次 Splay(1,S)的效果

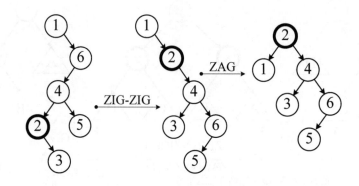

b) 执行几次 Splay(2,S)的效果

图 6-10　伸展操作的调整过程示例

- Find(x,S)

Find(x,S)称为查找操作,用于判断元素 x 是否在伸展树 S 表示的有序集中。首先,与在二叉排序树中查找元素 x 的操作一样执行查找;然后,如果 x 在树中,则再执行 Splay(x,S)调整伸展树。

- Insert(x,S)

Insert(x,S)称为插入操作,用于将元素 x 插入到伸展树 S 表示的有序集中。首先,与在二叉排序树中插入元素 x 的操作一样执行插入,将 x 插入到伸展树 S 中的相应位置;然后,再执行 Splay(x,S)调整伸展树。

- Join(S1,S2)

Join(S1,S2)称为合并操作,用于将两棵伸展树 S1 与 S2 合并成为一棵伸展树。其中,S1 的所有元素都小于 S2 的所有元素。首先,找到伸展树 S1 中最大的一个元素 x,再通过 Splay(x,S1)将 x 调整到伸展树 S1 的根结点。然后,再将 S2 作为 x 结点的右子树插入,从而得到新的伸展树 S,如图 6-11 所示。

- Delete(x,S)

Delete(x,S)称为删除操作,用于将元素 x 从伸展树 S 所表示的有序集中删除。首先,执行

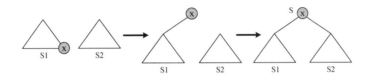

图 6-11 Join(S1,S2)的两个步骤

Find(x,S)将 x 调到根结点,然后,再对左右子树执行 Join(S1,S2)操作。

- Split(x,S)

Split(x,S)称为分解操作,以 x 为界,将伸展树 S 分离为两棵伸展树 S1 和 S2,其中,S1 的所有元素都小于 x,S2 的所有元素都大于 x。首先,执行 Find(x,S),将元素 x 调整为伸展树的根结点,则 x 的左子树就是 S1,而右子树就是 S2,如图 6-12 所示。

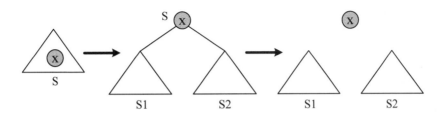

图 6-12 Split(x,S)的两个步骤

除了上面介绍的几种基本操作外,伸展树还支持求最大值、最小值、前趋、后继等多种操作,这些操作也都是建立在核心操作——伸展操作 Splay 的基础上。

图 6-13 所示给出了相关操作的程序描述。

```
typedef struct {
    long data, fa, ls, rs;
//结点的数据、父结点/左子结点/右子结点
}Node;
Node splay[maxn];
long m, n, root;

void Zig(long node)
{
    long t =splay[node].fa;
    splay[t].rs =splay[node].ls;
    if(splay[node].ls)
        splay[splay[node].ls].fa =t;
    splay[node].fa =splay[t].fa; splay[node].ls =t;
    if(splay[t].fa) {
        if(t ==splay[splay[t].fa].ls)
            splay[splay[t].fa].ls =node;
        else
            splay[splay[t].fa].rs =node;
```

```
    }
    splay[t].fa =node;
}

void Zag(long node)
{
    long t =splay[node].fa;
    splay[t].ls =splay[node].rs;
    if(splay[node].rs)
        splay[splay[node].rs].fa =t;
    splay[node].fa =splay[t].fa; splay[node].rs =t;
    if(splay[t].fa) {
        if(t ==splay[splay[t].fa].ls)
            splay[splay[t].fa].ls =node;
        else
            splay[splay[t].fa].rs =node;
    }
    splay[t].fa =node;
}
void Splay(long node)
{
    long t;
    while(splay[node].fa){
    t =splay[node].fa;
    if(splay[t].fa ==0){
        if(node ==splay[t].ls) Zag(node);
        else Zig(node);
        break;
    }
    if(t ==splay[splay[t].fa].ls){
        if(node ==splay[t].ls) {Zag(t); Zag(node);}
        else {Zig(node); Zag(node);}
        }
        else{
            if(node ==splay[t].ls) {Zag(node); Zig(node);}
            else {Zig(t); Zig(node);}
        }
    }
    root =node;
}
void Insert(long x)
{
    long p,q;
    m++;
    splay[m].data =x;
    splay[m].fa =splay[m].ls =splay[m].rs =0;
    if(root ==0) {root =m; return;}

    for(p =root; p ;){
```

```
    q =p;
    if(x<=splay[p].data) p =splay[p].ls;
    else p =splay[p].rs;
  }
  splay[m].fa =q;
  if(x<=splay[q].data) splay[q].ls =m;
  else splay[q].rs =m;
  Splay(m);
}
```

图 6-13　Splay 相关操作的程序描述

6.3.4　Treap 树及其应用

二叉排序树结构的退化主要是由待插入数据的序化性质而导致的,如果打破待插入数据的序化特征,使待插入数据随机选择,可以保证二叉排序树的树型结构特征并享用其带来的高效时间效率。

与 AVL 树、红黑树和 Spaly 树等直接维护树的平衡性的优化思路不同,Treap(Tree-heap,树堆)采用了另外一种优化思路,通过增加待插入数据的随机性,从根本上消除二叉排序树结构退化的可能,由此达到维护平衡的目的。

考虑到待插入数据的动态性,显然不可能预先得到所有待插入数据以便通过随机方式插入。也就是说,数据集的不确定性不能确保其随机性,(局部)序化性质出现的概率较大。因此,简单的随机化操作不能改变本质。

Treap 数据组织结构通过扩展结点结构,增加一个额外附加域存储随机因子(称为优先级),基于随机因子使二叉搜索树同时满足堆的性质,由此可以实现待插入数据的随机化效果,维护二叉搜索树的平衡性。可能存在一些极端情况,但是这种情况发生的概率很小。并且,其编程复杂度较低。Treap 的基本维护操作的期望时间复杂度都为 $O(\log n)$。

Treap 的基本原理是,通过旋转操作使得二叉搜索树具备堆的性质,即任何一个结点的优先级都大于其子女的优先级(大根堆)或任何一个结点的优先级都小于其子女的优先级(小根堆),如图 6-14 所示。

Treap 的旋转操作相对比较简单,仅仅是维护堆的性质。也就是说,对于任意一个结点,使其优先级为其本身和其子女中的最大值(大根堆)或最小值(小根堆)。因此,Treap 的旋转操作只有两种:依据优先级大小,左子女结点上升到根结点(称为 ZIG 操作或右旋操作)和右子女结点上升到根结点(称为 ZAG 操作或左旋操作),如图 6-15 所示。

对于插入操作,首先依据关键字值按照普通二叉搜索树的插入方法将该关键字所在结点插在某个叶结点下;然后,依据优先级进行堆性质的调整(左旋或右旋)。显然,为了维持堆的性质,旋转操作可能需要进行多次,从下而上进行逐层调整。

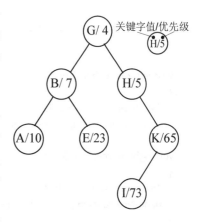

图 6-14　Treap 结构(小根堆)

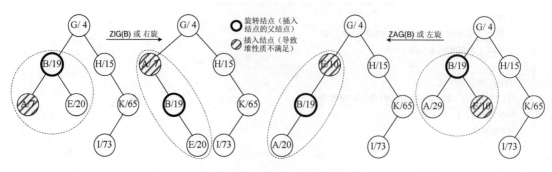

图 6-15　Treap 的两种旋转操作

对于删除操作,首先依据优先级将要删除的结点旋转到叶结点上,然后直接删除即可。具体而言,如果该结点的左子结点的优先级小于右子结点的优先级,则右旋该结点,使该结点降为右子树的根结点,然后访问右子树的根结点继续操作;反之,左旋该结点,使该结点降为左子树的根结点,然后访问左子树的根结点继续操作,直到变成可以直接删除的结点。(对于小根堆而言,即让小优先级的结点旋到上面,满足最小堆的性质。大根堆的操作与此相似。)当然,也可以采用二叉搜索树的普通删除方法(即对于叶子结点或只有一个子女的结点,可以直接删除;否则找替代元素,化繁为简),但该方法可能导致向下的多层调整,相对比较麻烦。

图 6-16 所示是 Treap 相关基本维护操作的程序描述。

```
typedef struct TreapNode  * Tree;
typedef int ElementType;
struct TreapNode {
    ElementType val;     //结点值
    int priority;     //优先级
    Tree lchild;
    Tree rchild;
    TreapNode(int val =0,int priority =0) //默认构造函数
    {
        lchild =rchild =NULL; this->val =val; this->priority =priority;
    }
};
void left_rotate(Tree &node)
{
    Tree temp =node->rchild;
    node->rchild =temp->lchild; temp->lchild =node; node =temp;
}
void right_rotate(Tree &node)
{
    Tree temp =node->lchild;
    node->lchild =temp->rchild; temp->rchild =node; node =temp;
}
bool insert(Tree &root,ElementType val =0,int priority =0)
{ //插入函数:外部接口
    Tree node =new TreapNode(val,priority);
    return insert_val(root, node);
```

```
}
bool insert_val(Tree &root,Tree &node)
{ //插入函数:内部接口
   if (! root) {
     root =node; //插入
     return true;
   }
   else if(root->val>node->val) {
        bool flag =insert_val(root->lchild, node);
        if (root->priority>node->priority) //检查是否需要调整
          right_rotate(root);
        return flag;
     }
     else if(root->val<node->val) {
          bool flag =insert_val(root->rchild, node);
          if (root->priority>node->priority) //检查是否需要调整
            left_rotate(root);
          return flag;
       }
   delete node;//已经含有该元素,释放结点
   return false;
}
bool remove(Tree &root,ElementType val)
{
   if (root ==NULL) return false;
   else if (root->val>val) return remove(root->lchild,val);
      else if(root->val<val) return remove(root->rchild,val);
         else { //找到需要删除的元素,执行删除处理
            Tree * node =&root;
            while ((* node)->lchild && (* node)->rchild) {   //从该结点开始往下调整
              if ((* node)->lchild->priority<(* node)->rchild->priority) {
                 //比较其左右子女优先级
                 right_rotate(* node); //右旋转
                 node =&((* node)->rchild); //更新传入参数,进入下一层
              }
              else {
                 left_rotate(* node); //左旋转
                 node =&((* node)->lchild); //更新传入参数,进入下一层
              }
            }
            //调整到(或本来是)叶结点,或只有一个子女,可以直接删除
            if ((* node)->lchild ==NULL)
              (* node) =(* node)->rchild;
            else if((* node)->rchild ==NULL)
                 (* node) =(* node)->lchild;
            return true;
         }
}
```

图 6-16　Treap 相关操作的程序描述

6.3.5 SBT 及其应用

SBT(Size Balanced Tree)称为结点大小平衡树,可以在 $O(\log n)$ 的时间内完成所有二叉搜索树的相关操作。相对于 AVL 树和红黑树,SBT 仅仅加入了简洁的核心操作"维持"(Maintain)来确保二叉搜索树的高度平衡并支持动态操作,其编程复杂度比 AVL 树和红黑树要简单,几乎与普通二叉搜索树一样(可以称为增强型二叉搜索树)。

SBT 也是通过扩展结点结构增加一个额外域来记录子树大小(结点个数),通过子树大小关系来维持二叉搜索树的平衡。SBT 的基本原理是,对于其每一个结点 t,使其满足如下两个性质:

- $size[\,t\text{->}right\,] >= size[\,t\text{->}left\text{->}left\,]$,$size[\,t\text{->}left\text{->}right\,]$
- $size[\,t\text{->}left\,] >= size[\,t\text{->}right\text{->}right\,]$,$size[\,t\text{->}right\text{->}left\,]$

也就是说,每棵子树的大小都不小于其兄弟的子树大小。显然,这两个性质是对称的。正是其性质的对称性,确保了二叉搜索树的高度平衡,即任何一个结点的左右子树的高度之差绝对值不会超过 1(<= 1)。

随着结点的插入和删除,SBT 为了维持二叉搜索树的平衡,同样需要执行旋转操作,分为左旋和右旋,如图 6-17 所示。基于旋转操作,为了使二叉搜索树满足两个性质(即调整为 SBT。在此仅考虑使其满足性质 1,对于性质 2 的满足性调整与此相似),maintain 操作具体如下:

- $size[\,t\text{->}left\text{->}left\,] > size[\,t\text{->}right\,]$(不满足性质 1)

先执行右旋操作;对于旋转后的二叉搜索树和右子女分别执行 maintain 操作。图 6-18a 所示给出了相应解析。

- $size[\,t\text{->}left\text{->}right\,] > size[\,t\text{->}right\,]$(不满足性质 2)

先执行左旋操作,再执行右旋操作;对于旋转后的二叉搜索树和左子女分别执行 maintain 操作。图 6-18b 所示给出了相应解析。

图 6-19 所示给出了 SBT 的 maintain 操作及其他基本维护操作的程序描述。

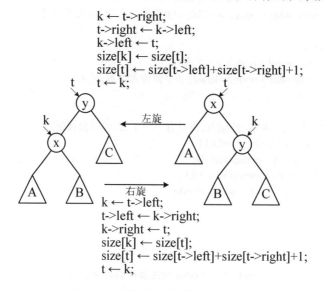

图 6-17 SBT 的两种基本旋转操作

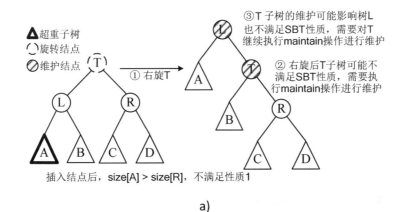

a)

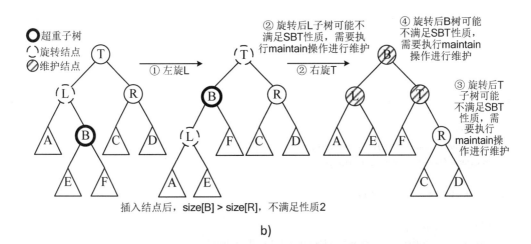

b)

图 6-18　SBT maintain 操作

```
#include<cstdio>
#include<cstdlib>
#include<cstring>
#include<algorithm>
using namespace std;

const int INF =0x7fffffff;
const int MAXN =1000010;
struct _Node {
    int key,size;
    _Node * s[2];
    _Node() {}
    _Node(int key,int size,_Node * v) : key(key),size(size)
    {s[0] =s[1] =v;}
}pool[MAXN],null(0,0,&null);
int idx;
class SizeBalancedTree {
    private:
```

```
    _Node * root;
    void _update(_Node * now)
    {
        now->size =now->s[0]->size+now->s[1]->size+1;
    }
    void _rot(_Node * &now,bool d)
    {
        _Node * s =now->s[d];
        now->s[d] =s->s[!d]; s->s[!d] =now;
        _update(now),_update(s); now =s;
    }
    void _maintain(_Node * &now,bool d)
    {
        if (now ==&null) return;
        _Node * &p =now->s[d];
        if (p->s[d]->size >now->s[!d]->size)
            _rot(now,d);
        else if (p->s[!d]->size >now->s[!d]->size) {
            _rot(p,!d); _rot(now,d);
        }
        else return;
        _maintain(now->s[0],0); _maintain(now->s[1],1);
        _maintain(now,0); _maintain(now,1);
    }
    void _ins(_Node * &now,int key)
    {
        if (now ==&null) {
            now =pool+(idx++); * now =_Node(key,1,&null); return;
        }
        bool d =key>now->key;
        _ins(now->s[d],key); _maintain(now,d); _update(now);
    }
    bool _del(_Node * &now,int key)
    {
        if (now ==&null) return false;
        bool d,succ;
        if (now->key ==key) {
            if (now->s[1] ==&null) {
                now =now->s[0]; return true;
            }
            else if (now->s[0] ==&null) {
                now =now->s[1]; return true;
            }
            _Node * p =now->s[1];
            while (p->s[0] !=&null) p =p->s[0];
            now->key =p->key; succ =_del(now->s[1],p->key),d =1;
        }
        else {
            d =key>now->key; succ =_del(now->s[d],key);
        }
```

```
      //_maintain(now,! d);
      _update(now); return succ;
   }
   void _print(_Node * now,int d)
   {
      for (int i =1;i<d;++i) printf("       ");
      if (d) printf(" |___");
      if (now ==&null) printf("null\n");
      else {
         printf("[ % d % d ] \n",now->key,now->size);
         _print(now->s[0],d+1); _print(now->s[1],d+1);
      }
   }
}
public:
   SizeBalancedTree() { root =&null; }
   void insert(int k) { _ins(root,k); }
   bool del(int k) { return _del(root,k); }
   void print() { _print(root,0); }

   int select(int k)
   {
      if (k>root->size) return- 1;
      int z =k- 1;
      _Node * now =root;
      while (now->s[0]->size!=z) {
         if (now->s[0]->size <z) now =now->s[1],z- =now->s[0]->size+1;
         else now =now->s[0];
      }
      return now->key;
   }

   int get_rank(int k)
   {
      _Node * now =root;int ans =0;
      while (now!=&null) {
         if (now->key<k) ans +=now->s[0]->size+1;
            now =now->s[now->key<k];
      }
      return ans+1;
   }

   int get_pre(int k)
   {
      _Node * now =root;int ans =- INF;
      while (now!=&null) {
         if (now->key<k) ans =max(ans,now->key);
         if (now->key ==k) return k;
         now =now->s[now->key<k];
      }
```

```
      return ans ==- INF? - 1:ans;
   }

   int get_succ(int k)
   {
      _Node * now =root;int ans =INF;
      while (now!=&null) {
         if (now->key>k) ans =min(ans,now->key);
         if (now->key ==k) return k;
         now =now->s[ now->key <k];
      }
      return ans ==INF? - 1:ans;
   }
}sbt;

int main()
{
   char opt[2];
   int n,x;
   freopen("test1.in","r",stdin); freopen("test1_1.out","w",stdout);
   scanf("% d",&n);
   while (n-- ) {
      scanf("% s% d",opt,&x);
      switch (opt[0]) {
         case 'I' : sbt.insert(x); break;
         case 'D' : if (! sbt.del(x)) puts("- 1"); break;
         case 'P' : printf("% d\n",sbt.get_pre(x)); break;
         case 'S' : printf("% d\n",sbt.get_succ(x)); break;
         case 'R' : printf("% d\n",sbt.get_rank(x)); break;
         case 'C' : printf("% d\n",sbt.select(x)); break;
      }
   }
   return 0;
}
```

图 6-19 SBT 及其相关维护操作的程序描述

6.3.6 对树型结构平衡性维护方法的深入认识

树型结构的平衡性是其具备较高执行效率的基础,然而,实际数据集的(局部)序化性会导致树型结构平衡性的退化。因此,对于树型结构平衡性的维护成为树型结构的一种基本操作。

AVL 树通过记录额外的平衡因子及复杂的旋转操作,可以维护树型结构的高度平衡,但其编程复杂度较高,并且,维护平衡性的旋转操作可能需要执行多次(例如:删除结点导致的失衡,需要维护从被删除结点到根结点这条路径上所有结点的平衡)。红黑树通过记录额外的颜色,可以维护树型结构的部分平衡性并确保任何不平衡都会在三次旋转之内得到解决。Splay树不需要记录额外的信息,仅仅依据访问的局部性特征来维护基本的平衡并期望较好的平摊复杂度,且编程复杂度也较低。红黑树和 Splay 树都是降低了严格平衡性的要求,以此换来实际执行效率的优化。相对而言,Splay 树比红黑树对平衡性要求更加放松。AVL 树、红黑树和 Splay 树可以看作是同一类的优化思路,其思维沿着严格平衡性、部分平衡性到基本平衡性展开。Treap 树独辟蹊径,直接从影响平衡性的本质——数据集的随机特性出发,通过分配并记录额外的随机因子,结合堆的性质来维护平衡性。因此,Treap 树可以看作是一种二维方式的平衡性维护方法,在思维上进行了维度拓展。

相对于 AVL 树、红黑树、Splay 树和 Treap 树等经典维护方法,SBT 直接回归思维本源,一方面通过子树大小维护严格的平衡性,另一方面,利用子树大小信息实现更多种的附加功能(例如:让二叉搜索树支持选择操作和排名操作等)。并且,编程复杂度也较低。

图 6-20 所示给出了树型结构平衡性维护的各种方法之间的思维联系。

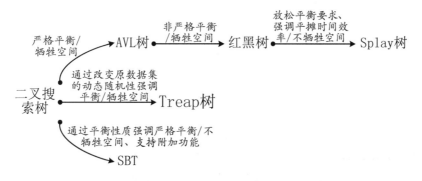

图 6-20　树型结构平衡性维护方法之间的思维联系

一般而言,由于 AVL 树和 SBT 具有高度平衡性,因此它们的搜索效率更高。红黑树的删除操作效率较高。Splay 的编程复杂度较低,对于局部访问特征明显的应用场景,效率明显提高。对于序化特征明显的应用场景,Treap 树和 SBT 具有较高的执行效率。相对 AVL 树,SBT 的编程复杂度和空间开销相对较低。综合而言,在实际应用中,如果搜索的次数远远大于插入和删除次数,则选择 AVL 树或 SBT;如果搜索、插入和删除的次数几乎差不多,则应该选择红黑树或 SBT。对于局部访问特征明显的应用场景,可以选择 Splay 树或 SBT。对于序化特征明显的应用场景,可以选择 Treap 树或 SBT。考虑到编程复杂度,可以选择 Splay 树或 SBT。

表 6-1 所示给出了 SBT 平均深度分析。例 6-1 给出了几种平衡树方法的效率分析。例 6-2 给出了平衡树方法的应用示例。

表 6-1　SBT 平均深度分析

插入 200 万个随机值结点				
项目	SBT	AVL	Treap	Splay
平均深度	19.241 5	19.328 5	26.506 2	37.195 3
高度	24	24	50	78
旋转次数	1 568 017	1 395 900	3 993 887	25 151 532

（续表）

插入 200 万个有序值结点

项目	SBT	AVL	Treap	Splay
平均深度	18.951 4	18.951 4	25.652 8	999 999.5
高度	20	20	51	1 999 999
旋转次数	1 999 979	1 999 979	1 999 985	0

【例 6-1】 平衡树方法的效率分析

问题描述:构造一种数据结构来维护一些数,该结构需要支持以下各种操作:

1) 插入一个数 x;

2) 删除一个数 x(若有多个相同的数,只删除一个);

3) 查询一个数 x 的排名(若有多个相同的数,输出最小的排名);

4) 查询排名为 x 的数;

5) 求给定数 x 的前驱(前驱定义为小于 x,且最大的数);

6) 求给定数 x 的后继(后继定义为大于 x,且最小的数)。

输入格式:第一行为整数 n,表示操作的个数;下面 n 行每行有两个数 opt 和 x,opt 表示操作的序号(1<= opt<= 6)。

输出格式:对于操作 4),5),6),每行输出一个数,表示对应答案。

输入样例:

10

1 106465

4 1

1 317721

1 460929

1 644985

1 84185

1 89851

6 81968

1 492737

5 493598

输出样例:

106465

84185

492737

(提示:n 的数据范围:n<= 100 000;每个数的数据范围为[-2e9, 2e9])

依据需要支持的操作,显然可以采用平衡树来构造相应数据结构。由于平衡树的各种具体实现方法对不同的操作各有优势,因此,分别利用平衡树的各种实现方法,针对同样的数据集进行比较分析。图 6-21 所示给出了比较结果。显然,综合而言,SBT 方法具有优势。

图 6-22 所示给出了相应的程序描述。

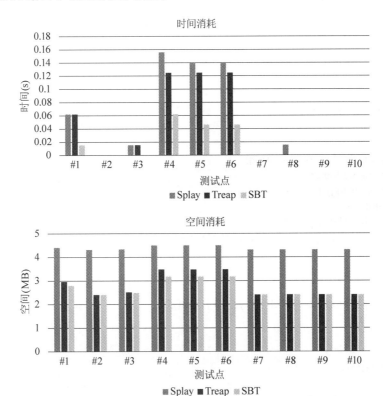

图 **6-21**　平衡树各种方法的执行效率比较

```
//spaly
#include<bits/stdc++.h>
using namespace std;

namespace Splay{
    const int Maxn=100000+5, INF=1<<30;
    int fa[Maxn], ch[Maxn][2], key[Maxn], s[Maxn], root, tot, cnt[Maxn];
    void init()
    {
        memset(fa, 0, sizeof fa); memset(ch, 0, sizeof ch);
        memset(key, 0, sizeof key); memset(s, 0, sizeof s);
        tot=root=0;
    }
    void up(const int &u)
    {
        s[u]=s[ch[u][0]]+s[ch[u][1]]+cnt[u];
    }
    void Rot(const int &x, const int& d)
    {//x become the father of y
        int y=fa[x];
```

```
      ch[y][d^1]=ch[x][d];
      if (ch[x][d]) fa[ch[x][d]]=y;
      fa[x]=fa[y];
      if (fa[x]) {
         if (y==ch[fa[y]][0]) ch[fa[y]][0]=x;
         else ch[fa[y]][1]=x;
      }
      ch[x][d]=y; fa[y]=x;
      up(y); up(x);
}
void splay(const int &x, const int &tag)
{ //tag become x's father
   while (fa[x]!=tag) {
      int y=fa[x];
      if (x==ch[y][0]) {
         if (fa[y]!=tag && y==ch[fa[y]][0]) Rot(y,1);
         Rot(x,1);
      }
      else {
         if (fa[y]!=tag && y==ch[fa[y]][1]) Rot(y,0);
         Rot(x,0);
      }
   }
   if (!tag) root=x;
}
void ins(int &x, const int &val, const int &p)
{
   if (!x) {
      x=++tot; key[x]=val; ch[x][0]=ch[x][1]=0;
      fa[x]=p; cnt[x]=s[x]=1;
   }
   else {
      int t=x;
      if (val<key[t]) ins(ch[t][0],val,t);
      else if (val>key[t]) ins(ch[t][1],val,t);
           else ++cnt[x];
      up(t);
   }
}
void insert(const int &val)
{
   ins(root, val, 0); splay(tot,0);
}
int find(int x, const int &val)
{
   if (!x) return 0;
   if (val<key[x]) return find(ch[x][0],val);
   if (val>key[x]) return find(ch[x][1],val);
   splay(x, 0); return x;
```

```
    }
    void del()
    { //delete root
        if (cnt[root]>1) {-- cnt[root];-- s[root]; return; }
        if(! ch[root][0]){
            fa[ ch[root][1] ] =0; root =ch[root][1];
        }
          else{
            int cur =ch[root][0];
            while(ch[cur][1]) cur =ch[cur][1];
            splay(cur , root);
            ch[cur][1] =ch[root][1];
            root =cur , fa[cur] =0;
            if (ch[root][1]) fa[ch[root][1]] =root;
            up(root);
        }
    }
    void Delete(const int& val)
    {
        int k =find(root,val);
        if (k) del();
        }
    int Kth(int u, int k)
    {
        if (! u) return 0;
        if (k<=s[ch[u][0]]) return Kth(ch[u][0],k);
        if (k>s[ch[u][0]]+cnt[u]) return Kth(ch[u][1],k- s[ch[u][0]]- cnt[u]);
        return key[u];
    }
    int Rank(int u, int val)
    {
        if (! u) return 0;
        if (key[u] ==val) return s[ch[u][0]] +1;
        if (key[u] <val) return s[ch[u][0]] +cnt[u] +Rank(ch[u][1],val);
        else return Rank(ch[u][0],val);
    }
    int pred(int u, int val)
    {
        if (! u) return INF;
        if (val<=key[u]) return pred(ch[u][0],val);
        int ans =pred(ch[u][1],val);
        if (ans ==INF) ans =key[u];
        return ans;
    }
    int succ(int u, int val)
    {
        if (! u) return INF;
        if (val>=key[u]) return succ(ch[u][1],val);
        int ans =succ(ch[u][0],val);
```

```
        if (ans ==INF) ans =key[u];
        return ans;
    }
}
int main()
{
    int n, op, x;
    scanf("% d", &n);
    using namespace Splay;
    init();
    while (n-- ) {
        scanf("% d% d", &op, &x);
        if (op ==1) insert(x);
        else if (op ==2) Delete(x);
            else if (op ==3) printf("% d\n", Rank(root,x));
                else if (op ==4) printf("% d\n", Kth(root,x));
                    else if (op ==5) printf("% d\n", pred(root,x));
                        else printf("% d\n", succ(root,x));
    }
    return 0;
}


//Treap
#include<iostream>
#include<cstdio>
#include<cstdlib>
using namespace std;

struct data{
    int l,r,v,size,rnd,w;
}tr[100005];
int n,size,root,ans;

void update(int k)
{ //更新结点信息
    tr[k].size =tr[tr[k].l].size +tr[tr[k].r].size +tr[k].w;
}
void rturn(int &k)
{
    int t =tr[k].l;tr[k].l =tr[t].r;tr[t].r =k;
    tr[t].size =tr[k].size;update(k);k =t;
}
void lturn(int &k)
{
    int t =tr[k].r;tr[k].r =tr[t].l;tr[t].l =k;
    tr[t].size =tr[k].size;update(k);k =t;
}
void insert(int &k,int x)
{
```

```
  if(k ==0){
     size++;k =size;
     tr[ k ].size =tr[ k ].w =1;tr[ k ].v =x;tr[ k ].rnd =rand();
     return;
  }
  tr[ k ].size++;
  if(tr[ k ].v ==x)tr[ k ].w++;// 记录与该结点值相同的数的个数
  else if(x>tr[ k ].v){
          insert(tr[ k ].r,x);
          if(tr[ tr[ k ].r ].rnd <tr[ k ].rnd) lturn(k);//维护堆性质
       }
       else {
          insert(tr[ k ].l,x);
          if(tr[ tr[ k ].l ].rnd <tr[ k ].rnd) rturn(k);
       }
}
void del(int &k,int x)
{
  if(k ==0)return;
  if(tr[ k ].v ==x){
     if(tr[ k ].w>1){
        tr[ k ].w-- ;tr[ k ].size-- ;return;//相同值的有多个,删去一个
     }
     if(tr[ k ].l * tr[ k ].r ==0) k =tr[ k ].l +tr[ k ].r;//有一个儿子为空
     else if(tr[ tr[ k ].l ].rnd <tr[ tr[ k ].r ].rnd)
             rturn(k),del(k,x);
          else lturn(k),del(k,x);
     }
     else if(x>tr[ k ].v)
             tr[ k ].size-- ,del(tr[ k ].r,x);
          else tr[ k ].size-- ,del(tr[ k ].l,x);
}
int query_rank(int k,int x)
{
  if(k ==0)return 0;
  if(tr[ k ].v ==x)return tr[ tr[ k ].l ].size +1;
  else if(x>tr[ k ].v)
          return tr[ tr[ k ].l ].size +tr[ k ].w +query_rank(tr[ k ].r,x);
       else return query_rank(tr[ k ].l,x);
}
int query_num(int k,int x)
{
  if(k ==0)return 0;
  if(x <=tr[ tr[ k ].l ].size)
     return query_num(tr[ k ].l,x);
  else if(x>tr[ tr[ k ].l ].size +tr[ k ].w)
          return query_num(tr[ k ].r,x- tr[ tr[ k ].l ].size- tr[ k ].w);
       else return tr[ k ].v;
}
```

```
void query_pro(int k,int x)
{
   if(k ==0)return;
   if(tr[k].v<x){ ans =k; query_pro(tr[k].r,x); }
   else query_pro(tr[k].l,x);
}
void query_sub(int k,int x)
{
   if(k ==0)return;
   if(tr[k].v>x){ ans =k;query_sub(tr[k].l,x); }
   else query_sub(tr[k].r,x);
}
int main()
{
   scanf("% d",&n);
   int opt,x;
   for(int i =1;i<=n;i++){
      scanf("% d% d",&opt,&x);
      switch(opt){
         case 1 : insert(root,x);break;
         case 2 : del(root,x);break;
         case 3 : printf("% d\n",query_rank(root,x));break;
         case 4 : printf("% d\n",query_num(root,x));break;
         case 5 : ans =0; query_pro(root,x);printf("% d\n",tr[ans].v); break;
         case 6 : ans =0; query_sub(root,x);printf("% d\n",tr[ans].v); break;
      }
   }
   return 0;
}

//SBT
#include<iostream>
#include<cstdio>
#include<cstring>
using namespace std;

struct node{
   int lc,rc,sz,v;
}tree[500010];
int n,op,x,pred,succ,cnt,rt;
char c;

inline void GET(int &n)
{
   n =0;
   int f =1;
   do{
      c =getchar();if(c =='- ')f =- 1;
   }while(c>'9' ||c<'0');
```

```
   while(c<='9'&&c>='0'){n =n * 10 +c- '0';c =getchar();}
   n * =f;
}
inline void zig(int &r)
{
   int t =tree[ r].lc;
   tree[ r].lc =tree[ t].rc; tree[ t].rc =r;
   tree[ r].sz =tree[ tree[ r].lc].sz +tree[ tree[ r].rc].sz +1;
   tree[ t].sz =tree[ tree[ t].lc].sz +tree[ tree[ t].rc].sz +1;
   r =t;
}
inline void zag(int &r)
{
   int t =tree[ r].rc;
   tree[ r].rc =tree[ t].lc; tree[ t].lc =r;
   tree[ r].sz =tree[ tree[ r].lc].sz +tree[ tree[ r].rc].sz +1;
   tree[ t].sz =tree[ tree[ t].lc].sz +tree[ tree[ t].rc].sz +1;
   r =t;
}
inline void zigzag(int &r)
{
   zig(tree[ r].rc); zag(r);
}
inline void zagzig(int &r)
{
   zag(tree[ r].lc); zig(r);
}
inline void maintain(int &r,bool flag)
{
   if(! flag){
      if(tree[ tree[ r].rc].sz<tree[ tree[ tree[ r].lc].lc].sz) zig(r);
      else if(tree[ tree[ r].rc].sz<tree[ tree[ tree[ r].lc].rc].sz) zagzig(r);
           else return;
   }
   else{
      if(tree[ tree[ r].lc].sz<tree[ tree[ tree[ r].rc].rc].sz) zag(r);
      else if(tree[ tree[ r].lc].sz<tree[ tree[ tree[ r].rc].lc].sz) zigzag(r);
           else return;
   }
   maintain(tree[ r].lc,0); maintain(tree[ r].rc,1); maintain(r,0); maintain(r,1);
}
void insert(int &r,int x)
{
   if(0 ==r){
      tree[ ++cnt].sz =1; tree[ cnt].v =x; r =cnt; return;
   }
   ++tree[ r].sz;
   if(x<tree[ r].v)insert(tree[ r].lc,x);
   else insert(tree[ r].rc,x);
```

```
    maintain(r,x>=tree[r].v);
}
int del(int &r,int x)
{
    int res;
    -- tree[r].sz;
    if(tree[r].v ==x | |(0 ==tree[r].lc&&x<tree[r].v) | |(0 ==tree[r].rc&&x>tree[r].v)){
        res =tree[r].v;
        if(0 ==tree[r].lc | |0 ==tree[r].rc)
            r =tree[r].lc +tree[r].rc;
        else
            tree[r].v =del(tree[r].lc,x);
    }
    else{
        if(x<tree[r].v)
            res =del(tree[r].lc,x);
        else
            res =del(tree[r].rc,x);
    }
    return res;
}
void predecessor(int r,int x)
{
    if(0 ==r) return;
    if(x>tree[r].v){
        pred =tree[r].v; predecessor(tree[r].rc,x);
    }
    else predecessor(tree[r].lc,x);
}
void successor(int r,int x)
{
    if(0 ==r) return;
    if(x<tree[r].v){
        succ =tree[r].v; successor(tree[r].lc,x);
    }
    else successor(tree[r].rc,x);
}
int kth(int r,int x)
{
    if(x ==tree[tree[r].lc].sz +1)
        return tree[r].v;
    if(x<tree[tree[r].lc].sz +1)
        return kth(tree[r].lc,x);
    return kth(tree[r].rc,x- tree[tree[r].lc].sz- 1);
}
int rnk(int r,int x)
{
    if(r ==0) return 1;
    if(x<=tree[r].v)
```

```
      return rnk(tree[r].lc,x);
    return rnk(tree[r].rc,x)+tree[tree[r].lc].sz+1;
}
int main()
{
    GET(n);
    while(n--){
        GET(op); GET(x);
        if(op==1) insert(rt,x);
        else if(op==2) del(rt,x);
            else if(op==3) printf("%d\n",rnk(rt,x));
                else if(op==4) printf("%d\n",kth(rt,x));
                    else if(op==5){predecessor(rt,x);printf("%d\n",pred);}
                        else if(op==6){successor(rt,x);printf("%d\n",succ);}
    }
}
```

图 6-22　平衡树各种方法的程序描述

【例 6-2】　营业额统计

问题描述:Tiger 最近被公司升任为营业部经理,他上任后接受公司交给的第一项任务便是统计并分析公司成立以来的营业情况。Tiger 拿出了公司的账本,账本上记录了公司成立以来每天的营业额。分析营业情况是一项相当复杂的工作。由于节假日,大减价或者是其他情况的时候,营业额会出现一定的波动,当然一定的波动是能够接受的,但是在某些时候营业额突然变得很高或是很低,这就说明公司此时的经营状况出现了问题。经济管理学上定义了一种用最小波动值来衡量这种情况:

该天的最小波动值=min{|该天以前某一天的营业额-该天的营业额|}

当最小波动值越大时,就说明营业情况越不稳定。而分析整个公司从成立到现在的营业情况是否稳定,只需要把每一天的最小波动值加起来就可以了。你的任务就是编写一个程序帮助 Tiger 来计算一个值。(约定:第一天的最小波动值为第一天的营业额)

输入格式:第一行为正整数 n(n<= 32 767),表示该公司从成立到现在的天数,接下来的 n 行每行有一个正整数 a_i(a_i<= 1 000 000),表示第 i 天公司的营业额。

输出格式:输出仅有一行含一个正整数,即每天最小波动值之和 T(T<= 2^{31})。

输入样例:

6

5

1

2

5

4

6

输出样例:

12

(样例结果说明:5+|1-5|+|2-1|+|5-5|+|4-5|+|6-5| = 5+4+1+0+1+1 = 12)

依据题意,对于每次读入一个数,需要在前面输入的数中找到一个与该数相差最小的一个数。显然,最自然直接的方法是,每次读入一个数,将前面输入的数查找一遍,求出与当前数的最小差值并记入总结果 T。然而,由于本题的数据规模 n 较大,这种 $O(n^2)$ 的算法不可能在时限内得到问题的解。

进一步分析可知,解题中涉及到对于有序集的三种操作:插入、求前趋、求后继。显然,伸展树非常方便处理这三种操作。因此,可以采用伸展树来解决本题。具体是:开始时,树 S 为空,总和 T 为零;每次读入一个数 p,执行 insert(p,S)将 p 插入伸展树 S(p 同时也被调整到伸展树的根结点);于是,求出 p 点左子树中的最右点和右子树中的最左点,这两个点分别是有序集中 p 的前趋和后继;然后,求得最小差值并加入最后结果 T。

由于伸展树基本操作的平摊时间复杂度都为 $O(\log_2 n)$,因此,整个算法的时间复杂度为 $O(n\log_2 n)$。空间上,可以用数组模拟指针存储树状结构,这样所用内存空间不超过 400KB。

图 6-23 所示给出了相应的程序描述。

```cpp
#include<iostream>
#include<cstring>
#include<cstdio>
#include<algorithm>
#define N 100005
#define inf 1<<29
using namespace std;

//父结点/键值/左右子女(0/1)/根结点/结点数
int father[N], key[N], ch[N][2], root, tot1;
int n;

void NewNode(int &r, int pre, int k)
{
    r=++tot1;
    father[r]=pre;
    key[r]=k;
    ch[r][0]=ch[r][1]=0; //初始化时左右子女为空
}

void Rotate(int x, int kind)
{ // kind 为 1 右旋,kind 为 0 为左旋
    int y=father[x];
    //将其中一个分支先给父结点
    ch[y][!kind]=ch[x][kind];
    father[ch[x][kind]]=y;
    if(father[y]) //父结点不是根结点,则需要与父结点的父结点连接
        ch[father[y]][ch[father[y]][1]==y]=x;
    father[x]=father[y];
    ch[x][kind]=y;
    father[y]=x;
```

```
}

void Splay(int r, int goal)
{//将根为 r 的子树调整为 goal
    while(father[r] !=goal) {
        if(father[father[r]] ==goal) //父结点即是目标位置(goal 为 0:父结点是根)
            Rotate(r, ch[father[r]][0] ==r);
        else {
            int y =father[r];
            int kind =ch[father[y]][0] ==y;
            if(ch[y][kind] ==r) {//两个方向不同,则先左旋再右旋
                Rotate(r, ! kind); Rotate(r, kind);
            }
            else {//两个方向相同,相同方向连续两次
                Rotate(y, kind); Rotate(r, kind);
            }
        }
    }
    if(goal ==0) root =r; //更新根结点
}
int Insert(int k)
{
    int r =root;
    while(ch[r][key[r]<k]) { //不重复插入
        if(key[r] ==k) {
            Splay(r, 0); return 0;
        }
        r =ch[r][key[r]<k];
    }
    NewNode(ch[r][k>key[r]], r, k);
    Splay(ch[r][k>key[r]], 0); //将新插入结点调整至根结点
    return 1;
}

int get_pre(int x)
{//找前驱,即左子树的最右结点
    int tmp =ch[x][0];
    if(tmp ==0)   return inf;
    while(ch[tmp][1])
        tmp =ch[tmp][1];
    return key[x]- key[tmp];
}

int get_next(int x)
{//找后继,即右子树的最左结点
    int tmp =ch[x][1];
    if(tmp ==0)   return inf;
    while(ch[tmp][0])
        tmp =ch[tmp][0];
```

```
    return key[tmp]-key[x];
}

int main()
{
    scanf("% d", &n);
    root =tot1 =0;
    int ans =0;
    for(int i =1; i<=n; i++) {
        int num;
        scanf("% d", &num);
        if(i ==1) {
            ans+=num; NewNode(root, 0, num); continue;
        }
        if(Insert(num) ==0) continue;
        int a =get_next(root);
        int b =get_pre(root);
        ans+=min(a, b);
    }
    printf("% d\n", ans);
    return 0;
}
```

图 6-23 "营业额统计"问题求解的程序描述

6.4 分治方法的拓展及思维进阶

分治方法围绕数据组织 DNA 展开,简化数据处理 DNA 的处理逻辑。分治方法思维进化基本上围绕分解的维度、各个维度的关系以及围绕不同数据组织结构展开。

6.4.1 三分法及其应用

三分法是对二分法的一种拓展,它放宽了二分法对函数单调性约束的要求。也就是说,它可以支持函数先增后减或先减后增时最值答案的判定问题。

• 三分法的基本原理

如图 6-24a 所示(图 6-24b 的情况与之对称),若 lm 比 rm 低(即 lm 对应的函数值<rm 函数值),则极小点(图中最低点)一定在[left, rm],反之在[lm, right]。一旦确定区间范围,剩下的问题就转变为二分法问题。

一般而言,lm 和 rm 的取值是:lm 取整个区间的 1/3 点,rm 取 2/3 点,即:lmid =l+(r-l)/3;rmid =r-(r-l)/3;

【例 6-3】 瞭望塔

问题描述:致力于建设全国示范和谐小村庄的 H 村村长 dadzhi,决定在村中建立一个瞭望塔,以此加强村中的治安。将 H 村抽象为一维的小山脉轮廓(如图 6-25 所示),可以用小山脉轮廓上方的一条轮廓折线(x_1, y_1),(x_2, y_2),…,(x_n, y_n)来描述 H 村的形状($x_1<$

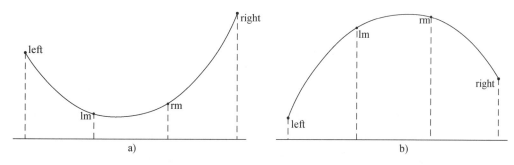

图 6-24　三分法基本原理

$x_2 < \cdots < x_n$)。瞭望塔可以建造在[x_1，x_n]间的任意位置，但必须满足从瞭望塔的顶端可以看到 H 村的任意位置。因此，在不同位置建造瞭望塔，所需要建造的高度是不同的。为了节省开支，dadzhi 村长希望建造的塔高度尽可能小。请你写一个程序，帮助 dadzhi 村长计算塔的最小高度。

输入格式：第一行包含一个整数 n($n \leqslant 300$)，表示轮廓折线的结点数目。接下来第二行 n 个整数，为 $x_1 \sim x_n$，第三行 n 个整数，为 $y_1 \sim y_n$。（输入坐标绝对值不超过 10^6）

输出格式：仅包含一个实数，为塔的最小高度(精确到小数点后三位)。

输入样例：

6

1 2 4 5 6 7

1 2 2 4 2 1

输出样例：

1.000

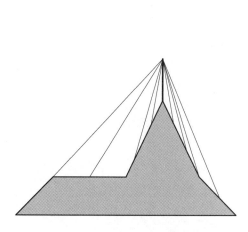

图 6-25　H 村的轮廓抽象

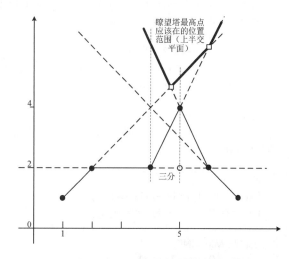

图 6-26　上半平面区域交集

针对本题，首先，如果一个点能看到一条线段上的所有点，当且仅当这个点在这条线段所在直线的上方。因此，所建瞭望塔的最高点必须在所有线段所在直线的上方，即所有直线上方的半平面区域交集内（如图 6-26 所示）。其次，在交集平面区域边界取瞭望塔最高点高度的最小值即可

(因求最小高度的瞭望塔,因此瞭望塔的最高点仅在交集平面区域的边界上)。

因此,问题转变为如何求解所有直线上方的半平面区域交集。一旦求得该交集平面,则对于单条村庄轮廓线段,瞭望塔的高度对于横坐标满足单峰性(原理如下:当讨论瞭望塔的位置在 i 和 i+1 之间时,其他的直线可以组成一个下凸的半平面,将整个图形旋转使得直线水平,下凸的半平面仍保持其性质)。因此,可以根据这个性质三分横坐标,搜索交集平面边界在当前横坐标的纵坐标值(函数值)与当前线段上的纵坐标差的最小值即可(注意精度)。具体而言,对每条线段两个点之间的横坐标进行三分,因为两个横坐标之间的所需高度应该是单谷的,为了看到右边,左边会高,为了看到左边,右边会高,等找到一个中间点的时候,该点函数值即为这两个横坐标之间瞭望塔应有的最大高度,最后对每两个点之间再求一次最小值。图6-27 所示给出了相应的程序描述。

```cpp
#include<iostream>
#include<cstdlib>
#include<cmath>
using namespace std;

const int maxn =310;
const double INF =1e20;

int n;
double x[maxn], y[maxn];

double cal(int i, double xi)
{
  double res =0;
  double len =y[i] +(y[i+1] - y[i]) / (x[i+1] - x[i]) * (xi- x[i]);
  for(int j =0; j<n; j++)
    if(j !=i && j !=i+1) {
      int a =j+(j<=i?  +1 :- 1);
      double h =y[j] +(y[a] - y[j]) / (x[a] - x[j]) * (xi- x[j]);
      res =max(res, h- len);
    }
  return res;
}
int main()
{
  cin>>n;
  for(int i =0; i<n; i++) cin>>x[i];
  for(int i =0; i<n; i++) cin>>y[i];

  double Min =INF;
  for(int i =0; i<n- 1; i++) {
    double l =x[i] , r =x[i+1];
    while(fabs(r- l)>1e- 9) {
      double len =(r- l) / 3.0;
      double lm =l+len, rm =r- len;
```

```
        if(cal(i, lm)>cal(i, rm)) l=lm;
        else r=rm;
    }
    Min=min(Min, cal(i, l));
    }

    if(n==1) Min=0;
    cout<<Min<<endl;
    return 0;
}
```

图 6-27　"瞭望塔"问题求解的程序描述

三分法可以继续进行维和阶的拓展,例 6-4 给出了相应的解析。

【例 6-4】　最短时间

问题描述:给出平面上的两条线段 AB 和 CD,一个人在线段 AB 上以速度 p 行走,在线段 CD 上以速度 q 行走,在其他地方以速度 r 行走。请问一个人从端点 A 走到端点 D 的最少时间。

输入格式:第一行一个整数 T,表示数据组个数;对于每个数据组,共有三行,第一行含有四个整数 Ax、Ay、Bx、By,表示线段 AB 的坐标,第二行含有四个整数 Cx、Cy、Dx、Dy,表示线段 CD 的坐标,第三行含有三个整数 P、Q、R,表示三个速度。$0 <= Ax, Ay, Bx, By, Cx, Cy, Dx, Dy <= 1000, 1 <= P, Q, R <= 10$。

输出格式:对于每个数据组,输出一行含一个实数,表示端点 A 到端点 D 的最小时间(保留 2 位小数)。

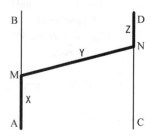

输入样例:

1

0 0 0 100

100 0 100 100

2 2 1

输出样例:

136.60

图 6-28　时间最短的路径示例

针对本题,首先,时间最短的路径必定是至多 3 条直线段构成的,一条在 AB 上,一条在 CD 上,一条架在两条线段之间(如图 6-28 所示),此时,最短时间为 $T = X/P + Y/Q + Z/R$。其次,令 $f(x) = X/P$,$g(x) = Y/Q + Z/R$,显然,$f(X)$ 是一个单调递增函数,而 $g(X)$ 是一个先递减后递增的函数,两个函数叠加,所得函数也是一个先递减后递增的函数,满足三分法的求解特征。由此,可以确定线段 AB 上的最小值点。与之相似(对称),也可以确定线段 CD 上的最小值点。

具体而言,三分枚举线段 AB 上的那个最小值点,通过确定的那个点,在线段 CD 上三分出最小值,由此,通过三分法的嵌套,可以得到最终答案。图 6-29 所示给出了相应的程序描述。在此,两次使用了三分法(嵌套应用),是三分法的阶拓展。

```
#include<cstdio>
#include<cmath>
#include<iostream>
using namespace std;

const double EPS =1e- 8;
struct Point {
    double x, y;
} a, b, c, d, e, f;
int t;
double p, q, r;
double dis(Point p1, Point p2)
{
    return sqrt((p1.x- p2.x) * (p1.x- p2.x)+(p1.y- p2.y) * (p1.y- p2.y));
}
double calc(double alpha)
{
    f.x =c.x+(d.x- c.x) * alpha; f.y =c.y+(d.y- c.y) * alpha;
    return dis(f, d) / q+dis(e, f) / r;
}
double inter_tri(double alpha)
{
    e.x =a.x+(b.x- a.x) * alpha; e.y =a.y+(b.y- a.y) * alpha;
    double l =0.0, r =1.0, mid, mmid, cost;
    while(r- l>EPS) {
        mid =(l+r) / 2; mmid =(mid+r) / 2;
        cost =calc(mid);
        if(cost<=calc(mmid))r =mmid;
        else l =mid;
    }
    return dis(a, e) / p+cost;
}
double solve()
{
    double l =0.0, r =1.0, mid, mmid, ret;
    while(r- l>EPS) {
        mid =(l+r) / 2; mmid =(mid+r) / 2;
        ret =inter_tri(mid);
        if(ret<=inter_tri(mmid))
            r =mmid;
        else
            l =mid;
    }
    return ret;
}
int main()
{
    cin>>t;
    while (t-- ) {
```

```
    cin>>a.x>>a.y>>b.x>>b.y;
    cin>>c.x>>c.y>>d.x>>d.y;
    cin>>p>>q>>r;
    printf("% .2f\n", solve());
  }
  return 0;
}
```

图 6-29 "最短时间"问题求解的程序描述

6.4.2 关联型分治方法

与普通分治不同,关联型分治中,分解的两个子问题不是完全独立或封闭的,它们之间存在一种关联,可以由一个子问题的调整,直接求解另一个子问题的某种解。

关联型分治方法的基本原理是,首先将整个数据集分解为两个长度相等的部分(分),然后,递归处理前一部分的子问题(治 1),并计算前一部分子问题中的修改操作对后一部分子问题的影响(治 2),最后递归处理后一部分子问题(治 3)。其中,最核心的就是对两个部分关联的处理,它直接用于处理后一部分子问题。

【例 6-5】 *逆序对*

问题描述:给定一个整数序列 a[n],问其中含有多少个逆序对。

输入格式:第一行含一个整数 n,第二行含 n 个整数。

输出格式:一行含一个整数,表示逆序对个数。

针对本题,可以利用归并排序方法求解。具体是,首先把序列对半分解,然后在归并过程中,不断记录逆序对个数。假设前半部分的当前位置指针为 p1,后半部分当前位置指针为 p2,如果 a[p1]>a[p2],那么位置 p1~mid 的元素一定都比位置 p2 的元素大,都可以与位置 p2 的元素形成逆序对,因此,ans+=(mid-t1+1)+1。在此,正是利用前后两部分之间的关联进行求解,即利用前一部分的有序特征以及两个部分合并时的大小关系,直接统计出逆序对个数,免去了对第二部分的相应处理。图 6-30 所示给出了相应的程序描述。

```
#include<cstdio>
#include<iostream>
#include<cstring>

using namespace std;

const int N =100010;
int a[N],b[N],n,ans =0;

void merge(int l, int r)
{
  if (l==r) return;
  int mid =(l+r)>>1;
  merge(l,mid); merge(mid+1,r);
```

```
    int t1 =l;
    int t2 =mid +1;
    for (int i =l;i <=r;i++) {
        if ((t1 <=mid&&a[t1] <=a[t2])||t2>r) {
            b[i] =a[t1]; t1 ++;
        }
        else {
            b[i] =a[t2]; ans+=(mid- t1 +1); t2 ++;
        }
    }
    for (int i =l;i <=r;i++) a[i] =b[i];
}

int main()
{
    scanf("% d",&n);
    for (int i =1;i <=n;i++) scanf("% d",&a[i]);
    merge(1,n);
    printf("% d",ans);
    return 0;
}
```

图 6-30 "逆序对"问题的程序描述

【例 6-6】 区间和

问题描述:给定一个含 N 个元素的序列 a,初始值全部为 0,对这个序列进行以下两种操作:

操作 1:格式为 1 x k,把位置 x 的元素加上 k;

操作 2:格式为 2 x y,求出区间[x,y]内所有元素的和。

针对本题,可以转化成一个二维偏序问题,用一个有序对(a,b)表示每个操作,其中 a 表示操作的时间,b 表示操作的位置,时间是默认有序的,因此,在合并子问题的过程中,就按照 b 从小到大的顺序合并。具体是,首先,把原序列和操作 1 都看作是一种修改操作,把操作 2 看作是一种询问;其次,对于[l,r]可以分解为两个部分:l-1,r;最后,按照 id(插入位置)归并排序,合并时只进行左区间的修改,只统计右区间的询问。在此,左区间的修改一定可以影响右区间的查询。图 6-31 所示给出了相应的程序。

```
#include<cstdio>
#include<cstring>
#include<iostream>
#define ll long long
using namespace std;


const int N =5000010;
int n, m, totx =0, tot =0;   //totx 是操作的个数, tot 是询问的编号
struct node{
    int type, id;
```

```
    ll val;
    bool operator<(const node &a) const
    {    //重载运算符,优先时间排序
        if(id !=a.id) return id<a.id;
        else return type<a.type;
    }
};
node A[N], B[N];
ll ans[N];

void CDQ(int L, int R)
{
    if(L==R) return;
    int M =(L+R)>>1;
    CDQ(L, M); CDQ(M+1, R);
    int t1 =L, t2 =M+1;
    ll sum =0;
    for(int i=L; i<=R; i++){
        if((t1<=M && A[t1]<A[t2]) || t2>R) { //只修改左边区间内的修改值
            if(A[t1].type==1) sum+=A[t1].val;    //sum 是修改的总值
                B[i] =A[t1++];
        }
        else {    //只统计右边区间内的查询结果
            if(A[t2].type==3) ans[A[t2].val] +=sum;
            else if(A[t2].type==2) ans[A[t2].val] - =sum;
            B[i] =A[t2++];
        }
    }
    for(int i=L; i<=R; i++) A[i] =B[i];
}
int main()
{
    scanf("% d% d", &n, &m);
    for(int i=1; i<=n; i++){
        tot++;
        A[tot].type =1; A[tot].id =i;    //修改操作
        scanf("% lld", &A[tot].val);
    }
    for(int i=1; i<=m; i++){
        int t;
        scanf("% d", &t);
        tot++; A[tot].type =t;
        if(t==1)
            scanf("% d% lld", &A[tot].id, &A[tot].val);
        else {
            int l, r;
            scanf("% d% d", &l, &r);
            totx++;
            A[tot].val =totx; A[tot].id =l- 1;    //询问的前一个位置
```

```
            tot++; A[tot].type =3; A[tot].val =totx; A[tot].id =r;    //询问的后端点
        }
    }
    CDQ(1, tot);
    for(int i =1; i<=totx; i++) printf("% lld\n", ans[i]);
    return 0;
}
```

图6-31 "区间和"问题的程序描述

6.4.3 块状链表与块状树

线性结构是整个数据组织结构的基础,其基本实现方式一般有数组和链表两种,它们的优点互补。因此,可以将两者结合起来构建一种面向序列处理的数据组织结构——块状链表。

块状链表的基本原理是分裂数组,通过链表链接分裂后的各个数组块。如图6-32所示。因此,块状链表可以看作是分治方法针对线性结构的一种拓展。

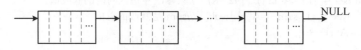

图6-32 块状链表示例

理论上,块状链表的查找、插入和删除基本操作的时间复杂度均为$O(\sqrt{n})$。 为了使得每次操作的时间复杂度为理论最优值$O(\sqrt{n})$,需要保证块的大小在一定范围内。一般而言,每个块的大小S维持在区间$\left[\frac{\sqrt{n}}{2}, 2\sqrt{n}\right]$,这样,块数$C$也在区间$\left[\frac{\sqrt{n}}{2}, 2\sqrt{n}\right]$,块状链表不会退化。

针对数据结构的基本操作——定位(或查询)、插入和删除,块状链表可以先定义一些更为基础的操作——合并、分裂和调整(或维护),在此基础上,构建其相应的基本操作。图6-33所示给出了相应的程序描述。

```
#include<cstdio>
#include<vector>
#include<list>
using namespace std;

int sz;   //块大小,一般为 sqrt(n)
struct BLOCK{ vector<int>data; BLOCK(){}};
list<BLOCK>List;
typedef list<BLOCK>::iterator L_ITER;
typedef vector<int>::iterator V_ITER;
inline L_ITER next(L_ITER x)
{x++; return x;} //返回 x 的下一个块
void Merge(L_ITER a, L_ITER b)
{ // 将 b 合并给 a
  ( * a).data.insert(( * a).data.end(), ( * b).data.begin(), ( * b).data.end());
  List.erase(b);
```

```
}

void MaintainList()
{ //维护块状链表的形态,保证每块的元素个数恰当
    L_ITER curB =List.begin();
    while(curB !=List.end()){
        L_ITER nextB =next(curB);
        while(nextB !=List.end() && ( * curB).data.size()+( * nextB).data.size()<=sz){
            Merge(curB, nextB); nextB =next(curB);
        }
        curB++;
    }
}


void Split(L_ITER curB, int p)
{ //在 curB 块的 p 位置前分裂该块
    if(p ==( * curB).data.size()) return;　//分裂的位置在末尾,不需要分裂
    L_ITER newB =List.insert(next(curB), BLOCK()); //在 curB 的后面插入一个新的块
    ( * newB).data.assign(( * curB).data.begin()+p, ( * curB).data.end());//将原来块中的后半部分数据复
制给新块
    ( * curB).data.erase(( * curB).data.begin()+p, ( * curB).data.end());//将原来块中的后半部分元素删除
}
inline L_ITER Find_Pos(const int &p)
{　//返回整个块状链表中,下标 p 所在的块(下标默认从 1 开始)
    int cnt =0;
    for(L_ITER it =List.begin(); it!=List.end();++it) {
        cnt+=(* it).data.size(); if(cnt>=p) return it;
    }
}


void Insert(const int &p, const int &x, const int &v)
{　//在 p 处插入 x 个数,待插入的权值均为 v　　①
    L_ITER curB =Find_Pos(p);
    Split(curB, p);　　// ①
    int cnt =0;
    while(cnt+sz<=x) {　// ②③↓
        L_ITER newB =List.insert(next(curB), BLOCK());
        (* newB).data.assign(sz, v);　//设置新块的数据
        curB =newB; cnt+=sz;
    }　// ②③↑
    if(x- cnt!=0) {
        L_ITER newB =List.insert(next(curB), BLOCK());
        (* newB).data.assign(sz, v);　//设置新块的数据
    }
    MaintainList();
}


void Erase(const int &p, int x)
{　//删除块状链表中从 p 位置开始的 x 个数　④
```

```
L_ITER curB = Find_Pos(p);
Split(curB, p); curB++;     // ⑤↓
L_ITER nextB = curB;
while(nextB!=List.end() && x>(* nextB).data.size()){
    x -=(* nextB).data.size(); nextB++;
}
Split(nextB, x);    // ⑤↑
List.erase(curB, next(nextB));   //将[curB,nextB]全部删除 ⑥
MaintainList();
}
```

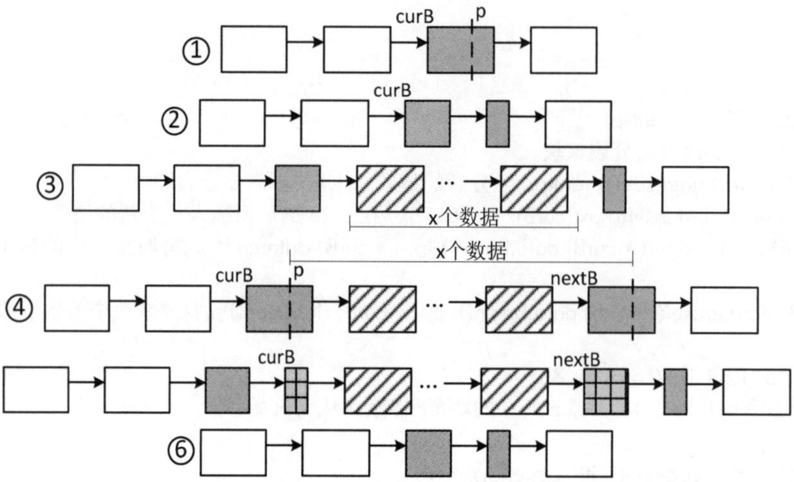

图 6-33　块状链表的基本操作

　　块状链表结构可以进一步拓展,实现对一个区间的各种特性的处理,例如:区间和、区间最值的维护、区间数据局部有序化、区间翻转、区间合并和交换等等。

　　块状链表的另一种拓展是块状树,即将分治方法运用于树型结构。也就是,可以将树结构分成 $\sqrt{n}$ 个块,每块是一个连通分量,其大小不超过 $\sqrt{n}$ 。 具体方法是,通过深度优先搜索或广度优先搜索方法遍历树,同时运用贪心方法合并结点到一个块(即能合并就合并,直到该块的大小超过 $\sqrt{n}$ 为止)。利用块状树结构,可以处理一些针对树结构的查询和修改等基本操作,并使得两者操作的时间复杂度维持在 $O(\sqrt{n})$ 。

　　相对于其他处理同类问题的更为复杂的数据组织结构(例如:平衡树、线段树等),块状链表和块状树具有较低的编程复杂度和较低的思维难度,能够作为一种较为“经济”的替代品。

　　【例 6-7】　数列操作

　　问题描述:有一列整数,共 n 个。可以对这些整数进行多次操作,操作只有两种:

　　1)第 i 个整数到第 j 个整数分别加上整数 p;

　　2)询问这些数中比 t 小的数有多少个。

　　输入格式:第一行有两个整数 n 和 m(1≤n≤100 000, m≤10 000),表示整数的个数和操作的个数。第二行 n 个整数,表示每个数的初始值。以后 m 行,每行表示一个操作,以一个整数 q 开始,若 q 为 1 表示修改操作,其后面跟三个整数 i、j(i≤j,表示两个下标)和 p(-1 000≤p≤1 000,表示修改的增量数)。若 q 为 2,则为询问操作,后面跟一个整数 t。

输出格式:对每个询问操作输出数列中比 t 小的整数的个数。

输入样例:

5 3

1 2 3 4 5

2 0

1 1 5 -10

2 0

输出样例:

0

5

(数据限制:有 30% 的数据,n 和 m 均不超过 1 000。时间限制为 1 秒,空间限制为 256MB。)

针对本题,当 n 比较小的时候,常规的基本方法即可。当 n 比较大时,常规方法显然超时。为此,采用块状链表来分而治之。

首先,可以将数列分为 $\sqrt{n}$ 块,每块有 $\sqrt{n}$ 个数,构成一个块状链表。然后,对于查询,可以采用一种时间复杂度为 $O(\sqrt{n}\log_2\sqrt{n})$ 的方法,即每一块的小数列为升序/降序,然后每块的查询可以在 $O(\log_2\sqrt{n})$ 的时间内完成。对于修改,由于修改的是区间,所以不能直接对原数列修改,我们借鉴线段树维护的思想,用一种 lazytag(打标记)的方法维护该区间的增量。原本块状链表中的数还是原序的时候,我们可以这样维护:

(1)用块状链表的分裂操作,取出被修改的区间,将每个区间都打上标记,即修改其增量数组;

(2)执行块状链表的维护操作,当合并两个块的时候,将每个数分别加上其区间增量后再进行排序。

但是,由于已经打乱了原序,所以第一步不能够处理。不过,我们可以有更好的办法:维护一个反向索引,即原来在某个位置的数现在在其块中是第几个数字。于是,对于整块都被标记的块,我们只需要打标记即可,而某个块只有部分被修改的话,我们通过反向索引找到这些数,将其修改后对块重新排序。

每次修改的时间复杂度至多为 $O(\sqrt{n}\log_2\sqrt{n})$。至此,我们可以在 $O(m\sqrt{n}\log_2\sqrt{n})$ 的时间内解决本题。

图 6-34 所示给出了相应的程序描述。

```cpp
#include<cstdio>
#include<algorithm>
#include<cstring>
using namespace std;

const int MAXL=110000;
const int BLOCK_SIZE=400;
```

```
const int BLOCK_NUM =MAXL / BLOCK_SIZE  * 2+100;
struct Data{
   int value, index;
};
int indexPool[BLOCK_NUM];
int blockNum;
int next[BLOCK_NUM], curSize[BLOCK_NUM];
Data data[BLOCK_NUM][BLOCK_SIZE];
int curIndex[MAXL]; //维护原来的第 i 个数现在在各自块中的位置

void Init()
{
   for (int i =1; i<BLOCK_NUM;++i)
      indexPool[i] =i;
   blockNum =1; next[0] =-1; curSize[0] =0;
}
int GetNewBlock()
{
   return indexPool[blockNum++];
}
void DeleteBlock(int blockIndex)
{
   indexPool[--blockNum] =blockIndex;
}
int GetCurBlock(int &pos)
{
   int blockIndex =0;
   while (blockIndex !=-1 && pos>curSize[blockIndex]){
        pos-=curSize[blockIndex]; blockIndex =next[blockIndex];
   }
   return blockIndex;
}
void AddNewBlock(int curBlock, int newBlock, int num, Data str[])
{
   if (newBlock !=-1){
      next[newBlock] =next[curBlock]; curSize[newBlock] =num;
      memcpy(data[newBlock], str, num * sizeof(Data));
   }
   next[curBlock] =newBlock;
}
void split(int curBlock, int pos)
{
   if (curBlock ==-1 || pos ==curSize[curBlock]) return;
   int newBlock =GetNewBlock();
   AddNewBlock(curBlock, newBlock, curSize[curBlock]-pos, data[curBlock]+pos);
   curSize[curBlock] =pos;
}
void Merge(int curBlock, int nextBlock)
{
```

```
    memcpy(data[curBlock]+curSize[curBlock],data[nextBlock],curSize[nextBlock] * sizeof(Data));
    curSize[curBlock]+=curSize[nextBlock]; next[curBlock]=next[nextBlock];
    DeleteBlock(nextBlock);
}
void MaintainList()
{
    int curBlock=0;
    while (curBlock !=-1) {
        int nextBlock=next[curBlock];
        while (nextBlock !=-1 && curSize[curBlock]+curSize[nextBlock]<=BLOCK_SIZE) {
            Merge(curBlock, nextBlock); nextBlock=next[curBlock];
        }
        curBlock=next[curBlock];
    }
}
bool cmp(const Data& i, const Data& j)
{
    return i.value<j.value;
}
void MaintainBlock(int blockIndex)
{//维护块内数据有序
    sort(data[blockIndex], data[blockIndex]+curSize[blockIndex], cmp);
    for (int i=0; i<curSize[blockIndex];++i)
        curIndex[data[blockIndex][i].index]=i;
}
void Insert(int pos, int num, Data str[])
{
    int curBlock=GetCurBlock(pos);
    split(curBlock, pos);
    int curNum=0;
    while (curNum+BLOCK_SIZE<=num){
        int newBlock=GetNewBlock();
        AddNewBlock(curBlock, newBlock, BLOCK_SIZE, str+curNum);
        curBlock=newBlock;   curNum+=BLOCK_SIZE;
    }
    if (num-curNum){
        int newBlock=GetNewBlock();
        AddNewBlock(curBlock, newBlock, num-curNum, str+curNum);
    }
    MaintainList();
    for (int p=0; p !=-1; p=next[p])
        MaintainBlock(p);
}

Data str[MAXL];
int delta[BLOCK_NUM]; //用来延迟处理的增量数组

int Query(int blockIndex, int v)
{//询问某个块内比 v 小的个数
```

```
    int l =0, r =curSize[ blockIndex] - 1, ans =- 1;
    while (l <=r) {
        int mid =(l +r) / 2;
        if (v >data[ blockIndex][ mid].value){
            ans =mid; l =mid +1;
        }
        else r =mid- 1;
    }
    return ans +1;
}
void Update(int l, int r, int d)
{
    int tmpL =l, tmpR =r;
    int leftBlock =GetCurBlock(tmpL), rightBlock =GetCurBlock(tmpR);
    if (leftBlock ==rightBlock){//如果是更新块内一部分
        for (int i =l; i <=r;++i)
            data[ leftBlock][ curIndex[ i]].value +=d; MaintainBlock(leftBlock);
    }
    else { //如果不是同一块(也就是会涉及到若干中间整块修改)
        for (int p =next[ leftBlock]; p !=rightBlock; p =next[ p])
            delta[ p] +=d;    //中间的那些块只要修改增量数组
        tmpL =curSize[ leftBlock] - tmpL +1;
        for (int i =0; i <tmpL;++i)
            data[ leftBlock][ curIndex[ l +i]].value +=d;
        for (int i =0; i <tmpR;++i)
            data[ rightBlock][ curIndex[ r- i]].value +=d;
        //两头的块根据索引逐一修改其中元素
        MaintainBlock(leftBlock); MaintainBlock(rightBlock);
        //重新排序两头的块
    }
}
int main()
{
    freopen("enum.in", "r", stdin); freopen("enum.out", "w", stdout);
    Init();
    int n, m;
    scanf("% d % d", &n, &m);
    for (int i =0; i <n;++i) {
        scanf("% d", &str[ i].value); str[ i].index =i +1;
    }
    Insert(0, n, str);
    memset(delta, 0, sizeof(delta));
    for (int i =0; i <m;++i){
        int x, l, r, v;
        scanf("% d", &x);
        if (x ==1) {
            scanf("% d % d % d", &l, &r, &v); Update(l, r, v);
        }
        else {
```

```
        scanf("% d", &v);
        int ans =0;
        for (int p =0; p !=- 1; p =next[ p])
          ans +=Query(p, v- delta[ p]);
        printf("% d\n", ans);
      }
    }
  return 0;
}
```

图 6-34　"数列操作"问题的程序描述

6.4.4　树链剖分与动态树

　　块状链表通过分治方法解决了线性结构区间问题的高效处理,针对树型结构区间问题的处理,同样可以采用分治方法来解决,具体方法称为树链剖分。

　　所谓树链剖分,就是将树结构剖分为不相交的若干条链(即"分"),保证每个结点属于且只属于一条链(单独一个结点也算一条链),并且再通过处理区间问题的一些数据结构(树状数组、BST、SPLAY、线段树等)来维护每一条链(即"治")。基于处理区间问题数据结构本身的高效性,使得树型结构区间问题的处理也变得高效。本质上,通过分治方法将树结构上的区间问题转变为链上的区间问题(或者说,将处理线性结构区间问题的高效方法拓展到树型结构的区间问题处理),此时,树结构中任意两点之间的路便是由若干条链(或者链的一部分)相连而成。

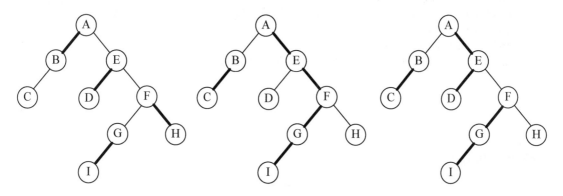

图 6-35　树链剖分示例

　　显然,针对一棵树,树链剖分可以有多种方案(如图 6-35 所示。其中,粗线表示重链,细线表示轻链),为了得到一个"好"的剖分方案,树链剖分通常采用轻重树链剖分(基于子树结点数量的启发式剖分。使任意两点之间的路尽量经过最少的轻边),具体如下:

　　1)执行一次 DFS,标记出每个结点的父亲、深度、子树的结点数,并且找出每个结点的重儿子(即该结点最深子树的根结点。从该结点连向重儿子的边称为重边。与之对应,其他子女称为轻子女,该结点连向轻子女的边称为轻边)。如图 6-36b 所示。

　　2)再执行一次 DFS,连接重链(即由重边连成的链。与之对应,由轻边连成的链称为轻链),并且根据重链标注出 DFS 序(便于使用相应数据结构来维护)。如图 6-36c 所示。

```
const int maxn =1e5+10;
struct edge {
    int next, to;
} e[2 * maxn];
struct Node {
    int sum, lazy, l, r, ls, rs;
} node[2 * maxn];
int rt, n, m, r, a[maxn], cnt, head[maxn],
f[maxn],      //父结点
d[maxn],      //深度
size[maxn],   //子树结点个数
son[maxn],    //重儿子结点
rk[maxn],     //当前 DFS 标号在树中所对应的结点
top[maxn],    //所在链的顶端结点
id[maxn];     //剖分以后结点的新编号(DFS 的执行顺序)
```

a) 相应数据结构定义

```
void dfs1(int u, int fa, int depth)
{     //当前结点 u、其父结点 fa、当前层次深度 depth
    f[u] =fa; d[u] =depth;
    size[u] =1;     //当前结点 u 本身算一个
    for(int i =head[u]; i; i =e[i].next){
        int v =e[i].to;
        if(v ==fa) continue;
        dfs1(v, u, depth+1);     //层次深度+1
        size[u] +=size[v]; //子结点 size 已处理,用它更新父结点 size
        if(size[v] >size[son[u]])
            son[u] =v;     //选取 size 最大的作为重儿子
    }
}
//进入
dfs1(root, 0, 1);
```

b) 第一遍 DFS

```
void dfs2(int u, int t)
{        //当前结点 u、重链顶端 t
  top[u] =t;
  id[u] = ++cnt;        //标记 dfs 序
  rk[cnt] =u;        //序号 cnt 对应结点 u
  if(! son[u]) return;
  dfs2(son[u], t);
  / * 选择优先进入重儿子以保证一条重链上各个结点 dfs 序连续,一个结点
  和它的重儿子处于同一条重链,所以重儿子所在重链的顶端还是 t * /
  for(int i =head[u]; i; i =e[i].next){
    int v =e[i].to;
    if(v !=son[u] && v !=f[u])
      dfs2(v, v); //一个结点位于轻链底端,则它的 top 必然是它本身
  }
}
```

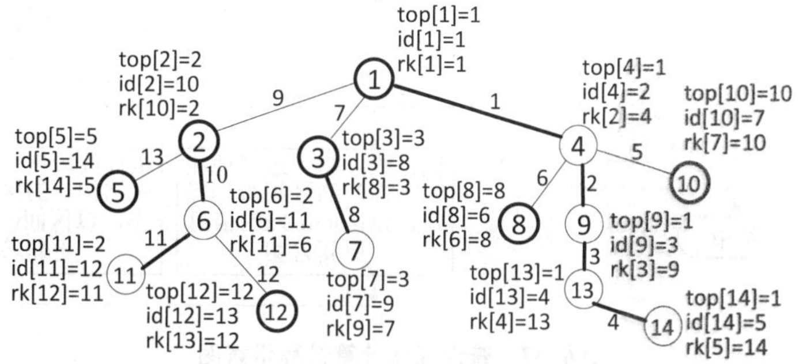

c) 第二遍 DFS

图 6-36 树链剖分的预处理

依据上述方法,可以得到如下几个性质:

性质 1:如果(u,v)为一条轻边,则 Size(v) ≤ Size(u)/2。其中,Size(u)表示以 u 为根结点的子树中结点个数(包括 u)。

性质 2:从根结点到任意结点 v 的路径中轻边的个数小于 $\log_2 n$。

性质 3:从根结点到任意结点 v 的路径上包含的重路径数目不会超过 $\log_2 n$。

性质 4:树中任意两个结点之间的路径中轻边的个数不会超过 $\log_2 n$,重路径的数目不会超过 $\log_2 n$。

经过树链剖分预处理以后,每条重链就相当于一段区间(由该链的最顶端结点代表),将所有重链首尾相接,通过处理区间问题的某种数据结构进行维护即可。一般而言,对于树结构区间问题的基本处理方法如下:

1)修改操作

● 针对一个结点的权值的单独修改,可以根据其编号直接在数据结构中修改即可;

● 针对区间(结点 u 和结点 v 之间路径上的权值修改),如果 u 和 v 在同一条重链上,则直接用数据结构修改结点 u 至结点 v 之间的值;如果 u 和 v 不在同一条重链上,则一边进行修改,一边将 u 和 v 向同一条重链上靠,然后转变成 u 和 v 在同一条重链上的情况进行处理。

2）查询操作

假设查询的结点对为(u,v)，u 和 v 的最近公共祖先(LCA)记为 w。那么，u 到 v 的路可以看做是 u 到 w 的路和 v 到 w 的路。具体计算过程如图 6-37 所示(在查询过程中不需要首先找出 LCA 再进行计算)。

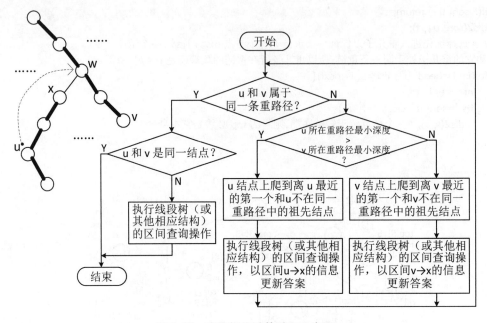

图 6-37　查询操作计算过程示意图

基于基本的修改操作和查询操作，具体应用中可以体现为区间和、区间最值等各种针对树结构的区间问题求解。图 6-38 所示给出了求区间和的应用操作示例。

```
int sum(int x, int y)
{
  int ans =0, fx =top[x], fy =top[y];
  while(fx !=fy) {//两点不在同一条重链
    if(d[fx]>=d[fy]) {
      ans+=query(id[fx], id[x], rt);//线段树区间求和,处理这条重链的贡献
      x=f[fx], fx=top[x]; //将 x 设置成原链头的父亲结点,走轻边,继续循环
    }
    else {
      ans+=query(id[fy], id[y], rt);
      y=f[fy], fy=top[y];
    }
  }
  //循环结束,两点位于同一重链上,但两点不一定为同一点,则还要统计这两点之间的贡献
  if(id[x]<=id[y])
    ans+=query(id[x], id[y], rt);
  else
    ans+=query(id[y], id[x], rt);
  return ans;
}
```

图 6-38　树结构区间求和(基于线段树维护方式)

相对于线性结构的连续区间问题,树链剖分可以处理不连续区间问题。树链剖分的时间复杂度为 $O(n\log^2 n)$。

【例 6-6】　种草地

问题描述:约翰有 N 个牧场($2 \leqslant N \leqslant 100\ 000$),这些牧场由 N-1 条双向道路连接,每两个牧场间仅有一条路径,由于道路上太荒芜,约翰决定在道路上种植草地。

他要完成 M 个步骤($1 \leqslant M \leqslant 100\ 000$),这些步骤分为两类:

1)在某两个牧场间路径的所有道路上各种植一片草地;

2)询问某条道路上已种植了多少片草地。

约翰计数水平不好,请帮他统计道路上已种植了多少片草地。

输入格式:第一行包含两个整数 N 和 M,用一个空格分开;第二至第 N 行,每行两个整数,表示这两个牧场间有道路;第 N+1 至第 N+M 行,以 P(种草)或 Q(询问)开头,后面是两个整数表示牧场编号,均用一个空格隔开。

输出格式:对于每次询问输出一行一个整数,表示该道路种了多少片草地。

输入样例:

4 6
1 4
2 4
3 4
P 2 3
P 1 3
Q 3 4
P 1 4
Q 2 4
Q 1 4

输出样例:

2
1
2

(数据限制:时间限制为 1 秒,空间限制为 256MB)

依据题目的问题描述,首先,本问题的数据组织结构显然是一个树型结构;其次,问题需要对路径区间做修改和询问操作。因此,针对本问题的求解可以采用树链剖分方法,并利用线段树维护每条重路径。

本题的修改操作也是基于路径的,可以看作是针对结点修改的基本修改操作的拓展。因此,修改过程也需要一种类似查询过程的方法,即一个边修改边查找两个端点 LCA(最近公共祖先)的过程。由于修改和查询的过程非常类似,因此,查询函数可以共享(通过一个参数 flag来标识当前是查询过程还是修改过程)。

事实上,每次修改操作便是经典的线段覆盖操作。由于是查询一条边,所以,这里的维护就变得简单了,只需要记录每个区间被覆盖的次数,即查询单条边的覆盖情况时,只要在线段树自顶向下查询的过程中累计每个区间被完全覆盖的次数即可。整个算法总的时间复杂度为 $O(m * (\log_2 n)^2)$。图 6-39 所示给出了相应的程序描述。

```cpp
#include <cstdio>
#include <cstring>
#include <algorithm>
using namespace std;

struct edge{ int loc, next; };
struct TreeNode{
    int l, r, cover;
    int lch, rch;
};
static const int infi =0x7fffffff;
static const int maxn =200100;
int tree[maxn], nodeCnt;
TreeNode node[maxn *10];
edge e[maxn *2];
int edgeCnt, a[maxn];
int father[maxn], path_top[maxn], path_size[maxn],
path_dep[maxn], size[maxn];
int belong[maxn], ranking[maxn], path_count, n;

inline void init()
{
    memset(father, 0, sizeof(father)); memset(path_size, 0, sizeof(path_size));
    memset(size, 0, sizeof(size)); memset(ranking, 0, sizeof(ranking));
    memset(path_dep, 0, sizeof(path_dep)); memset(a, 0, sizeof(a));
    edgeCnt =0; memset(tree, 0, sizeof(tree)); nodeCnt =0;
}
inline void addedge(int x, int y)
{
    int p;
    p =++edgeCnt; e[p].loc =y; e[p].next =a[x]; a[x] =p;
    p =++edgeCnt; e[p].loc =x; e[p].next =a[y]; a[y] =p;
}
void dfs(int k, int dep)
{
    dep++;
    int p =a[k]; size[k] =1;
    int max =0, j;
    while (p){
        if (e[p].loc !=father[k]){
            father[e[p].loc] =k; dfs(e[p].loc, dep); size[k] =size[k] +size[e[p].loc];
            if (size[e[p].loc] >max){ max =size[e[p].loc]; j =e[p].loc; }
        }
        p =e[p].next;
    }
    p =a[k]; belong[k] =0;
    while (p){
        if (e[p].loc !=father[k]){
            if (e[p].loc ==j){
```

```
            belong[k] =belong[e[p].loc]; ranking[k] =ranking[e[p].loc] +1;
        }
        else {
            int i =belong[e[p].loc];
            path_dep[i] =dep; path_size[i] =ranking[e[p].loc];
            path_top[i] =e[p].loc;
        }
    }
    p =e[p].next;
  }
  if (belong[k] ==0){
    path_count+=1; belong[k] =path_count; ranking[k] =1;
  }
}
void build(int p, int l, int r)
{
  node[p].l =l; node[p].r =r; node[p].cover =0;
  if (r-l>1){
    node[p].lch =++nodeCnt; build(node[p].lch, l, (l+r) / 2);
    node[p].rch =++nodeCnt; build(node[p].rch,(l+r) / 2, r);
  }
  else node[p].lch =node[p].rch =0;
}
inline void prepare()
{
  path_count =father[1] =0; dfs(1, 0);
  int i =belong[1];
  path_dep[i] =0; path_size[i] =ranking[1]; path_top[i] =1;
  for (i=1; i<=path_count; i++){
    tree[i] =++nodeCnt; build(tree[i], 1, path_size[i] +1);
  }
}
void cover(int p, int l, int r)
{ //执行线段覆盖的操作
  if (l<=node[p].l && node[p].r<=r)
    node[p].cover++;
  else {
    if (l<(node[p].l+node[p].r) / 2)
      cover(node[p].lch, l, r);
    if (r>(node[p].l+node[p].r) / 2)
      cover(node[p].rch, l, r);
  }
}
int ask(int p, int l)
{
  int t;
  if (l<=node[p].l && node[p].r<=l+1)
    return(node[p].cover);
  else {
    t =node[p].cover;
    if (l<(node[p].l+node[p].r) / 2)
      t+=ask(node[p].lch, l);
```

```
        else
          t+=ask(node[p].rch, l);
        return t;
    }
}
inline int query(int a, int b, int flag)
{   // flag =2  执行查询,否则执行修改
    int max =- infi, x =belong[a], y =belong[b];
    int k;
    while (x !=y){
        if (path_dep[x] >path_dep[y]){
            if (flag ==2) k =ask(tree[x], ranking[a]);
            else cover(tree[x], ranking[a], path_size[x] +1);
            if (k>max)max =k;
            a =father[path_top[x]];
            x =belong[a];
        }
        else {
            if (flag ==2) k =ask(tree[y], ranking[b]);
            else cover(tree[y], ranking[b], path_size[y] +1);
            if (k>max) max =k;
            b =father[path_top[y]];
            y =belong[b];
        }
    }
    if (ranking[a] !=ranking[b]){
        if (ranking[a] >ranking[b]){
            if (flag ==2)
                k =ask(tree[belong[a]], ranking[b]);
            else
                cover(tree[belong[a]], ranking[b], ranking[a]);
        }
        else{
            if (flag ==2)
                k =ask(tree[belong[a]], ranking[a]);
            else
                cover(tree[belong[a]], ranking[a], ranking[b]);
        }
        if (k>max) max =k;
    }
    return(max);
}
char cmd[20];
int main()
{
    freopen("grassplant.in", "r", stdin);
    freopen("grassplant.out", "w", stdout);
    int m;
    scanf("% d % d", &n, &m);
    init();
    for (int i =1; i<n; ++i){
        int x, y;
```

```
    scanf("% d % d", &x, &y);   addedge(x, y);
  }
  prepare();
  while (m-- ){
    scanf("% s", cmd);
    int x, y;
    scanf("% d % d", &x, &y);
    if (cmd[0] =='P') query(x, y, 1);
    else printf("% d\n", query(x, y, 2));
  }
}
```

图 6-39　"种草地"问题求解的程序描述

树链剖分针对静态树结构,通过分治方法处理该结构上的区间相关问题。对于可以动态变化的树结构,可以将树链剖分进一步拓展为动态树。所谓动态树,是指在树链剖分基础上,还需要动态维护森林结构,即两棵树的合并及树边删除导致的树分离。因此,动态树除了与静态树树链剖分一样具有维护边权、点权等信息的能力外,还可以维护森林的连通性变化信息。

处理动态树的数据结构称为"Link-Cut Trees",它采用时间复杂度均摊 $O(\log_2 n)$ 的实现方式。另外,也有一种在最坏情况下时间复杂度为 $O(\log_2 n)$ 的方法,该方法和树链剖分一样是基于树结构来划分路径的,相对较为复杂,在此不再展开,有兴趣的读者可以参考其他相关资料。

动态树的功能非常强大,在此,仅仅给出其涉及的一些基本操作:

1) 修改

修改操作可以针对单个元素,例如:修改单个结点的点权或单条边的边权。也可以针对一个特定的范围,例如:从某个点到其根结点的路径上所有边权,或者某两个点之间的所有边权等等。

2) 查询

除了经典的查询边权或者点权等类似信息之外,由于动态树维护的是森林信息,因此,还可以查询某个结点所在树的根结点等信息,例如:根结点信息的维护可以用来判断两个点是否在同一棵树中。

3) 翻转

翻转是针对某个结点 v 的操作。该操作需要找到 v 所在的树,并且使得 v 变成该树的根结点。因此,该操作需要将 v 到其根结点上所有树边进行翻转(即边的父子关系倒置)。

4) 连接

连接操作是将两个结点 u 和 v 所在的树合并为一棵树(假设 u 和 v 不在同一棵树中)。假设将结点 v 作为结点 u 的子结点,则在此之前 v 必须先成为其所在树的根结点。同时,也可以设定连接操作添加的边的权值。

5) 分离

分离操作就是删除一条树边,一般是将一个非根结点 v 的父边删除。

上述操作的具体实现,一般采用平衡树进行维护,考虑到实际应用的效率以及编程的复杂度,通常选择 Splay 进行路径链的信息维护。在此,仅仅给出对树的形态的操作和对某个结点到根的路径的操作的上述相应操作的具体实现,对于针对子树的相关操作的具体实现,需要用到另外一种称为 Euler-Tour Trees 的数据结构,在此不再展开。

6.5 树型结构的结点维度拓展

树型结构中,结点通常仅记录一个元素(也称为关键字),尽管各种变形方法中可增加字段用以记录相关辅助信息,但在逻辑上,元素仍然是一个。树型结构的结点维度可以进一步拓展,以便将元素个数从单个拓展到两个或多个,即将点结构拓展为线性结构,以便利用树型结构的优点来处理一些区间问题。

6.5.1 线段树及其应用

所谓线段树,显然在逻辑上首先是一种树型结构;其次,"线段"的限定说明这种树型结构是针对区间问题处理的。因此,为了记录"线段",树型结构的结点元素应该是两个,即区间的开始和结束。

线段树本质上是分治模型的基于树型结构的一种具体实现,因为树型结构本身具有递归特性,因此,线段树与分治模型的递归实现有着相同的思维。

尽管线段树结构本身已对结点的数据组织结构做了维度拓展,但是为了处理区间应用问题,依据应用需求的不同,其结点维度仍然需要进一步拓展以记录并维护与应用语义相关的数据域,例如:区间最值等等。因此,线段树的基本模型如图 6-40 所示。

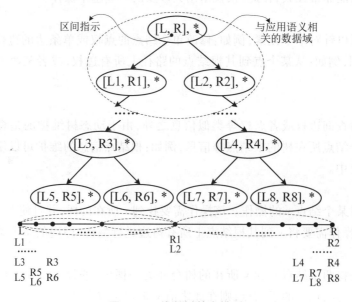

图 6-40 线段树基本模型

线段树也是一种平衡的二叉搜索树,其基本维护操作主要包括:构造(或建树)、查询、插入、删除和修改(相应区间的应用语义域的调整),其中修改是关键,插入和删除本质上都转变为修改操作。对于基本的一维线段树来说，每次更新以及查询的时间复杂度都为 $O(\log n)$。图 6-41 和图 6-42 所示分别给出了递归实现方式和非递归实现方式的相应程序描述及解析。

```
//相关定义
#define maxn 100007//元素总个数
#define ls l, m, rt<<1
#define rs m+1, r, rt<<1 | 1
int Sum[maxn<<2], Add[maxn<<2];//和,懒惰标记
int A[maxn], n;//存原数组数据下标[1,n]
//建树。PushUp 函数更新结点信息
void PushUp(int rt) { Sum[rt]=Sum[rt<<1]+Sum[rt<<1 | 1]; }
void Build(int l, int r, int rt)
{//l,r 表示当前结点区间,rt 表示当前结点编号
  if(l==r) { //若到达叶结点
    Sum[rt]=A[l];    //储存数组值
    return;
  }
  int m=(l+r)>>1;
  Build(l, m, rt<<1); Build(m+1, r, rt<<1 | 1);
  PushUp(rt);//更新信息
}
void Update(int L, int C, int l, int r, int rt)
{//点修改/假设 A[L]+=C。l,r/rt:当前结点区间及编号
  if(l==r) {Sum[rt]+=C; return;}//到叶结点/修改
  int m=(l+r)>>1;
  //根据条件判断往左子树调用还是往右子树调用
  if(L<=m) Update(L, C, l, m, rt<<1);
  else   Update(L, C, m+1, r, rt<<1 | 1);
  PushUp(rt);   //子结点更新导致本结点也需要更新
}
void PushDown(int rt, int ln, int rn)
{// 下推标记。n,rn 分别为左子树、右子树的数量
  if(Add[rt]){//下推标记
  Add[rt<<1]+=Add[rt]; Add[rt<<1|1]+=Add[rt];
  //修改子结点的 Sum 使之与对应的 Add 相对应
  Sum[rt<<1]+=Add[rt]*ln;Sum[rt<<1|1]+=Add[rt]*rn;
  Add[rt]=0;//清除本结点标记
  }
}
void Update(int L, int R, int C, int l, int r, int rt)
{    //区间修改。假设 A[L,R]+=C。L,R 表示操作区间,l,r 表示当前结点区间,rt 表示当前结点编号
  if(L<=l && r<=R){   //如果本区间完全在操作区间[L,R]以内
    Sum[rt]+=C*(r-l+1);   //更新数字和,向上保持正确
    Add[rt]+=C;   //增加 Add 标记(即本区间 Sum 正确,子区间 Sum 仍需要根据 Add 值调整)
    return ;
  }
  int m=(l+r)>>1;
  PushDown(rt, m-l+1, r-m);   //下推标记
```

```
    //判断左右子树跟[L,R]有无交集,有交集则递归
    if(L<=m) Update(L, R, C, l, m, rt<<1);
    if(R> m) Update(L, R, C, m+1, r, rt<<1 | 1);
    PushUp(rt);        //更新本结点信息
}
//区间查询(询问 A[L,R]的和)
int Query(int L, int R, int l, int r, int rt)
{ //L,R 表示操作区间,l,r 表示当前结点区间,rt 表示当前结点编号
    if(L<=l && r<=R) //在区间内,直接返回
        return Sum[rt];
    int m =(l+r)>>1;
    PushDown(rt,m- l+1,r- m);   //下推标记,否则 Sum 可能不正确
    //累计答案
    int ANS =0;
    if(L<=m) ANS+=Query(L, R, l, m, rt<<1);
    if(R> m) ANS+=Query(L, R, m+1, r, rt<<1 | 1);
    return ANS;
}
```

图 6-41   递归实现方式程序描述及解析(以维护数列区间和为例)

```
//相关定义
#define maxn 100007
int A[maxn], n, N;   //原数组,n:元素个数,N:扩充元素个数
int Sum[maxn<<2];   //区间和
int Add[maxn<<2];   //懒惰标记
void Build(int n)
{//建树
    N =1; while(N<n+2) N<<=1;//计算 N 的值
    //更新叶结点
    for(int i =1;i<=n;++i) Sum[N+i] =A[i];//原数组下标+N =存储下标
    //更新非叶结点
    for(int i =N- 1; i>0;-- i){
        Sum[i] =Sum[i<<1] +Sum[i<<1|1];//更新所有非叶结点的统计信息
        Add[i] =0;//清空所有非叶结点的 Add 标记
    }
}
//点修改:A[L] +=C
void Update(int L, int C)
{
    for(int s =N+L; s; s>>=1)
        Sum[s] +=C;
}
int Query(int L, int R)
{// 点修改下的区间查询(求 A[L..R]的和)
    int ANS =0;
    for(int s =N+L- 1, t =N+R+1; s^t^1; s>>=1, t>>=1){ //s^t^1 在 s 和 t 的父亲相同时值为 0,终
止循环
```

```
      if(~s & 1) ANS+=Sum[s^1]; //左子结点
      if(t & 1) ANS+=Sum[t^1]; //右子结点
  }
  return ANS;
}
void Update(int L, int R, int C)
{  // 区间修改:A[L..R]+=C
  int s, t, Ln=0, Rn=0, x=1; //Ln:  s 一路走来已经包含了几个数
  //Rn:  t 一路走来已经包含了几个数
  //x:本层每个结点包含几个数
  for(s=N+L-1, t=N+R+1; s^t^1; s>>=1, t>>=1, x<<=1){
    Sum[s]+=C*Ln;   Sum[t]+=C*Rn;   //更新 Sum
    if(~s & 1) Add[s^1]+=C, Sum[s^1]+=C*x, Ln+=x; //处理 Add
    if(t & 1) Add[t^1]+=C, Sum[t^1]+=C*x, Rn+=x;
  }

  for(; s; s>>=1, t>>=1){ //更新上层 Sum
    Sum[s]+=C*Ln; Sum[t]+=C*Rn;
  }
}
int Query(int L, int R)
{// 区间修改下的区间查询(求 A[L..R]的和)
  int s, t, Ln=0, Rn=0, x=1;
  int ANS=0;
  for(s=N+L-1, t=N+R+1; s^t^1; s>>=1, t>>=1, x<<=1){
    if(Add[s]) ANS+=Add[s]*Ln; //根据标记更新
    if(Add[t]) ANS+=Add[t]*Rn;
    if(~s & 1) ANS+=Sum[s^1], Ln+=x;   //常规求和
    if(t & 1) ANS+=Sum[t^1], Rn+=x;
  }
  for(; s; s>>=1, t>>=1){//处理上层标记
    ANS+=Add[s]*Ln; ANS+=Add[t]*Rn;
  }
  return ANS;
}
```

图 6-42　非递归实现方式程序描述及解析(以维护数列区间和为例)

　　尽管线段树已经利用了树型结构带来的时间效率优点,但事实上,对于线段树的具体实现,还可以做进一步的优化,主要体现在懒惰标记(通过拓展结点结构,增加一个标记,将一次全部更新转变为需要时附带单个更新)、空间优化(针对线段树实际存储仍然是线性结构,实际应用中,并不是所有的叶子结点都占用到了 $2n+1 \sim 4n$ 的范围,造成了大量空间浪费。因此,可以压缩空间或使用 dfs 序作为结点下标等方法)、子树收缩(两棵子树拥有相同数据时,将数据传递给父结点,子树的数据清空,以便减少访问的结点数)和结点状态(权值)复用(可持久化线段树、主席树、函数式线段树。增量状态迭代记忆,即每次仅处理更新的部分/一条树链,并共享线段树剩余不变的所有结点的状态)等。

　　线段树的本质是,基于分治策略,实现线性问题处理的时间效率优化,即将复杂度从 $O(n)$

降至 $O(\log n)$,从而可以处理大规模的问题。另外,线段树可以在线维护以处理动态数据集。正是其基于分治策略的原理,因此,可以用线段树维护的问题必须满足区间加法,即仅当对于区间 $[L, R]$ 的问题的答案可以由 $[L, M]$ 和 $[M+1, R]$ 的答案合并得到。例如:经典的区间加法问题有:区间求和 $\sum_{i=L}^{R} a_i = \sum_{i=l}^{M} a_i + \sum_{i=M+1}^{R} a_i (L \leqslant M < R)$,区间最大值 $\max_{i=L}^{R} a_i = \max (\max_{i=L}^{M} a_i, \max_{i=M+1}^{R} a_i)(L \leqslant M < R)$。显然,线段树利用的是分治策略的基本模型。

线段树的适用范围很广,其具体应用的核心在于对"线段"含义的理解。首先,它表示的是一个"线性"区间;其次,该区间应该是连续线性结构的一段。因此,对于一些表面上非线性结构的问题,首先需要将其转变为由多个区间连接而成的线性结构(例如:离散化方法,可以用于将二维平面型问题转变为由多个区间连接而成的线性结构),然后就可以利用线段树来处理。

线段树可以进一步做维度和阶的拓展,可以扩充到二维线段树(矩阵树)和三维线段树(空间树)等,本质上,这些高维问题的线段树方法是线段树的一种阶的拓展。另外,主席树(参见图 6-45)可以看作是线段树的一种维度拓展。

一维线段树通常用于处理数列或直线或可以归约到一维特征的应用问题的数据维护,针对二维甚至更高维度的数据维护问题,例如:多维数组的局部和、最值维护问题等,线段树应该如何实现和维护呢?

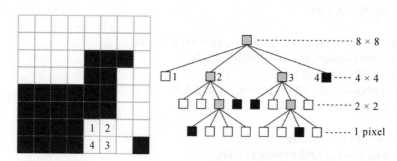

图 6-43　四分树示例

显然,一种直观的方法是对划分方案进行拓展变化。考虑到在一维情形下,可以将线段一分为二,分成两部分进行递归处理。于是,在二维平面中,可以将平面分成四个部分,即左上、左下、右上、右下,使树中每个结点代表一个矩形,如果不是初等矩形(即面积为 1 的矩形),则需要有四个子结点,分别对应那四个部分。这种树结构通常被称为"四分树"(如图 6-43 所示)。类似地,在三维空间中,会有对应的"八叉树"。然而,这种树结构看似优美,但是其时间复杂度难以保证。例如:查询的矩形为整个矩形的第一行,那么,四分树的查询将查找到每一个第一行的初等矩形,所以,单次查询时间复杂度上界不是 $O(\log_2 n)$ 而是退化为 $O(n)$,显然,这种退化往往是不能接受的,因此,需要寻找另外一种实现方法。另外一种实现方式基于树的嵌套,即所谓的"树套树"。在这种实现方式中,对每一维度都需要用一类线段树来维护。在此,以二维线段树为例,讨论其构造方法。图 6-44a 所示是一个二维矩阵(x 方向和 y 方向的坐标已经在图上标明),首先用线段树 T_1 维护 x 方向的信息,其结点 $T_1(a,b)$ 不再是一维的区间 $[a, b)$,而是 x 坐标在 $[a, b)$ 范围内的所有格子(如图 6-44b 所示)。该结点同时维护指向另

一个线段树 T_2 的指针,由 T_2 维护 y 方向的信息,即它的每一个结点 $T_2(c,d)$ 代表的范围是 x 坐标在 $[a,b)$ 内并且 y 坐标在 $[c,d)$ 内的那些格子(如图 6-44c 所示)。在此,线段树 T_2 是依托于线段树 T_1 而存在的(或者说,T_1 是 T_2 的线段树)。

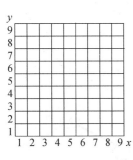

a) 一个二维矩阵

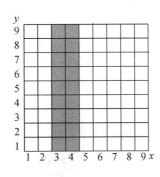

b) $T_1(3,5)$ 的例子(阴影部分)

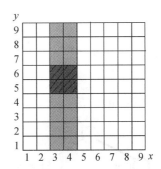

c) $T_1(3,5)$ 下 $T_2(5,7)$ 的例子(斜线部分)

图 6-44　二维线段树解析

显然,在二维情况下,第一类线段树(T_1)一共有 $O(n)$ 个结点,每个结点又有一个大小为 $O(n)$ 的第二类线段树(T_2),因此,总的空间复杂度为 $O(n_2)$。一般情况下,这种线段树的单次操作时间复杂度为 $O((\log_2 n)2)$。

主席树(也称可持续化线段树)主要针对频繁查询区间内第 K 小值的一类问题求解(即单点更新/区间查询),其主要特点是,在构造新的线段树时重复利用部分已经构造好的线段树(即部分已经构造好的线段树可持久化/支持询问历史版本),从而减小空间和时间的开销。显然,主席树是多棵线段树的叠加(即基本线段树的一种维拓展,类似于前缀树)。图 6-45a 所示是一棵主席树示例。主席树的原理是,首先,线段树结点维护的信息是对应区间内数据的个数;其次,针对离散化后的信息(所谓离散化是指将给定的数据集映射到 1~n 的连续区间),每当插入一个数据时,就构造一棵线段树,但该新构造线段树需充分利用前面已经构造线段树的部分结点(节省空间)。此时,新构造线段树只有一条从根结点到新调整信息值叶子结点的路径是新的,其他都没有改变(共享历史版本,节省时间);最后,每当询问某区间第 K 小值时,只要用两棵对应线段树根结点信息值相减即可(节省时间)。图 6-45b 给出了相应的原理解析。主席树可以在常数上做适当优化以减小内存消耗,具体方法是在插入值时先不要一次新构建到底,能留就留,等到需要访问子结点时再构建下去(即延迟构建,利用实际查询的局部特征/有些结点查询时暂时用不到)。尽管主席树可以进行加减操作,但对于动态查询区间第 K 小值或其他涉及修改的操作,可以利用树状数组进行优化,即树状数组套主席树(每个结点都对应一棵主席树。初值按照静态来构建,而修改部分保存在树状数组中)。

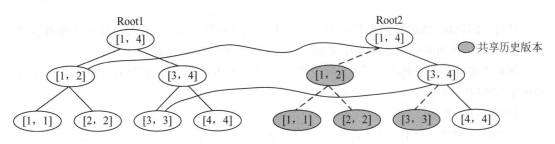

a) 示例

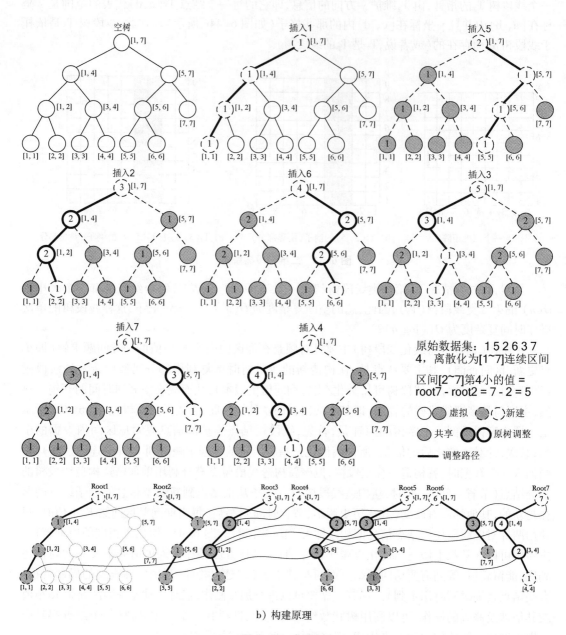

图 6-45　主席树

针对区间问题,线段树的操作一般只涉及对区间上值进行维护,并具有较低的编程复杂度。然而,如果区间需要频繁地插入、删除、分裂及合并,则平衡树比较适合。

例 6-7 和例 6-8 分别给出了基本线段树的应用,例 6-9 给出了二维线段树的应用,例 6-10 给出了主席树的应用。

【例 6-7】　数列

问题描述:给定一个长度为 n 的数列,求满足 ai<aj>ak(i<j<k)的三元素(ai,aj,ak)的个数。

输入格式:第 1 行是一个整数 n(1≤n≤50 000)。接下来 n 行,每行一个元素 ai(0≤ai≤

32 767）。

　　输出格式：一个数，满足 ai<aj>ak（i<j<k）的个数。

　　输入样例：

5

1

2

3

4

1

　　输出样例：

6

　　（数据限制：时间限制为 1 秒，空间限制为 256MB。对于 30% 的输入数据，有 n<= 200；对于 80% 的输入数据，有 n<= 10 000。）

　　针对本问题，假设 $f(j)$ 为数列中 aj 前面小于 aj 的数字个数，$g(j)$ 为 aj 后面小于 aj 的数字个数，根据乘法原理，问题的答案就是：$\sum_{j=1}^{N} f(j) * g(j)$。

　　为了求出函数 f 和 g，直接的枚举方法需要 $O(n^2)$。更优化的方法是，建立一棵线段树，维护一个有序的数列。初始化时，线段树中数的个数为 0，随着 j 的枚举，逐步将 aj 添加进线段树。那么，每次统计 $f(j)$ 的时候，只需知道，在 aj 对应线段树中位置的左边一共有多少个数即可（等价于当前比 aj 小的有多少个数）。由于本题数字范围比较小，故可以直接将数字对应到线段树中的位置，否则，可以事先用排序算法对数列进行离散化，从而将每个数字映射到 1 到 n 的数中来建立线段树。图 6-46 所示给出了相应的程序描述。

```cpp
#include<iostream>
#include<string>
#include<cstring>
#include<cstdio>
#include<cstdlib>
#include<algorithm>
#include<vector>
#include<queue>
#define LL long long
#define INF 1<<30
#define MAXN 60000
#define MAXM 32767
using namespace std;

struct Node{
    int l, r, lc, rc, v;
};

class SegmentTree{
    public:
        int root, z;
```

```cpp
    Node p[11 * MAXM];

    void set()
    {
    root = z =- 1;
    }
    void build(int &k, int l, int r)
    {
      k = ++z;
      p[k].l = l; p[k].r = r; p[k].lc = p[k].rc =- 1; p[k].v = 0;
      if (l !=r){
        build(p[k].lc, l, (l+r) / 2); build(p[k].rc, (l+r) / 2 +1, r);
        }
        }
        void insert(int &k, int tag)
        {
          p[k].v++; if (p[k].lc ==- 1) return;
          if (tag <=p[p[k].lc].r) insert(p[k].lc, tag);
          else insert(p[k].rc, tag);
        }
        int search(int &k, int tag)
        {
          if (tag ==p[k].r) return p[k].v;
          if (tag >p[p[k].lc].r)
            return p[p[k].lc].v+search(p[k].rc, tag);
          else return search(p[k].lc, tag);
        }
};
int a[MAXN];
SegmentTree t;
int l[MAXN], r[MAXN];
int main()
{
  freopen("queue.in", "r", stdin);
  freopen("queue.out", "w", stdout);
  int n;
  scanf("% d", &n); t.set(); t.build(t.root, 0, MAXM);
  for (int i =1; i<=n;++i) {
    scanf("% d", &a[i]);
    if (a[i] !=0) l[i] =t.search(t.root, a[i]- 1);
    t.insert(t.root, a[i]);
  }
  t.set(); t.build(t.root, 0, MAXM);
  for (int i =n; i>=1;-- i){
    if (a[i] !=0) r[i] =t.search(t.root, a[i]- 1);
    t.insert(t.root, a[i]);
  }
  LL ans =0;
  for (int i =1; i<=n;++i) ans+=(LL)l[i] * r[i];
  cout<<ans<<endl;
  return 0;
}
```

图 6-46 "数列"问题求解的程序描述

【例6-8】 火星探险

问题描述:在2051年,若干火星探险队探索了这颗红色行星的不同的区域并且制作了这些区域的地图。现在,Baltic空间机构有一个雄心勃勃的计划:他们想制作一张整个行星的地图。为了考虑必要的工作,他们需要知道地图上已经存在的全部区域的大小。你的任务是写一个计算这个区域大小的程序。具体任务要求为:1)从输入文件 mars.in 中读取地图形状的描述;2)计算地图覆盖的全部区域;3)结果输出到文件 mars.out 中。

输入格式:输入文件的第一行包含一个整数 N(1≤N≤10 000),表示可得到的地图数目。接下来 N 行,每行描述一张地图。每行包含 4 个整数 x1,y1,x2 和 y2(0≤x1<x2≤30 000,0≤y1<y2≤30 000),数据之间用一个空格隔开。数值(x1,y1)和(x2,y2)是坐标,分别表示绘制区域的左上角和右下角坐标。每张地图是矩形的,并且它的边是平行于 X 坐标轴或 Y 坐标轴的。

输出格式:输出文件包含一个整数,表示探索区域的总面积(即所有矩形的公共面积)。

输入样例:

2

10 10 20 20

15 15 25 30

输出样例:

225

(数据限制:时间限制为 1 秒,空间限制为 256MB)

本题的实质是求解所有矩形能够覆盖的区域面积。显然,直接的模拟算法复杂度达到 $O(n^3)$,其效率是不理想的。在此,考虑用线段树来解决该问题。首先,需要将坐标离散化以化简坐标规模,如图6-47a所示,其中竖线就是对 x 坐标的离散化过程。

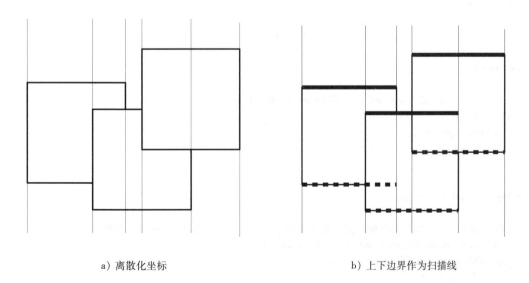

a) 离散化坐标　　　　　　　　　　　b) 上下边界作为扫描线

图 6-47　矩形覆盖问题

经过离散化后,可以在 X 轴方向上维护一棵线段树,将矩形的上下两边界看作是对 X 轴的覆盖来处理。具体而言,将所有矩形的上下边界按照其 Y 坐标升序排序,每个矩形的下边界执行对 X 轴的覆盖操作,而上边界执行对 X 轴的删除覆盖操作,每次处理一条线段的同时,首先统计线段树中已经被覆盖的总长度。由于上一次处理到这一次处理,矩形的 X 轴方向覆盖长度不变,而 Y 轴方向仍然连续,所以上一次到这一次的过程中扫描出来的面积已知,即 delta * T-> sum,其中 delta 为两次操作 Y 轴的变化量,T-> sum 为线段树中总的被覆盖的长度(参见图 6-47b)。其中,上面的实线为删除操作,下面的虚线为添加操作。相邻两个横线之间的部分面积可以直接算得。因此,算法总时间复杂度为 $O(n\log_2 n)$(包括最开始离散化的时间复杂度)。当然,本题坐标范围比较小,读者也可以不用离散化,直接做。

该线段树的应用模型称为区间覆盖,可以处理如某个区间有没有被覆盖这样的查询、以及添加覆盖和删除覆盖这样的操作。图 6-48 所示给出了本题的程序描述。

```cpp
#include<iostream>
#include<algorithm>
#include<cstdio>
using namespace std;

const int maxsize =80010;
struct node{
    int st, ed, c; // c:区间被覆盖层数
    int m; // 区间的测度
} ST[maxsize];

struct line{
    int x, y1, y2;// 纵方向直线, x 为直线横坐标, y1 和 y2 为直线下、上的纵坐标
    bool s;// s =1 直线为矩形左边, s =0 直线为矩形右边
} Line[maxsize];

int y[maxsize], ty[maxsize];//y 为整数与浮点数对应关系,ty[]用来求 y[]的辅助

void build(int root, int st, int ed)
{
    ST[root].st =st; ST[root].ed =ed; ST[root].c =0; ST[root].m =0;
    if(ed- st>1){
        int mid =(st +ed)/2;
        build(root * 2, st, mid); build(root * 2 +1, mid, ed);
    }
}
inline void update(int root)
{
    if(ST[root].c>0)//线段树区间端点分别映射到 y 数组对应的浮点数, 由此计算出测度
        ST[root].m =y[ST[root].ed- 1]- y[ST[root].st- 1];
    else if(ST[root].ed- ST[root].st ==1)
            ST[root].m =0;
        else ST[root].m =ST[root * 2].m +ST[root * 2 +1].m;
}
```

```
void insert(int root, int st, int ed)
{
    if(st<=ST[root].st && ST[root].ed<=ed){
        ST[root].c++; update(root); return ;
    }
    int mid =(ST[root].ed +ST[root].st)/2;
    if(st<mid) insert(root * 2, st, ed);
    if(ed>mid) insert(root * 2+1, st, ed);
    update(root);
}
void Delete(int root, int st, int ed)
{
    if(st<=ST[root].st && ST[root].ed<=ed){
        ST[root].c-- ; update(root); return ;
    }
    int mid =(ST[root].st +ST[root].ed)/2;
    if(st<mid) Delete(root * 2, st, ed);
    if(ed>mid) Delete(root * 2+1, st, ed);
    update(root);
}

int indexs[30010];
bool cmp(line l1, line l2)
{ return l1.x<l2.x; }

int main()
{
    freopen("mars.in", "r", stdin);
    freopen("mars.out", "w", stdout);
    int n,num;
    scanf("% d", &n);
    for(int i =0; i<n;++i){
        int x1, x2, y1, y2;
        scanf("% d% d% d% d", &x1, &y1, &x2, &y2);
        Line[2 * i].x =x1; Line[2 * i].y1 =y1; Line[2 * i].y2 =y2; Line[2 * i].s =1;
        Line[2 * i+1].x =x2; Line[2 * i+1].y1 =y1; Line[2 * i+1].y2 =y2; Line[2 * i+1].s =0;
        ty[2 * i] =y1; ty[2 * i+1] =y2;
    }
    n<<=1; sort(Line, Line +n, cmp); sort(ty, ty +n);
    //使数组 ty[]不含重复元素,得到新的数组存放 y 中
    y[0] =ty[0];
    for(int i =num =1; i<n;++i)
        if(ty[i] !=ty[i- 1]) y[num++] =ty[i];
    for (int i =0; i<num;++i) indexs[y[i]] =i;

    build(1, 1, num);//树的叶子结点与数组 y 中元素个数相同,以建立一一对应关系
    long long area =0;
    for(int i =0; i<n- 1;++i) {
        int l =indexs[Line[i].y1] +1, r =indexs[Line[i].y2] +1;
```

```
    if(Line[i].s) insert(1, l, r);//插入矩形的左边
    else    Delete(1, l, r); //删除矩形的右边
    area+=(long long)ST[1].m * (long long)(Line[i+1].x- Line[i].x);
  }
  cout<<area<<endl;
  return 0;
}
```

图 6-48   "火星探险"问题求解的程序描述

【例 6-9】   3D 方块

问题描述:"俄罗斯方块"游戏的作者想做一个新的、三维的版本。在这个版本中长方体会掉到一个矩形的平台上。这些块按照一定顺序分开落下,就像在二维的游戏中一样。一个块会一直掉下直到它遇到障碍,比如平台或者另外的已经停下的块——然后这个块会停在当前位置直到游戏结束。然而,游戏的创作者们想改变这个游戏的本质,把它从一个简单的街机游戏变成更有迷惑性的游戏。当知道方块落下的顺序和它们的飞行路线后,玩家的任务是在所有块落下停住以后给出最高点的高度。所有的块都是垂直落下的而且在落下的过程中不旋转。为了把问题简单化,可以给平台建立直角坐标系,坐标系的原点在平台的某个角上,轴平行于平台的边。请编写一个程序满足下列要求:1)从输入中读入接连下落的块的描述;2)得出所有块下落停止后最高点的高度;3)输出答案。

输入格式:第一行有 3 个整数 D,S 和 N(1≤N≤20 000,1≤D,S≤1 000)用一个空格分开,分别表示平台的长度和深度以及下落的块的个数。下面 N 行分别表示一个块,每个块的描述包括 5 个数字:d,s,w,x 和 y(1≤d,0≤x,d+x≤D,1≤s,0≤y,s+y≤S,1≤w≤100 000),表示一个长度为 d,深度为 s,高度为 w 的块,这个块掉下时以 d*s 的面为底,并且两边分别与平台两边平行。这样,这个块的顶点在平台上的投影为(x,y),(x+d,y),(x,y+s)和(x+d,y+s)。

输出格式:输出有且仅有一个整数,表示最高点的高度。

输入样例:

7 5 4

4 3 2 0 0

3 3 1 3 0

7 1 2 0 3

2 3 3 2 2

输出样例:

6

(数据限制:时间限制为 1 秒,空间限制为 256MB)

针对本题,主要是维护如下两种操作:1)查询,询问某个矩形区域的最大值;2)置数,将某个矩形区域的数都设置为某个数。由于本题的方块是 3D 的,因此,基于矩形覆盖类问题的处理方法,本题需要采用二维线段树结构。具体而言,第一类线段树仍然维护 X 轴的信息。每个第一类线段树的结点维护两个第二类线段树,分别对应区间最大值以及延迟信息 cover;而在第二类线段树中,每个结点同样存放区间最大值以及延迟信息。针对一维情形,当查询的区间覆

盖了当前结点时,直接返回当前结点的最大值;否则,先比较当前结点的延迟置数信息,然后继续在子树中查询。那么回归到二维情形,在第一类线段树中,当查询的矩形 x 方向覆盖了当前结点时,返回在当前结点指向的记录最大值的第二类线段树中查询最大值的结果;否则,先比较当前结点指向的记录延迟信息的第二类线段树的查询结果,然后再在子树中继续查询,而在第二类线段树中的查询就和一维情况下差不多。图 6-49 所示给出了相应的程序描述。

```cpp
#include<cstdio>
using namespace std;

const int MaxN =1002;
struct SegmentTree{
    struct node {
        int l, r, lch, rch;
        int cover, val;
    }lt[MaxN<<1];
    int tot;

    void create(int L, int R)
    {
        int p =tot++;lt[p].l =L; lt[p].r =R;
        lt[p].cover =lt[p].val =0;
        if(L+1 ==R){
            lt[p].lch =lt[p].rch =- 1; return;
        }
        lt[p].lch =tot; create(L, (L+R)>>1);
        lt[p].rch =tot; create((L+R)>>1, R);
    }
    inline void setit(int N)
    {
        tot =0; create(0, N);
    }
    int get(int p, int L, int R)
    {
        if(L<=lt[p].l && lt[p].r<=R) return lt[p].val;
        int ret =lt[p].cover, m =(lt[p].l+lt[p].r)>>1;
        int tmp;
        if(L<m){
            tmp =get(lt[p].lch, L, R); if (tmp>ret) ret =tmp;
        }
        if(R>m){
            tmp =get(lt[p].rch, L, R); if (tmp>ret) ret =tmp;
        }
        return ret;
    }
    int query(int L, int R)
{
    return get(0, L, R);
}
```

```
void add(int p, int L, int R, int h)
{
    if (h>lt[p].val) lt[p].val =h;
    if(L<=lt[p].l && lt[p].r<=R){
        if (h>lt[p].cover) lt[p].cover =h;
        return;
    }
    int m =(lt[p].l+lt[p].r)>>1;
    if(L<m) add(lt[p].lch, L, R, h);
    if(R>m) add(lt[p].rch, L, R, h);
}
void cover(int L, int R, int H)
{
    add(0, L, R, H);
}
};
struct SegmentTree2D{
    struct node {
        int l, r, lch, rch;
        SegmentTree cover, val;
    }lt[MaxN<<1];
    int tot;

    void create(int L, int R, int M)
    {
        int p =tot++;lt[p].l =L; lt[p].r =R;
        lt[p].cover.setit(M); lt[p].val.setit(M);
        if(L+l ==R){
            lt[p].lch =lt[p].rch =- 1; return;
        }
        lt[p].lch =tot; create(L, (L+R)>>1, M);
        lt[p].rch =tot; create((L+R)>>1, R, M);
    }
    inline void setit(int N, int M)
    {
        tot =0; create(0, N, M);
    }
    int get(int p, int x1, int x2, int y1, int y2)
    {
        if (x1 <=lt[p].l && lt[p].r<=x2)
        return lt[p].val.query(y1, y2);
        int ret =lt[p].cover.query(y1, y2),
        m =(lt[p].l+lt[p].r)>>1;
        int tmp;
        if(x1 <m){
            tmp =get(lt[p].lch, x1, x2, y1, y2);
            if (tmp >ret) ret =tmp;
        }
        if(x2>m){
```

```
            tmp =get(lt[p].rch, x1, x2, y1, y2);
            if (tmp>ret) ret =tmp;
        }
        return ret;
    }
    int query(int x1, int x2, int y1, int y2)
    {
        return get(0, x1, x2, y1, y2);
    }
    void add(int p, int x1, int x2, int y1, int y2, int h)
    {
        lt[p].val.cover(y1, y2, h);
        if(x1<=lt[p].l && lt[p].r<=x2){
            lt[p].cover.cover(y1, y2, h);return;
        }
        int m =(lt[p].l+lt[p].r)>>1;
        if (x1<m) add(lt[p].lch, x1, x2, y1, y2, h);
        if (x2>m) add(lt[p].rch, x1, x2, y1, y2, h);
    }
    void cover(int x1, int x2, int y1, int y2, int H)
    {
        add(0, x1, x2, y1, y2, H);
    }
}T;
int N, M, Q;
int main()
{
    freopen("tet.in","r",stdin);freopen("tet.out","w",stdout);
    scanf("% d % d % d", &N, &M, &Q);
    T.setit(N,M);
    int x1, x2, y1, y2, d,s,w,h;
    while(Q-- ) {
        scanf("% d % d % d % d % d", &d, &s, &w, &x1, &y1);
        x2 =d+x1; y2 =s+y1; h =T.query(x1, x2, y1, y2); T.cover(x1, x2, y1, y2, h +w);
    }
    printf("% d\n", T.query(0, N, 0, M));
}
```

图 6-49　"3D 方块"问题求解的程序描述

【例 6-10】 Super Mario

问题描述:超级马里奥是一个举世闻名的管道工,他的跳跃能力让人们钦佩。在一条长度为 n 的道路上,在每个整数点 i 的位置都有一个高度为 hi 的障碍物。现在的问题是:假设马里奥可以跳跃的最高高度为 H,在道路的[L,R]区间内他可以跳跃过的障碍物有多少个(不要考虑他被挡住)?

输入格式:第一行是数据组数 T。对于每组数据,第一行包含两个整数 n, m (1<=n<= 10^5, 1<= m<= 10^5),数据之间用空格隔开,n 表示道路的长度,m 是询问的个数。第二行包含 n 个整数,用空格隔开,表示每个障碍物的高度,高度范围是[0, 1 000 000 000]。接着 m 行,每行

3 个整数 L、R、H(0<=L<=R<n,0<=H<=1 000 000 000)。

输出格式:对于每组数据,先输出"Case X:"(X 表示组数号),然后有 m 行,每行包含一个整数,其中第 i 行的整数表示第 i 个询问的答案。

输入样例:

1

10 10

0 5 2 7 5 4 3 8 7 7

2 8 6

3 5 0

1 3 1

1 9 4

0 1 0

3 5 5

5 5 1

4 6 3

1 5 7

5 7 3

输出样例:

Case1:

4

0

0

3

1

2

0

1

5

1

本题需要频繁询问区间内可以跳跃过的障碍物的个数。针对区间问题,自然联想到可以采用线段树解决;针对频繁询问要求,可以采用多棵线段树来解决。然而,考虑到空间复杂度及时间复杂度,显然,本题适合主席树问题求解的特点。因此,可以采用主席树进行求解。图6-50 所示给出了相应的程序描述。

```
#include<iostream>
#include<algorithm>
#include<vector>
using namespace std;
```

```
typedef long long ll;
const int maxn = 1e5 +5;
struct node {
    int l,r;
    int sum;
}tree[ maxn * 20 ];
int cnt, root[ maxn ], a[ maxn ];
vector<int>v;

int getid(int x)
{
    return lower_bound(v.begin(),v.end(),x)- v.begin()+1;
}
void build(int &u, int l, int r)
{
    u = ++cnt; tree[ u ].sum =0;
    if(l ==r) return ;
    int mid =(l+r)/2;
    build(tree[ u ].l,l,mid); build(tree[ u ].r,mid+1,r);
}
void update(int l, int r, int pre, int &now, int p)
{
    tree[ ++cnt ] =tree[ pre ];
    now =cnt; tree[ now ].sum++;
    if(l ==r) return ;
    int mid =(l+r)>>1;
    if(p<=mid)
        update(l,mid,tree[ pre ].l,tree[ now ].l,p);
    else
        update(mid+1,r,tree[ pre ].r,tree[ now ].r,p);
}
int query(int l, int r, int L, int R, int k)
{
    if(l ==r) return tree[ R ].sum- tree[ L ].sum;
    int mid =(l+r)>>1;
    if(k<=mid)
        return query(l,mid,tree[ L ].l,tree[ R ].l, k);
    else{
        ll ans =tree[ tree[ R ].l ].sum- tree[ tree[ L ].l ].sum;
        ans +=query(mid+1,r,tree[ L ].r,tree[ R ].r, k);
        return ans;
    }
}
int main()
{
    int T, cc =1;
    cin>>T;
    while(T-- ){
        int n,m;
```

```
cin>>n>>m; cnt =0;
for(int t =1;t<=n;t++) v.clear();
for(int t =1;t<=n;t++){
  cin>>a[t]; v.push_back(a[t]);
}
sort(v.begin(),v.end());
v.erase(unique(v.begin(),v.end()),v.end());
build(root[0], 1,n);
for(int t =1;t<=n;t++)
  update(1,n,root[t-1],root[t],getid(a[t]));
int x, y, k;
cout>>"Case ">>cc++>>":\n");
while(m-- ){
  cin>>x>>y>>k;
  k =upper_bound(v.begin(),v.end(), k)- v.begin();
  if(k ==0){ puts("0"); continue; }
    x++; y++;
  cout<<query(1,n,root[x-1],root[y], k)<<"\n";
}
}
return 0;
}
```

图 6-50 "Super Mario"问题求解的程序描述

6.5.2 树状数组及其应用

树状数组(也称为二进制索引树,Binary Indexed Tree)基于二进制位权对原始数据序列进行子集划分,并将所有子集构成逻辑上的树状结构,由此利用树状结构的优点来处理相应的区间问题。尽管逻辑上呈现出树状形态,但物理实现仍然是数组(即所谓的树状数组)。图6-51所示给出了相应的解释。

显然,树状数组也是用来处理区间问题的(更准确地,主要是处理前缀区间以及维护区间和问题。其他区间可以转换为前缀区间的表示)。相对于线段树结点维度的显式拓展,树状数组对结点维度的拓展是隐式的,也就是说,结点结构本身并没有拓展(不包含区间标识,仅仅是包含与应用语义相对应的数据域),但其(下标)隐含了区间标识。

由图 6-51 可知,子集的元素个数与子集号(下标)二进制表示中最低位"1"所代表的位权存在对应关系。因此,树状数组构建及相关基本维护操作的实现可以采用"低位技术"(Lowbit,即充分利用位运算通过下标得到其二进制表示中最低位"1"对应的权值),具体解析如图 6-52 所示。由于树状数组相关维护操作都是建立在子集号(下标)基础上,结合 Lowbit 技术可知,这就是树状数组称为二进制索引树的原因所在。

基于"低位技术",可以实现各种相应的基本维护操作。

● 查询前缀和区间查询 1

由图 6-51 中的查询树可知,查询前缀区间和的程序描述如图 6-53 所示。

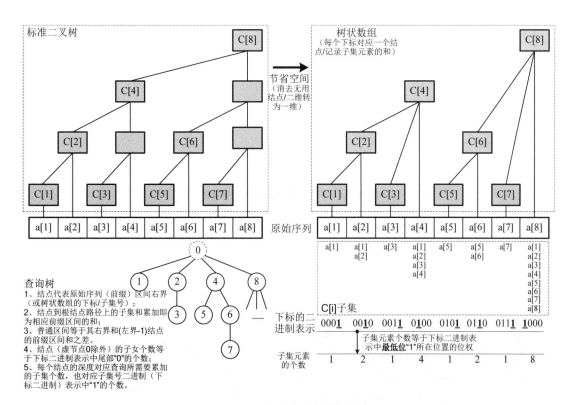

图 6-51　长度为 8 的树状数组

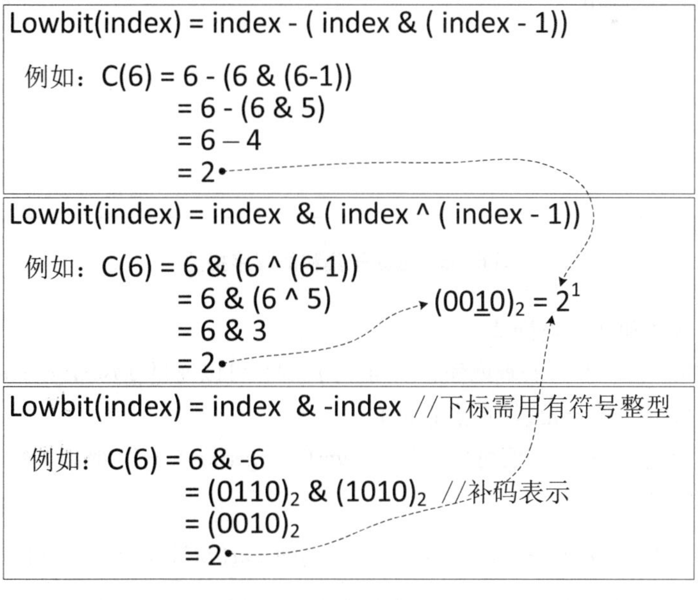

Lowbit(index) = index - (index & (index - 1))

　例如：C(6) = 6 - (6 & (6-1))
　　　　　　 = 6 - (6 & 5)
　　　　　　 = 6 - 4
　　　　　　 = 2•- - - - - - - - - - - - - - - -

Lowbit(index) = index & (index ^ (index - 1))

　例如：C(6) = 6 & (6 ^ (6-1))
　　　　　　 = 6 & (6 ^ 5)
　　　　　　 = 6 & 3
　　　　　　 = 2•- - - →(00$\underline{1}$0)$_2$ = 2^1

Lowbit(index) = index & -index //下标需用有符号整型

　例如：C(6) = 6 & -6
　　　　　　 = (0110)$_2$ & (1010)$_2$ //补码表示
　　　　　　 = (0010)$_2$
　　　　　　 = 2•- - - - - - - - - - -

图 6-52　Lowbit 技术原理(由下标/子集号得到子集元素个数)

```
int getsum(int i)
{ //求前缀区间[1, i]的和(即a[1]～a[i]的和)
   int res =0;
   while(i>0){
     res +=c(i);
     i- =lowbit(i);
   }
   return res;
}
```

图6-53　求前缀区间和的程序描述

• 修改子集和单点更新

由于需要维护的"修改"是针对数组a的单个元素,因此,需要知道哪些子集包含了这个被修改的元素。与查询树类似,可以给出如图6-54所示的"更新树",通过该树可知,当一个元素改变时,该元素在树中对应结点的所有祖先结点都需要作相应的更改。因此,只要加上 $lowbit(i)$ 即可(即找到当前下标i对应结点的父结点下标)。由于树的深度至多是 $\log_2 n$,因此,修改操作的时间复杂度也是 $O(\log_2 n)$ 。图6-55所示给出了相应的程序描述。

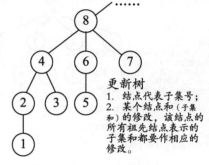

图6-54　更新树

更新树
1. 结点代表子集号;
2. 某个结点和(子集和)的修改,该结点的所有祖先结点表示的子集和都要作相应的修改。

```
void Change(int i, int delta)
{
   while(i<=n){
     c[i] +=delta;
     i+=lowbit(i);
   }
}
```

图6-55　修改子集和的程序描述

• 查询任意区间和区间查询2

由图6-51中的查询树可知,查询任意区间 $[i, j]$ 的和可以通过 $getsum(j)-getsum(i-1)$ 得到。

• 查询原始数组的某个元素(单点查询)

基于前缀和的概念, $a[i]$ 的值可以通过 $getsum(i)-getsum(i-1)$ 得到。然而,利用查询树,可以得到更巧妙的方法:

$$a[i] = c[i] - (getsum(i-1) - getsum(LCA(i, i-1)))$$

其中, LCA 为最近公共祖先。此时,整个操作相当于只进行了一次查询,图6-56所示给出了相应的程序描述。

```
int GetValue(int i)
{
    int ans =c[i];
    int lca =i- lowbit(i);
    -- i;
    while(i !=lca){
        ans- =c[i];
        i- =lowbit(i);
    }
    return ans;
}
```

图 6-56　求原始的 a[i]的程序描述

- 查询某个前缀和对应的前缀下标

如果原始数组的元素非负,则前缀和随着下标单调递增。因此,可以利用二分查询来解决(时间复杂度为 $O((\log_2 n)^2)$)。事实上,利用查询树,可以做进一步优化。由图 6-51 可知,下标为 2 的幂次的子集包含了从最开始元素到自己的所有元素。因此,可以通过一种改进的二分查找来处理查询过程,即通过二分步长 step 来进行二分查找。此时,可以发现其最多执行 $\log_2 n$ 次。图 6-57 所示给出了相应的程序描述。

```
int GetIndex(value)
{
    int i =0;
    int step =log(n);
    while(step !=0){
        int j =i+step;
        if(value>=c[j]){
            i =j; value- =c[j];
        }
        step /=2;
    }
    return i;
}
```

图 6-57　查询前缀和对应的前缀下标的程序描述

- 构建树状数组(初始化)

大多数情况下原始数组 a 一开始并不全是 0,那么,如何初始化树状数组? 一种显而易见的方法是,将原始数组中的元素一个个添加进树状数组,此时,预处理时间复杂度为 $O(n\log_2 n)$。事实上,可以采用如下更为巧妙的方法:因为 c[i] = a[i-lowbit(i)+1]+…+a[i],所以,只需要一开始再维护一个前缀和的数组 pre[x] = a[1]+a[2]+…a[x],这样 c 数组就可以初始化为c[i] =pre[i]-pre[i-lowbit(i)]。特别地,如果原始数组一开始全是 1,那么 c[i]的值就是 lowbit(i)。

- 成倍扩张/缩减原始数组(全区间更新)

如果要让原始数组 a 中所有元素都变为原来的一半,应该怎样操作呢? 一种方法是将数组 a 修改之后再重新构建一个树状数组;另一种方法是通过原地修改来实现:按倒序直接将树状数组中所有值除以 2(因取整运算的原因,顺序修改会造成不连续),即 for(int i = n; i> 0; −−i) Change(i, −GetValue(i)/2)。

树状数组的特点是,可以充分利用二进制位权及位运算进行相关的操作,其修改和查询的时间复杂度都是 $O(\log n)$。 尽管树状数组可以解决的问题都可以通过线段树来解决,并且两者具有相同的时间复杂度,但相对于线段树而言,树状数组时间复杂度的系数明显较优,并且复杂度大大降低,相关操作也有较优表现,对于简单的区间问题具有较好的性价比。另外,树状数组的空间消耗要远远小于线段树(参见图 6-40 和图 6-51)。当然,因其功能有限,遇到复杂的区间问题还是不能解决(例如:处理区间最值问题)。因此,树状数组可以看作是线段树的一种退化或简化。

树状数组也可以进一步做维拓展,非常容易扩展到高维。例如:针对二维数据组织结构——矩阵的相关区间问题的处理,可以采用二维树状数组实现。相对于难以拓展到高维的线段树而言,树状数组又多了一个较大的优势。

针对任意区间的更新(部分更新原始数组),本质上可以看作是对树状数组的一种阶拓展。具体解析如下:对于将区间[i,j]内的所有值都加上 k 或者减去 k,如果采用常规方法,就必须把区间[i,j]内每个值都更新,显然,这样的复杂度肯定行不通(参见修改子集和/单点更新)。事实上,可以通过拓展树状数组方法,不再用原始数据序列构建树,而是通过原始序列数据之间的差分来建树。首先,引入一个辅助的差分数组 d,d[i] = a[i]−a[i−1],反之,a[i] 就等于 d[i] 的前缀和。然后,以差分数组 d 作为原始数据序列构建树状数组。因为对原始数据组列 a 的区间[i, j]加 k,就相当于 a[i] 比 a[i−1] 大 k,a[j+1] 比 a[j] 小 k,这等于对 a[i] 加 k,对 a[j+1] 减 k。因此,这就将原来更新一个区间的值转变成了只需要更新两个点的值,可以利用树状数组的修改子集和/单点更新操作实现。因为 a[i] 等于 d[i] 的前缀和,所以 a[i]+k 就相当于对 d[i] 的前缀和加 k,同理,a[j+1]−k 等于 b[j+1] 的前缀和减 k,因此,对 a[i] 的访问就是查询前缀和(getsum[i])。图 6-58 所示给出了程序描述及相应解析。

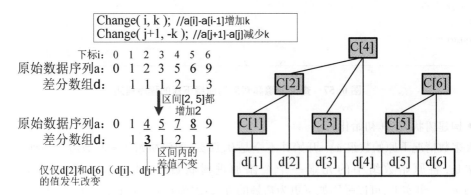

图 6-58　任意区间更新

显然,相对于以原始数据序列 a 构建树状数组并操作其前缀和,以数组 d 作为新的原始数据序列构建树状数组,并以原来的原始数据序列 a 作为其前缀和,具有显式的阶拓展特征(面向 d 的树状数组 c1→前缀和操作 a[i]→面向 a 的树状数组 c2→前缀和操作)。

例 6-11 给出了树状数组的应用示例,例 6-12 所示给出了二维树状数组的应用示例。

【例 6-11】 逆序对

问题描述:给定 n 个数,每个数 a[i] 都是不超过 109 的非负整数。求其中逆序对的个数(满足 1≤i<j≤n 并且 a[i]>a[j] 的数对(i, j)的个数)。

输入格式:第一行一个正整数 n(1≤n≤100 000),代表数的个数。接下来一行 n 个整数,代表待处理的数列,数据之间用空格隔开。

输出格式:一行一个整数,代表逆序对的个数。

输入样例:

5

2 3 1 5 4

输出样例:

3

(数据限制:有 20% 的数据,n 不超过 2 000。时间限制为 1 秒,空间限制为 256MB)

本题求解的是逆序对的个数,显然是一种"统计和"。如果直接统计,时间复杂度为 $O(n^2)$,对于大规模数据集显然超时。事实上,逆序对本身涉及两个数据,其位置是一个区间。进一步,区间存在重叠(重叠区间的左界相同),不符合基本分治的原理。因此,不适宜采用基于线段树的方法。由"区间""(左界相同)区间重叠"和"统计和",自然联想到前缀和概念,因此,可以采用树状数组求解。具体解析如下:

由于只关心两个数之间的大小关系,其具体数值并不重要,因此,为了处理方便,将输入的 n 个数进行离散化,即按照大小关系把 a[1] 到 a[n] 映射到 1 到 Num 之间的数(Num 为不同数的个数),保证仍然满足原有的大小关系。这样就将问题转换为一种等价的表述方式,即对于 a[i],在 a[i] 后面的数中有多少个比 a[i] 小。显然,该问题求解满足经典树状数组模型的应用特征(倒序求前缀和)。因此,从第 n 个数开始倒序处理,用树状数组方法维护一个 cnt 数组,其前缀和 getsum(x) 表示到当前处理的第 i 个数为止,映射后值在 1 到 x 之间的数一共有多少个。假设 a[i] 映射后的值为 y,那么比 a[i] 小的数的个数就等于 getsum(y-1)。对于维护,只需要在该次查询结束后在 y 这个位置执行树状数组的修改操作即可,即 Change(y, 1)。整个算法的时间复杂度为 $O(n\log_2 n)$。图 6-59 所示给出了相应的程序描述。

```cpp
#include<cstdio>
#include<cstring>
#include<algorithm>
const int MAXN =100000;
using namespace std;
struct node {
    long long v;
    int id;
    bool operator<(const node& p) const
    { return v<p.v; }
};
node a[MAXN+10];
long long c[MAXN+10];
```

```
long long b[MAXN+10];
int n;

inline int lowbit(int i)
{
    return i &- i;
}
long long getsum(int i)
{
    long long ans =0;
    while(i){
        ans +=c[i]; i- =lowbit(i);
    }
    return ans;
}
void Change(int i)
{
    while(i<=n){
        c[i]++; i+=lowbit(i);
    }
}
int main()
{
    freopen("inversions.in", "r", stdin);
    freopen("inversions.out", "w", stdout);
    scanf("%d", &n);
    memset(a, 0, sizeof(a)); memset(c, 0, sizeof(c)); memset(b, 0, sizeof(b));
    for(int i =1; i<=n;++i){
        scanf("%lld", &(a[i].v));
        a[i].id =i;
    }
    sort(a+1, a+n+1);
    int pre =- 1;
    int prevalue =0;
    for(int i =1; i<=n;++i){
        if(pre !=a[i].v){
            pre =a[i].v; a[i].v =++prevalue;
        }
        else
            a[i].v =prevalue;
    }
    for(int i =1; i<=n;++i)
        b[a[i].id] =a[i].v;
    long long s =0;
    for(int i =n; i>=1;-- i){
        Change(b[i]); s+=getsum(b[i]- 1);
    }
    printf("%l64d\n", s);
    return 0;
}
```

图 6-59　求"逆序对"问题的程序描述

【例 6-12】　移动电话

问题描述：假设某个区域中的第四代移动电话基站按如下方式运行：这个地区被分成正方形，这些正方形形成一个 S∗S 矩阵，行和列的编号从 0 到 S-1，每个方块包含一个基站。由于手机从一个方块移动到另一个方块，或是一部手机处于开机或关机状态，所以方块内的活动手机数量可能会发生变化。每个基站有时会向主基站报告活动电话数量的变化以及矩阵的行和列。

请你编写一个程序，它接收这些报告并回答关于任何矩形区域中当前活动手机总数的查询。

输入格式：输入编码如表 6-2 所示，每个输入都在一个单独的行中，由一个指令整数和多个参数整数组成，数据之间用空格隔开。

表 6-2　指令表

指令编码	参数	含义
0	S	初始化 S∗S 矩阵为 0
1	X Y A	将矩阵(X, Y)处的活动电话数量加 A，A 为正数或负数
2	L B R T	查询子矩阵(L, B)~(R, T)中的当前活动电话数量
3		结束程序

说明：所有给定的值总是在范围内，所以不需要检查它们。特别是，如果 A 为负，可以假定它不会将区域的值减小到零以下。下标从 0 开始，例如，对于大小为 4∗4 的表，则 0<=X<=3 和 0<=Y<=3。1<=S<=1 024，0<=V（单元格值）<=32 767，-32 768<=A（更新金额）<=32 767，3<=U（输入指令数）<=60 002，M（整表最大电话数）= 2^{30}。

输出格式：你的程序不应该对编码为 2 以外的指令行进行任何应答。如果指令编码是 2，则你的程序应该通过将答案作为包含单个整数的单行写入标准输出来回答查询。

输入样例：

0 4
1 1 2 3
2 0 0 2 2
1 1 1 2
1 1 2 -1
2 1 1 2 3
3

输出样例：

3
4

依据题意，本题涉及频繁的更新和查询操作，而且查询涉及区间（子矩阵），因此满足区间问题处理的基本特征；并且，其查询的目标仅仅是电话数量（即统计和），因此，符合树状数组方法的处理模型。然而,在此区间是子矩阵,显然是一个二维区间问题,需要拓展基本的树状数组方法,构建二维的树状数组方法。

二维树状数组方法的本质是,对原始数据序列的每行,用一个树状数组表示;然后,对每行的树状数组再构建一次树状数组。在此,前者是维拓展(应用),后者是阶拓展(应用)。具体原理解析如图 6-60 所示。

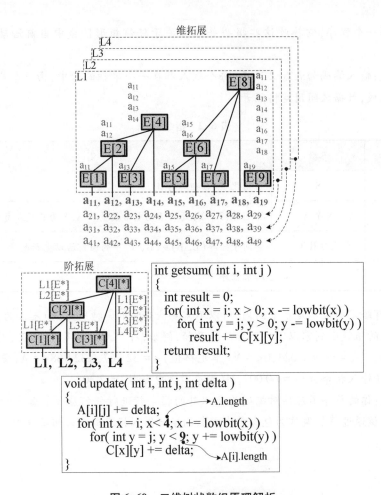

图 6-60 二维树状数组原理解析

本题是二维树状数组的具体应用实例,属于树状数组的"单点更新、区间查询"问题模型,其相应的程序描述如图 6-61 所示。

```cpp
#include<stdio.h>
#include<iostream>
#include<algorithm>
#include<cmath>
#include<cstring>
using namespace std;

const int maxn =1100;
```

```
int s;
long long A[maxn][maxn];
long long Tree[maxn][maxn];

int lowbit(int x) { return x&(-x); }
void Change(int x, int y, long long value)
{
  if(A[x][y]+value<0) value =- A[x][y];
  A[x][y]+=value;
  for(int i=x; i<=s; i+=lowbit(i))
    for(int j=y; j<=s; j+=lowbit(j))
      Tree[i][j]+=value;
}
long long getsum(int x, int y)
{
  int ans =0;
  for(int i=x; i>=1; i- =lowbit(i))
    for(int j=y; j>=1; j- =lowbit(j))
      ans+=Tree[i][j];
  return ans;
}
int main()
{
  int op;
  while(~scanf("% d", &op)){
  if(op ==3) break;
  else if(op ==0){
    scanf("% d", &s);
    memset(A, 0, sizeof(A));
    memset(Tree, 0, sizeof(Tree));
  }
  else if(op ==1){
      int x, y;
      long long value;
      scanf("% d% d% lld", &x, &y, &value);
      Change(x+1, y+1, value);
    }
    else {
      int L, B, R, T;
      scanf("% d% d% d% d", &L, &B, &R, &T);
      long long sum =0;
      sum+=getsum(R+1, T+1);
      sum- =getsum(L, T+1);
      sum- =getsum(R+1, B);
      sum+=getsum(L, B);
      printf("% lld\n", sum);
    }
  }
  return 0;
}
```

图 6-61 "移动电话"问题求解的程序描述

6.6 背包问题求解方法的拓展及思维进阶

背包问题是一种应用形态,本质上也是一种最优化问题(组合优化),它将目标函数对应一个背包装入物品后的"最大收益",将约束条件对应背包的容量、重量或体积等以及物品的使用规则,然后通过对物品数量和价值的不同组合来求解最优解。背包问题可以采用搜索、贪心及动态规划策略来解决(分治法不适合,因为子问题解综合时无法处理),第 4 章针对基础的 0-1 背包,采用贪心策略给予了解析,在此,考虑通过动态规划策略进行处理。依据物品数量、价值或体积以及使用规则,背包问题可以拓展出各种各样的模型和方法,其思维进阶也比较显著。图 6-62 所示给出了背包问题的思维进阶图。

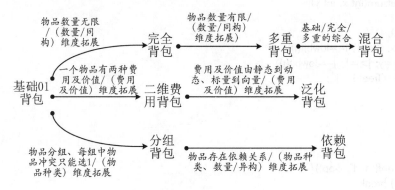

图 6-62 背包问题的思维进阶图

背包问题显然可以通过搜索优化和动态规划这两种有效策略来解决,分治和贪心不适合背包问题求解(分治无法进行合理的综合,贪心明显会存在反例)。随着物品的增加,搜索优化策略显然效率较差,因此,背包问题通常以动态规划方法作为主算法。

6.6.1 典型背包问题模型

1. 0-1 背包

0-1 背包是最基础的背包问题模型,其每种物品的数量为 1,可以选择不放或放(即 0-1)。0-1 背包的模型如公式 6-1 所示。

$$最大化 \sum_{j=1}^{n} p_j x_j \tag{6-1}$$

$$约束 \sum_{j=1}^{n} w_j x_j \leqslant W \qquad x_j \in \{0, 1\}$$

其中,n 为物品的种类数,w_j 和 p_j 分别为第 j 种物品的重量(或容量)和价格(或价值),W 为背包所能承受的最大重量(或容量)。

如果按照物品的顺序逐个考虑,背包问题显然具有阶段单调性特征,并且满足动态规划方法的要求。用 $f[i][v]$ 表示前 i 件物品恰好放入一个容量为 v 的背包可以获得的最大价值(即满足公式 6-1 中的约束等于 W)。则其状态转移方程如公式 6-2 所示。

$$f[i][v] = \max\{ f[i-1][v], f[i-1][v-w[i]] + v[i] \} \tag{6-2}$$

其中,$f[i-1][v]$ 和 $f[i-1][v-w[i]]+v[i]$ 分别表示第 i 件物品放与不放两种状态的最大价值。也就是说,将前 i 件物品放入容量为 v 的背包中这个子问题,可以转化为一个只牵扯前 $i-1$ 件物品的问题。如果不放第 i 件物品,那么问题就转化为"前 $i-1$ 件物品放入容量为 v 的背包中,价值为 $f[i-1][v]$;如果放第 i 件物品,那么问题就转化为前 $i-1$ 件物品放入剩下的容量为 $v-w[i]$ 的背包中,此时能获得的最大价值就是 $f[i-1][v-w[i]]$ 再加上通过放入第 i 件物品获得的价值 $v[i]$。最终的 $f[i][v]$ 即是问题的最优解。 图 6-63 所示给出了相应的程序描述。

```cpp
#include<iostream>
#include<algorithm>
#include<vector>
using namespace std;

struct Item { //物品定义
    int id, weight, value; //编号,重量,价值
    Item(){}
    Item(inti, int w, int v) : id(i), weight(w), value(v){}
};
const int n =1000, C =900; // 物品个数、背包所能承受的最大重量
int f[n+1][C+1];
std::vector<Item>allItems;//所有的物品
std::vector<Item>selectedItems;//装入背包的物品
intmaxValue =0;      //能够装入背包的最大价值

void Result()// 输出解的具体方案
{
    Int currentWeight =C;
    for(int i =n; i>0 && currentWeight>0; i-- ) {
        if(f[i][currentWeight] ==f[i-1][currentWeight- allItems[i].weight] +allItems[i].value){
            selectedItems.push_back(allItems[i]); currentWeight- =allItems[i].weight;
        }
    }
}
void Knapsack()
{
    for(int i=1; i<=n; i++) { // 考虑每个物品(动态规划的阶段推进)
        for(int j =0; j<allItems[i].weight; j++)//
            f[i][j] =f[i-1][j];
        for(int j =allItems[i].weight; j<=C; j++)
            f[i][j] =max(f[i-1][j], f[i-1][j- allItems[i].weight] +allItems[i].value);
    }
    maxValue =f[n][C]; Result();
}
int main()
{
    memset(f, 0, sizeof(f)); allItems.push_back(Item(0, 0, 0));
    int w, v;
    for(int i =0; i<n; i++) {
```

```
    cin>>w>>v; allItems.push_back(Item(i+1, w, x));
  }
  Knapsack();
  for(size_t i=0; i<selectedItems.size(); i++)
    cout<<"物品编号:"<<selectedItems[i].id
        <<"重量:"<<selectedItems[i].weight
        <<"价值:"<<selectedItems[i].value<<std::endl;
    cout<<"背包最大价值:"<<maxValue;
  return0;
}
```

图 6-63 "0-1背包"问题求解的程序描述

此时,算法的时间和空间复杂度均为 $O(N*V)$。尽管时间复杂度基本不能再优化,但空间复杂度却可以优化到 $O(V)$。具体方法是将公式 6-2 通过空间压缩变换为 $f[v] = max\{f[v], f[v-w[i]] + v[i]\}$。由于公式 6-1 中的约束条件为 $\leq W$,因此,$f[v]$ 有意义当且仅当存在一个前 i 件物品的子集,其费用总和为 $f[v]$。否则,按此转移方程递推完毕后,最终的答案并不一定是 $f[N][V]$,而是 $f[N][0..V]$ 的最大值。如果考虑将"恰好"字样去掉(即对应 $<W$),则在转移方程中就应再加入一项 $f[v-1]$,从而可以保证 $f[N][V]$ 就是最后的答案。其原因在于:基础背包问题的具体实现一般都有一个主循环 $i = 1..N$,每次计算出来二维数组 $f[i][0..V]$ 的所有值。然而,依据空间压缩后的状态转移方程,如果只用一个数组 $f[0..V]$,是否能保证第 i 次循环结束后 $f[v]$ 中表示的就是定义的状态 $f[i][v]$ 呢? 由于 $f[i][v]$ 是由 $f[i-1][v]$ 和 $f[i-1][v-c[i]]$ 两个子问题递推而来,那么能否保证在推 $f[i][v]$ 时(也即在第 i 次主循环中推 $f[v]$ 时)能够得到 $f[i-1][v]$ 和 $f[i-1][v-c[i]]$ 的值呢? 事实上,这要求在每次主循环中以 $v = V..0$ 的顺序推 $f[v]$,这样才能保证推 $f[v]$ 时 $f[v-c[i]]$ 保存的是状态 $f[i-1][v-c[i]]$ 的值,其伪代码如下:

for i = 1..N

for v = V..0

f[v] = max{f[v], f[v-c[i]]+w[i]};

其中的 $f[v] = max\{f[v], f[v-c[i]]\}$ 恰好相当于转移方程 $f[i][v] = max\{f[i-1][v], f[i-1][v-c[i]]\}$,因为现在的 $f[v-c[i]]$ 就相当于原来的 $f[i-1][v-c[i]]$。如果将 v 的循环顺序从上面的逆序改成顺序的话,则成了 $f[i][v]$ 由 $f[i][v-c[i]]$ 推知,与本题意不符。

事实上,基础的背包模型隐含了两种不同的问法,即要求"恰好装满背包"时的最优解和没有要求必须把背包装满(分别对应约束条件 $=W$ 和 $<W$)。因此,两种问法实现方法的边界初始化有所不同。对于要求"恰好装满背包",在初始化时除了 $f[0]$ 为 0,其他 $f[1..V]$ 均应设为 $-\infty$;如果并没有要求必须把背包装满,而是只希望价值尽量大,则初始化时应该将 $f[0..V]$ 全部设为 0。其原因在于:初始化的 f 数组事实上就是在没有任何物品可以放入背包时的合法状态。如果要求背包恰好装满,那么此时只有容量为 0 的背包可能被价值为 0 的 nothing"恰好装满",其他容量的背包均没有合法的解,属于未定义的状态,它们的值就都应该是 $-\infty$;如果背包并非必须被装满,那么任何容量的背包都有一个合法解"什么都不装",这个解的价值为 0,所以初始时状态的值也就全部为 0。

考虑到基础背包模型的实现,特别是使用一维数组求解 0-1 背包的方法,在其他拓展背包模型中需要多次使用,因此,可以将处理一件 0-1 背包中物品的方法抽象为一个函数 ZeroOnePack(伪代码如图 6-64a 所示),其中参数 cost、weight 分别表示该件物品的价值和重量。于是,0-1 背包问题的求解的伪代码如图 6-64b 所示。

```
void ZeroOnePack(cost,weight)
{
  for v =V..cost   // 优化:价值为 cost 的物品不会影响状态 f[0..cost- 1]
    f[v] =max{f[v], f[v- cost] +weight}
}
```

a) 0-1 背包(处理一件物品)

```
for i =1..N
  ZeroOnePack(c[i],w[i]);
```

b) 0-1 背包问题求解

图 6-64　0-1 背包问题求解的伪代码

2. 完全背包

完全背包拓展了基础背包问题中每种物品的数量,使每种物品都可以有无限件可用。

对于完全背包,基本求解思路仍然是可以采用与 0-1 背包问题相似的解题方法,即从每种物品的角度考虑,令 $f[i][v]$ 表示前 i 种物品恰好被放入一个容量为 v 的背包的最大价值,则状态转移方程如公式 6-3 所示。

$$f[i][v] =\max\{f[i-1][v-k*c[i]] + k*w[i]\}\quad 0<=k*c[i]<=v \quad (6-3)$$

其中,$c[i]$ 为当前物品 i 的价值,$w[i]$ 为当前物品 i 的重量,k 表示取当前物品 i 的件数。

在此,尽管与 0-1 背包问题一样有 $O(N*V)$ 个状态需要求解,但求解每个状态的时间已经不是常数,求解状态 $f[i][v]$ 的时间是 $O(v/c[i])$,总的复杂度超过 $O(V*N)$。

针对完全背包问题,有一个简单有效的优化,具体是:若两件物品 i、j 满足 $c[i]<=c[j]$ 且 $w[i]>=w[j]$,则将物品 j 去掉,不用考虑。因为在任何情况下都可将价值小费用高的 j 换成物美价廉的物品 i,得到至少不会更差的方案。由此,对于随机生成的数据,该方法往往会大大减少物品的种类数,从而加快速度。然而,该方法并不能改善最坏情况的复杂度,因为有可能特别设计的数据使得一种物品都去不掉。该优化方法可以通过简单的 $O(N^2)$ 的方法实现,一般都可以承受。另外,针对背包问题而言,比较不错的一种方法是:首先将费用大于 V 的物品去掉,然后使用类似计数排序的做法,计算出费用相同的物品中价值最高的是哪个,该优化方法可以通过 $O(V+N)$ 的方法完成。

另外,也可以将完全背包问题转化为 0-1 背包问题来解。最简单的方法是将一种物品拆成多件物品。因为第 i 种物品最多可以选 $V/c[i]$ 件,因此可以把第 i 种物品转化为 $V/c[i]$ 件费用及价值均不变的物品,然后求解这个 0-1 背包问题。此时,这种基本思路的时间复杂度完全没有改进。更高效的转化方法是,把第 i 种物品拆成费用为 $c[i]*2^k$、价值为 $w[i]*2^k$ 的若干件物品,其中 k 满足 $c[i]*2^k<=V$。显然,这是采用二进制的思想,因为不管最优策略选几

件,第 i 种物品总可以表示成若干个 2^k 件物品的和。这样把每种物品拆成 $O(\log(V/c[i]))$ 件物品,得到一个较大的改进。

事实上,可以有更优的 $O(V*N)$ 的算法,该算法使用一维数组,其伪代码如下:

```
for i =1..N
  for v =0..V
    f[v] =max{f[v], f[v- cost] +weight}
```

显然,与求解基础的 0 - 1 背包问题的伪代码相比,只有 v 的循环次序不同而已。原因在于:0 - 1 背包问题中,按照 $v = V..0$ 的逆序进行循环的目的就是要保证第 i 次循环中的状态 $f[i][v]$ 是由状态 $f[i-1][v-c[i]]$ 递推而来。也就是说,这正是为了保证每件物品只选一次,保证在考虑"选入第 i 件物品"这件策略时,依据的是一个绝无已经选入第 i 件物品的子结果 $f[i-1][v-c[i]]$。然而,现在完全背包的特点恰恰是每种物品可选无限件,所以在考虑"加选一件第 i 种物品"这种策略时,却正需要一个可能已选入第 i 种物品的子结果 $f[i][v-c[i]]$,因此就可以并且必须采用 $v = 0..V$ 的顺序循环。

该算法也可以以另外的思路得出。例如:将基本思路中的状态转移方程等价地变形为如公式6-4所示。

$$f[i][v] = \max\{f[i-1][v], f[i][v-c[i]] + w[i]\} \tag{6-4}$$

此时,将这个方程用一维数组实现即可。最后,抽象出处理一件完全背包类物品的过程伪代码,如图6-65所示。

```
void CompletePack(cost,weight)
{
  for v =cost..V
    f[v] =max{f[v], f[v- cost] +weight}
}
```

图 6-65 完全背包(处理一件物品)问题求解的伪代码

3. 多重背包

多重背包也是拓展了基础背包问题中每种物品的数量,使每种物品最多可以有 $n[i]$ 件可用。

对于多重背包问题,基本求解方法是与完全背包问题类似,只需将完全背包问题的方程略微改变即可。因为对于第 i 种物品有 $n[i]+1$ 种策略:取 0 件,取 1 件 …… 取 $n[i]$ 件。令 $f[i][v]$ 表示前 i 种物品恰好放入一个容量为 v 的背包的最大权值,则有状态转移方程:

$$f[i][v] = \max\{f[i-1][v-k*c[i]] + k*w[i] \mid 0 <=k <=n[i]\}$$

此时,时间复杂度是 $O(V*\Sigma n[i])$。

对于多重背包,另一种较好的基本方法是将其转化为 0 - 1 背包求解,具体是:把第 i 种物品换成 $n[i]$ 件 0 - 1 背包中的物品,则得到了物品数为 $\Sigma n[i]$ 的 0 - 1 背包问题,直接求解即可,此时复杂度仍然是 $O(V*\Sigma n[i])$。

然而,将它转化为 0 - 1 背包问题之后期望能够像完全背包一样降低复杂度。于是,仍然考虑二进制的思想,希望将第 i 种物品换成若干件物品,使得原问题中第 i 种物品可取的每种策略——取 $0..n[i]$ 件均能等价于取若干件替换以后的物品。另外,取超过 $n[i]$ 件的策略必不能出现。具体方法是,将第 i 种物品分成若干件物品,其中每件物品有一个系数,这件物品的费用和价值均是原来的费用和价值乘以这个系数。使这些系数分别为 $1, 2, 4, ..., 2^{(k-1)}$,$n[i] - 2^k + 1$,且 k 是满足 $n[i] - 2^k + 1 > 0$ 的最大整数。例如:如果 $n[i]$ 为 13,就将这种物品分成系数分别为 $1, 2, 4, 6$ 的四件物品。分成的这几件物品的系数和为 $n[i]$,表明不可能取多于 $n[i]$ 件的第 i 种物品。另外,这种方法也能保证对于 $0..n[i]$ 间的每一个整数,均可以用若干个系数的和表示(该证明可以分 $0..2^k - 1$ 和 $2^k..n[i]$ 两段来分别讨论得出)。因此,这样就将第 i 种物品分成了 $O(\log n[i])$ 种物品,将原问题转化为了复杂度为 $O(V * \Sigma \log n[i])$ 的 0-1 背包问题,使得时间复杂度得到很大的改进。图 6-66 所示是处理一件多重背包中物品的过程,其中 amount 表示物品的数量。

```
void MultiplePack(cost,weight,amount)
{
  if cost * amount>=V{
    CompletePack(cost,weight);
    return;
    int k =1;
    while k<amount{
      ZeroOnePack(k * cost, k * weight);
      amount =amount- k;
      k=k * 2;
    }
  }
}
```

图 6-66　多重背包(处理一件物品)问题求解的伪代码

另外,多重背包问题同样有 $O(V * N)$ 的算法,该算法基于基本算法的状态转移方程,但应用单调队列使每个状态的值可以以均摊 $O(1)$ 的时间求解(参见第 6 章动态规划优化方法)。

4. 混合背包

混合背包是指将 0-1 背包、完全背包和多重背包混合起来,即有的物品只可以取一次(0-1 背包),有的物品可以取无限次(完全背包),有的物品可以取的次数有一个上限(多重背包)。

考虑到 0-1 背包和完全背包的伪代码只有一处不同,故如果只有两类物品:一类物品只能取一次,另一类物品可以取无限次,即 0-1 背包与完全背包的混合问题,那么只需在对每个物品应用转移方程时,根据物品的类别选用顺序或逆序的循环即可,复杂度是 $O(V * N)$。相应的伪代码如下:

```
for i =1..N
  if 第 i 件物品是 0-1 背包
    for v =V..0
      f[v] =max{f[v], f[v- c[i]] +w[i]};
  else if 第 i 件物品是完全背包
    for v =0..V
      f[v] =max{f[v], f[v- c[i]] +w[i]};
```

如果再加上有的物品最多可以取有限次,即再加上多重背包,那么原则上也可以给出 $O(VN)$ 的方法,既遇到多重背包类型的物品用单调队列求解即可。如果不采用单调队列优化状态转移,则将每个这类物品分成 $O(\log n[i])$ 个 0-1 背包的物品的方法也可以。当然,更清晰的写法是调用前面给出的三个相关过程,伪代码如下:

```
for i=1..N
  if 第 i 件物品是 0-1 背包
    ZeroOnePack(c[i],w[i])
    else if 第 i 件物品是完全背包
        CompletePack(c[i],w[i])
    else if 第 i 件物品是多重背包
    MultiplePack(c[i],w[i],n[i])
```

5. 二维费用背包

二维费用背包问题拓展了物品的费用,即每件物品具有两种不同的费用,如果选择这件物品必须同时付出这两种代价,对于每种代价都有一个可付出的最大值(背包容量)。

对于二维费用背包,费用增加了一维,只需状态也加一维即可。设 $f[i][v][u]$ 表示前 i 件物品付出两种代价分别为 v 和 u 时可获得的最大价值,于是,状态转移方程如公式 6-5 所示。

$$f[i][v][u] = \max\{f[i-1][v][u], f[i-1][v-a[i]][u-b[i]] + w[i]\} \quad (6\text{-}5)$$

与 0-1 背包求解时的思路类似,也可以只使用二维的数组实现,即当每件物品只可以取一次时,变量 v 和 u 采用逆序的循环,当物品有如完全背包问题时采用顺序的循环,当物品有如多重背包问题时拆分物品。

针对二维费用背包,有时"二维费用"的条件是以这样一种隐含的方式给出的:最多只能取 M 件物品。这事实上相当于每件物品多了一种"件数"的费用,每个物品的件数费用均为 1,可以付出的最大件数费用为 M。换句话说,设 $f[v][m]$ 表示付出费用 v、最多选 m 件时可得到的最大价值,则根据物品的类型(0-1、完全、多重)用不同的方法循环更新,最后在 $f[0..V][0..M]$ 范围内寻找答案。

6. 分组背包

分组背包是将物品划分为若干组,每组中的物品互相冲突,最多选一件。显然,分组背包可以看作是对 0-1 基础背包中物品本身的拓展,即一种到多种。

分组背包问题的核心是,每组物品有若干种策略,即选择本组的某一件,或一件都不选。也就是说,设 $f[k][v]$ 表示前 k 组物品花费费用 v 能取得的最大权值,则有:

$$f[k][v] = \max\{f[k-1][v], f[k-1][v-c[i]] + w[i] \mid 物品\ i\ 属于第\ k\ 组\}$$

使用一维数组的伪代码如下:

```
for 所有的组 k
  for v=V..0
    for 所有的 i 属于组 k
      f[v] = max{f[v], f[v-c[i]] + w[i]}
```

与 0-1 背包问题求解的方法相比,显然是多了第三层循环,以及对每个分组的各个物品必须枚举。

显然,在此可以对每组内的物品使用完全背包问题中的简单有效的优化方法,即若两件物品 i、j 满足 $c[i] <= c[j]$ 且 $w[i] >= w[j]$,则将物品 j 去掉,不作考虑。

7. 依赖型背包

依赖型背包问题拓展了物品间的关系,将视野从关注一个物品拓展到关注多个物品。具体而言,如果物品 i 依赖于物品 j,则若选物品 i,就必须选物品 j。为了简化起见,在此假设没有某个物品既依赖于别的物品,又被别的物品所依赖;另外,没有某件物品同时依赖多件物品。

在此,可以将不依赖于别的物品的物品称为"主件",依赖于某主件的物品称为"附件"。显然,在简化条件下的依赖型背包问题就是所有的物品由若干主件和依赖于每个主件的一个附件集合组成。

针对依赖型背包,按照背包问题的一般思路,仅考虑一个主件和它的附件集合。然而,可用的策略非常多,包括:一个也不选,仅选择主件,选择主件后再选择一个附件,选择主件后再选择两个附件 …… 此时,无法用状态转移方程来表示如此多的策略(事实上,设有 n 个附件,则策略有 $2^n + 1$ 个,为指数级)。

考虑到所有这些策略都是互斥的(即只能选择一种策略),所以一个主件和它的附件集合实际上对应于分组背包中的一个物品组,每个选择了主件又选择了若干个附件的策略对应于这个物品组中的一个物品,其费用和价值都是这个策略中的物品的价值的和。然而,仅仅通过这一步的转化并不能给出一个好的算法,因为物品组中的物品还是像原问题的策略一样多。事实上,原来指数级的策略中有很多策略都是冗余的,可以进行优化。具体是,对于一个物品组中的物品,所有费用相同的物品只保留一个价值最大的即可(参见完全背包问题中的简单有效的优化方法)。因此,可以对主件 i 的"附件集合"先进行一次 $0-1$ 背包处理,得到费用依次为 $0..V - c[i]$ 所有这些值时相应的最大价值 $f'[0..V - c[i]]$。那么,这个主件及它的附件集合相当于 $V - c[i] + 1$ 个物品的物品组,其中费用为 $c[i] + k$ 的物品的价值为 $f'[k] + w[i]$。也就是说通过一次 $0-1$ 背包后,将主件 i 转化为 $V - c[i] + 1$ 个物品的物品组,此时就可以直接应用分组背包问题的求解方法解决。

上述依赖型背包问题做了一个简化的假设前提,即不会存在上下依赖和多依赖关系。更一般的问题是,依赖关系以图论中"森林"的形式给出(即多叉树的集合),也就是说,主件的附件仍然可以具有自己的附件集合,限制是每个物品最多只依赖于一个物品(只有一个主件)且不出现循环依赖。

此时,仍然可以用将每个主件及其附件集合转化为物品组的方式,唯一不同的是,由于附件可能还有附件,就不能将每个附件都看作一个一般的 $0-1$ 背包中的物品。若这个附件也有附件集合,则它必定要被先转化为物品组,然后用分组的背包问题解出主件及其附件集合所对应的附件组中各个费用的附件所对应的价值。事实上,这是一种树型动态规划,其特点是每个父结点都需要对它的各个儿子的属性进行一次动态规划以求得自己的相关属性。

6.6.2　背包问题模型的泛化(抽象物品背包)

抽象物品背包是将背包问题的静态特征拓展为动态特征,即对于一种物品(称为抽象物品),它并没有固定的费用和价值,它的价值随着分配给它的费用而变化。也就是说,在背包容量为 V 的背包问题中,抽象物品是一个定义域为 $0..V$ 中整数的函数 h,当分配给它的费用为 v

时,能得到的价值就是 $h(v)$。即抽象物品对应一个数组 $h[0..V]$,给它费用 v,可得到价值$h[V]$。

事实上,抽象物品背包是对背包问题的一种抽象和概括,为各种背包问题构建一个统一的模型。例如:一个费用为 c、价值为 w 的物品,如果它是 0-1 背包中的物品,那么将它看成抽象物品时,就是除了 $h(c)=w$ 外其他函数值都为 0 的一个函数;如果它是完全背包中的物品,那么将它看成抽象物品时,就是仅当 v 被 c 整除时有 $h(v)=v/c*w$,其他函数值均为 0;如果它是多重背包中重复次数最多为 n 的物品,那么将它看作抽象物品时,就是仅当 v 被 c 整除且 $v/c<=n$ 时有函数 $h(v)=v/c*w$,其他情况函数值均为 0。另外,一个物品组可以看作一个抽象物品 h,对于一个 $0..V$ 中的 v,若物品组中不存在费用为 v 的物品,则 $h(v)=0$,否则 $h(v)$ 为所有费用为 v 的物品的最大价值。依赖型背包中每个主件及其附件集合等价于一个物品组,自然也可看作一个抽象物品。

针对抽象物品背包,如果面对两个抽象物品 h 和 l,要用给定的费用从这两个抽象物品中得到最大的价值(即"泛化物品的和"问题),怎么求解呢?事实上,对于一个给定的费用 v,只需枚举将这个费用如何分配给两个抽象物品就可以了。同样地,对于 $0..V$ 的每一个整数 v,可以求得费用 v 分配到 h 和 l 中的最大价值 $f(v)$,也即 $f(v)=\max\{h(k)+l(v-k)\mid 0<=k<=v\}$。显然,$f$ 也是一个由抽象物品 h 和 l 决定的定义域为 $0..V$ 的函数,也就是说,f 是一个由抽象物品 h 和 l 决定的抽象物品。

因此,对于抽象物品的和可以定义如下:h、l 都是抽象物品,若抽象物品 f 满足 $f(v)=\max\{h(k)+l(v-k)\mid 0<=k<=v\}$,则称 f 是 h 与 l 的和,即 f=h+l。该运算的时间复杂度取决于背包的容量,为 $O(V^2)$。

依据抽象物品的定义,在一个背包问题中,若将两个抽象物品代以它们的和,不影响问题的答案。事实上,对于其中的物品都是抽象物品的背包问题,求它的答案的过程也就是求所有这些抽象物品之和的过程。假设此和为 s,则答案就是 $s[0..V]$ 中的最大值。

进一步,一个背包问题中,可能会给出很多条件,例如:每种物品的费用、价值等属性,物品之间的分组、依赖关系等。本质上,肯定都可以将问题对应于某个抽象物品。具体而言,对于给定所有条件后,针对每个非负整数 v,若背包容量为 v,可以求得将物品装入背包可得到的最大价值是多少。该结果可以认为是定义在非负整数集上的一件抽象物品,该抽象物品(或者说问题所对应的一个定义域为非负整数的函数)包含了关于问题本身的高度浓缩的信息。一般而言,求得这个抽象物品的一个子域(例如 $0..V$)的值之后,就可以根据这个函数的取值得到背包问题的最终答案。

综上所述,求解背包问题,即求解这个问题所对应的一个函数,即该问题的抽象物品。而求解某个抽象物品的一种方法就是将它表示为若干抽象物品的和,然后求之。

6.6.3 背包问题求解要求的思维拓展

针对背包问题,上述模型构建的思维拓展主要关注模型本身。实际应用中,背包问题求解要求有时也表现出多种形态。一般而言,无论哪种模型,其基本求解都是要求在背包容量(费用)的限制下可以取到的最大价值,然而,为了不同的目的或丰富应用问题的求解特征,往往在求最大值的基础上,叠加其他的求解需求。例如:求解最多可以放多少件物品,最多可以装满多少背包的空间,"总价值最小"或"总件数最小"等等。

● 输出方案

输出方案是指在取得最优解的同时再叠加一个与最优解对应的具体方案,尽管其求解本身并没有发生改变,但必须记录每个状态最优值是由状态转移方程的哪一项转移而来或是由哪一个策略推出。依据该记录轨迹,可以逆向得到最优值的具体方案。

本质上,该求解要求增加了空间的消耗,同时也间接地增加了时间的消耗。事实上,可以在求解方案时,利用转移方程本身实时求解(即逆序推算轨迹时,直接利用动态规划自身的状态记录),这样可以不需要另外的空间消耗,但时间消耗无法优化(毕竟多了额外的处理)。

● 最优方案的总数

针对采用动态规划求解背包问题的方法,最优方案总数可以伴随着求解阶段的逐步展开同步进行统计,具体而言,每当一个阶段决策时,依据决策选择的某个前阶段最优值状态来增加统计值。以 0 - 1 背包为例,假设以 $g[i][v]$ 表示当前子问题的最优方案总数,$f[i][v]$ 意义同前述,则在求 $f[i][v]$ 的同时求 $g[i][v]$ 的伪代码如下:

```
for i =1..N
  for v =0..V
    f[i][v] =max{f[i- 1][v], f[i- 1][v- c[i]] +w[i]}
  g[i][v] =0
  if(f[i][v] ==f[i- 1][v])
    inc(g[i][v],g[i- 1][v])
  if(f[i][v] ==f[i- 1][v- c[i]] +w[i])
    inc(g[i][v],g[i- 1][v- c[i]])
```

● 输出字典序最小的最优方案

所谓字典序最小是指将 1..N 号物品的所有最优选择方案排列后,按字典序排序后的最小方案。

一般而言,求一个字典序最小的最优方案,只需要在状态转移时注意策略即可。以 0 - 1 背包问题为例,首先,子问题的定义要改变一下,即如果存在一个选了物品 1 的最优方案,那么最终答案一定包含物品 1,此时原问题转化为一个背包容量为 $v - c[1]$,物品为 2..N 的子问题。反之,如果最终答案不包含物品 1,则转化成背包容量仍为 V,物品为 2..N 的子问题。可见,不管最终答案如何,子问题的物品都是以 i..N 而非原来的 1..i 的形式来定义。因此,状态的定义和转移方程也都需要相应地调整一下。或者,更简易的方法是先把物品逆序排列一下即可,此时,仍可以按照经典的状态转移方程来求解,只是在输出方案时要注意:当从 N 到 1 输入时,如果 $f[i][v] = =f[i - v]$ 及 $f[i][v] = =f[i - 1][f - c[i]] + w[i]$ 同时成立,则应该按照后者(即选择了物品 i)来输出方案。

● 求方案总数

针对任意一种背包问题模型,除了给定每个物品的价值后求可得到的最大价值外,还可以求解装满背包或将背包装至某一指定容量的方案总数(即不仅仅是最优方案)。

对于此类求解要求,由于状态转移方程本身已经考察了所有可能的背包组成方案,因此通常只需将状态转移方程中的 max 改成 sum 即可。例如:如果每件物品都是完全背包中的物品,则转移方程如公式 6-6 所示。

$$f[i][v] = sum\{f[i - 1][v], f[i][v - c[i]]\} \qquad (6\text{-}6)$$

其中,初始条件 $f[0][0]=1$。

- 求次优解、第 K 优解

对于求次优解、第 K 优解类的求解要求,其基本思路是将每个状态都表示成有序队列,将状态转移方程中的 max/min 转化成有序队列的合并即可。以 0-1 背包为例,首先,如果要求第 K 优解,那么状态 $f[i][v]$ 就应该是一个大小为 K 的数组 $f[i][v][1..K]$。其中 $f[i][v][k]$ 表示前 i 个物品、背包大小为 v 时,第 k 优解的值。显然 $f[i][v][1..K]$ 这 K 个数是由大到小排列的,所以将它认为是一个有序队列。于是,对于状态转移方程,$f[i][v]$ 这个有序队列是由 $f[i-1][v]$ 和 $f[i-1][v-c[i]]+w[i]$ 这两个有序队列合并得到的。其中,有序队列 $f[i-1][v]$ 即 $f[i-1][v][1..K]$,$f[i-1][v-c[i]]+w[i]$ 则可以理解为在 $f[i-1][v-c[i]][1..K]$ 的每个数上加上 $w[i]$ 后得到的有序队列。合并两个有序队列并将结果(的前 K 项)储存到 $f[i][v][1..K]$ 中的复杂度是 $O(K)$。 最终的答案是 $f[N][V][K]$。 总的复杂度是 $O(N*V*K)$。显然,求次优解往往可以以相同的复杂度解决,求第 K 优解则比求最优解的复杂度多一个系数 K。

事实上,正是由于一个正确的状态转移方程的求解过程遍历了所有可用的策略,因此也就覆盖了问题的所有方案。只不过对于求解最优解,其他在任何一个策略上达不到最优的方案都被忽略了。如果把每个状态表示成一个大小为 K 的数组,并在这个数组中有序地保存该状态可取到的前 K 个最优值,那么,对于任意两个状态的 max 运算等价于两个由大到小的有序队列的合并。

另外,对于"第 K 优解"的定义也可能存在不同要求,例如:将策略不同但权值相同的两个方案看作是同一个解还是不同的解,如果是前者,则维护有序队列时要确保队列里没有重复的数。

总之,针对背包问题,除了模型本身及求解要求两个方面的思维拓展,显然,还存在其他方面的思维拓展,例如:将背包类动态规划问题与其他领域(例如数论、图论)相结合等等。在此,不再展开。

6.7 点结构(集合结构)维护方法及其思维进阶

点结构也称为集合,是指一种离散的隐式结构,其数据之间没有显式的结构定义,所有数据仅仅是属于同一个域(即集合)。这种结构的基本维护操作主要有查找某个数据是否属于某个域 FIND-SET(x)(即"查")、合并两个域 UNION-SET(x,y)(即"并")以及初始化 MAKE-SET(x)(以数据 x 作为唯一元素构建一个新的集合),因此,通常称为并查集(Union Find Set)。

并查集的具体实现可以采用数组、链表和树三种基本数据组织结构,鉴于不同数据组织结构固有的特征,选择不同的实现方法,查找操作和合并操作的效率会有很大的差别。具体解析如下:

- 基于数组的实现

并查集最简单的实现就是用数组记录每个元素所属集合的编号,即 A[i]=j 表示元素 i 属于第 j 类集合。显然,初始化时 A[i]=i。查找元素所属的集合时,只需读出数组中记录的该元素所属集合的编号 A[i],时间复杂度为 $O(1)$。合并两个元素各自所属集合时,需要将数组中属于其中一个集合的元素所对应的数组元素值全部更新为另一个集合的编号值,时间复杂度为 $O(n)$。所以,用数组实现并查集是最简单的方法,而且容易理解,实际应用较多。但是,合并操作的代价太高,在最坏情况下,所有集合合并成一个集合的总代价会达到 $O(n^2)$。

● 基于链表的实现

用链表实现并查集也是一种很常见的手段。每个分离集合对应一个链表,它有一个表头,每个元素有一个指针指向表头,表明了它所属集合的类别,另设一个指针指向它的下一个元素,同时为了方便实现,再设一个指针 last 表示链表的表尾。

因为并查集问题处理的对象往往都是连续的整数,所以,一般采用静态链表(即用数组模拟链表),数组下标对应集合的元素,相应数据组织结构定义及维护操作如图 6-67 所示。

```
typedef struct Node { int head, next, last, count; };
Node S[maxn];

void make_set(int x)
{
  S[x].head =S[x].last =x; S[x].next =0; S[x].count =1;
}

int find_set(int x)
{
  return S[x].head;
}

void union_set(int x, int y)
{
  x =find_set(x); y =find_set(y);   // 找到各自所在链表的头
  if(S[x].count>S[y].count) {   // 较短的链表链接到较长链表的尾部
    S[S[x].last].next =y; S[x].last =S[y].last;
    for(int k =y; k !=0; k =S[k].next) // last 仅在头部结点记录
      S[k].head =x;
    S[x].count +=S[y].count;
  }
  else {
    S[S[y].last].next =x; S[y].last =S[x].last;
    for(int k =x; k !=0; k =S[k].next)
      S[k].head =y;
    S[y].count +=S[x].count;
  }
}
```

图 6-67　基于(静态)链表的并查集实现

由图 6-68 可知,初始化和查找操作的时间复杂度都为 $O(1)$。对于合并操作,涉及修改其中一个链表所有结点的头部指针域,因此,考虑到输入数据的特殊性,如果总是采用固定的合并方法,例如:对于参数(x, y),总是将 y 所在链表链接到 x 所在链表后面,则会导致 y 所在的集合非常大,每次赋值的代价就会非常高,此时时间复杂度会达到 $O(n^2)$。因此,可以采用一种称为"加权启发式"合并方法,可以使合并操作的总次数不超过 $O(n\log_2 n)$。具体方法是,仅仅为头部结点增加一个域 count,作为一种"权",用于记录集合元素的个数(或大小),这里的权就是指 number 域。然后,每次合并时通过比较 x 和 y 所在集合的大小,把较短的链表链接到较长链表的尾部(参见图 6-67 中的注释)。

- 基于树的实现

通过将线性结构拓展到树型结构,可以利用树型结构带来的固有效率优点。具体而言,可以用有根树来表示一个集合,树中的每个结点表示集合的一个成员,每棵树称为"分离集合树",多个集合树形成一个森林,整个并查集就是由"分离集合树"构成的森林,称为"分离集合森林"。

"分离集合树"中,树根作为该集合的代表,其父结点指针指向它自身,树上其他结点都用一个父指针表示它的附属关系。值得注意的是,与普通树型结构不同,在同一棵"分离集合树"中的结点属于同一个集合,尽管它们在树中存在着父子关系,但并不意味着它们之间存在从属关系,结点的指针仅仅是起到联系集合中元素的作用。例如:图 6-68 所示的"分离集合森林"表示有两棵"分离集合树",代表两个分离集合{b, c, e, h}和{d, f, g},并分别以 c 和 f 作为集合代表。

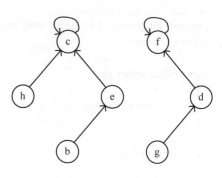

图 6-68　分离集合森林

考虑到编程复杂性,"分离集合树"的实现仍然可以采用静态链表。对于查找操作,需要以查找的数据结点为基点,不断沿着关系链指针向上寻找,直到找到根结点为止。图 6-69 所示解析了查找一个结点的过程(黑色结点为当前查找结点)。显然,查找的效率取决于查找结点的深度 h,即查找的时间复杂度为 $O(h)$。

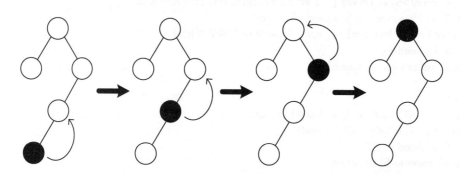

图 6-69　查找操作过程解析

对于合并操作,也就是合并两棵"分离集合树"。因此,只要将一棵"分离集合树"作为另一棵树的子树即可,整个合并算法的时间复杂度为 $O(h)$。

考虑到平均情况下,树的深度一般在 $\log_2 n$ 的数量级(n 为树中结点的个数),因此,"分离集合森林"的查找与合并操作的平均时间复杂度为 $O(\log_2 n)$。然而,在最坏情况下,一棵树的深度可能达到 n(树状结构退化为线性结构),如图 6-70 所示。为避免这种情况的出现,当合并两棵分离集合树(A,B)时,显然将 B 树作为 A 树根结点的子树可以得到比较平衡的效果(图 6-70 中的 C 树)。因此,如果两棵分离集合树 A 和 B,深度分别为 h_A 和 h_B,若 $h_A \geqslant h_B$,则应将 B 树作为 A 树的子树;否则,将 A 树作为 B 树的子树。合并后得到的新的分离集合树 C 的深度 $h_C =$

$\max\{h_A, h_B+1\}$（以 B 树作 A 树的子树为例）。另外,可以采用结点数(称为"秩",rank)代替树的深度进行比较(这种优化方法称为"按秩合并"),这样合并得到的分离集合树就是一棵比较平衡的树,因此,查找与合并操作的时间复杂度也会稳定在 $O(\log_2 n)$。

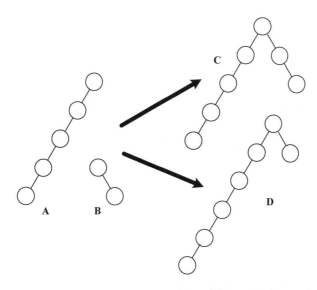

图 6-70 合并操作的优化

事实上,与普通树结构不同,分离集合树是用来联系集合中元素的,只要是同一集合中的元素都在同一棵树上,不必关心它们在树中是如何联系的。因此,同一棵树可以有各种结构存在。因此,可以尽量降低分离集合树的高度,使其尽量平衡一些。"路径压缩"优化方法就是通过在查找一个结点所在树的根结点的过程中,让这些路径上的结点直接指向根结点来到达降低结点深度的目的。该方法最简洁的实现是,在查找从待查结点到根结点的路径时"走两遍",第一遍找到树的根结点,第二遍让路径上的结点指向根结点。

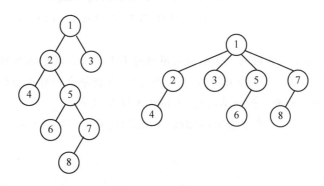

图 6-71 优化查找过程

使用路径压缩大大提高了查找算法的效率,如果将带路径压缩的查找算法与优化过的按秩合并算法联合使用,则 n 次查找的时间复杂度最多为 $O(n*a(n))$,其中,$a(n)$ 是单变量阿克曼函数的逆函数,它是一个增长速度比 $\log_2 n$ 慢得多但又不是常数的函数。在一般情况下,$a(n) \leqslant 4$,可以当作常数看待。图 6-72 所示给出了基于树的并查集维护操作的程序描述。其中,FIND-SET(x)是一个非常简洁的递归过程且递归深度不会很深。

```
void make_set(int x)
{
  p[x] =x; rank[x] =0;
}

int find_set(int x)
{
  if(x<>p[x]) p[x] =find_set(p[x]);
  return p[x];
}

void union_set(int x, int y)
{
  x =find_set(x); y =find_set(y);
  if(rank[x] >rank[y]) p[y] =x;
  else {
    p[x] =y;
    if(rank[x] =rank[y]) rank[y] =rank[y] +1;
  }
}
```

图 6-72   基于树的并查集实现的程序描述

【例 6-13】   畅通工程

问题描述:某省调查城镇交通状况,得到现有城镇道路统计表,表中列出了每条道路直接连通的城镇。省政府"畅通工程"的目标是使全省任何两个城镇间都可以实现连通(但不一定有直接的道路相连,只要互相间接通过道路可达即可)。问最少还需要建设多少条道路?

输入格式:包含若干测试用例。每个测试用例的第 1 行给出两个正整数,分别是城镇数目 N (<1000)和道路数目 M;随后的 M 行对应 M 条道路,每行给出一对正整数,分别是该条道路直接连通的两个城镇的编号。为简单起见,城镇从 1 到 N 编号。

注意:两个城市之间可以有多条道路相通,也就是说,对于下列输入也是合法的:

3 3

1 2

1 2

2 1

当 N 为 0 时,输入结束,该用例不被处理。

输出格式:对每个测试用例,在 1 行里输出最少还需要建设的道路数目。

输入样例:

4 2

1 3

4 3

3 3

1 2

1 3

2 3

5 2

1 2

3 5

999 0

0

输出样例：

1

0

2

998

针对本题，如果将城镇抽象为点，直接连接两个城镇的道路抽象为边，并且考虑允许多条道路的情况，则问题的模型显然是一个带权的无向图及其森林。如果将每个图看作一个集合，则依据题目的求解目标，显然是需要求得森林中独立集合的个数 sum。因为两个独立集合之间最少需要一条道路连通，所以至少还需要建设 sum-1 条道路。因此，可以利用并查集方法来解决。图 6-73 所示给出了相应的程序描述。

```
#include<bits/stdc++.h>
using namespace std;

int bin[1010];

int find_set(int x)
{
    int r=x;
    while(bin[r] !=r)
        r=bin[r];
    return r;
}

void union_set(int x, int y)
{
    int fx =find_set(x), fy =find_set(y);
    if(fx !=fy) bin[fx] =fy;
}
int main()
{
    int x, y, n, m;
```

```
while(cin>>n, n){
    cin>>m;
    int num =0;
    for(int i =1; i<=n; i++)
        bin[i] =i;
    while(m-- ){
        cin>>x>>y; union_set(x, y);
    }
    for(int i =1; i<=n; i++)
        if(bin[i] ==i) num++;
    cout<<num- 1<<endl;
}
return 0;
}
```

图 6-73　"畅通工程"问题求解的程序描述

【例 6-14】　关押罪犯(NOIP2010)

问题描述:S 城现有两座监狱,一共关押着 N 名罪犯,编号分别为 1~N。他们之间的关系也极不和谐。很多罪犯之间甚至积怨已久,如果客观条件具备则随时可能爆发冲突。我们用"怨气值"(一个正整数值)来表示某两名罪犯之间的仇恨程度,怨气值越大,则这两名罪犯之间的积怨越多。如果两名怨气值为 c 的罪犯被关押在同一监狱,他们俩之间会发生摩擦,并造成影响力为 c 的冲突事件。

每年年末,警察局会将本年内监狱中的所有冲突事件按影响力从大到小排成一个列表,然后上报到 S 城 Z 市长那里。公务繁忙的 Z 市长只会去看列表中的第一个事件的影响力,如果影响很坏,他就会考虑撤换警察局局长。

在详细考察了 N 名罪犯间的矛盾关系后,警察局局长觉得压力巨大。他准备将罪犯们在两座监狱内重新分配,以求产生的冲突事件影响力都较小,从而保住自己的乌纱帽。假设只要处于同一监狱内的某两个罪犯间有仇恨,那么他们一定会在每年的某个时候发生摩擦。那么,应如何分配罪犯,才能使 Z 市长看到的那个冲突事件的影响力最小? 这个最小值是多少?

输入格式:第一行为两个正整数 N 和 M(用一个空格隔开),分别表示罪犯的数目以及存在仇恨的罪犯对数。接下来的 M 行,每行为三个正整数 aj,bj,cj(分别用一个空格隔开),表示 aj 号和 bj 号罪犯之间存在仇恨,其怨气值为 cj。数据保证 $1 < aj = <= bj <= N$,$0 < cj \leqslant 1\,000\,000\,000$,且每对罪犯组合只出现一次。

输出格式:共 1 行,为 Z 市长看到的那个冲突事件的影响力。如果本年内监狱中未发生任何冲突事件,请输出 0。

数据范围:对于 30% 的数据有 N≤15;对于 70% 的数据有 N≤2 000,M≤50 000;对于 100% 的数据有 N≤20 000,M≤100 000。

输入样例:

4 6

1 4 2534

2 3 3512

1 2 28351

1 3 6618

2 4 1805

3 4 12884

输出样例：

3512

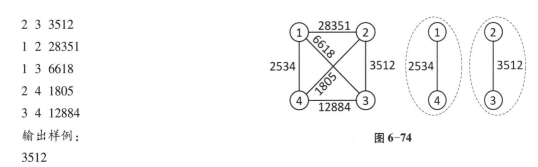

图 6-74

样例说明：罪犯之间的怨气值如图 6-74 左图所示，图 6-74 右图所示为罪犯的分配方法，市长看到的冲突事件影响力是 3512（由 2 号和 3 号罪犯引发）。其他任何分法都不会比这个分法更优。

本题显然也是处理两个主体之间的关系问题，可以采用并查集实现。然而，本题存在两种关系，即朋友（隐式给出/同一个监狱）和敌人。因此，需要拓展基本的并查集方法，采用并查集的补集（作为辅助功能），原理是：定义数组大小为 2N，那么 $f[x]$ 表示元素 x（朋友关系）所在集合对应的父结点，$f[x+n]$ 表示元素（敌人关系）所在集合对应的父结点。如果 A 和 B 是朋友关系，则合并 x 和 y 即可，如果 A 和 B 是敌对关系，则合并 x 和 $y+n$ 以及 y 和 $x+n$ 即可。

针对本题，可以将怨气值排序，优先分配怨气值高的放在不同的监狱（即处理敌人关系）。因此，每遍历一对怨气值的时候，都相当于做一次敌人关系的合并，即合并 x 和 $y+n$ 以及 y 和 $x+n$。在合并过程中，先判断两者是否是同一个集合，如果是，则说明两者是朋友，即在一个监狱，此时就不再分到两个监狱，直接输出该怨气值即可。

图 6-75 所示给出了相应的程序描述。

```cpp
#include<stdio.h>
#include<algorithm>
using namespace std;
struct node{
  int a, b, c;
  bool operator<(const node& it) const
  {
    return c>it.c;
  }
}pairs[100005];
int f[20005<<1];

int find_set(int x)
{
  if(x ==f[x]) return x;
  return f[x] =find_set(f[x]);
}

int main()
{
  int n, m; //罪犯个数,怨气值对数
```

```
int i, j, k;
scanf("% d% d", &n, &m);
for(i =1; i <=n * 2; i ++)//n ~2n 的部分作为罪犯的影子, x 与它的影子关押在不同的监狱里
    f[i] =i;
for(i =1; i <=m; i ++){
    scanf("% d% d% d", &pairs[i].a, &pairs[i].b, &pairs[i].c);
}
sort(pairs +1, pairs +m +1);//将怨气值从大到小排序(注意排序的具体个数)
for(i =1; i <=m; i ++){
    int x =find_set(pairs[i].a), y =find_set(pairs[i].b);
    if(x ==y) { //如果两者已经在一个集合,则输出对应怨气值即可
        printf("% d \n", pairs[i].c); return 0;
    }
    else { //合并(将一个根结点连接到另一个对应影子所在树的根结点)
        f[x] =find_set(pairs[i].b +n); f[y] =find_set(pairs[i].a +n);
    //将 x 关押在 b 的影子对应的监狱,将 y 关押在 a 的影子对应的监狱
    }
}
printf("0 \n");
}
```

图 6-75 "关押罪犯"问题求解的程序描述

本题对于多关系的处理,也可以看作是基本并查集方法的一种维拓展应用。

6.8 字符串处理方法的拓展及思维进阶

现实中,大量的信息都是以符号形式出现,包括图形图像、声音等,现代计算中都是以字符串形式来表达符号信息,因此,字符串的有效处理具有重要的意义。

字符串处理的基础主要是模式匹配,也就是如何在一个字符串(称为文本串,简称文本,Text)中寻找另一个字符串(称为模式串,简称模式,Pattern)。朴素的基本匹配方法的时间复杂度为 $O(n^2)$,这对于规模较大的字符串问题(串长度、串数量及操作频度等)的处理显然不能得到较好的处理效果。事实上,为了实现高效的匹配方法,除匹配算法本身外,对 Text 和 Pattern 的预处理(或者说高效匹配算法赖以建立的数据组织结构)也是重要因素之一。对 Pattern 进行预处理的最优复杂度为 $O(m)$,其中 m 为 Pattern 串的长度。相对 Pattern 而言,Text 的规模比较庞大,因此,其预处理方法显得更为重要。

6.8.1 匹配算法

1) Knuth-Morris-Pratt 匹配算法(简称 KMP 算法)

KMP 匹配算法通过消除 Text 串当前匹配位置的回溯以及充分利用已完成的部分匹配来大幅度减少不必要的枚举。可以将朴素匹配方法的时间复杂度降为线性量级。KMP 的原理是,每当 Pattern 串当前字符与 Text 串的当前字符不匹配时,以 Pattern 串当前字符的前一个位置作为尾部在 Pattern 串中寻找最长的与 Text 已经匹配的前缀,并以该前缀为基础直接向前滑

动 Pattern 串,以该前缀尾部字符的后一个位置与 Text 当前位置字符继续匹配,由此确保 Text 串当前匹配位置不回溯,并去掉 Text 串中对应 Pattern 开始位置与已匹配前缀串首位位置之间各个位置字符作为开始位置的所有不必要的枚举。图 6-76 所示给出了详细的解析。显然,最坏情况下,最长前缀为空,此时,退化为朴素匹配。

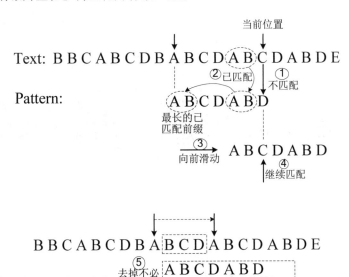

图 6-76　KMP 方法原理

由图 6-76 可知,KMP 的基础是针对 Pattern 串的每个字符,当其与 Text 串当前字符不匹配时,需要确定将 Pattern 串向前滑动多少,即需要确定其下一步哪个位置(称为 next 位置)的字符与 Text 串当前字符对齐并继续匹配。显然,依据图 6-76 中的②,Pattern 串每个字符的 next 串位置确定可以仅仅依据 Pattern 串自身,与 Text 串无关,其计算方法是,对于 next[j],求解[0,k-2]和[j-k+1,j-1]两个区间的最长公共子串长度 k(对于区间[0,k-2],称为最长前缀;对于区间[j-k+1,j-1],称为最长后缀)。此时,对于 Pattern 串第 j 个字符,如果 Pattern[next[j-1]+1]等于 Pattern[j](即最长前缀可以扩展 1 个字符),则 next[j] = next[j-1]+1;否则需要不断(迭代)寻找能够匹配的最长前缀,直到某个 next 为-1(即朴素匹配/边界 next[0] = -1。此时,表示 Pattern 串的第一个字符就与 Text 串的当前字符不匹配,依据朴素匹配方法,显然 Pattern 串向前滑动一个位置,其第一个字符与 Text 串当前位置下一个字符继续匹配,即 Pattern 串的第-1 个位置对应 Text 串的当前位置)。图 6-77 所示给出了求解过程解析。事实上,next 串位置的求解也是一个字符串匹配过程,其源串和模式串都是 Pattern 串本身。当 Pattern[next[j-1]+1]不等于 Pattern[j]时,即相当于 Pattern 串当前位置 k(即 next[j])的字符与 Text 串当前字符不匹配,因此,问题转化为求解 next[k](向后迭代,参见图 6-78 解析)。另外,求解 next 的算法可以做一步优化,去掉 Pattern 串向前滑动后,其 next[j]位置字符与 Text 串当前位置 j 字符的一次无意义的比较。具体解析参见图 6-79 所示。

基于 next 数组,KMP 算法描述如图 6-80 所示。

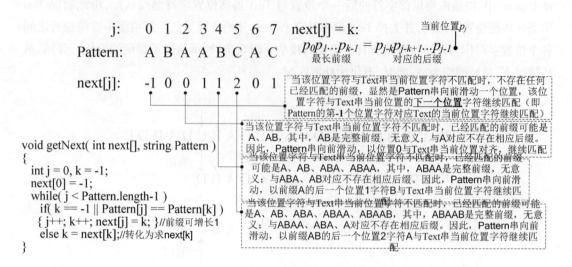

图 6-77 KMP next 数组求解示例

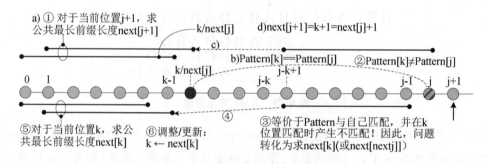

图 6-78 KMP next 数组求解过程

```
void getNext( int next[], string Pattern )
{
  int j = 0, k = -1;
  next[0] = -1;
  while( j < Pattern.length-1 )
    if( k == -1 || Pattern[j] == Pattern[k] )
    {
      j++; k++;
      if( Pattern[j] == Pattern[k] )
        next[j] = next[k];
      //滑动后当前位置字符与滑动前当前位置字符相
      //同,本次比较滑动前已同样做过,无意义,跳过
      else next[j] = k; //前缀可增长1
    }
    else k = next[k]; //转化为求next[k]
}
```

Pattern: A B A B
next: -1 0 0 1

      j↓

Text: A B A C B C D H I
Pattern: A B A B ①不匹配

   ④本次比较无意义
    （滑动前已经比过①）

      j↓

A B A C B C D H I
②滑动→ A B A B
    ③字符相同

图 6-79 KMP next 数组求解过程优化

```
int KMP(string Text, string Pattern)
{
  int next[MaxSize], i=0, j=0;
  getNext(next, Pattern);
  while(i<Text.length && j<Pattern.length) {
    if(j==-1 || Text[i]==Pattern[j]){
      i++; j++;
    }
    else j=next[j];
  }
  if(j>=Pattern.length)
    return (i-Pattern.length); //匹配成功,返回子串的位置
  else
    return-1;   //没找到
}
```

图 6-80　KMP 算法程序描述

2）Boyer-Moore 匹配算法

Boyer-Moore 匹配算法采用逆向思维,从右向左进行匹配,同时应用两种启发式规则,即坏字符规则和好后缀规则,来决定 Pattern 串向右滑动的距离。具体而言,从 Pattern 尾部字符开始,从右向左与 Text 串进行匹配,当出现当前位置不匹配时,通过启发式规则计算 Pattern 串向前滑动的距离（或位置）。对于坏字符规则,1）如果当前不匹配字符 x 在 Pattern 串中没有出现,那么从字符 x 开始的 m 个字符显然不可能与 Pattern 串匹配成功,因此直接全部跳过该区域即可;2）如果 x 在 Pattern 串中出现,则以该字符进行对齐。公式（6-7）给出了定义。其中,Skip(x)为Pattern 串右移的距离,m 为模式串 Pattern 的长度,max(x)为字符 x 在 P 中最右位置。

$$\text{Skip}(x) = \begin{cases} m; & x \neq P[j] \ (1 \leqslant j \leqslant m) \\ m - \max(x); & \{k \,|\, P[k] = x, \ 1 \leqslant k < m\} \end{cases} \tag{6-7}$$

针对好后缀规则,若发现某个字符不匹配的同时,已有部分字符匹配成功,则按如下两种情况讨论:1）如果在 Pattern 串中位置 t 处已匹配部分 P′在 Pattern 串中的某位置 t′也出现,且位置 t′的前一个字符与位置 t 的前一个字符不相同,则将 Pattern 串右移使 t′对应 t 刚才所在的位置;2）如果在 Pattern 串中任何位置已匹配部分 P′都没有再出现,则找到与 P′的后缀 P″相同的Pattern 串的最长前缀 x,向右移动 Pattern 串,使 x 对应刚才 P″后缀所在的位置。公式 6-8 给出了定义。其中,Shift(j)为 Pattern 串右移的距离,m 为模式串 Pattern 的长度,j 为当前所匹配的字符位置,s 为 t′与 t 的距离（对应情况 1）或者 x 与 P″的距离（对应情况 2）。

$$\text{Shift}(j) = \min \{ s \,|\, (P[j+1..m] = P[j-s+1..m-s])\&\&(P[j] \neq P[j-s]) \ (j>s),$$
$$P[s+1..m] = P[1..m] \ (j \leqslant s)\}$$

$$\tag{6-8}$$

BM 算法匹配过程中,取 Skip(x)与 Shift(j)中的较大者作为跳跃的距离。BM 算法预处理时间复杂度为 $O(m+s)$,空间复杂度为 $O(s)$,s 是与 P,T 相关的有限字符集长度,搜索阶段时间复杂度为 $O(m*n)$。最好情况下的时间复杂度为 $O(n/m)$,最坏情况下时间复杂度为 $O(m*n)$。

图 6-81 所示给出了 BM 算法的直观解析,图 6-82 所示给出了其程序描述。

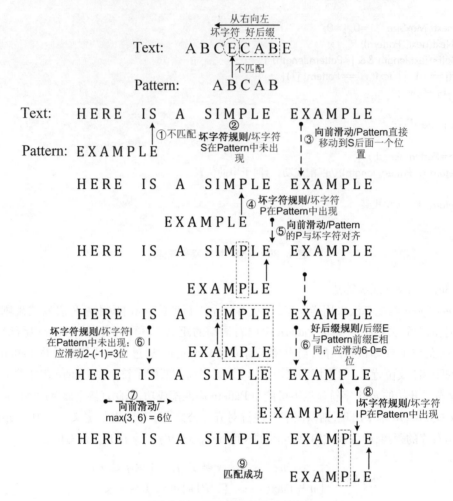

图 6-81 BM 算法的基本原理

```
#include<cstdio>
#include<cstdlib>
#include<iostream>
using namespace std;

const int size =256;
void generateBC(char b[ ], int m, int bc[ ])
{//将模式串字符使用 hash 表示。//b 是模式串, m 是模式串的长度, bc 是散列表
//bc 的下标是字符集的 ASCII 码,数组值是每个字符在模式串中出现的位置
   for(int i =0; i<size; ++i)
     bc[ i ] =- 1;
   for(int i =0; i<m; ++i){
     int ascii =(int)b[ i ];
     bc[ ascii ] =i;
   }
}
```

```
}
void generateGS(char b[ ], int m, int suffix[ ], bool prefix[ ])
{/ * 求 suffix 数组和 prefix 数组
suffix 数组的下标 K 表示后缀字符串长度,数组值对应存储的是在模式串中跟好后缀{u}相匹配的子串
{u * }的起始下标值。prefix 数组是布尔型,记录模式串的后缀字串是否能匹配模式串的前缀子串。
 * /
  for(int i =0; i<m;++i){
    suffix[ i ] =-1; prefix[ i ] =false;
  }
  for(int i =0; i<m-1;++i){
    int j =i;
    int k =0; //公共后缀字符串长度
    while(j>=0 && b[ j ] ==b[ m-1-k ]){ //与 b[ 0, m-1 ]求公共后缀字符串
      --j;++k;
      suffix[ k ] =j+1;//j+1 表示公共后缀字符串在 b[ 0, i ]中的起始下标
    }
    if(j ==-1) prefix[ k ] =true; //如果公共后缀字符串也是模式串的前缀字符串
  }
}

int moveByGS(int j, int m, int suffix[ ], bool prefix[ ])
{//j:坏字符对应的模式串中字符下标,m 是模式串的长度。计算在好后缀规则下模式串向后移动的
个数
  int k =m-1-j;//好后缀的长度
  if(suffix[ k ] !=-1) return j-suffix[ k ] +1;
  for(int r =j+2; r<=m-1;++r)
    if(prefix[ m-r ] ==true) return r;
  return m;
}

int BM(char a[ ], int n, char b[ ], int m)
{
  int suffix[ m ];
  bool prefix[ m ];
  int bc[ size ]; //模式串中每个字符最后出现的位置

  generateBC(b,m,bc);//构建字符串 hash 表
  generateGS(b,m, suffix,prefix);//计算好后缀和好前缀数组

  int i =0;//主串与模式串对齐的第一个字符
  while(i<=n-m){
    int j;
    for(j=m-1; j>=0; j-- ){ //模式串从后往前匹配
      if(a[ i+j ]!=b[ j ]) break;//坏字符对应的模式串下标是 j,即 i+j 位置是坏字符的位置 si
    }
    if(j<0) return i; //匹配成功,返回主串与模式串第一个匹配的字符的位置
    //这里 x 等同于将模式串往后滑动 j-bc[ (int)a[ i+j ]]位,bc[ (int)a[ i+j ]]表示主串中坏字符在模式
串中出现的位置 xi
    int x =i+(j-bc[ (int)a[ i+j ]]);
    int y =0;
```

```
        if(j<m- 1) //如果有好后缀的话,计算在此情况下向后移动的位数 y
            y =moveByGS(j, m, suffix, prefix);
        i =i+max(x, y); //i 更新位可以后移较多的位置
    }
    return- 1;
}
int main()
{
    char a[ ] ="aaaabaaba";
    char b[ ] ="aaaa";
    int i =BM(a, 9, b, 2);
    printf("% d\n", i);
    return 0;
}
```

图 6-82   BM 算法的 C++描述

针对 BM 算法每次尝试时都必须检查模式串的每个字符问题,Horspool 算法做了改进,它通过预处理先计算出遇到某个字符需要移动的距离,并存放在一个表中,通过空间来换取时间。公式 6-9 所示给出了每一个字符移动距离的计算方法。

$t(c) =$

$$\begin{cases} \text{模式串长度 } m & (c \text{ 不包含在模式串的前 } m-1 \text{ 个字符中}) \\ \text{模式串前 } m-1 \text{ 个字符中最右边的 } c \text{ 到模式串最后} \\ \text{一个字符的距离} & (\text{其他情况}) \end{cases}$$

$$(6-9)$$

图 6-83 所示给出了 Horspool 算法的直观解析。图 6-84 所示给出了其程序描述。

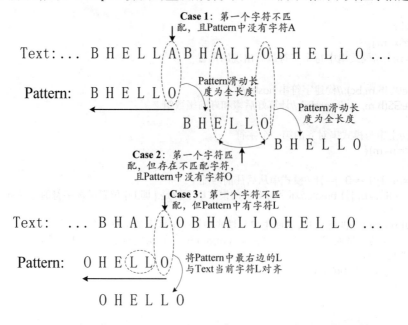

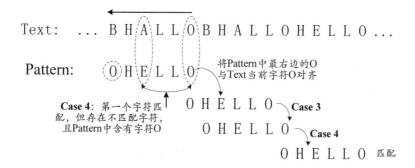

Text:... B H E L L A B H A L L O B H E L L O...

Pattern:　B H E L L O　　　　　　预处理表
　　　　　　　　　　　　　　O H E L A B *
　　　　　　　　　　　　　　6 4 3 1 6 5 6

图 6-83　Horspool 算法的基本原理

```cpp
#include<iostream>
using namespace std;

const int HASH_SIZE =256;
int table[HASH_SIZE];//查找文本的信息

void ShiftTable(char pattern[])
{
  int m =strlen(pattern);
  for(int i=0;i<HASH_SIZE;++i)//初始化
    table[i] =m;
  for(int j=0;j<m-1;++j)
    table[ pattern[j] ] =m-1-j;
}
int HorspoolMatching(char pattern[],char text[])
{ //pattern 为模式串;text 为查找字符串
  ShiftTable(pattern);
  int m =strlen(pattern);
  int n =strlen(text);
  int i =m-1; //模式最右端位置
  while(i<=n-1){
    int k =0;//匹配字符的个数
    while(k<=m-1 && pattern[m-1-k] ==text[i-k])
      k++;
    if(k ==m) return i-m+1;
    else i =i+table[ text[i] ];
  }
  return-1;
}
int main()
```

```
{
    char p[20] ={"China"};
    char t[1000] ={"People's Republic of China,Welcome!"};
    int pos =HorspoolMatching(p,t);
    cout<<"\n"<<pos<<endl;
    return 0;
}
```

图 6-84　Horspool 算法的 C++描述

Sunday 算法是对 BM 算法的一种简化,它采用正向思维,从左向右匹配,只采用"坏字符"一个启发规则,并对"坏字符"策略进行了升华,关注的是主串中参与匹配的最末字符(不是正在匹配的)的下一位置。具体而言,1)当遇到不匹配的字符时,如果关注的字符没有在模式串中出现则直接跳过,即移动位数 = 子串长度+1;2)当遇到不匹配的字符时,如果关注的字符在模式串中也存在时,其移动位数 = 模式串长度-该字符最右出现的位置(以 0 开始)或者移动位数 = 模式串中该字符最右出现的位置到尾部的距离+1。

与 BM 算法一样,Sunday 算法的移动也是取决于子串的,然而,当这个子串重复很多时,情

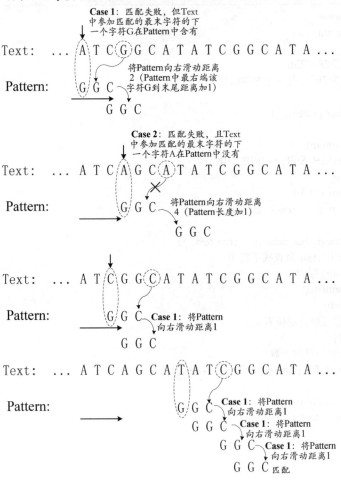

图 6-85　Sunday 算法的基本原理

况就会变得非常糟糕。但现实生活的实际应用场景中,这种现象出现的概率较少,其缺点恰恰能较好地规避,从而使得它能够大大增加匹配效率。因此,鉴于 Sunday 算法的思路极简单清晰,因此相对于 KMP 和 BM 而言,Sunday 算法具有较好的实用性。图 6-85 所示给出了直观的解析,图 6-86 所示给出了相应的程序描述。

```cpp
int SundaySearch(string text, string pattern)
{
  int i =0, j =0, k;
  int m =pattern.size();

  if(pattern.size()<=0 || text.size()<=0)
    return- 1;

  for(; i<text.size();) {
    if(text[i] !=pattern[j]) {
      for(k =pattern.size()- 1; k>=0; k-- ) {
        if(pattern[k] ==text[m])
          break;
      }
      i =m- k; j =0;
      m =i+pattern.size();
    }
    else {
      if(j ==pattern.size()- 1)
        return i- j;
      i++; j++;
    }
  }
  return- 1;
}
```

图 6-86　Sunday 算法的 C++描述

6.8.2　文本串 Text 的预处理方法

1）前缀树

前缀树(Trie,也称为字典树、单词查找树)是一种多叉树型结构,用于存储大量单词和快速检索单词或模糊查询,以及基于查询的各种统计等等。相对于 hash 需要存储所有前缀而言(构建的时间复杂度为 $O(n*len)$、查询的时间复杂度为 $O(n)*O(1)=O(n)$),Trie 的平均时间复杂度为 $O(\log n)$(尽管每一个结点的子女数不可能都达到字典中的的不同字符数 R,但每个结点都需要申请 R 个子女指针域,利用字符串的公共前缀来降低查询的开销以达到提高效率的目的)。

前缀树的基本原理是,按照单词的字母顺序,逐层构造树型结构,如图 6-87 所示。

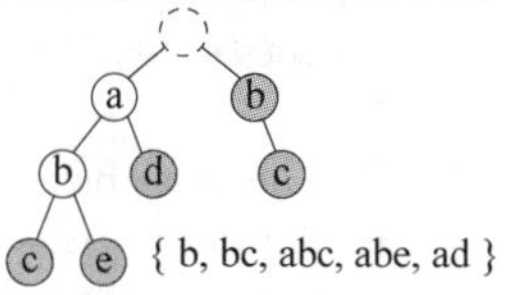

前缀树的基本维护操作有构建、查找、插入和删除。图 6-88 所示

图 6-87　前缀树示例

给出了相应的程序描述及解析。

```
// .h
#include<iostream>
#include<string>
#include<vector>
using namespace std;

const int R =256; // 结点子女的最大容量
typedef struct TreeNode ∗ Position; // 结点指针类型
enum Color {Red, Black}; // 单词结束标志
struct TreeNode {
    Color color;
    Position Next[R];
};

class TrieTree {
    public:
        TrieTree();
        ~TrieTree();
        void MakeEmpty();    // 重置整棵前缀树
        vector<string>keys(); //获取 TrieTree 中的所有单词(存储在一个向量中)
        void Insert(string); //插入单词
        void Delete(string); // 删除单词
        bool IsEmpty();//判断单词树是否为空
        bool Find(string) const; // 查找单词
        string LongestPrefixOf(string) const; //查找指定字符串的最长前缀单词
        vector<string>KeysWithPrefix(string) const; //查找以指定字符串为前缀的单词
        vector<string>KeysThatMatch(string) const;//查找匹配对应字符串形式的单词(".")表示任意单词)
    private:
        void MakeEmpty(Position);
        void Insert(string, Position &, int);
        void Delete(string, Position &, int);
        Position Find(string, Position, int) const;
        int Search(string, Position, int, int) const;
        void Collect(string, Position, vector<string>&) const;//对应 KeysWithPrefix()
        void Collect(string, string, Position, vector<string>&) const;//对应 KeysThatMatch()
        Position Root;
};

// .cpp
TrieTree::TrieTree()
{
    Root =new TreeNode();
    if (Root ==NULL) {
        cout<<"TrieTree 申请失败!"<<endl; return;
    }
    Root->color =Black;
    for (int i =0; i<R;++i)
        Root->Next[i] =NULL;
```

```
}
TrieTree:: ~TrieTree()
{
    MakeEmpty(Root);
}
void TrieTree::Insert(string key)
{
    Insert(key, Root, 0);
}
void TrieTree::Insert(string key, Position &tree, int d)
{
    if (tree ==NULL) {
        tree =new TreeNode();
        if (tree ==NULL) {
            cout<<"新结点申请失败!"<<endl; return;
        }
        tree->color =Black;
        for (int i =0; i<R; ++i)
            tree->Next[i] =NULL;
    }
    if (d ==key.length()) {
        tree->color =Red; return;
    }
    char c =key[d];
    Insert(key, tree->Next[c], d+1);
}
void TrieTree::Delete(string key)
{
    Delete(key, Root, 0);
}
void TrieTree::Delete(string key, Position &tree, int d)
{
    if (tree ==NULL)return;
    if (d ==key.length()) tree->color =Black;
    else {
        char c =key[d];
        Delete(key, tree->Next[c], d+1);
    }
    if (tree->color ==Red) return;
    for (int i =0; i<R; ++i)
        if (tree->Next[i] !=NULL) return;
    delete tree; tree =NULL;
}
bool TrieTree::Find(string key) const
{
    Position P =Find(key, Root, 0);
    if (P ==NULL) return false;
    if (P->color ==Red) return true;
    else return false;
```

```
}
Position TrieTree::Find(string key, Position tree, int d) const
{
    if (tree ==NULL) return NULL;
    if (d ==key.length()) return tree;
    char c =key[d];
    return Find(key, tree->Next[c], d+1);
}
int TrieTree::Search(string key, Position tree, int d, int length) const
{
    if (tree ==NULL) return length;
    if (tree->color ==Red) length =d;
    if (d ==key.length()) return length;
    char c =key[d];
    return Search(key, tree->Next[c], d+1, length);
}
void TrieTree::MakeEmpty()
{
    for (char c =0; c<R;++c)
    if (Root->Next[c] !=NULL)
        MakeEmpty(Root->Next[c]);
}
void TrieTree::MakeEmpty(Position tree)
{
    for (char c =0; c<R;++c)
        if (tree->Next[c] !=NULL)
            MakeEmpty(tree->Next[c]);
    delete tree; tree =NULL;
}
vector<string>TrieTree::keys()
{
    return KeysWithPrefix("");
}
bool TrieTree::IsEmpty()
{
    for (int i =0; i<R;++i)
        if (Root->Next[i] !=NULL) return false;
    return true;
}
string TrieTree::LongestPrefixOf(string key) const
{
    int Length =Search(key, Root, 0, 0);
    return key.substr(0, Length);
}
void TrieTree::Collect(string key, Position tree, vector<string>&V) const
{
    if (tree ==NULL) return;
    if (tree->color ==Red) V.push_back(key);
    for (char i =0; i<R;++i)
```

```
        Collect(key+i, tree->Next[i], V);
}
vector<string>TrieTree::KeysWithPrefix(string key) const
{
    vector<string>V;
    Collect(key, Find(key, Root, 0), V);
    return V;
}
void TrieTree::Collect(string pre, string pat, Position tree, vector<string>&V) const
{
    int d=pre.length();
    if (tree==NULL) return;
    if (d==pat.length() && tree->color==Red) V.push_back(pre);
    if (d==pat.length()) return;
    char next=pat[d];
    for (char c=0; c<R;++c)
        if (next=='.' || next==c)
            Collect(pre+c, pat, tree->Next[c], V);
}
vector<string>TrieTree::KeysThatMatch(string pat) const
{
    vector<string>V;
    Collect("", pat, Root, V);
    return V;
}
```

图 6-88　基本前缀树的 C++实现

对于基本前缀树,依据求解目标的不同,其结点结构也可以做一定的维拓展,例如:可以扩展一个域,用于记录每个结点被划过多少次,这样在建立多叉树时就同时记录了所有字符串中有多少个字符串是以某个结点为结尾字符串作为其前缀的。

【例 6-15】　XorSum

问题描述:Zeus 和 Prometheus 做了一个游戏,Prometheus 给 Zeus 一个集合,集合中包含了 N 个正整数,随后 Prometheus 将向 Zeus 发起 M 次询问,每次询问中包含一个正整数 S,之后 Zeus 需要在集合当中找出一个正整数 K,使得 K 与 S 的异或结果最大。Prometheus 为了让 Zeus 看到人类的伟大,随即同意 Zeus 可以向人类求助。你能证明人类的智慧么?

输入格式:输入包含若干组测试数据,每组测试数据包含若干行。输入的第一行是一个整数 T(T<10),表示共有 T 组数据。每组数据的第一行输入两个正整数 N,M(K=N,M<=100000),接下来一行,包含 N 个正整数,代表 Zeus 获得的集合,之后 M 行,每行一个正整数 S,代表 Prometheus 询问的正整数。所有正整数均不超过 2^{32}。

输出格式:对于每组数据,首先需要输出单独一行"Case #?:",其中问号处应填入当前的数据组数,组数从 1 开始计算。对于每个询问,输出一个正整数 K,使得 K 与 S 异或值最大。

输入样例:

2

3 2

3 4 5

1

5

4 1

4 6 5 6

3

输出样例：

Case #1：

4

3

Case #2：

4

（按位）异或的性质是，位值相等为 0，不相等为 1（即 1&1 = 0、0&0 = 0、1&0 = 1、0&1 = 1）。因此，要使得两个数异或和最大，对其二进制表达而言，从高位到低位应尽量使得位值数字不相等。针对本题，采用朴素方法直接寻找，时间复杂度为 $O(n^2)$，显然不能满足要求。于是，可以将这 n 个数的二进制建成一个字典树，每个数的二进制高位在根部，低位在叶子部，然后按 s 的二进制从高位到低位的顺序遍历字典树，遍历时尽量走数字不相等的路径，最后到达叶子结点后，路径所代表的十进制数就是两数异或的最大和，此时，时间复杂度为 $O(\log n)$。图6-89 所示给出了相应的程序描述。

```cpp
#include<bits/stdc++.h>
using namespace std;

int result[100001];   // 每次询问的结果
int t, n, m;
struct node {
    int original; // 二进制串到此结束后所表示的十进制数
    node * next[2];
    node()
    {
        original =0;
        for(int i =0; i<2; ++i)
            next[i] =NULL;
    }
};
void Insert(node * root, int z)
{ //建树操作
    int num =z;
    node * temp =root;
    for(int i =31; i>=0;-- i) { // 整数的二进制最多 32 位，从高位向低位
        int bit =(num>>i) % 2;   // 获取第 i 位
        if(temp->next[bit] ==NULL)
```

```
        temp->next[bit]=new node();
      temp=temp->next[bit];   // 树向下伸展
    }
    temp->original=z;
}
int Search(node * root, int num)
{
    node * temp=root;
    for(int i=31; i>=0;-- i) {
      int index=(num>>i) & 1; // 获取给定数的第 i 位
      if(temp->next[! index]!=NULL)   // 高位尽量不一样
        temp=temp->next[! index];
      else
        temp=temp->next[index];
    }
    return temp->original;   // 异或和最大值
}
int main()
{
    scanf("% d", &t);
    int l=1;
    while(t-- ) {
      node * root=new node();
      scanf("% d% d", &n, &m);
      for(int i=0; i<n;++i) {
        int ans;
        scanf("% d", &ans); Insert(root, ans);
      }
      int p, ask_Size=0;
      for(int i=0; i<m;++i){
        scanf("% d", &p);
        result[ask_Size++]=Search(root, p);
      }
      printf("Case #% d:\n", l++);
      for(int i=0; i<ask_Size;++i)
        printf("% d\n", result[i]);
    }
}
```

图 6-89　"异或和"问题求解的程序描述

2）后缀树

后缀树（SuffixTree）也是一种字典树，用于存储和处理一个字符串的所有后缀串。并且，由于它对 Trie 中的单子女内部结点进行了收缩，是一棵压缩型的 Trie。因此，相对 Trie，其规模要小得多。

一个具有 m 个后缀的字符串 S 的后缀树 T，就是一棵包含一个根结点的有向树，该树恰好带有 m 个叶结点，这些叶结点被赋予从 1 到 m 的标号。除根结点外的每个内部结点，都至少有两个子结点，而且每条边都用 S 的一个非空子串来标识（即单子女结点压缩）。出自同一结点的任意两条边的标识不会以相同的子串开始。后缀树的关键特征是:对于任何叶子结点 i,从根结点到该叶子所经历的边的所有标识串联恰好拼出 S 的从 i 位置开始的后缀,即 S[i,…,m]。树中结点的标识被定义为从根到该结点的所有边的标识串联。图 6-90 所示是后缀树的一个示例。

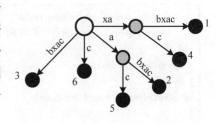

图 6-90 字符串 xabxac 的后缀树

考虑到一个字符串中某个后缀可能恰好是另一个后缀的前缀,此时,构建的后缀树就会丢失这个后缀,后缀树的叶子结点数也小于后缀个数(该后缀树称为隐式后缀树,Implicit Suffix Tree)。例如:将上述字符串 xabxac 的最后一个字符 c 去掉后,后缀 xa 就"消失"了,因为后缀 xa 恰好是后缀 xabxa 的前缀。因此,为避免出现这个问题,可以统一在后缀字符串后面添加一个特殊字符,例如:$ 或#等,使得每一个后缀串保持唯一性。

后缀树的构造一般采用 Ukkonen 算法,其时间复杂度为 $O(n)$。为解析其基本原理,需要定义如下概念及规则:

● 活动点(active point)

活动点由一个三元组(active_node, active_edge, active_length)组成,其中,active_node 是用于查找一个后缀是否已经在这棵树里,即查找的时候从活动结点的子结点开始查找,同时当需要插入边的时候也是插入到该结点下;active_edge 是每次需要进行分割的边,即某条边一旦成为活动边就意味着需要被分割;active_length 是指从活动边的哪个位置开始分割。

● 剩余后缀数(remainder)

剩余后缀数是指需要插入的新后缀的数量。新后缀通过后缀字符数组先进行缓存。

● 规则一(active_node 为根结点时候的插入)

插入叶子结点之后,active_node 仍保持为根结点;active_edge 更新为接下来要更新(即将被插入)的后缀的首字母;active_length 减 1。

● 规则二(后缀链表)

每当分裂(Split)一条边并且插入(Insert)一个新的内部结点时,如果该新的内部结点不是当前阶段中第一个创建的结点,则需要用一个特殊的指针从当前内部结点链接到本阶段上一次建立的结点(称为后缀连接,Suffix Link)。

● 规则三(活动结点不为根结点时候的插入)

当从 active_node 不为 root 的结点分裂边时,需要沿着后缀连接(Suffix Link)的方向寻找结点,如果存在一个结点,则设置该结点为 active_node;如果不存在,则设置 active_node 为 root。active_edge 和 active_length 保持不变。

● 额外规则(活动点的晋升)

如果活动边上的所有字符全部都被匹配完成(即 active_edge 上的字符数等于 active_length),则将 active_edge 连接的下一个结点晋升为 active_node,同时重置 active_length 为 0。

基于上述概念和规则,Ukkonen 算法的基本原理是,对于指定的字符串,从前往后一次提取一个字符,将其加入后缀字符数组并将剩余后缀数增加 1。然后在当前后缀树中(开始时树为空)寻找是否存在当前字符的后缀,如果有,则继续读取下一个字符(即相当于构建隐式后缀树);如果没有,则进入后缀字符处理函数进行后缀处理;在后缀处理函数中,首先需要定位活动结点,然后再依据活动结点和规则进行不同的处理(如果活动结点是根结点则按照规则一进行处理,如果活动结点不是根结点,则按照规则三进行处理。在处理过程中,时刻注意规则二和额外规则。另外,当新建结点时,如果活动边存在,则分裂活动边,分割的位置由活动长度指定;如果活动边不存在,就在活动结点下新建结点和边)。

图 6-91 所示给出了一个示例的详细解析。

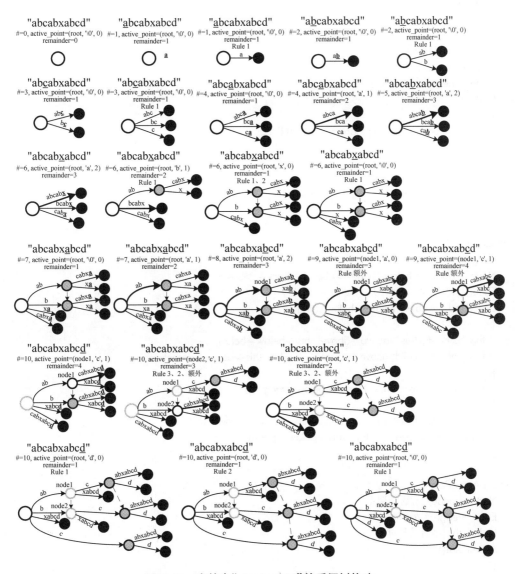

图6-91　字符串"abcabxabcd"的后缀树构建

由图 6-91 可知,对于没有重复字符的字符串,通过扫描字符串,逐个字符进行处理,规则是以当前字符扩展已有的边,并生成一条新边。显然,操作的步数等于字符串的长度,每步操作的工作量为 $O(1)$(因为已存在的边都是依据"#"的挪动而自动更改的,仅需为最后一个字符添加一条新边),因此,总体时间复杂度为 $O(n)$。

对于包含重复字符的字符串,如果 Text 的长度为 n,则有 n 步需要执行,在每一步中,要么什么也不做,要么执行 remainder 插入操作并消耗 $O(1)$ 时间。因为 remainder 指示了在前一步中有多少还没有操作的次数,在当前步骤中每次插入都会递减,所以总体的数量还是 n。因此,总体的复杂度为 $O(n)$。

图 6-92 所示给出了相应的程序描述。

```
struct Node {
    int flag;
    int count; //链接的边的个数,用下边的边指针数组存储
    Edge * child[max];
    Edge * parent;
    Node * next;//后缀链接标识
    Node()
    {
        flag =- 1;parent =NULL;count =0;next =NULL;
    }
    Node(int f)
    {
        flag =f;parent =NULL;count =0;next =NULL;
    }
};
struct Edge {
    string str;
    Node * above, * below;//head-->above    back-- ->below
    Edge(){str ="";above =NULL;below =NULL;}
    Edge(Node * above,Node * below,string str)
    {
        this->str =str; this->above =above; this->below =below;
        this->above->child[ above->count++] =this; this->below->parent =this;
    }
    Edge(Node * above, int i, Node * below, string str)
    {
        this->str =str; this->above =above; this->below =below;
        this->above->child[ i] =this; this->below->parent =this;
    }
};
struct ActivePoint {
    Node * node;   //活动结点
    Edge * edge;   //活动边
    int length;    //活动长度
    ActivePoint()
    {
        node =NULL;edge =NULL;length =0;
    }
    ActivePoint(Node * n,Edge * e, int len)
    {
        node =n;edge =e;length =len;
    }
};
```

```
class SuffixTree {
  public:
    SuffixTree()
    {
      root =new Node(); activepoint =new ActivePoint(root,NULL, 0);
      reminder =0; helpstr =""; suffixarray =""; active =NULL;
    }
    ~SuffixTree()
    {
      delall(root);
    }
    void delall(Node * p);     //释放结点 p 的所有子女 (从后往前)

    int getlength(Node * p);   //从 p 结点向上到根结点经历过的边的字符个数
    string getstr(Node * node);//从根结点向下到 p 结点拼出字符串
    string getallstr(){return helpstr;} //返回该树的字符串

    bool search(Node * p,string str,Node * &cur); //p 结点向下与 str 匹配的串
    bool findstr(string str);//字符串是否存在
    string findlongeststr();//最长重复字符串
    void finddeepestr(Node * a[ ],Node * p, int &cal);//每分支最长重复串

    int count(string str);//计算字符串 str 出现的次数
    int countleaf(Node * p);//计算 p 结点下的叶结点个数
    bool judgeleaf(Node * p);//判断 p 结点是否全为叶结点

    int find(char x);//查找指定后缀是否存在
    void build(string str);//构建后缀树
    void deal(string str, int currentindex);//处理后缀函数

    void showtree(){show(root, 0, 0);}//打印后缀树
    void show(Node * p, int repeat, int len);
  private:
    Node * root;
    ActivePoint * activepoint;
    int reminder;
    string suffixarray;
    Node * active;
    string helpstr;
};
void SuffixTree::build(string str)
{
  int index =0;
  Edge * &apedge =activepoint->edge;
  Node * &apnode =activepoint->node;
  int& aplen =activepoint->length;
  helpstr =str;

  while(index<str.length()) {
```

```
      int currentindex =index++;
      char w =str[currentindex];

      if(find(w)!=- 1) {//存在保存当前后缀字符的结点
         suffixarray+=w; reminder++; continue;
      }
      else {
         suffixarray+=w; reminder++;
      }
      active =NULL; deal(str,currentindex);
   }
}
int SuffixTree::find(char x)
{
   Edge  * &apedge =activepoint->edge;
   Node  * &apnode =activepoint->node;
   int &aplen =activepoint->length;
   if(apedge ==NULL){ //无活动边,则从活动结点的子结点开始查找
      for(int i =0;i<apnode->count; ++i) {
         Edge  * tempedge =apnode->child[i];
         if(tempedge->str[0] ==x) {
            aplen++; apedge =apnode->child[i];
            if(aplen ==apedge->str.length()) { //额外规则
               apnode =apedge->below; aplen =0; apedge =NULL;
            }
            return i;
         }
      }
      return- 1;
   }
else // 存在活动边,则在活动边上查找
   if(apedge->str[aplen] ==x){
      aplen++;
      if(aplen ==apedge->str.length()) { // 额外规则
         apnode =apedge->below; aplen =0; apedge =NULL;
         }
         return 1;
      }
      else return- 1;
   return- 1;
}
void SuffixTree::deal(string str, int currentindex)
{ //str:输入字符串,currentindex:当前位置,number:本次操作
   Edge  * &apedge =activepoint->edge;
   Node  * &apnode =activepoint->node;
   int &aplen =activepoint->length;
   if(reminder ==1){
      if(apnode ==root) { //新建结点
         Node  * tempnode1 =new Node(currentindex- suffixarray.length() +1);
```

```
        Edge  * tempedge1 =new Edge(apnode,tempnode1,str.substr(currentindex));
        suffixarray.erase(0, 1); reminder-- ; apedge =NULL; return;
   }
}
else { //剩余后缀数大于 1
   if(apnode ==root) { //规则一
      if(apedge ==NULL) { //活动边不存在,活动结点下需要新建结点
         Node  * tempnode1 =new Node(currentindex);
         Edge  * tempedge1 =new Edge(apnode,tempnode1,str.substr(currentindex));
         //活动边依旧设置为空
      }
      else {
         Edge  * edge =apedge; //保存当前活动边,便于后面释放旧的活动边
         apedge =NULL;
         aplen-- ; // 因为一定能找到,由于寻找过程中会使得 aplen++,故此处修正
         int m =find(edge->str[0]);   //寻找标号,后边新建结点会用到

         Node  * tempnode1 =new Node();
         Edge  * tempedge1 =new Edge(tempnode1,apedge->below,apedge->str.substr(aplen));
         Edge  * tempedge2 =new Edge(apnode,m,tempnode1,apedge->str.substr(0,aplen));

         Node  * tempnode2 =new Node(currentindex- suffixarray.length()+1);
         Edge  * tempedge3 =new Edge(tempnode1,tempnode2,str.substr(currentindex));

         apedge =apnode->child[m];   delete edge; //释放旧的活动边
      }

      if(apedge!=NULL&&apedge->below->count>1) {//规则二(后缀链表)
         if(active ==NULL) active =apedge->below;
         else { active->next =apedge->below; active =apedge->below; }
      }
      else if(apedge ==NULL) {
            if(active ==NULL) active =apnode;
            else{ active->next =apnode; active =apnode; }
        }
      suffixarray.erase(0, 1); reminder-- ; aplen-- ;

      apedge =NULL;   //apnode 已为空
      aplen =0;
      int flag;
      for(int i =0;i<reminder;i++)
         flag =find(suffixarray[i]);
         if(flag ==- 1){ deal(str,currentindex); return;}
         else return;
   }
   else { //apnode!=root。规则三
   char temp;
   if(apedge ==NULL) { //活动边不存在,活动结点下需要新建结点
      Node  * tempnode1 =new Node(currentindex- suffixarray.length()+1);
```

```
      Edge  * tempedge1 =new Edge(apnode,tempnode1,str.substr(currentindex));
    }
    else {
      Edge  * edge =apedge; temp =edge->str[0]; apedge =NULL; aplen-- ;
      int m =find(edge->str[0]);
      Node  * tempnode1 =new Node();
      Edge  * tempedge1 =new Edge(tempnode1,apedge->below,apedge->str.substr(aplen));
      Edge  * tempedge2 =new Edge(apnode,m,tempnode1,apedge->str.substr(0,aplen));
      Node  * tempnode2 =new Node(currentindex- suffixarray.length()+1);
      Edge  * tempedge3 =new Edge(tempnode1,tempnode2,str.substr(currentindex));
      apedge =apnode->child[m]; delete edge;
    }
    reminder-- ; suffixarray.erase(0, 1);

    if(apedge!=NULL&&apedge->below->count>1) {//当前新建结点是内部结点,则更新后缀链表
      if(active ==NULL) // 是否为内部结点
        active =apedge->below;
      else { active->next =apedge->below; active =apedge->below; }
    }
    else {
      if(active ==NULL) //是否为内部结点
        active =apnode;
      else { active->next =apnode; active =apnode; }
    }
    //开始沿着后缀链表寻找,并且重置活动点
    if(apnode->next!=NULL) { //有连接
      apnode =apnode->next; apedge =NULL; int tempaplen =aplen; aplen =0;
      int flag;
      for(int i =reminder- tempaplen- 1;i<reminder;i++)
        flag =find(suffixarray[i]);
      if(flag ==- 1) { deal(str,currentindex); return; }
      else return;
    }
    else { //当前结点无连接,置活动结点为根结点
      apnode =root; apedge =NULL; aplen =0;
      int flag;
      for(int i =0;i<reminder;i++)
        flag =find(suffixarray[i]);
      if(flag ==- 1){ deal(str,currentindex); return; }
      else return;
    }
  }
}
}
```

图 6-92　Ukkonen 算法的程序描述

　　后缀树也可以做拓展,例如:对于字符串集合 T = ｛ t1, t2, …, tn ｝的广义后缀树
(Generalized Suffix Tree),是一棵压缩字典树(trie),其中包含了 T 中每一个字符串的所有的后

缀。每一个叶结点由<StringID,　Start position>对来标记,即包含了所在字符串和在字符串中的开始位置。

广义后缀树的构造方法是,将 T 中的所有字符串加上终结符 $,连接在一起构成新的字符串 S = t1 $ t2 $ ...tn $;对字符串 S 构造后缀树,每一个叶结点标记上在 S 中的起始位置。然后移除横跨多个字符串的后缀,将叶结点的起始位置映射成<String ID,Start position>对(实际构造中对后缀的比较只比较到字符 $ 就结束,这样不会出现横跨多个字符串的后缀)。

后缀树的应用,主要有如下几种:

① 字符串(集合)的精确匹配

•**情形 1**:给定两个串串 P 和串 T,分别代表模式串和文章串,长度分别为 n 和 m。现在需要在串 T 中查找串 P 的每一个出现的位置。

首先构建串 T 的后缀树,所用时间复杂度为 $O(m)$。然后只需要在后缀树中查找串 S 即可。如果串 S 没有出现在后缀树中,显然串 T 不包含串 S;如果串 S 结束于后缀树的某个结点 v(结束于某一条边内的情形也类似),那么结点 v 的路径标记在 T 中出现的每个位置都匹配串 S。为了知道所有出现的位置,只需要遍历 v 的子树,找到所有叶结点,便可以知道所有对应出现的位置了。因此,这种方法能够在 $O(n+m)$ 的时间内找到所有 S 在 T 中出现的位置。

还可以进一步进行优化,如果能够较快找到 v 的子树中所有叶子结点的话,就能够将查询复杂度降到 $O(n+k)$,其中 k 为 S 在 T 中出现的次数,也就是结点 v 子树中叶子结点的个数,此时,与 KMP 具有同样的时间复杂度(具体实现方式是,将叶子结点按照遍历顺序额外用链表依次连接,每个内部结点只需标记叶子结点的范围即可)。

相对于 KMP 算法,如果文章串确定不变,而模式串有多个的情形,KMP 算法对于每次查询,都需要首先花费 $O(n)$ 的时间构建模式串的 pi 数组,然后再花费 $O(m)$ 的时间去匹配,所以单次查询就需要花费 $O(n+m)$ 的时间;而后缀树可以一次花费 $O(m)$ 的时间构建串 T 的后缀树,然后每次查询都只需花费 $O(n+k)$ 的时间。

•**情形 2**:给定文章串 T 和模式串集合 S,串 T 长度为 m,集合 S 中串总长度为 n。现在需要知道每个模式串在文章串 T 中的出现情况。

该情形是对情形一的拓展。用 AC 自动机(Aho-Corasick Machine)可以获得与 KMP 类似的时间复杂度,为 $O(n+m)$。后缀树的实现与情形一的类似,花费 $O(m)$ 的时间构建树,然后每次查询对每个串逐一执行情形一的算法,查询总时间为 $O(n)$。可见,后缀树处理这样的拓展情形也非常方便。

•**情形 3**:给定长度为 n 的模式串 S。现在需要处理若干次询问,每次询问将给出一个长度为 m 的文章串 T,询问每个 S 在 T 中出现的位置。

情形一中提到后缀树优于 KMP 算法的情形,情形三恰好与这种情况相反。尽管针对该情形,后缀树比不上 KMP,但仍然可以进行改进,使得后缀树在这种情形下也可以表现得和 KMP 一样优秀。具体方法是,对于文章串 T,构建一个长度为 m 的数组 ms。其中 ms(i)表示 T 的后缀 i 所能匹配的 S 的子串的最长长度(无论何处开始的子串)。例如:T = abcd,S = babc,那么 ms(1)= 3。显然,如果串 S 出现在串 T 中,等价于存在这样的 i 使得 ms(i)= n。

ms 数组的构建方法是,首先花费 $O(n)$ 的时间构建串 S 的后缀树。计算 ms(1)的方法只需要用朴素的方式即当作 T 匹配 S 的情形,在 S 中查找 T 直到找到串 T 或者找到第一个没有办法匹配的位置,这样就计算出了 ms(1);计算 ms(2)的时候,从 T 的第二个字符开始查找,回想后缀树的构建过程,这正是相当于拓展的情形!(当时使用后缀链加速,因此,在这里同样应用后缀链快速计算 ms 数组)。

具体而言,假设计算 ms(1)的时候最后到达了结点 v,那么下一次,从结点 v 的后缀链指向的结点 u 开始继续计算 ms(2)。根据后缀链的定义,v 的路径标记匹配字符串 $T[1..m]$ 的前缀,那么 u 的路径标记匹配字符串 $T[2..m]$ 的前缀,所以算法正确性得以保证。可以证明,计算 ms 数组的时间复杂度为 $O(m)$。

如果想要找到所有匹配的位置也很简单,找出那些满足 ms(i)= n 的 i 即可。在这种情形下,用后缀树实现了不劣于 KMP 算法时间复杂度的算法。

● **情形 4:**给定一个字符串集合 T,然后每次给定一个字符串 S,询问该字符串是集合 T 中哪些字符串的子串。

本情形需要处理的问题与情形 2 的目标正好相反。通过后缀树方法可以解决该问题。具体方法是,假设集合 T 中字符串总长度为 m,花费 $O(m)$ 的时间构建 T 中所有字符串的广义后缀树。然后,在该后缀树中查找串 S。如果找到了串 S 对应的位置,则该位置的子树中所有叶结点上的所有字符串都包含串 S,可以用与情形 1 类似的方法找到所有出现的位置,时间复杂度为 $O(n + k)$,其中 k 为 S 在集合 T 中出现的总次数;如果没有找到这样的位置,那么显然,S 不是 T 中任何一个字符串的子串。

事实上,情形 4 是对情形 1 的一种拓展,其效率仅仅取决于读入这些字符串所需要的时间。另外,也体现了广义后缀树的方便之处。

② 公共子串问题

● **情形 5:**给定两个字符串 S_1 和 S_2,长度分别为 n 和 m。求这两个字符串的最长公共子串(注意区别于最长公共子序列)。

该问题是一个经典问题,可以用朴素的动态规划在 $O(n*m)$ 的时间复杂度内求解。为了进一步提高处理效率,可以采用后缀树方法求解。具体方法是,通过时间复杂度 $O(n + m)$ 构建 S_1 和 S_2 的广义后缀树。对于后缀树中每个结点 v,如果在以 v 为根的子树中存在标记为 S_1 的后缀的叶结点,则给 v 标记上 1;类似地,如果子树中存在标记为 S_2 的后缀的叶结点,则 v 标记上 2。如果结点 v 既有标记 1 又有标记 2,那么 v 的路径标记就是 S_1 和 S_2 的公共子串。显然,最长公共子串满足的条件是该子串是同时标上 1 和 2 的某个结点 v 的路径标记,并且这个结点 v 是所有满足同时有两种标记的结点中字符深度最大的结点(即 v 的路径标记最长)。针对给每个结点标记,只需要通过对后缀树执行一次深度优先遍历即可。因此总的时间复杂度为 $O(n + m)$。

进一步,通过引入一个长度为 n 的数组 ms,ms(i)代表 S_1 的后缀 i 与 S_2 的某个子串的最长公共前缀。显然,其中 ms(i)的最大值即是 S_1 与 S_2 的最长公共子串的长度。由此可以节省空间,仅需建立字符串 S_2 的后缀树,从而使得空间复杂度从 $O(n + m)$ 降到了 $O(m)$。

● **情形 6:**给定 k 个字符串,这些字符串的长度总和为 n。定义函数 L(i)为至少从中取 i 个字符串,可以获得的最长公共子串的长度的最大值($2 \leq i \leq k$)。

显然,这种多串形式的最长公共子串可以看作是情形 5 的一种拓展。其后缀树实现方法是,类似求解两个字符串的最长公共子串方法——给每个结点 v 标记上它的子树,叶结点上面

标记的种类数目 C(v),这种标记的结果等效于有多少个字符串包含 v 的路径标记这样的子串。最后,在外部采用一个长度为 k 的数组 A,其中 $A[i] = \max\{\text{Length}(\text{path}(v))\,|\,C(v)=i\}$。这个数组只需要在计算 C(v) 的过程中统计即可。最后,依据问题目的求解目标,还需要根据单调性再次扫描数组 A(对于 i<j,有 $A[i] \geqslant A[j]$)。

针对计算 C(v) 的问题,不妨每个结点记录一个长度为 k 的 01 数组 B,代表某个字符串有没有出现过。此时计算 C(v) 的时候,只需要对其所有的子结点的 B 数组进行"or"操作并赋值给 v 的 B 数组,然后通过 B 数组中 1 的个数计算 C(v) 即可。此时,时间复杂度为 $O(k*n)$(还可以用位运算来加速这一过程,使得该算法具有更小的常数因子)。

- **情形 7:** 给定字符串 S_1 和 S_2,找到所有这样的 S_2 的子串满足如下的条件:该子串长度大于某个阈值 LEN,并且该子串出现在 S_1 中,即也是 S_1 的子串。

显然,该情形是对情形 5 的另外一种拓展,当 LEN 大于等于两者最长公共子串的长度时,就没有这样的字符串满足条件。采用后缀树的实现方法是:建立两个字符串的广义后缀树,仍然采用情形 5 的方法给每个结点做标记,对于每个有两个标记的结点 v,如果它的路径标记的长度大于给定的阈值 LEN,那么该路径标记就是一个满足要求的子串,将其输出即可。

对情形 7 还可以再次进行拓展,即将 S_2 变为一个字符串集合,然后处理同样的问题。此时,采用的方法类似,建立它们的广义后缀树、按顺序标记、输出。

- **情形 8:** 对于两个字符串 S_1 和 S_2,将它们的最长后缀——前缀匹配定义为:S_1 最长的后缀也是 S_2 的前缀。现在对于给定的字符串集合 $S = \{S_1, S_2, \cdots, S_k\}$(这些字符串总长度为 m),求出所有的有序对 $\{S_i, S_j\}$ 的最长后缀——前缀匹配。

针对该情形,一种直接的实现方法是,通过建立 k 次 S 的广义后缀树,然后进行匹配,此时时间复杂度为 $O(k*m)$。在此,可以采用一种时间复杂度为 $O(m+k^2)$ 的方法。具体是,首先,仍然是建立这 k 个字符串的广义后缀树。显然,每个终止边(边标记只有一个终止符的边)有一端一定是叶子结点,但不是每个叶子结点都与终止边相连。每个内部结点 v 维护一个列表 L(v),如果有终止边从 v 连出(另一端显然为叶结点),那么将另一端的叶结点所代表的后缀(某个字符串从某处开始的后缀)添加进列表。显然,整个后缀树所有结点的列表大小总和为 $O(m)$。图 6-93 所示给出了一个简单的示例(为了方便,仅给出后缀树的一部分)。

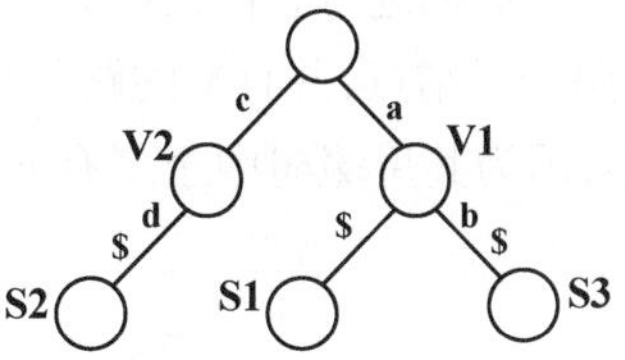

图 6-93　终止边与 L(v) 的示例(假设终止符为 $)

由图 6-93 可知,L(V1) 包含了串 S1 的后缀,边(V1, S1)是终止边,其他的边都不是。L(V2) 为空,因为 V2 没有连出去任何一条终止边。可见,如果 L(v) 非空,那么结点 v 的路径标记就是某些字符串的后缀。

其次,对于一个字符串 S_j,找到其在树中对应的结点(即该结点的路径标记代表了整个串 S_j,也就是 S_j 的后缀 1),假设为 u。现在观察从根结点到 u 路径上的其他点。如果结点 v 在这个路径上,并且 L(v) 非空,那么 L(v) 中所记录的那些后缀同时也就是 S_j 的前缀。于是,对于

S_j,它和另一个字符串 S_i 的最长后缀-前缀匹配,就存在于根到 u 的路径上的结点 v 中,L(v)包含 i 的深度最大的 v。

基于上述思想,可以采用如下算法:按照深度优先的顺序遍历广义后缀树,同时维护 k 个栈(为每个字符串维护一个栈)。当第一次访问到结点 v 的时候,将 L(v)中的元素对应入栈;当访问到一个叶结点,该叶结点代表着整个串 S_j(可能有多个串),此时,就用这些栈顶的元素来更新答案;当深度优先遍历完 v 的子树时,将 L(v)中所有元素出栈。该方法遍历过程花费 $O(m)$ 的时间,更新的总代价为 $O(k^2)$,因此,总时间复杂度为 $O(m + k^2)$。

• **情形 9**:给定字符串 S_1 和 S_2,长度分别为 n 和 m。现在对于任意一对整数 (i, j),其中 $1 \leqslant i \leqslant n$,$1 \leqslant j \leqslant m$,找到后缀 $S_1[i..n]$ 和后缀 $S_2[j..m]$ 的最长公共前缀。

针对该情形,显然对于每个询问,可以采用花费 $O(\min(n,m))$ 的暴力方法求解。如果要求可以在常数时间内回答每次提问,则可以采用后缀树方法实现。具体是,首先构建字符串 S_1 和 S_2 的广义后缀树。对于每次询问 (i, j),先找到后缀 $S_1[i..n]$ 和后缀 $S_2[j..m]$ 在后缀树中所对应的叶结点 L_1 和 L_2,可以发现这两个叶结点的最近公共祖先 v,它的路径标记正好是这两个后缀的最长前缀。因此,问题转化为如何在常数时间内求两个结点的最近公共祖先(LCA)问题。

LCA 问题有许多解法,在此不再赘述,仅仅是简要地给出一种比较容易实现的方法:首先,通过深度优先遍历广义后缀树,给每个结点一个时间戳;然后,可以将 LCA 问题转化为 RMQ 问题(区间最大最小查询)。RMQ 可以采用 $O(n * \log_2 n)$ 的预处理后在常数时间内回答每一个询问。可见,通过后缀树加上 LCA,大大拓展了后缀树的功能。

③ 重复子串问题

• **情形 10**:给定一个长度为 n 的字符串 S,找到所有 S 的极大重复子串。

字符串 S 的两个不同开始位置的子串 α 和 β(可以部分重叠),如果它们完全相同,并且在它们各自左边或者右边再扩展一个字符,这样的子串对称为极大重复子串对。如果字符串 S 的子串 α 出现在某个极大重复子串对中,那么该字符串就称为极大重复子串。例如:对于字符串 abcdefabc,前缀 abc 和后缀 abc 就是一对极大重复子串对,字符串 abc 是极大重复子串。因此,为求给定字符串 S 的所有极大重复子串,首先,构建字符串 S 的后缀树,该树存在如下性质:如果子串 α 是字符串 S 的极大重复子串,那么一定有这样一个结点 v,它的路径标记为 α(简要证明:由于 α 至少出现在两个不同的地方,并且在这两个地方往右扩展就不同,所以必然在树中有这样的结点 v,它有至少两个子结点,并且 v 的路径标记为 α。示例如图 6-94 所示)。因此,α 至多有 n 个极大重复子串,因为其后缀树中至多有 n 个内部结点。

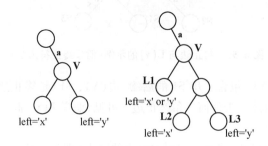

图 6-94 满足子树叶结点左字符不同的两种情形

对于 S 的任一位置 i，字符 S(i−1) 称作 i 的左字符。后缀树中一个叶结点的左字符为该叶结点代表的后缀位置的左字符。于是，可以得到如下充要条件：一个内部结点 v 的路径标记为 S 的极大重复子串，当且仅当 v 的子树中，至少有两个叶结点，它们的左字符不同。其必要性显然；充分性从图 6-94 中也很容易看到，如果是左边的情形，即两个叶结点从 v 开始就不在一个子树中了，那么显然 α 是极大重复子串；如果是右边的情形，其中 L2 和 L3 的左字符不同，那么必然存在这样的 L1，它要么和 L2 的左字符不同，要么和 L3 的左字符不同，所以 α 仍然是极大重复子串。综上所述，如果结点 v 满足上述充要条件，那么显然 v 的所有祖先结点也满足该条件。所以为了考察 v 是否满足该条件，仅当考察完 v 的子树之后才能进行，因此，可以用深度优先搜索来实现该过程，总的时间复杂度为 $O(n)$。

在所有极大重复子串基础上，也不难找到最大重复子串。

● **情形 11**：给定一个长度为 n 的字符串 S，找到所有的 S 的超极大重复子串。

所谓超极大重复子串，是指一个不是任何其他极大重复子串的子串。因此，一个结点 v 的路径标记 α 是超极大重复子串，当且仅当该结点满足极大重复子串的条件，同时它所有的子结点均为叶子结点，并且每个叶子结点的左字符不同。

该结论可以证明如下：首先，如果结点 v 包含一个子结点 u 为内部结点，那么 α 就肯定不是超极大重复子串了。因为 α 肯定包含在了结点 u 的路径标记 β 中，而 β 要么包含在别的极大重复子串中，要么它本身是一个超极大重复子串。其次，如果结点 v 包含两个有相同左字符的叶结点，那么 α 添上该左字符以后，要么是一个极大重复子串，要么还可以继续扩张，反正 α 自身是没有希望成为超极大重复子串了。

因此，针对该情形的问题，可以在情形 9 的基础上，进一步检验那些子女结点都是叶结点的结点即可，时间复杂度为 $O(n)$。

● **情形 12**：给定一个长度为 n 的字符串 S，找到 S 的所有极大回文子串。

所谓极大回文子串，是指该子串不能再向两边各扩展一个字符（即扩展后这个子串不再是回文串）。采用后缀树实现的方法是，如果字符串 S 的反序字符串记为 S^R，则字符串 S 中的位置 p，其在 S^R 中位置就是 n−p+1。对于回文子串长度为偶数的情形（奇数的情形与此类似），记 k 为偶数回文串的半径，即长度的一半。那么在 S 中，以 p 为中心位置的回文串满足如下条件：$S[p+1..p+k] = S^R[n−p+1..n−p+k]$，并且 $S[p+k+1] <> S^R[n−p+k+1]$。该问题正是情形 9 中讨论过的问题——两个字符串子串最长前缀问题。因此，将最长回文串问题转化到情形 9，可以在常数时间内处理以每个位置为中心的极大回文子串。如果不考虑 LCA 的预处理，则总时间复杂度为 $O(n)$。

综上所述，后缀树方法非常强大，并且对其进行拓展后（如叠加 LCA 等），可以使其能够处理更广泛的字符串问题（如非精确匹配等等）。在此不再细述，读者可以参阅其他相关资料。

3）后缀数组

后缀数组（Suffix Array）针对"在线字符串查询"问题，比后缀树更节省空间（只需后缀树的 1/5~1/3 空间）。并且，它同样适合处理许多字符串相关的问题并有着不俗的表现且比后缀树更容易实现。因此，后缀数组的主要作用是可以作为后缀树的一个精简的替代品。

有关后缀数组的研究，不仅有优化构造复杂度，还有一些关于压缩后缀数组（Compressed

Suffix Array)及其应用(数据压缩,如 Burrows-Wheeler Transform),另外还有一些针对维护字符串动态修改的研究。因此,针对字符串处理,后缀数组同样有着极其重要的作用。

• 相关定义

区间:闭区间$[i, j] = \{i, \cdots, j\}$,开区间$[i, j) = [i, j-1]$。

字符串:待构建后缀数组的字符串用 T 来表示。T 的长度为 n,下标范围为 0 到 $n-1$。字符串中第 i 个字符用 t_i 表示,即 $T[0, n) = t_0 t_1 \cdots t_{n-1}$。C/C++语言中,字符串数组末尾以特殊字符'\0'结尾(即 $T[n] = $ '\0'),为了方便处理,在此以'\$'表示结束符(并适当扩展,即对于 $j \geqslant n$,有 $t_j = \$$),并且它的字典序最小。

后缀:对于 $i \in [0, n)$,后缀 i 为从 T 中第 i 个字符开始直到末尾的子串,即 $T[i, n)$,记为 Suffix(i)。

前缀:字符串 T 的长度为 len 的前缀记为 T^{len}。特别地,如果 len 超过 T 的长度,那么该前缀即 T 本身。

后缀集合:对于集合 $C \subseteq [0, n)$,后缀集合 Suffix(C) = $\{Suffix(i) \mid i \in C\}$。

字符串序关系比较:使用"字典序比较"方法。对于长度分别为 m 和 n 的字符串 U 和 V,它们的大小比较方法如下:

① 令 $i = 0$;

② 如果 $i \geqslant m$ 并且 $i < n$,那么 U<V,终止;否则,如果 $i \geqslant n$ 并且 $i < m$,那么 U>V,终止;否则,如果 $i \geqslant m$ 并且 $n = m$,那么 U = V,终止;否则转③;

③ 如果 $U[i] = V[i]$,令 i 增加 1,转②;否则,如果 $U[i] > V[i]$,那么 U>V,终止;否则,如果 $U[i] < V[i]$,那么 U<V,终止。

由以上比较过程不难发现,任意两个后缀都不可能具有相同的字典序,因为字典序相同的必要条件——长度相等在这里不能满足。

后缀数组:后缀数组 SA 的构建过程即是对后缀集合 Suffix($[0, n)$)进行排序的过程。SA 是一个 0 到 $n-1$ 的排列,满足:Suffix(SA[0])<Suffix(SA[1])<$\cdots$<Suffix(SA[$n-1$])。

名次数组:名次数组 Rank 可以看作是后缀数组 SA 的反函数。即如果有 SA[i] = k,那么 Rank[k] = i。简而言之,SA 数组回答的是第 i 小的后缀从第几个字符开始,而 Rank 数组回答的是第 k 个字符开始的后缀排名是多少,表 6-3 是一个简单的示例。

表 6-3　字符串及其对应的后缀数组和名次数组

下标	0	1	2	3	4	5	6	7	8	9	10	11
T[0,n)	y	a	b	b	a	d	a	b	b	a	d	o
SA	1	6	4	9	3	8	2	7	5	10	11	0
Rank	11	0	6	4	2	8	1	7	5	3	9	10

• 后缀数组的构建

基于后缀数组的定义,可以得到一种简单直接的构造方法,即基于比较的排序算法,可以

在 $O(n*\log_2 n)$ 次后缀比较内得到结果。然而,不同于一般的整数比较,基于字典序的字符串的序关系比较需要 $O(n)$ 的时间复杂度(n 为字符串的长度)。因此,这种简单的排序算法时间复杂度为 $O(n^2*\log_2 n)$。

事实上,后缀串排序不同于一般的字符串按照字典序排序,前者有着更紧的约束,因此,通过对排序过程的优化,可以将后缀数组构建的时间复杂度优化到 $O(n*\log_2 n)$。

● 倍增算法描述

令 $T_i^k = T[i,\min\{i+k,n\}]$ 表示子串,即 T_i^k 是从 T 的第 i 个字符开始的长度为 k 的子串(或者因为长度超出范围而被截断);或者说,如果 Suffix(i) 的长度不小于 k,那么 T_i^k 是后缀 Suffix(i) 的长度为 k 的前缀,否则就是 Suffix(i) 本身。为了方便,用 $T_{[0,n)}^k = \{T_i^k \mid i\in[0,n)\}$ 表示子串 T_i^k 集合。令 Rank$_k$ 为 k-阶段名次数组,即对 $T_{[0,n)}^k$ 这 n 个子串进行排序后的名次数组。类似地,我们还可以定义 k-阶段后缀数组 SA$_k$。

倍增算法(Prefix Doubling)从计算 Rank$_1$ 和 SA$_1$ 开始,一直计算到 Rank$_{2^d}$ 和 SA$_{2^d}$,其中满足 $2_d\geqslant n$。算法基本思路如下:

① 计算 Rank$_1$ 和 SA$_1$

该步操作等价于对 $T_{[0,n)}^1$ 这 n 个子串进行排序,即对字符串 T 的 n 个字符进行排序。因此,使用一般的快速排序即可,更快速的方法是利用桶排序或者基数排序,可以在 $O(n)$ 的时间复杂度内完成;

② 如果 Rank$_p$ 和 SA$_p$ 已经计算好(其中 p 为 2 的整数次幂),则计算 Rank$_{2p}$ 和 SA$_{2p}$

当前阶段是对 $T_{[0,n)}^{2p}$ 进行排序,为了进行两两之间的比较,可以发现,对于两个子串 T_i^{2p} 和 T_j^{2p},$T_i^{2p}<T_j^{2p}$ 等价于 $T_i^p<T_j^p$ 或($T_i^p=T_j^p$ 且 $T_{i+p}^p<T_{j+p}^p$),$T_i^{2p}=T_j^{2p}$ 等价于 $T_i^p=T_j^p$ 且 $T_{i+p}^p=T_{j+p}^p$(子串 T_{i+p}^p 或者 T_{j+p}^p 的下标可能会超出范围,但是对于 $j\geqslant n$,有 $t_j=\$$,因此若下标范围超界,则肯定在 T_i^p 和 T_j^p 的关系中已经比较出结果,因此不用担心此问题)。所以,$T_{[0,n)}^{2p}$ 的排序可以看作二元组 (T_i^p, T_{i+p}^p) 的排序。由于已经计算出了 Rank$_p$,所以,对于任意的 T_i^p 和 T_j^p,其大小关系就是 Rank$_p[i]$ 和 Rank$_p[j]$ 的大小关系。在此,可以使用快速排序,或使用基数排序以获得更好的效果。

③ 最后计算到 Rank$_{2^d}$ 和 SA$_{2^d}$ 时,便是最后所需要的两个数组 Rank 和 SA。

Rank₁		Rank₂		Rank₄		Rank₈=Rank	
4	b	4	ba	4	bana	4	banana$
1	a	2	an	3	anan	3	anana$
5	n	5	na	6	nana	6	nana$
1	a	2	an	2	ana$	2	ana$
5	n	5	na	5	na$	5	na$
1	a	1	a$	1	a$	1	a$
0	$	0	$	0	$	0	$

图 6-95 banana $ 的名次数组构建过程

图 6-95 所示是构建字符串"banana $"后缀数组的倍增算法执行过程(将 $ 也算作一个后缀参与计算)。

由于每次排序的子串长度都是上一次的两倍,因此,这种排序执行的次数为 $O(\log_2 n)$。如果每次排序使用快速排序,最后的时间复杂度为 $O(n * (\log_2 n)^2)$;如果使用基数排序,则时间复杂度为 $O(n * \log_2 n)$。图 6-96 所示给出了倍增算法的程序描述。

```cpp
#include<cstdio>
#include<cstring>

void doubling(int * st, int * SA, int * rank, int n, int upperBound)
{ // st:待处理字符串(离散化为 1 到 upperBound 的整数);SA:后缀数组(处理结果);rank:名次数组;
// n:字符串长度; upperBound:字符范围
  int * cnt =new int[upperBound +3], * cntRank =new int[n +3]; //计数数组(针对两位数,转化为两次
桶排序)
  int * rank1 =new int[n +3], * rank2 =new int[n +3];//第 I 阶段名次及二元组两个元素各自排名
  int * tmpSA =new int[n +3];
  memset(cnt, 0, sizeof(int) * (upperBound +3));
  for (int i =0; i<n; ++i)
    cnt[st[i]] ++;
  for (int i =1; i<=upperBound; ++i)
    cnt[i] +=cnt[i- 1];
  for (int i =0; i<n; ++i)   //第 1 阶段名次(即对单个字母排序)
    rank[i] =cnt[st[i]] - 1;
  for (int l =1; l<n; l * =2) {//根据上一阶段的结果构造当前阶段的二元组用来进行基数排序
    for (int i =0; i<n; ++i) {
      rank1[i] =rank[i];
      if (i+l<n) rank2[i] =rank[i+l];
      else rank2[i] =0;
    }
//基数排序(两次桶排序,根据当前得到的后缀数组计算名次数组,以得到下次排序时候所需要的名
次信息)
    memset(cntRank, 0, sizeof(int) * (n +3));
    for (int i =0; i<n; ++i)
      cntRank[rank2[i]] ++;
    for (int i =1; i<n; ++i)
      cntRank[i] +=cntRank[i- 1];
    for (int i =n- 1; i>=0;-- i) {
      tmpSA[cntRank[rank2[i]]- 1] =i; cntRank[rank2[i]]-- ;
    }

    memset(cntRank, 0, sizeof(int) * (n +3));
    for (int i =0; i<n; ++i)
      cntRank[rank1[i]] ++;
    for (int i =1; i<n; ++i)
      cntRank[i] +=cntRank[i- 1];
    for (int i =n- 1; i>=0;-- i) {
      SA[cntRank[rank1[tmpSA[i]]]- 1] =tmpSA[i];
      cntRank[rank1[tmpSA[i]]]-- ;
    }
    rank[SA[0]] =0;
```

```
    for (int i=1; i<n;++i) {
        rank[SA[i]] =rank[SA[i-1]];
        if (!((rank1[SA[i]] ==rank1[SA[i-1]]) && (rank2[SA[i]] ==rank2[SA[i-1]])))
            rank[SA[i]]++;
    }
}
delete[] cnt; delete[] cntRank; delete[] rank1; delete[] rank2; delete[] tmpSA;
}
```

图 6-96 倍增算法的程序描述

- 由后缀树得到后缀数组

除了 Ukkonen 算法外,线性时间复杂度后缀树构造方法还有多种其他方法,这些方法都是针对应用的不同特征而被提出的。例如:针对大型字符集的应用场景,M.Farach 在 1997 年提出了一种相应算法,并衍生出后缀数组的线性时间构造算法。该算法的基本思想是,首先,构建从奇数位置开始的后缀的后缀树(这种递归做法将问题规模缩减为原来的一半);其次,利用上一步的结果构造剩下来的后缀的后缀树;最后,将上述两个后缀树合并为一个。其中,第 3 步是本算法最为复杂的一步。如果从这种算法得到的后缀树中得到后缀数组,虽然能够在理论线性时间复杂度内构造出后缀数组,但是由于本身已经进行了后缀树的构造,因此在构建过程的空间和时间上相比后缀树没有任何优势。在此,对该算法不作详细展开,读者可以参考其他文献。然而,这种算法分而治之的思想具有启发性。

- DC3 算法

JuhaKärkkäinen 等人在一篇名为"Linear Work Suffix Array Construction"的文章中提出了后缀数组的线性时间构造算法。其中 DC3(Difference Cover modulo 3)算法的时间复杂度和空间复杂度均为 $O(n)$;更一般化的 DC(Difference Cover modulo v)算法具有 $O(vn)$ 的时间复杂度和 $O(n/\sqrt{v})$ 的空间复杂度。

DC3 算法也是基于分而治之的思想,其基本原理是基于对后缀 Suffix(i) 的"采样"(如果 i mod 3 ≠ 0,那么取出该后缀)来构造。首先,对所有被采样的后缀构建其后缀数组,该递归过程将原问题的规模缩减为 2/3;其次,对于剩下的那些未被采样的后缀,利用上一步的结果构造后缀数组;最后,将上述两个步骤得到的后缀数组进行合并。图 6-97 所示给出了表 6-4 示例的执行过程,即字符串 T="yabbadabbado \$"的 DC3 算法执行步骤解析。图 6-98 所示给出了 DC3 算法的程序描述。DC3 算法的时间复杂度为 $O(n)$。

表 6-4 被采样后缀的名次数组

	0	1	2	3	4	5	6	7	8	9	10	11	12	13	14
T[0,n)	y	a	b	b	a	d	a	b	b	a	d	o	\$	\$	\$
Rank	nan	1	4	nan	2	6	nan	5	3	nan	7	8	nan	0	0

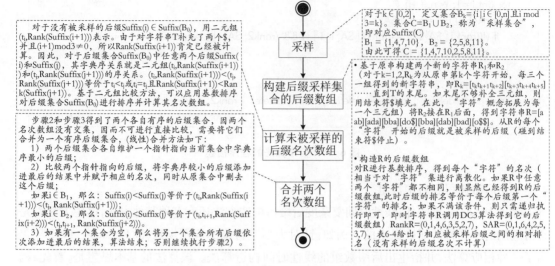

图6-97 "yabbadabbado＄"的DC3执行过程

```
#include<cstdio>
#include<cstring>
using namespace std;

//获取临时后缀数组中对应后缀的原位置
#define GetRealPos() (SA12[pos12]<n0 ? SA12[pos12]*3+1 : (SA12[pos12]-n0)*3+2)

inline bool cmp(int a1, int a2, int b1, int b2)
{   //二元组排序的比较函数
    return (a1<b1 || (a1==b1 && a2<=b2));
}
inline bool cmp(int a1, int a2, int a3, int b1, int b2, int b3)
{   //三元组排序的比较函数
    return (a1<b1 || (a1==b1 && cmp(a2, a3, b2, b3)));
}
void radixSort(int *oldIdx, int *newIdx, int *origin, int n, int upperBound)
{ //(对特定位的)基数排序。参数:原后缀数组指针、排序结果数组指针、
  //对应字符数组指针、排序个数以及对字符集离散化之后的范围
    int *cnt=new int[upperBound+1];
    for (int i=0; i<=upperBound; ++i)
        cnt[i]=0;
    for (int i=0; i<n; ++i)
        cnt[origin[oldIdx[i]]]++;
    for (int i=0, sum=0; i<=upperBound; ++i){
        int tmp=cnt[i];   cnt[i]=sum;   sum+=tmp;
    }
    for (int i=0; i<n; ++i)
        newIdx[cnt[origin[oldIdx[i]]]++]=oldIdx[i];
    delete [] cnt;
```

```
}
void suffixArray(int ∗ st, int ∗ SA, int n, int upperBound)
{ //构造后缀数组主函数(参数含义同倍增算法中对应函数)
  //以下三个整数分别为模 3 余 0、1、2 的后缀位置个数
  int n0 =(n+2) / 3, n1 =(n+1) / 3, n2 =n / 3, n12 =n0 +n2;
  //被采样的后缀(即位置模 3 不为 0 的那些后缀)
  int ∗ s12   =new int[n12+3];
  s12[n12] =s12[n12+1] =s12[n12+2] =0;
  //被采样后缀的后缀数组
  int ∗ SA12 =new int[n12+3];
  SA12[n12] =SA12[n12+1] =SA12[n12+2] =0;
  //未被采样后缀及其后缀数组(即位置模 3 为 0 的那些后缀)
  int ∗ s0 =new int[n0];
  int ∗ SA0 =new int[n0];

  for (int i =0, j =0; i <n+(n % 3 ==1); ++i) //初始化被采样后缀
    if (i % 3) s12[j++] =i;
  //对被采样后缀按照第一个"字符"进行基数排序
  radixSort(s12 , SA12, st +2, n12, upperBound);
  radixSort(SA12, s12 , st +1, n12, upperBound);
  radixSort(s12 , SA12, st   , n12, upperBound);
  // 对"字符"进行离散化的过程
  int cnt =0, pre0 =- 1, pre1 =- 1, pre2 =- 1;
  for (int i =0;   i <n12;   ++i){
    if (st[SA12[i]] !=pre0 || st[SA12[i] +1] !=pre1 || st[SA12[i] +2] !=pre2){
      cnt ++;pre0 =st[SA12[i]];pre1 =st[SA12[i] +1];pre2 =st[SA12[i] +2];
    }
    if (SA12[i] % 3 ==1) s12[SA12[i] / 3] =cnt;
    else s12[SA12[i]/3 +n0] =cnt;
  }
  if (cnt <n12) {//如果存在相同字符,那么需要递归构造后缀数组
    suffixArray(s12, SA12, n12, cnt); //递归处理
    for (int i =0; i <n12;++i) s12[SA12[i]] =i+1;
  }
  else //由于任意两个字符都不同,可以直接得到后缀数组
    for (int i =0;   i <n12;++i) SA12[s12[i]- 1] =i;
  //构造未被采样后缀的后缀数组
  for (int i =0, j =0; i <n12;++i)
    if (SA12[i] <n0) s0[j++] =3 ∗ SA12[i];
  radixSort(s0, SA0, st, n0, upperBound);

  for (int pos0 =0,   pos12 =n0- n1, k =0;   k <n;   ++k){//将两次构造的后缀数组合并为最终结果
    int i =GetRealPos(), j =SA0[pos0];
    // i、j 分别为被采样后缀集合和未被采样后缀集合中当前最小后缀
    bool is12First;
    if (SA12[pos12] <n0)
```

```
        is12First=cmp(st[i], s12[SA12[pos12]+n0], st[j], s12[j / 3]);
    else is12First=cmp(st[i], st[i+1], s12[SA12[pos12]- n0+1],
    st[j], st[j+1], s12[j /3+n0]);
    if (is12First) {// 取较小者优先加入后缀数组
        SA[k] =i; pos12++;
        if (pos12 ==n12)
        for (++k; pos0<n0;++pos0,++k) SA[k] =SA0[pos0];
    }
    else {
        SA[k] =j; pos0++;
        if (pos0 ==n0)
            for (++k; pos12<n12;++pos12,++k) SA[k] =GetRealPos();
    }
    }
    delete [ ] s12; delete [ ] SA12; delete [ ] SA0; delete [ ] s0;
}
```

图 6-98 DC3 算法的程序描述

• DC 算法

DC3 算法是 DC 算法的特殊情况。DC3 算法的后缀采样方式是基于后缀位置模 3 运算,如果将采样过程一般化,则可以得到拓展的 DC(Difference Cover modulo v)算法(即 DC3 是 DC 的 v = 3 的特殊情形)。图 6-99 所示给出了 DC 算法的原理解析。

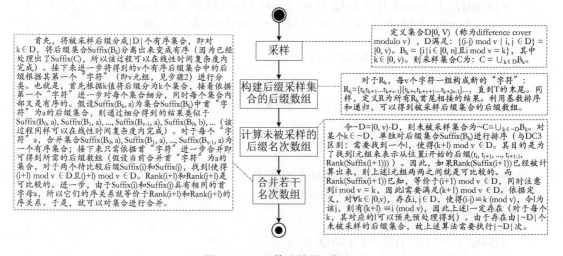

图 6-99 DC 算法的原理解析

相对于 DC3 算法,由于 v 的存在,最后的时间复杂度实际为 $O(n*v)$。该算法的意义在于,通过恰当的实现方式,可以将除了输入输出空间以外的额外空间复杂度降到 $O(n/\sqrt{v})$。

• LCP 的引入

尽管通过后缀数组可以处理一些简单的字符串问题,但是为了让其能够具有与后缀树相媲美的字符串处理能力,需要引入辅助工具——LCP(Longest Common Prefix,最长公共前缀)。

对于字符串 St1 和 St2,它们的最长公共前缀 LCP_Str(St1, St2)定义为最大的整数 len,满足 $St1^{len}$ = $St2^{len}$(记号意义同前文中)。当然 len 不会超过两者中较短一个字符串的长度。对于后缀数组,需要知道的是任意两个后缀的最长公共前缀。因此定义 LCP_Idx(i, j)= LCP_Str(Suffix(SA(i)),Suffix(SA(j))),即排名第 i 的后缀和排名第 j 的后缀的 LCP。

不难发现,LCP_Idx 与操作元顺序无关,并且对于两个相同的字符串,它们的 LCP 即是它们的长度,因此为了求解方便,只需要求所有 $i<j$ 的 LCP_Idx(i, j)。

如果用朴素的方法计算 LCP,那么将会非常低效。由于是针对后缀计算 LCP,借鉴倍增算法的思想,在此同样需要利用题目的特殊性。以下给出一种线性时间复杂度的算法。

首先给出需要利用到的结论,其证明将在之后给出:

① 对于 $i<j$,LCP_Idx(i, j)= min{LCP_Idx($k-1$, k) | $i+1 \leqslant k \leqslant j$};

② 定义数组 height,其中 height[i] = LCP_Idx($i-1$, i),对于 $i=0$ 的边界情况,令 height[0] = 0。有了 height 数组,对于任意两个后缀 SA(i)和 SA(j),根据结论①,只需要计算 min{LCP_Idx($k-1$, k) | $i+1 \leqslant k \leqslant j$}。由于对于固定的后缀数组,其 height 数组也是固定的,因此该问题即是经典的 RMQ 问题。通过对 height 数组进行 RMQ 的预处理,便可以在 $O(1)$ 时间内回答每一对后缀的 LCP 了;

③ 为了计算 height 数组,我们同样需要如下的结论:对于 $i>0$ 且 Rank(i)> 0,有 height[Rank(i)]$\geqslant$height[Rank($i-1$)]-1。据此按照 i 递增的顺序求解 height[Rank(i)]。计算 height[Rank(i)]时,不要从第一个字符开始比较,而是从第 height[Rank($i-1$)]个字符开始比较。

用步骤③的方法可以在 $O(n)$ 的时间内得到 height 数组,至此可以完美解决本问题。

根据以上描述,可以得到如图 6-100 所示的程序描述(仅构造 height 数组,RMQ 过程省略)。

```
/* 参数分别为:字符串 st(下标从 0 开始)、后缀数组和名次数组指针、待计算的 height 数组指针以及
字符串长度 */
void GetHeight(int * st, int * SA, int * rank, int * height, int n)
{
  int l =0;
  for (int i =0; i<n;++i)
    if (rank[i] >0){
      int j =SA[rank[i]-1];
      while ((i+l<n) && (j+l<n) && (st[i+l] ==st[j+l]))
        l++;
      height[rank[i]] =l;
      if (l>0)
        l--;
    }
}
```

图 6-100　LCP 算法的程序描述

• 后缀数组的应用

① 直接应用 1:Burrows-Wheeler 变换

Burrows-Wheeler 变换是一种在数据压缩中使用的算法。该算法并不改变原数据中的任意一个字符,而是将其重新排列。这里重点介绍其算法实现,关于算法原理和动机读者可以参考更多文献。对于长度为 n 的字符串 $T = t_0 t_1 \cdots t_{n-1}$,令循环后缀 $\text{Rotation}(i) = t_i t_{i+1} \cdots t_{n-1} t_0 t_1 \cdots t_{i-1}$,即如果将 T 看作一个环状字符串,那么 $\text{Rotation}(i)$ 将是从原第 i 个字符顺次读到的字符串。现在的问题是,对于集合 $R = \{\text{Rotation}(i) \mid i \in [0, n)\}$,将 R 中的字符串按照字典序升序排序得到字符串序列:$\text{Rotation}(k_0)$,$\text{Rotation}(k_1)$,$\cdots$,$\text{Rotation}(k_{n-1})$,其中 $\text{Rotation}(k_i) < \text{Rotation}(k_{i+1})$。求顺次取每个循环后缀最后一个字符得到的字符串,即求 $S = \text{Rotation}(k_0)[n-1]$ $\text{Rotation}(k_1)[n-1] \cdots \text{Rotation}(k_{n-1})[n-1]$。

后缀数组实现:如果不是循环后缀而只是简单的后缀,那么就是经典的后缀排序问题了。不过,这里同样可以用后缀数组构建算法中的后缀排序来解决。

我们拿倍增算法举例:当前计算 $T^{2p}_{[0,n)}$ 的后缀数组时,为了比较 T^{2p}_i 和 T^{2p}_j,需要知道 T^p_i,T^p_j 和 T^p_{i+p},T^p_{j+p}。如果 $i+p \geqslant n$,在此问题中,将令 $T^p_{i+p} = T^p_{(i+p)\%n}$,其余不变。不难发现,这样可以在 $O(n * \log_2 n)$ 的时间内解决该问题。

对循环后缀进行排序还有其他一些应用。比如为了表示一些循环排列等价的字符串,基于最小表示法,可以用其最小循环后缀来表示。

② 直接应用 2:多模式串的匹配

给定长度分别为 m 和 n 的模式串 P 和待匹配串 T,询问 P 在 T 中出现的情况。

这是 KMP 算法可以处理的经典场景。那么后缀数组在这方面有什么优势呢?和后缀树一样,如果是待匹配串不变,而有多次不同模式串的查询,KMP 算法每次需要对模式串构建其自匹配数组;而后缀数组可以在只构建串 T 的后缀数组的情况下进行查询。

后缀数组实现:不难观察到,如果 P 出现在 T 中,那么一定是作为某个后缀的前缀出现的,即 $P = \text{Suffix}(i)^m$,其中 $i \in [0, n)$。由于后缀数组中后缀的有序性,可以利用二分查找来找寻这样的位置 i:假设当前正在比较 P 和 $\text{Suffix}(SA[\text{mid}])$ 的关系。我们从 $\text{Suffix}(SA[\text{mid}])$ 的第一个字符开始依次与 P 进行比较。如果发现 P 是 $\text{Suffix}(SA[\text{mid}])$ 的前缀,那么算法结束;否则,如果 P 小于 $\text{Suffix}(SA[\text{mid}])$,显然查询区间就到了 $[\text{Left}, \text{mid})$,否则,将在 $(\text{mid}, \text{Right}]$ 继续。

由于每次字符串比较至多花费 $O(m)$ 的时间,故整个算法运行时间为 $O(m * \log_2 n)$。

另外,后缀数组可以通过 LCP 的引入获得更为广泛的字符串问题处理能力。

③ 通过引入 LCP 的增强应用 1:多模式串的匹配

借助于 LCP,可以使得时间复杂度优化到 $O(m + \log_2 n)$。时间复杂度为 $O(m * \log_2 n)$ 的算法中,每次从头开始比较模式串和后缀串花费了不少时间。因此可以通过对字符串比较过程进行优化。

假设到当前阶段为止,所获得的最大前缀匹配长度为 maxMatch,对应后缀位置为 SA[bestPos],即 $P^{\text{maxMatch}} = \text{Suffix}(SA[\text{bestPos}])^{\text{maxMatch}}$。对于当前待比较的后缀 $\text{Suffix}(SA[\text{mid}])$,我们计算 LCP_Idx(bestPos, mid),并将结果记为 len,分如下两种情况:

对于 len < maxMatch,由于 $P^{\text{maxMatch}} = \text{Suffix}(SA[\text{bestPos}])^{\text{maxMatch}}$,故 $P^{\text{len}} = \text{Suffix}(SA[\text{bestPos}])^{\text{len}} = \text{Suffix}(SA[\text{mid}])^{\text{len}}$,并且 $\text{Suffix}(SA[\text{bestPos}])$ 的第 len+1 个字符与 $\text{Suffix}(SA[\text{mid}])$ 的第 len+1 个字符不同,因此,此趟匹配结果就是 len,并且通过比较第 len+1 个字符,可以确定接下来的查找区间。花费时间 $O(1)$;

对于 len > = maxMatch，那么易知，$P^{maxMatch}$ = Suffix（SA［mid］）^{maxMatch}，所以我们从第 maxMatch+1 个字符开始比较 P 和 Suffix(SA[mid])。假设往后比较了 delta 次，那么 maxMatch 就被更新到了 maxMatch+delta-1。当 maxMatch = m 时就找到了匹配的位置。

综上，由于 maxMatch 单调下降，故总字符比较次数不超过 $2m$。加上二分的复杂度，因此得到时间复杂度为 $O(m + \log_2 n)$。

④ 通过引入 LCP 的增强应用 2：重复子串问题

针对可重叠最长重复子串问题，只需要对给定的字符串 T 求其 height 数组，然后 height 数组中的最大值就是答案。因为重复子串 R 一定是某两个后缀的公共前缀，反之亦然，任意两个后缀的任意公共前缀一定是重复子串。为了找到最长的 R，自然需要知道找到后缀 SA[i] 和 SA[j]，使得 LCP_Idx(i, j) 最大。依据 LCP 性质，LCP_Idx(i, j) ≤ LCP_Idx(k,t)，其中 $i{\leqslant}k{\leqslant}t{\leqslant}j$，可以得到 LCP 的极大值一定是在 $i+1=j$ 的时候取到的，即 height[j]，同时，使得 height[j] 最大的 j，即是要找的最长重复子串的位置。

针对不可重叠最长重复子串问题，直接从正面找寻答案可能有些不方便，因此不妨换种思路，将原问题倒过来想。观察到答案具有单调性，因此可以首先二分答案，将问题转化为判定性问题——对于给定的长度 k，是否存在这样两个后缀 Suffix（SA[i]）和 Suffix（SA[j]），使得 Suffix(SA[i])^k = Suffix(SA[j])^k 并且两者之间不重叠。显然，对于这样的 i 和 j，一定有 LCP_Idx(i, j) ≥ k，换句话说，min {height[t] | $i{<}t{\leqslant}j$} ≥ k，这是必要条件。基于该必要条件，首先根据 k 和 height 将后缀数组分为若干组，每组任意两个后缀的 LCP 均不小于 k。例如，对于字符串"aabaac"，当前二分的答案 k 为 1，其后缀排列和 height 数组情况分别如图 6-101 所示。

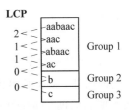

图 6-101 k = 1 的分组情况

可以发现，同一组的任意两个后缀的 LCP 均不小于 k，现在只要找到两个后缀，它们长度为 k 的前缀也不重叠即可。这等价于，对一组中后缀位置最小的和最大的两个后缀进行检验，如果满足条件，那么便找到了这样一个不重叠重复子串。

针对可重叠最长 k-重复子串问题，通过二分答案 len 之后，将后缀数组分为若干组，每组任意两个后缀的 LCP 均不小于 len。因此，在组 Group(i) 中，长度为 len 的前缀就出现了|Group (i)|次，即该组后缀个数次。因此只需要查看，是否有一组的后缀个数不小于 k，如果存在，那么答案 len 就是一个可满足的答案。

针对重复次数最多子串问题，可以通过一种线性时间算法给予解决。具体是，如果存在长度为 k 的子串 R，在 T 中出现了 c 次，那么一定存在这样的 i 和 j，使得 LCP_Idx(i, j) ≥ k，并且 |$j-i+1$| = c。为了找寻最大的 c，该问题等价于找寻跨度最大的区间 [i, j]，使得 LCP_Idx(i, j) ≥ k。

由于求 LCP 的时间复杂度为 $O(1)$，因此算法可以维护一个头指针、一个尾指针实现线性扫描。首先将头指针 h 和尾指针 t 均指向 0；如果 LCP_Idx(h,t) ≥ k，那么将 t 增加 1，同时更新答案；否则，将 h 一直增加直到 LCP_Idx(h,t) ≥ k。重复此过程直到扫描完整个后缀数组。由于 h 和 t 均单调变换，所以该算法的时间复杂度为 $O(n)$。

⑤ 通过引入 LCP 的增强应用 3：最长回文子串

为了方便比较正序和反序的情况，需要将源字符串和其反序串通过一个特殊字符拼接成一个字符串。如图 6-102 所示,考虑到回文串长度有奇偶之分,在此为了方便,以长度为奇数的回文串为例。以二元组(i, len)表示回文子串(即回文串中心为 t_i,并且长度为 $2 * \text{len}-1$)。由于回文串删去两端各一个字符后还是回文串,因此,对于位置 i,就是要找到最大的 len,使得(i, len)为回文串。

对于拼接后的字符串,先求得其后缀数组以及 height 数组,并经过 RMQ 预处理,使其能够在 $O(1)$ 的时间内完成任意两个后缀最长公共前缀的查询。于是,问题可以转化为:求 Suffix(i) 和 Suffix($2 * n-i$) 的 LCP(如图 6-103 所示的对应关系)。

| a | a | b | c | b | a | d | $ | d | a | b | c | b | a | a |

图 6-102　字符串 aabcbad 和其反序拼接　　**图 6-103　回文子串 abccba 的比较过程**

同样,不难得出长度为偶数的回文串对应关系。因此,只需要枚举回文子串中心,然后进行 LCP 查询即可。如果不考虑预处理,则时间复杂度为 $O(n)$。

⑥ 通过引入 LCP 的增强应用 4:最长公共子串

前面已述,求 A 和 B 的最长公共子串,等价于求 A 的后缀和 B 的后缀的最长公共前缀的最大值。借助于 height 数组,可以求出 A 的任意两个后缀的最长公共前缀。为了能够用后缀数组解决该问题,可以用一个特殊分隔字符将串 A 和 B 连接成一个新的字符串 T。

由于该公共子串一定是新字符串 T 的重复子串,不妨从最长重复子串入手——构造 T 的后缀数组和 height 数组。但是这里不能简单地取 height 数组中的最大值,因为该 height 数组中代表的相邻后缀可能来自同一个字符串。事实上,假设当前枚举到 $\text{height}[i]$,在更新答案之前,只需要确保 Suffix(SA[i]) 和 Suffix(SA[$i-1$]) 来自于不同的字符串即可。

当然,如何确保最长重复子串一定是 T 的后缀数组中某相邻两个后缀的最长公共前缀呢?针对该问题,可以通过反证法给予证明:假设 LCP(Suffix(SA[i]), Suffix(SA[j])) 为最长公共子串,其中 $|i-j| > 1$。那么一定可以在 i 和 j 中间找到 k,满足 LCP_Idx(i, k) ≥ LCP_Idx(i, j) 并且 LCP_Idx(k, j) ≥ LCP_Idx(i, j),同时由于 Suffix(SA[i]) 和 Suffix(SA[j]) 来自于不同的字符串,因此必有 Suffix(SA[i]) 和 Suffix(SA[k]) 来自不同的字符串,或 Suffix(SA[k]) 和 Suffix(SA[j]) 来自不同字符串。综上,将 i 换成 k 或者将 j 换成 k,可以使得答案更优。

该算法在预处理两个字符串拼接得到字符串的后缀数组以及 height 数组后,可以在 $O(n + m)$ 的时间内得到答案,总时间复杂度仍为 $O(n + m)$。

【例 6-16】　不同子串

问题描述:给定一个由小写英文字母构成的字符串 T,求其不同的子串个数。

输入格式:输入仅一行,一个长度不超过 100 000 的字符串。

输出格式:输出仅一行,一个整数,代表不同的子串个数。

输入样例:

ababa

输出样例：

9

（数据限制：时间限制为 1 秒，空间限制为 256MB。20% 的数据保证 T 的长度不超过 100。）

子串一定是某个后缀的前缀，因此，该题等价于求所有后缀的不相同子串个数。如果按照后缀数组的顺序依次将每个后缀的所有前缀添加到最后的子串集合中，即按照 Suffix(SA[0])，Suffix(SA[1])，…，Suffix(SA[$n-1$]) 的顺序添加，则可以观察到，添加后缀 Suffix(SA[i]) 的时候，Suffix(SA[i]) 的 n-SA[i] 个后缀中，已经有 height[i] 个后缀被添加（height[i] 表示，Suffix(SA[i]) 与前面所有已经添加的后缀中，最长的公共前缀长度，亦即与 Suffix(SA[$i-1$]) 的最长公共前缀长度），因此，长度大于 height[i] 的那些前缀，就是 Suffix(SA[i]) 独有的，将这些前缀添加进最后的答案即可。算法的时间复杂度为 $O(n)$。图 6-104 所示给出了相应的程序描述。

```cpp
#include <cstdio>
#include <iostream>
#include <cstring>
using namespace std;

#define GetRealPos() (SA12[pos12] <n0 ? SA12[pos12] * 3 +1 : (SA12[pos12] - n0) * 3 +2)

inline bool cmp(int a1, int a2, int b1, int b2)
{
    return (a1 <b1 || (a1 ==b1 && a2 <=b2));
}
inline bool cmp(int a1, int a2, int a3, int b1, int b2, int b3)
{
    return (a1 <b1 || (a1 ==b1 && cmp(a2, a3, b2, b3)));
}
void radixSort(int * oldIdx, int * newIdx, int * origin, int n, int upperBound)
{
    int * cnt =new int[upperBound +1];
    for (int i =0; i <=upperBound; ++i)
        cnt[i] =0;
    for (int i =0; i <n; ++i)
        cnt[origin[oldIdx[i]]]++;
    for (int i =0, sum =0; i <=upperBound; ++i){
        int tmp =cnt[i];   cnt[i] =sum;   sum +=tmp;
    }
    for (int i =0; i <n; ++i)
        newIdx[cnt[origin[oldIdx[i]]]++] =oldIdx[i];
    delete [] cnt;
}
void suffixArray(int * st, int * SA, int n, int upperBound)
{
    int n0 =(n +2) / 3, n1 =(n +1) / 3, n2 =n / 3, n12 =n0 +n2;
```

```
int * s12   =new int[ n12+3 ];
s12[ n12 ] =s12[ n12+1 ] =s12[ n12+2 ] =0;
int * SA12 =new int[ n12+3 ];
SA12[ n12 ] =SA12[ n12+1 ] =SA12[ n12+2 ] =0;
int * s0 =new int[ n0 ];
int * SA0 =new int[ n0 ];

for (int i =0, j =0; i<n+(n % 3 ==1); ++i)
   if (i % 3) s12[ j++ ] =i;

radixSort(s12 , SA12, st+2, n12, upperBound);
radixSort(SA12, s12 , st+1, n12, upperBound);
radixSort(s12 , SA12, st, n12, upperBound);
int cnt =0, pre0 =- 1, pre1 =- 1, pre2 =- 1;
for (int i =0;  i<n12;  ++i){
   if (st[ SA12[ i ] ] !=pre0 || st[ SA12[ i ] +1 ] !=pre1 || st[ SA12[ i ] +2 ] !=pre2){
      cnt++;pre0 =st[ SA12[ i ] ];pre1 =st[ SA12[ i ] +1 ];pre2 =st[ SA12[ i ] +2 ];
   }
   if (SA12[ i ] % 3 ==1)
      s12[ SA12[ i ] / 3 ] =cnt;
   else s12[ SA12[ i ]/3 +n0 ] =cnt;
}

if (cnt<n12) {
   suffixArray(s12, SA12, n12, cnt);
   for (int i =0; i<n12; ++i)
      s12[ SA12[ i ] ] =i+1;
}
else
   for (int i =0;  i<n12; ++i)
      SA12[ s12[ i ]- 1 ] =i;
for (int i =0, j =0; i<n12; ++i)
   if (SA12[ i ] <n0) s0[ j++ ] =3 * SA12[ i ];
radixSort(s0, SA0, st, n0, upperBound);

for (int pos0 =0,  pos12 =n0- n1, k =0;  k<n;   ++k){
   int i =GetRealPos();
   int j =SA0[ pos0 ];
   bool is12First;
   if (SA12[ pos12 ] <n0)
      is12First =cmp(st[ i ], s12[ SA12[ pos12 ] +n0 ], st[ j ], s12[ j / 3 ]);
   else
      is12First =cmp(st[ i ], st[ i+1 ], s12[ SA12[ pos12 ]- n0 +1 ], st[ j ], st[ j+1 ], s12[ j/3 +n0 ]);
   if (is12First){
      SA[ k ] =i; pos12++;
      if (pos12 ==n12)
         for (k++; pos0 <n0; pos0 ++, k++)
            SA[ k ] =SA0[ pos0 ];
```

```
        }
        else {
            SA[k] =j; pos0++;
            if (pos0 ==n0)
                for (k++; pos12<n12; pos12++, k++)
                    SA[k] =GetRealPos();
        }
    }
    delete [ ] s12; delete [ ] SA12; delete [ ] SA0; delete [ ] s0;
}
void GetHeight(int * st, int * SA, int * rank, int * height, int n)
{
    int l =0;
    height[0] =0;
    for (int i =0; i<n; ++i)
        if (rank[i] >0){
            int j =SA[rank[i] - 1];
            while ((i+l<n) && (j+l<n) && (st[i+l] ==st[j+l])) l++;
            height[rank[i]] =l;
            if (l>0) l-- ;
        }
}

const int maxn =200000;
char s[maxn];
int st[maxn], SA[maxn], rank[maxn], height[maxn];

int main()
{
    freopen("distinct.in", "r", stdin); freopen("distinct.out", "w", stdout);
    scanf("% s", s);
    int n =strlen(s);
    memset(st, 0, sizeof(st));
    for (int i =0; i<n; ++i)
        st[i] =s[i];
    suffixArray(st, SA, n, 150);
    for (int i =0; i<n; ++i)
        rank[SA[i]] =i;
    GetHeight(st, SA, rank, height, n);
    long long ans =n;
        ans =ans  * (ans +1) / 2;
    for (int i =0; i<n; ++i)
        ans- =height[i];
    cout<<ans<<endl;
    return 0;
}
```

图 6-104　"不同子串"问题求解的程序描述

6.9 动态规划方法的拓展及思维进阶

首先,当前阶段的叠加增量可以从固定拓展到可变,导致与前面阶段最优值组合得到的决策候选状态集从固定拓展到可变。例如:求解最短路径时,每个阶段的顶点数不同,其与前一阶段的路径数也就不同,导致每个阶段的最终决策候选状态集大小也就不同。再比如:针对旅行商问题,随着阶段的推进,每个阶段可供选择的地点越来越少。

其次,针对当前阶段,其决策候选状态集一般都是可以直接求最值(状态数比较少时可以直接用 if 判断)或(借助其他辅助数据结构)序列化,但对于一些特殊应用场合,候选状态数较多,并且决策时无法序列化,此时需要采用搜索(枚举)实现,本质上,这种情形可以看作是一种退化(参见例 5-29,其中又融合了剪枝优化)。

再次,对于一些复杂问题,作为主方法的动态规划,需要与其他方法进行联合,尤其是针对当前阶段候选状态集的维护,需要联合一些高级数据结构,以便提高决策效率。例 6-17 所示给出了相应的示例。

【例 6-17】 最长近似上升子序列

问题描述:定义近似上升序列 b1,b2,b3,…,b(k-1),bk 满足:min(b1,b2)≤min(b2,b3)≤…≤min(b(k-1),bk)。现在给定序列 a1,a2,…,an。请计算最长近似上升子序列的长度(2≤n、ai≤2*10^5)。

输入格式:可以有多组数据,每组数据第一行是数据个数,接下来一行是用空格分隔的每个数据,这些数据构成一个数据序列。

输出格式:针对每组数据,给出其最长近似上升子序列的长度。

输入样例:

8

1 2 7 3 2 1 2 3

2

2 1

7

4 1 5 2 6 3 7

输出样例:

6

2

7

最长近似上升子序列的本质是在最长上升子序列基础上,允许中间插入一个很大的数。于是,对于第 i 个数 ai,它可以从前面小于 ai 的 aj 直接转移过来,或者在(j, i)中插一个较大的数 ak。

考虑以 $dp[i]$ 表示以第 i 个数为结尾的满足题目要求的序列的最长长度,且第 i 个数是这个序列找出的非严格单调递增子序列的最后一个,则:

$$dp[i] = \max\{dp[j] + (\max(j+1, i) >= a[j])\} \quad (1 <= j < i,\ a[j] <= a[i])$$

其中，$\max(1,r)$ 代表 l 到 r 之间的最大值。

显然，这个 dp 可以用单调栈来维护，由于左端点固定右端点增大的区间的最大值是递增的，所以可以用树状数组来维护。图 6-105 给出了相应的程序描述。在此，利用单调栈+树状数组来维护状态的计算。

```
#include<algorithm>
#include<iostream>
#include<cstring>
#include<stack>
using namespace std;
const int N =5e5+10;
int n;
int dp[N], f[N], a[N];
int lowbit(int x)
{
    return x &- x;
}
void change(int pos , int x)
{
    pos++;
    for (; pos<=n+1; pos+=lowbit(pos))
        f[pos] =max(f[pos], x);
}
int query(int pos)
{
    pos++;
    int res =0;
    for (; pos>0; pos- =lowbit(pos))
        res =max(res, f[pos]);
    return res;
}
void solve()
{
    cin>>n;
    stack<int>s;
    s.push(0);
    for (int i=1; i<=n; i++)
    {
        cin>>a[i];
        dp[i] =query(a[i])+1;
        change(a[i], dp[i]);
        while (s.size() && a[s.top()] <=a[i])
        {
            change(a[s.top()], dp[s.top()] +1);
            s.pop();
        }
        s.push(i);
    }
```

```
    int ans =0;
    for (int i =1; i<=n; i++) ans =max(ans, dp[i]);
    cout<<ans<<endl;
    memset(f, 0, sizeof f);
}
int main()
{
    int T;
    cin>>T;
    while (T-- )
    {
        solve();
    }
    return 0;
}
```

图 6-105　"最长近似上升子序列"问题求解的程序描述

进一步,针对一些仅仅不能满足"无后效性"这一前提(即依据题目关键点抽象出状态维度并设计出状态表示和状态转移方程后,发现部分状态之间互相转移、互相影响,构成环形,无法确定一个合适的"阶段单调性",以便沿着某个方向进行递推),并且状态转移方程都是一次方程的形似动态规划类题目,可以不进行线性递推,而是用高斯消元法直接求出状态转移方程的解(此时将动态规划的各个状态看作是未知量,状态的转移看作若干个方程)。例 6-18 给出了相应的解析。

【例 6-18】　Broken Robot

问题描述:给定一张 N×M 的棋盘,有一个机器人处于(x, y)位置。这个机器人可以进行很多次行动,每次等概率地随机选择停在原地、向左移动一格、向右移动一格或向下移动一格。当然,机器人不能移出棋盘。求机器人从起点走到最后一行的任意一个位置上,所需行动次数的数学期望值(1<= N, M<= 1 000)。

输入格式:第一行为用空格隔开的两个整数 N 和 M (1≤N, M≤1 000),第二行为用空格隔开的另外两个整数 i 和 j (1≤i≤N, 1≤j≤M),表示初始位置。在此,(1, 1) 表示左上角位置,(N, M) 表示右下角位置。

输出格式:一个数,表示所需行动次数的数学期望值(精确到 4 位小数)。

样例输入 1:

10 10

10 4

样例输出 1:

0.0000

样例输入 2:

10 14

5 14

样例输出 1:

18.0038

针对本题,向下行走可以初步看出具有阶段单调性,可以尝试采用动态规划方法。也就是说,从行的角度可以满足"无后效性"。假设$f[i,j]$表示机器人从位置(i,j)走到最后一行所需要行动次数的期望值(步数),则具体的状态转移方程如公式6-10所示。

$$F[i,j] = \begin{cases} \frac{1}{3}(f[i,j]+f[i,j+1]+f[i+1,j])+1 & j=1 \\ \frac{1}{4}(f[i,j-1]+f[i,j]+f[i,j+1]+f[i+1,j])+1 & 2 \leqslant j \leqslant M-1 \\ \frac{1}{3}(f[i,j]+f[i,j-1]+f[i+1,j])+1 & j=M \end{cases}$$

$$(6-10)$$

初始值:对于$[1,M]$的所有j,$f[N,j]=0$,目标为$f[x,y]$。

然而,在同一行内,机器人既能向左,也能向右,甚至可以原地不动,出现状态之间互相转移,无法确定一个单调的递推顺序。因此,可以先以行号为阶段,从M到x倒序扫描每一行,依次计算以该行的每一个位置为起点走到最后一行所需行动次数的数学期望值。然后,针对每行内的计算方法,在计算第i行的状态时,因为第$i+1$行的状态已经计算完毕,可以将$f[i+1,j]$看作是已知数。于是,状态转移方程中就只剩下$f[i,1]$,$f[i,2]$,…,$f[i,M]$这M个未知量。第i行的每个位置可以列出一个方程,共M个方程。因此,可以采用高斯消元法求出$f[i,1]$,$f[i,2]$,…,$f[i,M]$的值。也就是说,以$j=1$为例,对于$f[i,j]=(1/3)(f[i,j]+f[i,j+1]+f[i+1,j])+1$,可以通过移项得到一个方程:$(-1/3)f[i+1,j]=(1/3)(-2f[i,j]+f[i,j+1]+f[i+1,j])+1$,对于第$i$行可以得到$M$个如此的一次方程$(1<=j<=M)$。

仔细观察可以发现,高斯消元法的系数矩阵除主对角线和对角线两侧的斜率之外,其余部分都是0。例如:$M=5$时的系数矩阵如图6-106所示。

可见,针对如此矩阵的高斯消元,每一行实际只有2~3个位置需要相减,只需$O(M)$的时间即可求出各个未知量的解。整个时间复杂度为$O(NM)$。需要注意的是,当$M=1$时,该动态规划方法有边界问题,需要进行特判处理。图6-107所示给出了相应的程序描述。

图6-106 M=5时的系数矩阵

```cpp
#include<cstdio>
#include<cstdlib>

const int MAXN =1010;
double f[MAXN][MAXN];
double M[MAXN][MAXN];
int n, m, x, y;

void Gauss()
{ //高斯消元
    for(int i=1; i<=m;++i){
```

```
        double tmp =1.0 / M[i][i];//系数归一
        M[i][i]  * =tmp; M[i][m+1]  * =tmp;
        if(i ==m) break;
        M[i][i+1]  * =tmp;
        tmp =M[i+1][i] / M[i][i];//下一行消掉该元
        M[i+1][i]- =tmp * M[i][i]; M[i+1][i+1]- =tmp * M[i][i+1];
        M[i+1][m+1]- =tmp * M[i][m+1];
    }
    for(int i =m- 1; i;-- i)
        M[i][m+1]- =M[i+1][m+1]  * M[i][i+1]; //回代
}
int main()
{
    scanf("% d% d% d% d", &n, &m, &x, &y);
    for(int i =n- 1; i>=x;-- i){
        M[1][1] =- 1.0+1.0 / 3; M[1][2] =1.0 / 3;
        for(int j =2; j<m;++j){
            M[j][m+1] =(- f[i+1][j]) / 4.0- 1;
            M[j][j] =- 1.0+1.0 / 4;
            M[j][j- 1] =M[j][j+1] =1.0 / 4;
        }
        M[m][m] =- 1.0+1.0 / 3; M[m][m- 1] =1.0 / 3;
        if(m ==1) M[1][1] =- 1.0+1.0 / 2;
        M[1][m+1] =(- f[i+1][1]) / 3.0- 1;
        M[m][m+1] =(- f[i+1][m]) / 3.0- 1; //构建矩阵
        if(m ==1) M[m][m+1] =(- f[i+1][m]) / 2.0- 1; //特判 m =1 的情况
        Gauss();
        for(int j =1; j<=m;++j)
            f[i][j] =M[j][m+1];
    }
    printf("% .10lf", f[x][y]);
    return 0;
}
```

图 6-107 "Broken Robot"问题求解的程序描述

本题除了用 $f[i,j]$ 表示从位置 (i,j) 走到最后一行的期望步数,按行号倒序进行递推外,还可以用 $f[i,j]$ 表示从位置 (x,y) 走到位置 (i,j) 的期望步数并按行号正序进行递推。然而,如果按正序递推,则还需要求出位置 (x,y) 到最后一行每个位置的概率 $p[N,j](= (\sum_{j=1}^{M} p[N,j] * f[N,j]) /M)$ 才能得到答案,相对较为复杂。事实上,很多求数学期望的动态规划方法都会采用倒推的方式求解。

针对无递推顺序的动态规划问题,除了高斯消元外,还可以结合记忆化搜索(不能处理存在环的转移关系)、迭代等方法,在此不再展开。

另外,针对树结构的动态规划,其二维形态(参见公式 5-15)可以继续进行拓展。具体而言,就是依据当前结点与其子女结点、父结点三者之间的约束关系,二维形态的状态转移方程可以增加多个。例 6-19 所示给出了相应的示例。

【例 6-19】　皇宫看守(https://blog.csdn.net/fisher_jiang/article/details/2488506)

问题描述:太平王世子事件后,陆小凤成了皇上特聘的御前一品侍卫。皇宫以午门为起点,直到后宫嫔妃们的寝宫,呈一棵树的形状;某些宫殿间可以互相望见。大内保卫森严,三步一岗,五步一哨,每个宫殿都要有人全天候看守,在不同的宫殿安排看守所需的费用不同。可是陆小凤手上的经费不足,无论如何也没法在每个宫殿都安置留守侍卫。请你帮助陆小凤布置侍卫,在看守全部宫殿的前提下,使得花费的经费最少。

输入格式:输入数据表示一棵树,第 1 行一个整数 n,表示树中结点的数目。第 2 行至第 n+1 行,每行描述每个宫殿结点信息,依次为:该宫殿结点标号 i(0<i<=n),在该宫殿安置侍卫所需的经费 k,以及其子女结点(宫殿)数 m。接下来 m 个数,分别是这 m 个子女结点(宫殿)的标号 r1,r2,…,rm。

对于一个 n(0<n<=1 500)个结点的树,结点标号在 1 到 n 之间,且标号不重复。

输出格式:输出仅包含一个数,为所求的最少的经费。

输入样例:

6

1 30 3 2 3 4

2 16 2 5 6

3 5 0

4 4 0

5 11 0

6 5 0

输出样例:

25

与例 5-13 战略游戏不同,本题要求看守的不是树的每一条边,而是树的每一个结点。考虑树中结点与结点之间的制约关系,父结点与子结点之间的关系有 3 种情况:

① 在当前结点放置守卫,看守住以当前结点为根的子树中所有结点;

② 不在当前结点放看守,看守住以当前结点为根的子树中所有结点;

③ 不在当前结点放看守,看守住以当前结点为根的子树中除根结点外的所有结点。

假设用 $f[T, x]$ 表示结点 T 的第 x 种情况。针对情况①,显然 T 的所有子结点上可以布置也可以不布置守卫,而且 T 的所有子结点 T_i 可以被监控也可以不被监控,因为如果原来 T_i 没有被监控,则可以被 T 上布置的那个守卫监控。因此,可以由其子结点的三种情况得到最优解,即 T_i 选择最优的方案 $\min\{f(T_i, 0), f(T_i, 1), f(T_i, 2)\}$,于是得到公式 6-11 中的(1)式。其中,$\varphi(T)$ 表示在当前结点 T 上布置守卫的代价(即叠加增量)。实际上,其中的 min 只要对 $f(T_i, 0)$ 和 $f(T_i, 2)$ 取 min 即可,因为根据(3)式可知 $f(T_i, 2) <= f(T_i, 1)$。

针对情况②,必须保证 T 的子结点中有一个结点 T_k 上布置一个守卫,这样在 T_k 上的守卫可以同时看守 T 结点(即要求它的子结点中必须有一个是情况①)。至于 T 的其他子结点($i=1$,$2, \cdots n, i \neq k$),可以布置守卫,也可以不布置,但是必须监控住自己所有的结点(因为 T 上没有守卫)(即其他的子结点既可以是情况①,也可以是情况②),因此,最优方案为 $\min\{f(T_i, 0), f(T_i, 1)\}$(即在情况①和②中取最优解)。最后,将所有子结点的最优解累加起来得到情况②的最优解(子结点中必须有一个是情况①,这就要求枚举子结点是情况①的各种可能),于是得到公式 6-11 的(2) 式。

针对情况③,必须保证 T 的所有子结点 T_i 都被监控,而不用管 T_i 上是否有守卫。于是每个子结点 T_i 取最优方案 $\min\{f(T_i, 0), f(T_i, 1)\}$。于是得到公式 6-11 的(3) 式(即可以由其子结点的情况 ② 累加得到解)。在此,有可能 $f(T, 1) = f(T, 2)$,因为 $f(T, 2)$ 只是要求监控除了 T 结点以外的其他全部结点,也就是可以选择不监控 T 结点,而不是不允许监控 T 结点。当存在一个 $k(1 <= k <= n), f(T_k, 1) >= f(T_k, 0)$ 时,(3) 式和(2) 式等价,此时 $f(T, 2) = f(T, 1)$。

综上所述,状态转移方程如公式 6-11 所示。

$$F[T, 0] = \sum_{i=1}^{n} \min\{f[T_i, 0], f[T_i, 1], f[T_i, 2]\} + \varphi(T) \quad (1)$$

$$F[T, 1] = \min_{1 \le k \le n}\left\{\sum_{i=1, i \ne k}^{n} \min\{f[T_i, 0], f[T_i, 1]\} +, f[T_k, 0]\right\} \quad (2) \qquad (6\text{-}11)$$

$$F[T, 2] = \sum_{i=1}^{n} \min\{f[T_i, 0], f[T_i, 1]\} \quad (3)$$

如果 T 是整棵树的树根,则只要求出 $f(T, 0)$ 和 $f(T, 1)$,取其较小者即可。对于 T 没有子结点的情况(结点 T 为叶子结点),则递归公式的边界为 $f[T, 0] = \varphi(T)$,$f[T, 1] = \varphi(T)$,$f[T, 2] = 0$。

在此,相当于作了一点特殊规定。因为根据公式 6-11 的定义,当 T 是叶子结点时,不在 T 结点上布置守卫的情况下而要监控 T 的全部结点是不可能的,$f(T, 1)$ 实际上是不存在的,但是为了使公式能够适用于边界条件,规定了 $f[T, 1] = \varphi(T)$ 对于 T 是叶子结点时成立(这并不影响公式的正确性)。$f[T, 2] = 0$ 说明在 T 是叶子结点时,不在 T 上布置守卫的情况下并监控除了 T 结点以外的其他全部结点,最节约的办法是不布置任何守卫,即代价最少为 0。$f[T, 0] = \varphi(T)$ 说明在 T 是叶子结点时,在 T 上布置守卫的情况下并监控 T 的全部结点的办法就是在结点 T 上布置一个守卫,代价为 $\varphi(T)$。

图 6-108 所示给出了相应的程序描述。其中,与树型动态规划通常采用自底向上的计算方式不同,在此采用自顶向下的计算方式,因为输入的数据是一棵树,从树的根找到树的子结点肯定比从子女结点找到父结点方便(针对给定的数据规模,内存空间不存在不足问题)。如果采用自底向上计算方式,则需要用一个数组存储所有结点的父结点(例如:parent[i]就是结点 i 的父结点),并且每次需要扫描一遍整个数组。

```cpp
#include<bits/stdc++.h>
using namespace std;

const int maxn =1600;
int n, k, head[maxn], cnt =0;
int dp[maxn][3], val[maxn];
struct edge {
    int to, pre;
} e[maxn *2];

inline void add(int x, int y)
```

```
{
  e[++cnt].pre =head[x]; e[cnt].to =y; head[x]=cnt;
}
void dfs(int x, int fa)
{
  int d =0x7fffffff / 2;
  for (int i =head[x]; i; i =e[i].pre) {
    int v =e[i].to;
    if (v ==fa)
      continue;
    dfs(v, x);
    dp[x][0] +=min(dp[v][2], dp[v][1]); dp[x][1] +=min(dp[v][2], dp[v][1]);
    d =min(d, dp[v][2] - min(dp[v][1], dp[v][2]));
    dp[x][2] +=min(dp[v][1], min(dp[v][2], dp[v][0]));
  }
  dp[x][2] +=val[x]; dp[x][1] +=d;
}
int main()
{
  scanf("% d", &n);
  for (int i =1; i<=n;++i) {
    int x, z, y;
    scanf("% d% d% d", &x, &k, &z);
    val[x] =k;
    for (int j =1; j<=z;++j) {
      scanf("% d", &y); add(x, y); add(y, x);
    }
  }
  dfs(1, 0);
  printf("% d", min(dp[1][1], dp[1][2])); //根结点没有父亲,只输出 min(dp[root][1],dp[root]
[2])
  return 0;
}
```

图 6-108　"皇宫看守"问题求解的程序描述

　　由于图结构的关系复杂而无序,一般难以呈现阶段特征(除了特殊的图,如多段图),因此,动态规划在图论中的应用并不多。然而,对于无环有向图来说,其顶点是有序的,此时可以对顶点进行拓扑排序,使其体现出有序的特征,由此使其满足单调性特征并进行阶段划分。例如:在有向无环图中求最短路径(以各个顶点的最优值大小来划分隐含阶段)。

　　针对图结构,多维(或高维)动态规划方法(即行为主体个数急剧增加)的效率会急剧下降,因为其状态描述需要用多维向量表示。因此,状态转移时,其时空复杂度是关于维度的指数函数,显然其效率会退化。此时,可以将问题的模型转换为网络流,通过大幅度降低空间复杂度来实现时间效率的提高。例 6-20 所示给出了相应的解析。

　　【例 6-20】　最大边数

　　问题描述:假设有 K 个人需要在一个 N×N 的街道中从左上角走到右下角(街道布局如图 6-109 所示),在此过程中,每个人只能向右或者向下走,求他们走过的边的最大值。其中多个人走一条边时,该边只计算一次。

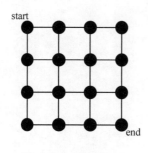

图 6-109　街道布局

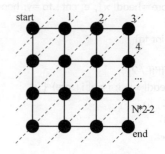

图 6-110　阶段划分

本题明显具有阶段单调性特征,可以采用动态规划方法求解。具体而言,通过观察 K 个人选择的过程可以发现每个人选择的次数为 $N*2-2$ 次,因此可采用如图 6-110 所示的方式将问题划分为 $N*2-2$ 个阶段,每个阶段依赖于前一个阶段的计算结果。

假设用 p 表示走过的步数,对于一维(即一个人)的情况,定义 $S_{i,j}$ 表示到达横坐标为 i,纵坐标为 j 的点时的路径解,设 $u_0=0$ 表示向右走,$u_1=1$ 表示向下走,则状态转移方程如公式 6-12 所示。

$$S_{i,j} = \begin{cases} S_{i-1,j} + u_1 & 0 < i < N-1, \ 0 < j \leq N-1 \\ S_{i,j-1} + u_0 & 0 < i \leq N-1, \ 0 < j < N-1 \end{cases} \qquad (6\text{-}12)$$

由于每一步中 $i+j=p$,因此,公式 6-12 可转换为公式 6-13。

$$S_{p,i} = \begin{cases} S_{p-1,i-1} + u_1 & 0 < i < N-1 \\ S_{p-1,i} + u_0 & 0 < i \leq N-1 \end{cases}, \ 0 \leq p \leq N*2-2 \qquad (6\text{-}13)$$

如果扩展为 K 个人行走的情况,u 表示 K 个人方向选择的变量,例如:$u=(0,1,0)$ 表示三个人中,第一个人向右走,第二个人向下走,第三个人向右走;$S_{p,i_1,i_2,\cdots,i_k}$ 表示 K 个人走过 p 步时每个人所处的位置,状态转移方程如公式 6-14 所示。

$$S_{p,i_1,i_2,\cdots,i_k} = S_{p-1,i'_1,i'_2,\cdots,i'_k} + u, \ u = (i_1-i'_1, i_2-i'_2, \cdots, i_k-i'_k) \qquad (6\text{-}14)$$

当 K 个人从当前阶段走一步时,走过的边的总长用 $Z_p(S_{p,i'_1,i'_2,\cdots,i'_k}, u)$ 表示,则计算路径长度的状态转移方程可表示为公式 6-15。

$$F_p(S_{p,i_1,i_2,\cdots,i_k}) = \begin{cases} \max\limits_{u_k \in (0,1), \ 1 \leq k \leq K} \left(F_{p-1}(S_{p,i_1,i_2,\cdots,i_k} - u) + Z_p(S_{p,i'_1,i'_2,\cdots,i'_k}, u) \right) & p > 0 \\ 0 & p = 0 \end{cases}$$

$$(6\text{-}15)$$

显然,由公式 6-15 可知,随着人数的增加,函数嵌套的深度增加,空间复杂度呈指数级增加,相应的时间成本也呈指数级增加。因此,可以将问题的模型转变为网络流模型。

为适应网络流建模,在此进行两点扩展:①增加一个源顶点到街道左上角 start 顶点,其容量为人数 K,如图 6-111 所示。②通过构造虚拟顶点来处理多人经过一个街道时只计算一次的约束,即只有一个人能从该街道通过,其他人从虚拟结点到达下一阶段,如图 6-112 所示。由此,3×3 街道 6 人的网络流模型如图 6-113 所示。最后,通过求解最大流即可得到问题的解。

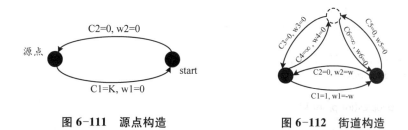

图 6-111　源点构造　　　　　　　　图 6-112　街道构造

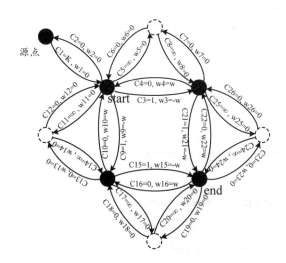

图 6-113　完整网络流模型(以 2×2 为例)

图 6-114 和图 6-115 所示分别给出了动态规划和网络流两种方法的相应程序描述。

```
int W[2][N][N];//街道数据
vector<int>dp;
vector<pair<int, int>>record;//每个人的坐标
vector<int>direct;//每个人选择向下或者向右
vector<int>X;//每个人选择到达的 x 坐标

int DP(int N, int K)
{
    for (int i =0; i<N ∗ 2- 2;++i) {
    last_K_peoples(i, 0);
    int dp_index =0,tem =1;
    for(int i =K- 1;i>=0;-- i){
        dp_index+=(tem ∗ record[i].first); tem ∗ =(n+1);
    }
    dp_index+=(tem ∗ p);
```

```
    if(dp_index!=- 1)
      last_K_peoples_select(p, k+1, dp[dp_index]);
  }
  int dp_index=0,tem=1;
  for(int i=K- 1;i>=0;-- i){
    dp_index+=(tem * (N- 1)); tem * =(n+1);
  }
  dp_index+=(tem * (N * 2- 2));
  return dp[dp_index];
}
void last_K_peoples(int p, int k)
{
  if(k==K) return;
  for (int i=0, j=p; i<N;++i,-- j) {
    record[k] =pair<int, int>(i, j); last_K_peoples(p, k+1);
  }
}
void last_K_peoples_select(int p, int k, int sum)
{
  if(k==K){
    int dp_index=0,tem=1;
    for(int i=K- 1;i>=0;-- i){
      dp_index+=(tem * X[i]); tem * =(n+1);
    }
    dp_index+=(tem * p);
    if(dp[dp_index]<sum) dp[dp_index] =sum;
    return;
  }
  int x=record[k].first,y=record[k].second;
  for(int u=0;u<2;++u){
    if(W[u][x][y]>=0){
      int _x=x+u,_y=p+1- x;
      if(_x<0 || _x>=N || _y<0 || _y>=N)
        continue;
      bool computed=false;
      for(int i=0;i<k;++i){
        if(record[i].first==x && direct[i]==u){
          computed=true;break;
        }
      }
      direct[k] =u; X[k] =_x;
      int _sum=sum+computed? 0:W[u][x][y];
      last_K_peoples_select(p, k+1,_sum);
    }
  }
}
```

图 6-114 "最大边数"问题求解的程序描述(动态规划方法)

```
struct Edge{
        int to, w, c, next;
} edges[MAXN * 2];
int maxflow, mincost;
int n, m, s, t, last[MAXN], flow[MAXN], inq[MAXN], dis[MAXN];
int head[MAXN];
queue<int>Q;

int MCMF()
{
    while (SPFA()){
        maxflow+=flow[t];
        mincost+=dis[t] * flow[t];
        for (int i=t; i !=s; i=edges[last[i] ^ 1].to){
            edges[last[i]].w- =flow[t]; edges[last[i] ^ 1].w+=flow[t];
        }
    }
    return- mincost;
}
bool SPFA()
{
    while (! Q.empty()) Q.pop();
    memset(last,- 1, sizeof(last)); memset(inq, 0, sizeof(inq)); memset(dis, 127, sizeof(dis));
    flow[s] =INT_MAX;
    dis[s] =0;
    Q.push(s);
    while (! Q.empty()){
        int p =Q.front(); Q.pop();
        inq[p] =0;
        for (int eg =head[p]; eg !=0; eg =edges[eg].next){
            int to =edges[eg].to, vol =edges[eg].w;
            if (vol>0 && dis[to] >dis[p] +edges[eg].c){
                last[to] =eg; flow[to] =min(flow[p], vol); dis[to] =dis[p] +edges[eg].c;
                if (! inq[to]){
                    Q.push(to); inq[to] =1;
                }
            }
        }
    }
    return last[t] !=- 1;
}
```

图 6-115　"最大边数"问题求解的程序描述(网络流方法)

　　相对于网络流而言,动态规划方法的具体实现要简单得多。事实上,从理论上说,任何有向无环图中的费用流问题都可以用动态规划方法来解决。然而,随着维度的急剧增加,用动态规划方法的效果明显不如网络流方法。图 6-116 和图 6-117 分别给出了例 6-20 问题求解两种方法的时间消耗和空间消耗的分析比较。

　　由图 6-116 可见,通过 K 和 N 的不同取值,随着 N 和 K 的增加,动态规划方法的时间效

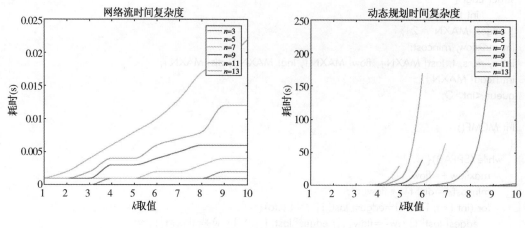

图 6-116 时间消耗比较

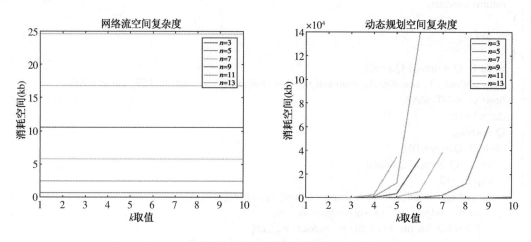

图 6-117 空间消耗比较

率下降得非常快,特别是随着 N 取值的增加,计算出 K 的上限越来越小,而网络流算法依旧具有较好的时间效率。由图 6-117 可见,在 K 较小时,动态规划方法所消耗的空间优于网络流,但随着 K 值的增大,需要的空间呈指数级增加,相应的计算成本也随之增加,但网络流只需要改变源点到左上角街道路径上的容量参数即可。

然而,相较于网络流算法设计的复杂性,动态规划方法具有一定的模式,简便易行,对于维度较低(N 较小,维度可以适当增加)的情况,动态规划方法更适合,而网络流一般适用于维度较高的应用场景。

动态规划和网络流都能求解某一类问题的最优解,然而它们实现的思路却不相同。一般而言,动态规划采用的思路可以看作是"横向"解决思路(如图 6-118a 所示),它把问题求解的整个过程横向分为若干个阶段,当前阶段需要依赖于前一阶段的最优结果。当维度增加时,其每个阶段需要的空间也会增加,相应求解的时间也会消耗更多,最终导致效率明显下降。

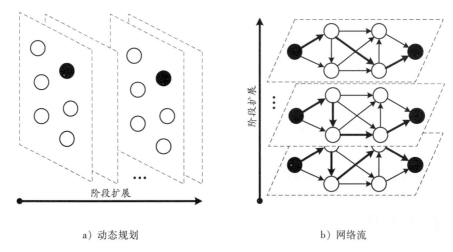

a）动态规划　　　　　　　b）网络流

图 6-118　动态规划（横向）与网络流（纵向）求解思路比较

与动态规划方法不同,网络流算法可以看作是一种"纵向"解决思路（如图 6-118b）所示）,它先确定一个初始可行解（即从源点到目标顶点的一条路径）,然后在此基础上不断进行调整（即求增广路径）,最终找到最优解（即不再能找到增广路径）。由于每次调整求增广路径仅仅是依据边上的容量约束和流性质约束,因此,网络流方法并不会随着求解问题维度的增加而出现状态空间的急剧增加（事实上,其状态空间基本稳定）,相应地时间效率也不会出现明显下降的情况。但是,网络流模型的构造,其难度往往要比动态规划方法大。

本质上,基于"动态性"这一特征,动态规划和网络流有着相同的思维渊源,两者都是从"静态"拓展到"动态",通过"动态"手段来确保"最优值"求解。然而,两者对"动态"策略的使用思路不同,前者将"动态"策略运用在阶段决策候选状态集构造及其决策方面,正是对阶段决策候选状态集的动态构造,使得其每一步的求解都充分考虑了前面阶段的完整枚举情况,从而确保最终解的最优。后者将"动态"策略运用在每次增广路径的求解方面（相当于阶段求解）,通过反向边及流量的调整,使得每一步的求解也都充分考虑了前面阶段的完整枚举情况,从而确保最终解的最优。两者都是采用分阶段的枚举思维。

网络流方法将动态规划方法中的解状态空间映射到边的容量和流量,通过对数据组织 DNA 的降维处理,实现"空间"到"数量"的变换,将搜索变换为数量计算,从而达到优化的目的。

 6.10　有效方法的综合思维进阶

算法的实现包括数据组织 DNA 和数据处理 DNA 两个方面,因此,有效方法的思维进阶本质上也必然是围绕两条主线及其相互协调展开的。搜索优化本身就充分利用了两条主线,有的优化方法从数据组织 DNA 出发,有的优化方法则从数据处理 DNA 出发。分治主要是从数据组织 DNA 出发,通过数据组织 DNA 的降维,简化了数据处理 DNA 的实现。贪心主要是从数据处理 DNA 出发,针对搜索中的一类特殊情况,即具有单调性的阶段特征,并且其处理策略相对简单化。动态规划是融合其他有效策略的一种集大成者,因此,也是最灵活的一种方法,其灵活性体现在:1)方法本身的基本策略是相对固定的,但其映射到具体问题时,方法的描述需要依据具体问题来确定;2)可以利用数据组织 DNA,形成面向线性结构、树结构和图结构的不同应用场景;3)本身可以进行维和阶的不断拓展;4)可以集成其他各种方法及各种数据组织 DNA,作为其辅助方法。正是其集大成的思想,使得动态规划方法具有显著的计算思维特征。并且,动态规划方法也是一种形式化方法,实现了有效策略向形式化之路的进化,因此其模型的正确构建是关键。从更为宏观的角度看,分治策略是最基础的策略,搜索及其优化本质上也是一种广义的分治,即也在不断缩小数据集的规模。

因此,实际应用中,应用问题的建模也可以从数据组织 DNA 和数据处理 DNA 两个方面出发并结合各种有效方法的适用特点来寻找突破口。

6.11　本章小结

本章主要围绕几种有效策略,解析其进一步的拓展及变形,并且,解析拓展及变形背后的思维进阶。最后从全局观角度,解析了几种有效策略之间的内在思维联系及进阶特征。

鉴于计算思维固有的递归特性,在实际应用中,有效策略赖以建立的数据组织 DNA 和数据处理 DNA 及其综合,可以构建各种各样的其他有效策略形态,包括已经形成的各种算法,以及自己创造的算法。本质上,递归特性具有天生的高阶和高维属性。因此,算法构造具有极致的开放性和创造性。

习　题

6-1　针对搜索及优化、贪心、分治及动态规划,分别分析其适用的应用场景特征。

6-2　分析搜索及优化、贪心、分治及动态规划几种优化策略之间的思维联系。

6-3　搜索优化的解状态空间本身有没有减少? 它是如何达到优化的?

6-4　树型结构具备良好时间复杂度的前提是什么? 由哪三种基本思路来防止其退化?

6-5　递归属于一种广义分治,它是如何简化"治"处理的?

6-6　什么是关联型(或依赖型)分治? 它是如何提高时间效率的?

6-7　分治策略针对线性结构和树型结构分别演化出什么方法?

6-8　线段树与分治策略有什么思维联系?

6-9　背包模型与动态规划有什么思维联系?

6-10　什么是一个字符串的前缀? 什么是一个字符串的后缀? 前缀和后缀对字符串匹配有什么作用?

6-11　KMP 算法利用待匹配模式子串自身的性质来提高匹配速度,该性质也可解释成:若模式子串的前缀集(即除去最后一个字符后的前面的所有子串集合)和后缀集(即除去第一个字符后的后面的子串组成的集合)中,重复的最长子串长度为 k,则下次匹配模式子串的位置可以移动到第 k 位(下标从 0 开始计位),即等价于最大重复子串问题。针对下列字符串分析并说明(并计算出其 next 数组值)。

aba、ababa、abcabcdabc

6-12　对于 KMP 算法,当 Text[i] != Pattern[j] 时,有 Text[i−j ~ i−1] == Pattern[0 ~ j−1]。由 Pattern[0 ~ k−1] == Pattern[j−k ~ j−1],必然得到 Text[i−k ~ i−1] == P[0 ~ k−1]。此时,将 Pattern 串的第 k 位滑动到 Text 串的第 i 位(或 Pattern 串的 next[j] == k)即可。也就是说,KMP 也是充分利用了已部分匹配的信息来消除 Text 串当前位置的回溯。请解释 next[j] == k 的具体含义,并举例说明。

6-13　基于上一题的分析,计算 next[j] 时,也可以看作是 Pattern 串与 Pattern 串自己进行匹配,如图 6-119 所示。此时只要看当前匹配位置及其前面的匹配情况即可快速求解 next[j]。请分析该方法的原理。

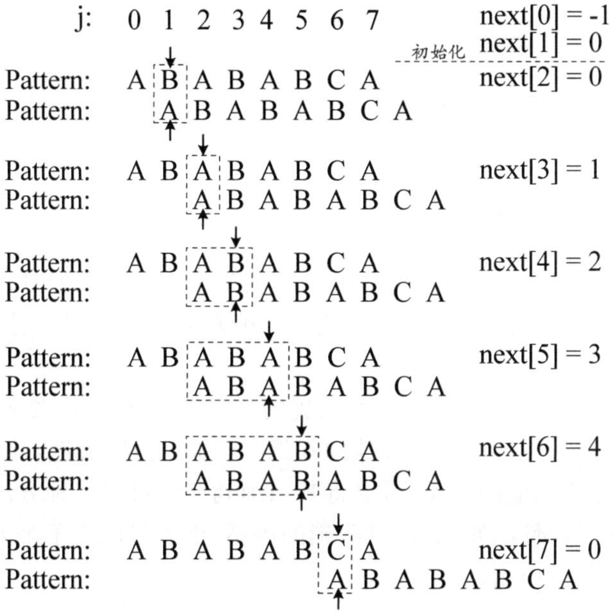

```
j:     0 1 2 3 4 5 6 7            next[0] = -1
                                  next[1] = 0      初始化
Pattern:  A B A B A B C A         next[2] = 0
Pattern:    A B A B A B C A

Pattern:  A B A B A B C A         next[3] = 1
Pattern:      A B A B A B C A

Pattern:  A B A B A B C A         next[4] = 2
Pattern:        A B A B A B C A

Pattern:  A B A B A B C A         next[5] = 3
Pattern:          A B A B A B C A

Pattern:  A B A B A B C A         next[6] = 4
Pattern:            A B A B A B C A

Pattern:  A B A B A B C A         next[7] = 0
Pattern:              A B A B A B C A
```

图 6-119

6-14　针对最小支配集,构建其动态规划模型。同时分析其属于一维树型动态规划、还是二维树型动态规划?

6-15　分析动态规划方法和网络流方法的思维联系?

6-16　给定一个 n * n(n <= 50) 的矩阵,每个格子有一个数,求 K(K <= 10) 条长度为 (n−1) * 2 的连接 (1,1) 和 (n,n) 的路径,使经过的格子的数之和最大。重复经过的格子只算一次。

第 7 章 综合应用

7.1 综合应用的思维特征

7.1.1 思维倒置

所谓综合应用包括应用和综合两个方面。应用是指针对给定的具体问题,如何利用学过的方法来解决;综合是指解决问题时需要用到多种方法、进行方法改进以及基于已有方法创造新的方法。

与方法的学习相比,综合应用的思维是倒置的。一般而言,方法的学习都是基于演绎思维,并按照方法演化的谱系展开,属于显性的知识。然而,方法的综合应用则是基于归纳思维。也就是说,针对给定的应用问题,需要将其归纳到已学过的各种方法。显然,这个归纳过程所需要的知识属于隐性的知识,没有明确的谱系,更多得取决于个人的经验。因此,隐性知识的积累决定了综合应用能力的强弱!

7.1.2 思维的高阶性

高阶性通常可以通俗地解释为深度或维度。也就是说,高阶性在广度和深度两个方面都具有一定的要求。综合应用的思维具有显著的高阶性。首先,针对一个给定问题,往往需要同时采用多种方法来解决(包括数据组织方法和数据处理方法);其次,多种方法的关系处理需要考虑;再次,每种方法运用的深度不同;然后,需要在空间和时间方面做平衡;最后,依据问题的复杂性,方法本身需要进行应用的维和阶的拓展。

7.1.3 思维的开放性与创造性

正是思维的倒置与高阶性特征,带来了思维的开放性和创造性。也就是说,一方面,综合应用的思维具有高度的开放性,因为其需要解决的实际问题域是无限的,不是封闭的;另一方面,在综合应用实践过程中,同时也不断孕育出新的方法,具备无限的思维创造性。因此,思维的开放性与创造性成为发展的引擎。作为大脑的延伸,计算机工具的特殊结构及其工作原理为人类建立了思维创新的舞台,成为 20 世纪人类最伟大的发明。

7.2 综合应用的基本解题策略

思维的开放性与创造性带给我们无限的想象空间,然而,思维倒置和思维的高阶性又决定了综合应用的困难。因此,面向综合应用,有没有基本的解题策略?

事实上,基本解题策略就是实现隐性知识的显性化,显性化程度越高,基本解题策略越明确。显性化的过程就是实践、感悟和总结归纳的过程,其基础就是实践。图 7-1 所示给出了综合应用基本解题策略的解析。

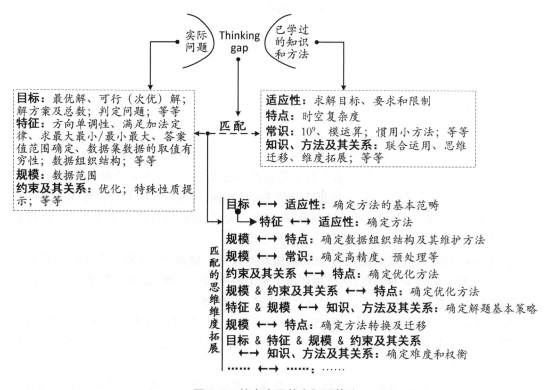

图 7-1 综合应用基本解题策略

其中,"实际问题"与"已学过的知识和方法"相当于是自变量,"匹配"相当于一个函数,最后得到的结果(或应变量)就是具体解题方法。显然,"匹配"的实现具有显著的个性和创造性,图 7-1 中仅仅是给出了一些基本的提示。

7.3 实例解析

【例 7-1】 Sandy 的卡片

问题描述:Sandy 和 Sue 热衷于收集干脆面中的卡片。然而,Sue 收集卡片是因为卡片上漂亮的人物形象,而 Sandy 则是为了积攒卡片兑换超炫的人物模型。每一张卡片都由一些数字进行标记,第 i 张卡片的序列长度为 M_i,要想兑换人物模型,首先必须要集够 N 张卡片,对于这 N 张卡片,如果它们都有一个相同的子序列长度为 k,则可以兑换一个等级为 k 的人物模型。所谓相同,是指两个子序列长度相同且一个子序列的全部元素加上一个数就会变成另一个子序列。

Sandy 的卡片数远远小于要求的 N,于是 Sue 决定在 Sandy 的生日时,将自己的卡片送给他,在 Sue 的帮助下,Sandy 终于集够了 N 张卡片,但是,Sandy 并不清楚他可以兑换到哪个等级的人物模型,现在,请你帮助 Sandy 和 Sue,看看他们最高能够得到哪个等级的人物模型。

输入格式:第一行为一个数 N,表示可以兑换人物模型最少需要的卡片数,即 Sandy 现在有的卡片数;第 i+1 行到第 i+N 行,每行第一个数为第 i 张卡片序列的长度 M_i,之后 j+1 到 j+1+M_i 个数,用一个空格分隔,分别表示序列中的第 j 个数。

输出格式:一个数 k,表示可以获得的最高等级。

输入样例:

2

2 1 2

3 4 5 9

输出样例:

2

(30%的数据 n<= 50,100%的数据 n<= 1 000,M_i <= 101)

依据问题描述,本题主要是验证 N 张卡片是否都包含一个长度为 k 的相同子序列,显然属于"字符串"匹配类问题。另外,依据本题序列的"相同"定义,实际上是转化为要求所有子序列的相对大小相同,因此,可以做预处理,将每一项变为它与右边相邻项之差。这样最终结果即为处理后各子序列的最长公共子序列长度+1。

针对匹配问题,最直接自然的方法是采用暴力枚举。也就是,以第一个序列为基本序列,枚举答案序列的开头和结尾,然后再在每个剩余的序列中寻找,如果每个序列中都包含,则显然是个可行解。显然,该方法时间复杂度太高,为 $O(N^3)$。

另一种方法是采用线性级的匹配方法 KMP 进行优化,即仅仅枚举答案序列的开头,用 KMP 算法去寻找每个序列最多能匹配基本序列的长度,取最小值,即可行解。此时,时间复杂度为 $O(N*M^2)$。

进一步,可以采用后缀数组。具体而言,在预处理后的每个序列末尾添加一个较大数作为分隔,然后将所有序列依次连接起来。然后求一遍后缀数组 SA,并用左右两个指针 i,j 扫描 SA 数组,扫描时只要保证 SA[i]…SA[j] 覆盖到了所有的 N 个序列,则当前的最长公共子序列长度就是对应的这些 Height 数值中的最小值(用单调队列维护)。

图 7-2 和图 7-3 所示分别给出采用 KMP 优化和后缀数组方法的程序描述。

```
#include<fstream>

ifstream fin("card.in");
ofstream fout("card.out");
long a[1001][101], f[101];
long i, j, k, a1, a2, a3, n;

int main()
{
```

```
    fin>>n;
    for(i=1;i<=n;++i){
        fin>>a[i][0]>>a1;-- a[i][0];
        for(j=1;j<=a[i][0];++j){
            fin>>a2; a[i][j]=a2-a1; a1=a2;
        }
    }
    k=1;
    for(i=2;i<=n;++i)
        if(a[i][0]<a[k][0]) k=i;
    memcpy(a[0],a[k],sizeof(f)); memcpy(a[k],a[1],sizeof(f)); memcpy(a[1],a[0],sizeof(f));
    a1=0;
    do {
        j=0; a2=a[1][0];
        for(i=2;i<=a[1][0];++i){
            while((j!=0) && (a[1][j+1]!=a[1][i])) j=f[j];
            if(a[1][j+1]==a[1][i])++j;
            f[i]=j;
        }
        for(i=2;i<=n;++i){
            k=0; a3=0;
            for(j=1;j<=a[i][0];++j){
                while((k!=0) && (a[i][j]!=a[1][k+1])) k=f[k];
                if(a[i][j]==a[1][k+1])++k;
                if(k>a3) a3=k;
            }
            if(a3<a2) a2=a3;
            if(a2<=a1) break;
        }
        if(a2>a1) a1=a2;
        -- a[1][0];
        memcpy(&a[1][1],&a[1][2],a[1][0]<<2);
    } while(!(a[1][0]<=a1));
    fout<<a1+1<<std::endl;
    return 0;
}
```

图 7-2　"Sandy 的卡片"问题求解的程序描述(枚举+KMP)

```
#include<fstream>
#include<cstdlib>

const long MaxNum=1001001, inf=0x3f3f3f3f;
ifstream fin("card.in");
ofstream fout("card.out");
long s[MaxNum], f[MaxNum],sa[MaxNum], q[MaxNum],tot[MaxNum],h[MaxNum];
long * ra, * ro, * rmp;
```

```
long i, j, k, n, m, g, p, ans, o, c;

void sort(long l, long r)
{
  long i, j, mid, tmp;
  i =l; j =r; mid =q[ (l +l +r) / 3 ];
  do {
    while(q[ i ] <mid) ++i;
    while(q[ j ] >mid)-- j;
    if(i <=j) {
      tmp =q[ i ]; q[ i ] =q[ j ]; q[ j ] =tmp;
      tmp =sa[ i ]; sa[ i ] =sa[ j ]; sa[ j ] =tmp;
      ++i;-- j;
    }
  }while(!(i >j));
  if(l <j)sort(l, j);
  if(i <r)sort(i,r);
}
int main()
{
  fin >>g;
  ra =(long * )malloc(sizeof(long) * MaxNum);
  ro =(long * )malloc(sizeof(long) * MaxNum);
  for(i =1;i <=g; ++i){
    fin >>m >>j;
    for(long ooxx =2;ooxx <=m; ++ooxx){
      fin >>k; ++n;
      f[ n ] =i; q[ n ] =k- j; j =k;
    }
    ++n; q[ n ] =inf- g +i;
  }
  for(i =1;i <=n; ++i) sa[ i ] =i;
  sort(1,n);
  s[ sa[ 1 ] ] =1;
  for(i =2;i <=n; ++i) s[ sa[ i ] ] =s[ sa[ i- 1 ] ] +(q[ i ] !=q[ i- 1 ]);
  memcpy(ra,s,sizeof(s));
  m =0;
  while(ra[ sa[ n ] ] !=n){
    m =(m <<1) +(m ==0);
    memset(tot, 0,sizeof(tot));
    p =m;
    for(i =1;i <=m; ++i) q[ i ] =n- i +1;
    for(i =1;i <=n; ++i) if(sa[ i ] >m){ ++p;q[ p ] =sa[ i ] - m;}
    for(i =1;i <=n; ++i) ++tot[ ra[ i ] ];
    for(i =2;i <=ra[ sa[ n ] ]; ++i) tot[ i ] +=tot[ i- 1 ];
    for(i =n;i >=1;-- i){sa[ tot[ ra[ q[ i ] ] ] ] =q[ i ];-- tot[ ra[ q[ i ] ] ];}
    long * tpointer =ra; ra =ro; ro =tpointer; ra[ sa[ 1 ] ] =1;
    for(i =2;i <=n; ++i)
```

```
        ra[sa[i]]=ra[sa[i-1]]+((ro[sa[i]]!=ro[sa[i-1]]) || (ro[sa[i]+m]!=ro[sa[i-1]+
m]));
    }
    for(i=1;i<=n;++i){
        if(ra[i]==n){h[i]=0; continue;}
        if((i==1) || (h[i-1]==0)) h[i]=0; else h[i]=h[i-1]-1;
        j=sa[ra[i]+1];
        while(s[i+h[i]]==s[j+h[i]])++h[i];
    }
    memset(tot, 0,sizeof(tot));
    m=1; j=1; tot[f[sa[1]]]=1; ans=0; o=0; c=1;
    for(i=1;i<=n-g;++i){
        while((j<n-g) && (m<g)){
            while((c<=o) && (h[sa[j]]<=h[q[o]]))--o;
            ++o; q[o]=sa[j];++j; m+=(tot[f[sa[j]]]==0);++tot[f[sa[j]]];
        }
        if(m<g) break;
        if(h[q[c]]>ans) ans=h[q[c]];
        if(ra[q[c]]==i)++c;
        --tot[f[sa[i]]]; m-=(tot[f[sa[i]]]==0)? 1:0;
    }
    fout<<ans+1<<std::endl; return 0;
}
```

图 7-3 "Sandy 的卡片"问题求解的程序描述(后缀数组)

【例 7-2】 人员调度

问题描述:人员调度问题已经被广泛地研究了很多年。调度问题是指在满足约束条件或任务达到某种目标的前提下,如何在一段时间内安排员工轮班。在此,主要研究一个基本的人员调度问题。假设有一个小型的为一些特殊工具制造配件的车间,车间在一天内收到一系列订单,每份订单都会给出一段加工时间。对于一份订单,显然车间老板需要雇一个工人来操作机器以便完成该订单,工人在这段工作时间,不能再关注其他订单,但当工人完成当前的订单时,他可以接收另一份订单。为了使成本最小化,车间老板希望招收最少的工人。此外,他还必须考虑到工人之间的工作时间的平衡,即每个工人的工作时间偏差也应该是最少的。偏离 D 的定义如下列公式所示(假设有 m 个劳动者,他们的工作时间分别为 w_1, $w_2, \cdots, w_m$)。

$$D = \sqrt{\frac{1}{m}\left[(w_1 - w)^2 + (w_2 - w)^2 + \cdots + (w_m - w)^2\right]}, \quad w = \frac{1}{m}(w_1 + w_2 + \cdots + w_m)$$

你的任务是确定最低的招工人数和这些工人之间的最低时间偏差。

输入格式:第一行给出测试用例数 T(T<=100)。对于每个测试用例,第一行是一个整数 N(1<=N<=20),表示订单的数量,接下来 N 行,每行包含两个时间戳,即"开始时间"和"结束时间",时间的格式是"HH:MM"(0<=HH<24,0<=MM<60),这段时间应该安排一个工人。

输出格式:对于每个测试用例,输出一行包含两个数据 m 和 D(D 应该四舍五入到小数点后2位)。

输入样例:

2

2

01:00　02:00

02:00　03:00

5

00:00　00:00

15:13　15:58

03:38　04:42

03:15　13:56

13:03　21:50

输出样例:

2　0.00

2　47.00

本题所求的问题分为两个部分,第一部分是使用最少的员工数,第二部分是集合划分问题(即将一系列整数分隔放入一些集合中,使得这些集合所含整数之和相等或尽量接近)。

对于第一个问题,可以利用贪心方法解决。具体而言,对所有的订单由起始时间和终止时间构成一区间,如图7-4所示。区间段重叠最多的部分需要的员工数最多,因为不可能用更少的员工完成重叠部分的工作。例如:现有3个订单:01:00~02:00,01:30~02:30,03:00~04:00。其中,01:30~02:00部分有2个区间重叠了,因此至少要2个员工(如图7-4所示)。具体实现时,可以按订单的开始时间排序,如果某个员工的工作不与订单重叠,则把该订单分配给此员工,否则新增一个员工。当所有订单完成时,使用的员工数必定是最少的。

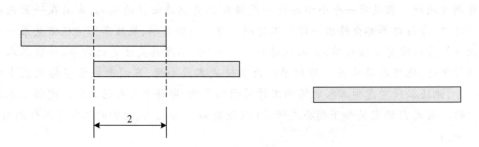

图7-4　订单示例

确定了最少的员工数后,接下来的问题由于工作数N较小,可以通过搜索的方法解决,将任务逐个分配给员工。但搜索的同时也要注意通过剪枝来避免不必要的搜索,否则还可能导致超时。对工作量方差的计算公式进行简单的等价转化可以得到如下公式:

$$D = \sqrt{\frac{1}{m}\left[(w_1 - w)^2 + (w_2 - w)^2 + \cdots + (w_m - w)^2\right]} = \sqrt{\frac{1}{m}(w_1^2 + w_2^2 + \cdots + w_m^2) - w^2}$$

由于w等于所有订单时间长度的和除以员工的人数,是一个固定的值,因此要使得员工的工作量方差最小,只需保证各个员工工作时间的平方之和最小即可。于是可以将最优化的目标转移为 $S = \min\left\{\sum_{i=1}^{m} w_i^2\right\}$。搜索中的剪枝主要有最优化剪技和重复性剪枝两个。最优化剪枝即到当前为止预期工作时间的平方和要小于目前的最优解。假设当前搜到第 j 个订单,当前各个员工的工作时间为 w_{ji}。对于第 j 到第 n 个订单,它们最终将分配到各个员工中去,使得最终状态的目标值为 $S = \sum_{i=1}^{m}(w_{ji} + \Delta_i)^2$,其中,$\Delta_i$ 为第 i 个员工在这部分订单中被分配得到的工作时间。根据不等式 $(a + b)^2 >= a^2 + b^2$,可以使用第 j 到第 n 个订单的持续时间的平方和 $S' = \sum_{i=1}^{m} w_{ji}^2 + \sum_{k=j}^{n} time_k^2$ 来估算下界。当这个下界不大于当前最优值时才继续搜案。而重复性剪枝是通过要求前一个员工的第一个订单序号比后一个员工的第一个订单序号要小来完成的。因为在该问题中,拥有相同工作时间和相同的最后工作时刻的员工之间是无区别的。

最坏情况下,本题完整的搜索树扩展的结点规模是 $O(m \times n)$,但使用了以上两个剪枝再结合问题本身的限制条件进行搜索,可以有效地解决该问题。图 7-5 所示给出了相应的描述。

```
include<cstdio>
include<cmath>
include<cstring>
include<algorithm>
using namespace std;

#define maxn 20 //订单规模

int sqr(int x) { return x * x; }
int getTime()
{// 以分钟为单位返回
    int Hh, mm;
    scanf("% 02d:% o2d", &hh, &mm);
    return hh * 60+mm;
}
struct TimeStamp {//订单描述
    int begin; //起始时间
    int end;//终止时间
    int length;//持续时间
    void init()
    {
        begin =getTime(); end =getTime(); length =end- begin +1;
    }
} timestamp[maxn];

int right[maxn];//各个员工的最后一个工作时刻
int work [maxn];//各个员工的工作时间
int bound [maxn];// bound[i]存储后 i 个订单的下界
int ans;   //存储当前目标最优值,即各个员工工作时间的平方和
int m, n;    // m 为最少需要的员工数,n 为订单的个数
```

```
bool cmp(const TimeStamp& t1, const TimeStamp& t2)
{//按起始时间排序的比较函数
    if (t1.begin !=t2.begin)    return t1.begin<t2.begin;
    return t1.end<t2.end; //起始时间相同时,按终止时间排序
}
void dfs(int p, int q)
{// p:当前搜索到的订单,q:当前搜索方案各员工工作时间的平方和
    if (p==n) {    //边界条件,p=n 时表示已处理完所有订单
        if (q<ans) ans =q;//更新最优值
            return;
    }
    if (q+bound[p]>=ans) return;// 最优化剪枝
    for(int i=0; i<m;++i) {    // 枚举将第 p 个订单分给第 i 个员工
        if (right[i]<timestamp[p].begin) { //该员工最后一个工作时刻小于该订单的起始时刻时方可
分配
            int tmp[2] ={ right[i], work[i] };//存储该员工数据
            work[i] +=timestamp[p].length;//员工 i 的工作时间加上订单 p 的持续时间
            right[i] =timestamp[p].end; //修改该员工的最后工作时刻为订单的终止时间
            dfs(p+1, q- sqr(tmp[1])+sqr(work[i])); //递归搜索下一个订单
            right[i] =tmp[0]; //回溯
            work[i] =tmp[1];
            if(right[i] ==-1) break;//若该员工之前未分配过其他订单,则跳出枚举
        }
    }
}
int main()
{
    freopen("b.in", "r", stdin);
    int t;
    scanf("%d", &t);//测试用例个数
    while (t-- ) {
        int n;
        scanf("%d", &n); //读入 n 个订单
        int tot =0;//存储所有订单的总持续时间
        for (int i =0; i<n;++i) {
            timestamp[i].init();//初始化第 i 个订单
            tot+=timestamp[i].length;
        }
        sort(timestamp,   timestamp+n, cmp); // 订单排序
        m =0;//初始化:最少只需要 0 个员工
        for(int i =0: i<n;++i) { //用贪心算法计算最少员工数
            int j;
            for(j=0; j<m;++j)//枚举一个可以接受该订单的员工
                if (right[j]<timestamp[i].begin) break;
                    right[j] =timestamp[i].end; //将该员工的最后工作时刻更新为订单的终止时间
            if(j==m)++m; //若已有员工不足以完成该订单,则新增一个员工
        }

        for (int i =n- 1; i>=0;-- i)//预处理下界值
```

```
      if(i ==n- 1) bound[i] =sqr(timestamp[i].length); //边界条件
      else bound[i] =sqr (timestamp[i].length) +bound[i+1];
                          //递推计算第1到n-1个订单的持续时间的平方和

   memset(right,-1, sizeof(right)); //初始化,员工未分配订单
   memset(work, 0, sizeof(work));    //初始化员工的工作时间为零
   ans =0x7fffffff;
   dfs(0, 0); //从第0个订单开始搜索
    // 输出最少的员工数,并根据转换目标函数的方法计算工作时间方差
   printf("% d % .2lf\n", m, sqrt(ans * 1.0/m- 1.0 * tot * tot/(m * m)));
  }
  return 0;
}
```

图 7-5 "人员调度"问题求解的程序描述

【例 7-3】 赛道修建(NOIP2018 提高组 day1T3)

问题描述:C 城将要举办一系列的赛车比赛。在比赛前,需要在城内修建 m 条赛道。

C 城一共有 n 个路口,这些路口编号为 1, 2,…,n,有 n-1 条适合于修建赛道的双向通行的道路,每条道路连接着两个路口。其中,第 i 条道路连接的两个路口编号为 ai 和 bi,该道路的长度为 li。借助这 n-1 条道路,从任何一个路口出发都能到达其他所有的路口。

一条赛道是一组互不相同的道路 e1,e2,…,ek,满足可以从某个路口出发,依次经过道路 e1,e2,…,ek(每条道路经过一次,不允许调头)到达另一个路口。一条赛道的长度等于经过的各道路的长度之和。为保证安全,要求每条道路至多被一条赛道经过。

目前赛道修建的方案尚未确定。你的任务是设计一种赛道修建的方案,使得修建的 m 条赛道中长度最小的赛道长度最大(即 m 条赛道中最短赛道的长度尽可能大)。

输入格式:

输入文件第一行包含两个由空格分隔的正整数 n, m,分别表示路口数及需要修建的赛道数。接下来 n-1 行,第 i 行包含三个正整数 ai, bi, li,表示第 i 条适合于修建赛道的道路连接的两个路口编号及道路长度。保证任意两个路口均可通过这 i-1 条道路相互到达。每行中相邻两数之间均由一个空格分隔。

输出格式:

输出共一行,包含一个整数,表示长度最小的赛道长度的最大值。

输入样例:

7 1

1 2 10

1 3 5

2 4 9

2 5 8

3 6 6

3 7 7

输出样例:

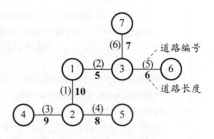

31

提示:输入输出样例的抽象结构如图7-6所示,其中需要修建1条赛道。可以修建经过第3,1,2,6条道路的赛道(从路口4到路口7),该赛道的长度为9+10+5+7=31,是所有方案中的最大值。

图7-6 样例的抽象结构

针对本题,依据问题描述(n个路口,$n-1$条双向通行的道路;从任何一个路口出发都能到达其他所有的路口)可以初步得到其抽象的结构模型是一棵无根树,求解目标是在树结构上找到m条不共享边的赛道,并且满足"最短赛道的长度尽可能大"。因此,需要解决两个问题:1)找到一种可行的赛道构建方案(即找到m条不共享边的赛道);2)该方案必须满足"最短赛道的长度尽可能大"。显然,如果采用先1)后2)的正向思维,则计算量太大,因为穷举出来的可行赛道构建方案集合中可能存在太多的不满足条件2的方案(即无效方案)。因此,可以采用先2)后1)的逆向思维,即先给出一个约束条件,然后在此条件下寻找一个满足的方案即可,这样可以减少无效方案的计算。

依据"最短赛道的长度尽可能大"可以联想到二分方法。于是,结合上述思路,首先可以用树型DP(或者两次DFS)求树的直径,将其作为二分的右边界r,将树上最短的边作为二分的左边界l;然后通过二分法求得最终结果。

针对当前的最短赛道的长度mid(即$(l+r)/2$),通过函数check(mid)判断是否有至少m条赛道满足(即其长度>= mid)。

函数check(mid)的判断方法如下:首先,针对树结构,一条赛道显然就是一条树链,对于一个路口,树链可以有三种情况:1)该路口作为起点或终点;2)该路口的两个子树的的树链经该路口相链接;3)该路口的某个子树的树链经该路口向上(该路口父结点方向)链接。对于一条赛道的构成,依据题意,其构建方式有且只有两种:1)一条链直接作为赛道(对应上述树链情况1);2)两条链拼成一个赛道(因为不能走回头路,因此最多只能两条链相拼,对应上述树链情况2和3)。由于要使"最短赛道的长度尽可能大",因此,赛道构建方式2才是主要的。因此,可以采用如下思路:首先针对一个路口i(即以结点i为根)的子树进行深度优先搜索,统计可以直接作为赛道的树链个数;然后处理两条树链的拼接。显然,当某个子结点中长度小于mid的最大长度的树链加上本条边(即子结点与结点i的连接边)的长度>= mid时(mid为当前二分出来的长度),直接拼就可以了(对应上述树链情况1,此时将路口与其子女结点以及子女结点的最长链看作是两个链。情况2可以看作是合并到情况3考虑);否则,应该将子结点的最大长度链保留,以便传给父结点,作为父结点半链以后用来拼接的候选答案(对应上述树链情况3)。对于候选答案的维护,可以采用multiset数据组织结构(考虑到有重复)。至此,对于路口i而言,还剩下与父结点半链的拼接情况需要进一步考虑,以便覆盖(或穷举考虑完)所有的情况。因为multiset中存放的是所有子结点中目前还不能构成赛道(对应树链情况1)的所有最长树链,还需要考虑将其与父结点半链进行拼接。事实上,对于无根树,父结点半链也在multiset中,因此,此时的拼接就是处理multiset中的两个链合并。基于"最短赛道的长度尽可能大"约束,可以找出multiset中长度x最短的一条链(通过multiset的begin()成员函数即可/贪心。因为该集合结构是从小到大排序的,对应"最短赛道",兼顾满足赛道数目m),再用multiset的lower_bound()成员函数查找第一个长度$y>= (mid-x)$的链(即二分方法),如果找到,则可以拼接,同时删除这两个链;否则,不断更新长度小于 mid 的最长链(使其"尽可能的大",即抬高 y),最后返回这个值。

图 7-7 所示给出了相应的程序描述。值得注意的是,本题的一个模糊之处在于"修建 m 条赛道",而其真实含义则是"至少修建 m 条赛道",两者的差异会带来思维上的变化。

另外,作为实战需要,依据本题给出的数据规模明细,可以针对不同的情况进行分别处理,以便获得部分得分。具体分析不再展开,读者可以参阅 https://www.pianshen.com/article/656389384/中的详细解析。事实上,在对题目求解应采用的最好方法不能确定或不知道用什么方法的情况下,这种针对不同情况进行逐步分析的过程可以帮助寻找到最终拟采用的最优方法。本质上,它是基于归纳思维的一种方法,毕竟命题人本身也是通过不同数据规模(及组合)来引导思维深化和变迁的过程,从特殊情况拓展到一般情况。

```cpp
#include<bits/stdc++.h>
using namespace std;

const int N =50050;
int n,m,head[N],tot =0,ans =0;
int x,y,z,l =1e9,r =0,mid,res, up =0;
int d[N],v[N];
multiset<int>s[N];
multiset<int>::iterator it;
struct edge{
  int ver,to,w;
}e[N*2];

void add(int x, int y, int z)
{
  e[++tot].ver =y; e[tot].w =z;
  e[tot].to =head[x]; head[x] =tot;
}
int dfs(int x, int pre, int k)
{
  s[x].clear();
  int now;
  for(int i =head[x];i;i =e[i].to){
    int y =e[i].ver;
    if(y ==pre) continue;
    now =e[i].w +dfs(y, x, k);
    if(now>=k) ans++;
    else s[x].insert(now);
  }
  int maxi =0;
  while(! s[x].empty()){
    if(s[x].size() ==1)
      return max(maxi, *s[x].begin());
    it =s[x].lower_bound(k- *s[x].begin());
    if(it ==s[x].begin()&&s[x].count(*it) ==1) it++;
```

```
      if(it ==s[x].end()){
         maxi =max(maxi, * s[x].begin());
         s[x].erase(s[x].begin());
      }
      else{
         ans++; s[x].erase(it); s[x].erase(s[x].begin());
      }
   }
   return maxi;
}
int check(int k)
{
   ans =0; dfs(1, 0, k);
   if(ans >=m) return 1;
   return 0;
}

void dp(int x)
{
   v[x] =1;
   for(int i =head[x];i;i =e[i].to){
      int y =e[i].ver;
      if(v[y]) continue;
      dp(y);
      up =max(up,d[x] +d[y] +e[i].w);
      d[x] =max(d[x],d[y] +e[i].w);
   }
}

int main()
{
   freopen("track.in","r",stdin);
   freopen("track.out","w",stdout);
   scanf("% d % d", &n, &m);
   for(int i =1; i<n; i++){
      scanf("% d % d % d", &x, &y, &z);
      if(z<l) l =z;
      add(x, y, z); add(y, x, z); }
   }
   dp(1);
   r =up;
   while(l<=r){
      int mid =l +(r- l)/2;
      if(check(mid)){
         res =mid; l =mid +1;
      }
      else r =mid- 1;
   }
   cout<<res;
   return 0;
}
```

图7-7 "赛道修建"问题求解的程序描述

【例7-4】 悟空坠落

问题描述:天上有朵朵白云,每朵白云用不同长度和高度的平台表示。地面是最低的平台,高度为零,长度无限。如图7-8所示。

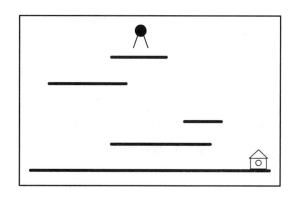

图7-8

悟空在时刻0从高于所有平台的某处开始坠落,它的坠落速度始终为1米/秒。当它落到某个平台上时,它可以向左或向右跑动,跑动的速度也是1米/秒。当它跑到平台边缘时,开始继续坠落。悟空每次坠落的高度不能超过MAX米,不然就会摔死(当然,坠落游戏也就结束)。请你设计一个程序,计算悟空到达地面时可能的最早时间。

输入格式:第一行是用1个空格分隔的四个整数N、X、Y和MAX,其中,N是平台的数目(不包括地面),X和Y是悟空开始坠落的位置的坐标,MAX是一次坠落的最大高度。接下来N行,每行描述一个平台,包括用1个空格分隔的三个整数:X1[i]、X2[i]和H[i],H[i]表示平台的高度,X1[i]和X2[i]表示平台左右端点的横坐标($1<=N<=1\,000$,$-20\,000<=X$, X1[i],X2[i]$<=20\,000$,$0<H[i]<Y<=20\,000$,$i=1..N$)。所有坐标的单位都是米。为计算方便,悟空本身的大小和平台的厚度均忽略不计,如果悟空恰好落在某个平台的边缘,则被视为落在平台上,所有平台均不重叠或相连。

输出格式:输出一个整数,表示悟空到达地面时可能的最早时间。如果无解则输出-1。输入样例:

3 8 17 20

0 10 8

0 10 13

4 14 3

输出样例:

23

本题的求解目标是最早时间,也就是求最优值(其中"可能的"限定会误导是求近似最优值,对模型建立的判断会误导。事实上,"可能的"在此是指可能无解)。最早时间也就是"最短时间",再联系原始位置(起点)和地面(终点),自然可以联想到求两点之间的"最短路径",于是自然地以图结构来进行模型构建。具体而言,将每个平台及起点和地面都抽象为结点,坠落的过程抽象为结点之间的边,消耗时间抽象为边的权值,最终可以构建一个有向带权图。

图 7-9 所示是样例的图结构。

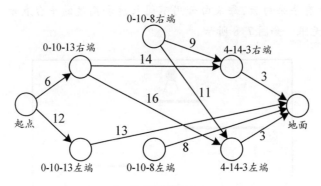

图 7-9　样例的图结构

因此，基于标准的最短路径求解算法即可求得最短路径的长度，即到达地面的最早时间。算法的时间、空间复杂度取决于所选用的具体的最短路径算法。该方法的编程复杂度相对较高，这也是一般图论题的特点。时间复杂度为 $O(n^2)$，主要消耗在建图方面，空间复杂度勉强可以算是 $O(n)$。因此，该方法不是最佳方法。

事实上，本题具有明显的方向单调性，即只能不断坠落，不可能弹起到更高的平台再坠落。并且，只有上下的平台间有影响（下落过程有很强的阶段性和无后效性）。再结合求解目标是"最优值"，于是，自然也可以联想到可以采用动态规划策略。

基于动态规划策略的原理，显然可以以平台（含起点和地面）作为阶段，当前阶段（除起点和地面）的叠加增量只有两个：从左边落下和从右边落下。因此，可以构建状态转移方程如下（以从左边落下为例，从平台右边落下的情况与此类似）：

```
i 左端点下面是地面
left[i] =0        (h[i] <=max)
left[i] = +∞      (h[i] >max)    //无法到达，无解
i 左端点下面是第 j 个平台
left[i] =min{left[j] +x1[i] - x1[j], right[j] +x2[j] - x1[i]}    (h[i] - h[j] <=max)
left[i] = +∞                      (h[i] - h[j] >max)
```

其中，$\text{left}[i]$ 为从第 i 个平台左边坠落到地面（忽略平台的高度差）的最短时间，$\text{right}[i]$ 为从第 i 个平台右边坠落到地面（忽略平台的高度差）的最短时间。横坐标之差是在第 i 个平台上向左或向右跑动的时间。

显然，本题需要从下向上逆推计算。为了方便寻找每一个平台的下方平台，应以平台高度作为关键字进行排序，以便逆推时可以通过倒序查找 i 来实现（即寻找 i 下方平台则只需要查找排在 i 后面的平台）。对于起点，可以将其看作一个高度为 y，左端点为 x，右端点为 x 的平台进行处理。如果起始点的平台号为 0，则最终输出 $\text{left}[0]$（或 $\text{right}[0]$），若 $\text{left}[0] = +\infty$，则输出 -1。该方法主要有两部分用时较多，即排序和状态转移。采用快速排序的时间复杂度为 $O(n\log n)$，状态转移的时间复杂度为 $O(n^2)$。因此，总时间复杂度为 $O(n^2)$。空间复杂度是 $O(n)$（状态表示是一维的）。相对于标准的最短路径求解方法，尽管空间和时间复杂度相当，但实际效率比其要高，且编程相对容易。

图 7-10 所示给出了采用动态规划方法求解的程序描述。

```cpp
#include<cstring>
#include<cstdio>
#include<iostream>
usingnamespace std;

long i, j,n,maxh; // maxh：一次下落的最大高度
bool flag1, flag2;
long Left[1010],Right[1010],x1[1010],x2[1010],h[1010];
// Left[i]、Right[i]：
// 从第 i 个平台左边、右边坠落到地面的最短时间
// x1[i]、x2[i]:平台左右端点的横坐标,h[i]:平台的高度

int cmp(void const * a,void const * b)
{
    return * (int * )b- * (int * )a;
}
void init()
{
    freopen("Help.in","r",stdin);
    freopen("Help.out","w",stdout);
    scanf("% ld% ld% ld% ld",&n,&x1[0],&h[0],&maxh);
    x2[0]=x1[0];
    for(i=1;i<=n;i++)
        scanf("% ld% ld% ld",&x1[i],&x2[i],&h[i]);
}

void Qsort(long l,long r)
{
    long i, j,x,t;
    i=l;j=r;x=h[(l+r)/2];
    do {
        while (h[i]>x) i++;
        while (x>h[j]) j-- ;
        if(i<=j){
            t=h[i];h[i]=h[j];h[j]=t;
            t=x1[i];x1[i]=x1[j];x1[j]=t;
            t=x2[i];x2[i]=x2[j];x2[j]=t;
            i++; j-- ;
        }
    } while (i<=j);
    if(i<r) Qsort(i,r);
    if(l<j) Qsort(l, j);
}
void work()
{
    Qsort(0,n); // 预处理：以平台高度为关键字排序
    for(i=n;i>=0;i-- ){ // i:平台编号
```

```
        flag1 =flag2 =false;// 退出循环的标志
        Left[i] =Right[i] =10000000; // 初始最大
        for(j=i+1;j<=n;j++)// 寻找端点下方的平台
          if(h[i]- h[j]>maxh) // 下落高度超过最大高度
            break;
          else {
            if(h[i]>h[j]) { // 确保 i 号平台在 j 号平台的上方
              if((! flag1)&&(x1[j]<=x1[i])&&(x1[i]<=x2[j])) {//左边端点情况
                flag1 =true;
                  Left[i] =min(Left[j]+x1[i]- x1[j],Right[j]+x2[j]- x1[i]);
                }
                if((! flag2)&&(x1[j]<=x2[i])&&(x2[i]<=x2[j])){//右边端点情况
                  flag2 =true;
                  Right[i] =min(Left[j]+x2[i]- x1[j],Right[j]+x2[j]- x2[i]);
                }
              }
              if(flag1&&flag2) // 如果两端点下方平台均找到,则退出
                break;
          }
          if(h[i]<=maxh) { // 直接落到地面情况
            if(! flag1) Left[i] =0;
            if(! flag2) Right[i] =0;
          }
      }
      if(Left[0]<10000000)// 输出时加上下落高度
        printf("% ld\n",Left[0]+h[0]);
      else
        printf("- 1\n");// 无法到达地面情况(无解)
}

int main()
{
init(); work();
return0;
}
```

图 7-10 "悟空坠落"问题求解的程序描述(动态规划方法)

【例 7-5】 郁闷的小 J

问题描述:小 J 是国家图书馆的一位图书管理员,他的工作是管理一个巨大的书架。虽然他很能吃苦耐劳,但是由于这个书架十分巨大,所以他的工作效率总是很低,以致他面临着被解雇的风险,这也正是他所郁闷的。具体说来,书架由 n 个书位组成,编号从 1 到 n。每个书位放着一本书,每本书有一个特定的编码。小 J 的工作有两类:1)图书馆经常购置新书,而书架任意时刻都是满的,所以只得将某位置的书拿掉并换成新购的书。2)小 J 需要回答顾客的查询,顾客会询问某一段连续的书位中某一特定编码的书有多少本。例如,共 5 个书位,开始时书位上的书编码为 1,2,3,4,5。如果一位顾客询问书位 1 到书位 3 中编码为"2"的书共多少本,得到的回答为 1 本;一位顾客询问书位 1 到书位 3 中编码为"1"的书共多少本,得到的回答

为 1 本;此时,图书馆购进一本编码为"1"的书,并将它放到 2 号书位。此时,一位顾客询问书位 1 到书位 3 中编码为"2"的书共多少本,得到的回答为 0 本;一位顾客询问书位 1 到书位 3 中编码为"1"的书共多少本,得到的回答为 2 本……

你的任务是写一个程序帮助小 J 回答每个顾客的询问。

输入格式:第一行两个整数 n,m,表示一共 n 个书位,m 个操作。接下来一行共 n 个整数数 $a_1,a_2,\cdots,a_n$,a_i 表示一开始位置 i 上的书的编码。再接下来 m 行,每行表示一次操作,每行开头一个字符:

若字符为'C',表示图书馆购进新书,后接两个整数 $A(1 \leqslant A \leqslant N)$,$P$,表示这本书被放在位置 A 上,以及这本书的编码为 P。

若字符为'Q',表示一个顾客的查询,后接三个整数 A,B,$K(1 \leqslant A \leqslant B \leqslant N)$,表示查询从第 A 书位到第 B 书位(包含 A 和 B)中编码为 K 的书共多少本。

输出格式:对每一个顾客的查询,输出一个整数,表示顾客所要查询的结果。

输入样例:

5 5

1 2 3 4 5

Q 1 3 2

Q 1 3 1

C 2 1

Q 1 3 2

Q 1 3 1

输出样例:

1

1

0

2

(数据规模:

对于 40% 的数据,$1 \leqslant n,m \leqslant 5\,000$;

对于 100% 的数据,$1 \leqslant n,m \leqslant 100\,000$;

对于 100% 的数据,所有出现的书的编码为不大于 2147483647 的正数。)

本题隐含的解题模型比较明显,是针对一个线性初始序列进行一系列的区间维护及查询。对于区间问题的查询,自然联想到线段树。然而,线段树对于应用特征值(例如:最值、和、计数等)的维护处理需要采用其他方法。本题的应用特征值是计数,即某一个数在某一段区间内的个数。对于区间的个数统计处理也会涉及查询问题,显然是树结构具有较好的时间效率。然而,由于区间的子序列数据会不断地被修改(新书替换旧书),因此,如何维护树结构的特征以防止结构退化带来的时间开销,显然是关键。对此,自然可以联想到平衡树方法。因此,本题可以采用线段树套平衡树的求解方法。具体而言,以线段树维护区间及其查询,对于线段树每个结点维护的应用特征值可以采用平衡树进行维护。此时,对于一个询问区间,通过分别查询其每个结点所对应的平衡树并累加即可。该方法的时间复杂度是 $O((n+m)(\log n)^2)$。图

7-11 所示给出了相应的程序描述。

```cpp
#include <iostream>
#include <algorithm>
using namespace std;

#define N 100010
#define lc c[0]
#define rc c[1]
#define inf 0x3f3f3f3f
#define delta 20
struct node {
  int key,count;
  node * c[2];
  node();
}Te[N * 50], * nil =Te, * Pe =Te+1, * pt[2];
node::node():key(0),count(1){ lc =rc =nil; }

void splay(node * &x, int k)
{
  pt[0] =pt[1] =nil->lc =nil->rc =nil; nil->key =k;
  while (x->key!=k) {
    bool w =k>x->key;
    if (w ==k>x->key && x->c[w]->key!=k && w ==k>x->c[w]->key) {
      node  * y=x->c[w]; x->c[w] =y->c[! w]; y->c[! w] =x; x =y;
    }
    if (x->c[w] ==nil) break;
    pt[! w] =pt[! w]->c[w] =x; x =x->c[w];
  }
  pt[0]->rc =x->lc; pt[1]->lc =x->rc; x->lc =nil->rc; x->rc =nil->lc;
}
void insert(node * &x, int k)
{
  splay(x, k); if (x->key ==k){++x->count; return; }
  Pe->key =k;
  if (x->key<k)
    Pe->lc =x, Pe->rc =x->rc, x->rc =nil;
  else
    Pe->lc =x->lc, Pe->rc =x, x->lc =nil;
  x =Pe++;
}
void remove(node * &x, int k)
{
  splay(x, k);-- x->count;
}
node * s[N * 3];
int num[N], temp[N], n, m;
void maketree(int t, int l, int r)
{
```

```
    if (l+delta>=r) return;
    int mid =(l+r)>>1,n =r- l+1;
    memcpy(temp,&num[l],n<<2); sort(temp,temp+n);
    s[t] =nil; temp[n] =- 1;
    for (int i =1,count =1;i<=n;++i)
      if (temp[i]!=temp[i- 1]) {
        Pe->key =temp[i- 1]; Pe->count =count; count =1;
        Pe->lc =s[t]; s[t] =Pe++;
      }
      else ++count;
    maketree(t * 2+1,l,mid); maketree(t * 2+2,mid+1,r);
}
void change(int t, int p, int newvalue, int l, int r)
{
    if (l+delta>=r) return;
    remove(s[t],num[p]);
    insert(s[t],newvalue);
    int mid =(l+r)>>1;
    if (p<=mid)
      change(t * 2+1,p,newvalue,l,mid);
    else
      change(t * 2+2,p,newvalue,mid+1,r);
}
int naive_ask(int l, int r, int d)
{
    int res =0;
    for (int i =l;i<=r;++i)
      if (num[i] ==d)++res;
    return res;
}
int splay_ask(node * &x, int d)
{
    splay(x,d);
    return x->key ==d? x->count:0;
}
int ask(int t, int ll, int rr, int d, int l, int r)
{
    if (ll+delta>=rr)
      return naive_ask(ll,rr,d);
    if (l ==ll && r ==rr)
      return splay_ask(s[t],d);
    int mid =(l+r)>>1;
    if (rr<=mid)
      return ask(t * 2+1,ll,rr,d,l,mid);
    if (ll>mid)
      return ask(t * 2+2,ll,rr,d,mid+1,r);
    return ask(t * 2+1,ll,mid,d,l,mid)+ask(t * 2+2,mid+1,rr,d,mid+1,r);
}
int main()
```

```
{
    freopen("depressedJ.in","r",stdin);
    freopen("depressedJ.out","w",stdout);
    scanf("% d% d",&n,&m);
    for (int i =1;i<=n;++i) scanf("% d",&num[i]);
    maketree(0, 1,n);
    char ch;
    int x,y,z;
    for (int i =1;i<=m;++i) {
        scanf(" % c",&ch);
        if (ch =='Q'){
            scanf("% d% d% d",&x,&y,&z);
            printf("% d\n",ask(0,x,y,z, 1,n));
        }
        else if (ch =='C'){
            scanf("% d% d",&x,&y);
            change(0,x,y, 1,n);
            num[x] =y;
        }
    }
    fclose(stdout);
}
```

图 7-11 "郁闷的小 J"问题求解的程序描述(在线/线段树套平衡树)

另外,本题中每次询问只涉及一种书籍的数量,与其他书籍的状态无关。因此,可以考虑一种离线算法:将每次操作看成一个事件,对事件按书籍编码排序,同一种书籍下的事件依然按时间顺序。每次集中处理对一种书籍的操作,此时的查询操作将转变为对一段区间的求和,此时采用线段树或树状数组即可实现。对该种书籍操作完毕后,再将书架清空,即对书架上剩余的每一本书都进行一次"撤架"操作。由于初始给定的插入事件有 n 个,修改事件 m 个,"撤架"事件总计也是 n 个,所以总的时间复杂度是 $O((n+m)\log n)$。也就是,离线方法去掉了对于一个区间子序列数据动态修改带来的应用特征值维护方面的考虑。图 7-12 所示给出了相应的程序描述。

```
#include <iostream>
using namespace std;

const int MXN =100010;
const int MXQ =400010;
struct opt {
    int t,q,n,x,y;
} w[MXQ];
int n,o, c[MXN];

inline void optinsert(int t, int q, int n, int x, int y)
{
    w[o].t=t;w[o].q=q;w[o].n =n;w[o].x =x;w[o].y =y;++o;
}
```

```
inline bool cmp(const opt& a,const opt& b)
{
    return (a.n<b.n || (a.n==b.n && a.t<b.t));
}
inline bool cmp2(const opt& a,const opt& b)
{
    return (a.t<b.t);
}
inline void modify(int i, int k)
{
    while (i<=n) {c[i]+=k; i+=i&(-i);}
}
inline int search(int i)
{
    int ans=0;
    while (i>0) {ans+=c[i]; i-=(i&(-i)); }
    return ans;
}
int main()
{
    freopen("depressedJ.in","r",stdin);
    freopen("depressedJ.out","w",stdout);
    int m, i, a[MXN];
    scanf("%d %d\n",&n,&m);
    for (i=1;i<=n;++i) {
        scanf("%d",&a[i]); optinsert(0, 0,a[i], i, 0);
    }
    scanf("\n");
    for (i=1; i<=m;++i) {
        char c;
        scanf("%c",&c);
        if (c=='C') {
            int u,v;
            scanf("%d %d\n",&u,&v);
            if (a[u]!=v) {optinsert(i, 1, a[u], u, 0); optinsert(i, 0, v, u, 0); a[u]=v;}
        }
        else {
            int x, y, k;
            scanf("%d %d %d\n",&x,&y,&k); optinsert(i, 2, k, x, y);
        }
    }
    for (i=1; i<=n;++i) optinsert(m+1, 1, a[i], i, i+1);
    sort(w, w+o,cmp);
    for (i=0; i<o;++i)
        if (w[i].q==2) w[i].y=search(w[i].y)- search(w[i].x- 1);
        else if (w[i].q==0) modify(w[i].x, 1); else modify(w[i].x,- 1);
    sort(w,w+o,cmp2);
    for (i=0; i<o;++i) if (w[i].q==2) printf("%d\n",w[i].y);
    return 0;
}
```

图 7-12 "郁闷的小 J" 问题求解的程序描述 (离线/树状数组)

【例 7-6】 方格取数(2020CSP-J 第二轮 T4)

问题描述:设有 n×m 的方格图,每个方格中都有一个整数。现有一只小熊,想从图的左上角走到右下角,每一步只能向上、向下或向右走一格,并且不能重复经过已经走过的方格,也不能走出边界。小熊会取走所有经过的方格中的整数,求它能取到的整数之和的最大值。

输入格式:第一行有两个整数 n,m。接下来 n 行,每行 m 个整数,依次代表每个方格中的整数。

输出格式:一个整数,表示小熊能取到的整数之和的最大值。

输入样例 1:

3 4

1 −1 3 2

2 −1 4 −1

−2 2 −3 −1

输出样例 1:

9

输入样例 2:

2 5

−1 −1 −3 −2 −7

−2 −1 −4 −1 −2

输出样例 2:

−10

数据规模与约定:

对于 20% 的数据,n,m≤5;

对于 40% 的数据,n,m≤50;

对于 70% 的数据,n,m≤300;

对于 100% 的数据,$1 \leqslant n,m \leqslant 10^3$。方格中整数的绝对值不超过 10^4。

(样例 1 和样例 2 的解释分别如图 7-13a、图 7-13b 所示。)

针对本题,最基本的方法显然就是基于搜索的穷举,然而,本题中并没有任何可以用于优化的条件,因此,对于给定的数据规模而言,这种方法不是一个适合的方法。实际上,如果将每一步的走法中"向上"的约束去掉,则本题的求解模型自然就是动态规划方法(一维动态规划/二维表现形态),因为问题求解过程具有明显的方向单调性。然而,增加"向上"走的约束后,导致对求解模型的判断变得不够清晰。仔细分析可知,"向上"走并不会引起回溯,仅仅是针对当前位置并行地改变一下位置。因此,可以将"向上"走和"向右""向下"走分开,后者显然是动态规划方法,而前者相当于并行改变(不回溯、不回退)一个位置后,继续可以进行动态规划。因此,针对当前位置,前者可以相当于另一个主体的行为。也就是说,通过"向上"走的约束,拓展了基本动态规划的维度,使得一维动态规划变为二维动态规划。

设 $f[i][j]$ 表示走到格子 (i,j) 时能够取到的最大值,对应于基本的动态规划方法,然后增

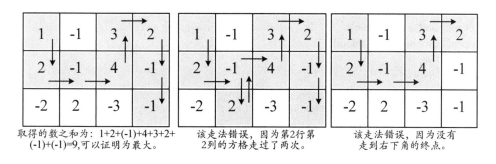

取得的数之和为：1+2+(-1)+4+3+2+(-1)+(-1)=9,可以证明为最大。

该走法错误，因为第2行第2列的方格走过了两次。

该走法错误，因为没有走到右下角的终点。

a)

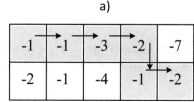

取得的数之和为(-1)+(-1)+(-3)+(-2)+(-1)+(-2)=-10,可以证明为最大。即取得的数之和的最大值也可能是负数。

b)

图 7-13 样例的直观解释

加一个维度用来表达当前位置并行改变的情况,即 $f[i][j][k]$。事实上,增加的一维 k 仅仅只有三种状态 0、1、2,分别对应"向上""向右"和"向下"走,或者说,当前位置只可能来源于"下边""左边"和"上边"。因此,可以得到最终的状态转移方程如下:

$f[i][1][2] = f[i-1][1][2]+a[i][1]$ （对于第 1 列,只有"向下"取数）

$f[i][j][1] = max(f[i][j-1][1], f[i][j-1][2], f[i][j-1][0])+a[i][j]$

$f[i][j][2] = max(f[i-1][j][1], f[i-1][j][2])+a[i][j])$

$f[i][j][0] = max(f[i+1][j][1], f[i+1][j][0])+a[i][j])$ （对于第 2~m 列,先"向右"和"向下",再"向上"）

最后答案为:$max(f[n][m][0], f[n][m][1], f[n][m][2])$。

图 7-14 所示给出了相应的程序描述。

```cpp
#include<bits/stdc++.h>
using namespace std;

#define ll long long
#define inf -1e17
ll f[1010][1010][3];
ll a[1010][1010];
int n,m;
ll maxx(ll a,ll b){ return a>b ? a :b; }

int main()
{
```

```
freopen("number.in","r",stdin);
freopen("number.out","w",stdout);
cin>>n>>m;
for(int i=1;i<=n;i++)
  for(int j=1;j<=m;j++){
    cin>>a[i][j]; f[i][j][0]=f[i][j][1]=f[i][j][2]=inf;
  }
f[1][1][0]=f[1][1][1]=f[1][1][2]=a[1][1];
for(int i=2; i<=n;i++)
  f[i][1][2]=f[i-1][1][2]+a[i][1];
for(int j=2; j<=m;j++) {
  for(int i=1; i<=n;i++){
    f[i][j][1]=maxx(f[i][j-1][1],maxx(f[i][j-1][2], f[i][j-1][0]))+a[i][j];
    if(i>=2) f[i][j][2]=maxx(f[i-1][j][1], f[i-1][j][2])+a[i][j];
  }
for(int i=n-1;i>=1;i--)
  f[i][j][0]=maxx(f[i+1][j][1], f[i+1][j][0])+a[i][j];
}
cout<<maxx(f[n][m][0],maxx(f[n][m][1], f[n][m][2]));
return 0;
}
```

图 7-14　"方格取数"问题求解的程序描述

【例 7-7】　泊位分配

问题描述:H 港是世界上最繁忙的港口之一。在港口遇到的一个问题是,针对一个给定的船舶集合,是否可以决定其停泊在有一定停泊限制的港口的某一部分。假设港口被分成 m 个隔舱,任何船舶都只能在一个隔舱内停泊(不能跨越两个或多个隔舱)。船舶会在不同时间到达港口,每艘船都有一个不同于其他船舶的预期停留时间。船舶可以停泊,也可以被拒绝而不停泊。为了停泊一艘船,需要沿某一隔舱的停泊线放置。船一旦停泊就不能再移动,直到它离开。也就是说,如果两艘船在同一个隔舱,并且有时间重叠,那么它们无法共享该隔舱的任何部分。更重要的是,船舶的停泊不能超过隔舱的容量或能力。为了简化问题,可以把停泊隔舱看作是一个长为 L 百米、宽 W 百米的矩形,所有的船舶也是一个一百米长和 W 百米宽的矩形。当一艘船舶到达时,可以将其停泊在该隔舱当时任何可用的位置,也可以依据安排拒绝该船舶的停泊。现在的问题转变为一个三维(长、宽、时间)的包装问题模型,由于一个隔舱的宽度与船的宽度相同,所以可以仅在两个维度(长度、时间)上考虑这个问题。图 7-15 所示是样例中最后一个数据集的图示说明。其中,港口有一个区段,它有两百米长,有四艘船舶在时间 1、5、2、4 分别到达,在时间 3、6、8、10 分别离开,它们都停泊在该区段(图 7-15 上和图 7-15 下所示是两个满足条件的停泊计划),从中可以知道最大停泊的船舶数是 3 艘。

港口管理局的顾问 Max 认为这是一个 ZSU(Zappy Ships Allocation)问题。正如他的名字,Max 想制定一个计划,最大限度地增加停泊船舶的总数量(换句话说,就是最小化没有停泊的船舶的数量)。这个问题对 Max 来说是很难解决的,但他相信,你一定能够正确有效地解决这个问题。你想试试吗?

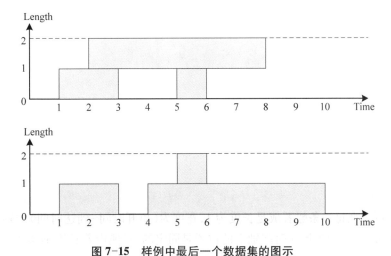

图 7-15　样例中最后一个数据集的图示

输入格式:输入包含多组测试数据集。每个测试数据集的输入如下:第一行是用一个或多个空格分隔的两个整数 m 和 n(1<=m<=10,1<=n<=100 000),m 表示港口的分段数,n 表示船舶数。

接下来 m 行,每行一个正整数 r,表示该区段的长度为 r 百米。每个区段的长度不超过10 000 个百米。再接下来 n 行,每行给出一艘船只的信息,分别用 s,e,sec((0<=s<=e,1<=sec<=m))三个数表示,s 为到达时间,e 为离开时间,sec 是船应该停泊的区段。

输入以 EOF 结束(假设所有的输入数据都正确)。

输出格式:对于每个测试数据集,输出一个整数,即可以停泊的最大船只数量。

输入样例:

2 6

3

3

1 2 1

1 2 1

1 2 1

1 2 1

1 2 2

1 2 2

1 3

2

1 3 1

2 6 1

2 8 1

1 4

2

1 3 1

5 6 1

2 8 1

4 10 1

输出样例：

5

2

3

本题中,可以把每一条船看成是长度为1,宽度为(离开时间-到达时间)的矩形,在(时间,隔舱长度)平面上,一个矩形在时间轴上的位置是固定的,只能沿着长度轴移动,且矩形左下角坐标的移动范围只能是0到隔舱长度减1。图7-16所示为一个到达时间是2,离开时间是4的船舶,在一个长度为3的隔舱里面放置的可能情况。

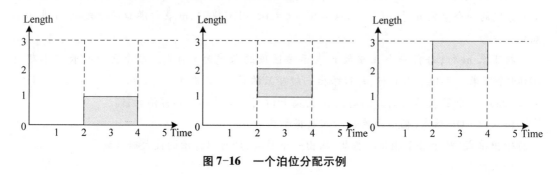

图7-16 一个泊位分配示例

任意两条船 i 和 j 在(时间,长度)平面上是相容的,当且仅当这两条船的矩形在平面上不重叠。因此,问题就变成了在(时间,长度)平面上如何安排这些矩形,使得能被放置的矩形数最多。

依据题目描述,其求解的目标是最大化能够停泊的船舶数,也就是求最优解或次优解,因此,自然可以联想到贪心策略。具体而言,首先将各个矩形按照离开时间升序排序,即 $d1 <= d2 <= \cdots <= di <= \cdots <= dn$ (di 是船舶 i 的离开时间),如果矩形的离开时间相同就按到达时间降序排序,即 $ai >= aj$ (当 $di == dj$ 时, $i<j$)。定义一个数组A,并且Ak($0 <= k <=$ 隔舱的长度减1)记录的是在长度区间 $[k, k+1]$ 中所放置的船舶的最大离开时间(程序开始时,全部初始化为0)。然后,按照排好的顺序依次考虑每一条船,如果船 i 与当前已经安排的船只不相容,即 Ak($0 <= k <=$ 隔舱的长度减1)都大于船 i 的到达时间,那么船 i 就只能被拒绝。否则,即存在 k 使到 Ak 小于等于船 i 的到达时间,设集合 D= $\{k | Ak <=$ 船 i 的到达时间 $\}$,即 D 为具有如下性质的长度集合:在每个长度单位中,所有已经安排好的船只都比 i 到达时间要早离开。并设集合 E= $\{e | e \in D$ 且所有的 $k \in D$ 都有 Ae $>=$ Ak $\}$,即在集合 D 中,每个长度单位中最迟离开船只的时间的长度单位的集合。显然,集合 D 和 E 都是非空且 E 是 D 的子集。在 E 中随便找一个元素 e ,把船 i 放在长度区间 $[e, e+1]$ 里,然后更新 Ae 为船 i 的离开时间。继续处理下一条船直至结束。最后,被安排的船的数目就是实际最大能被安排的船的数目。

(证明:首先,数组 A 其实可以看成是(时间,长度)平面的一条分隔线,把(时间,长度)平面分割成左右两部分,例如:当隔舱长度为 3 时,如果 A0 = 1,A2 = 3,A3 = 2,那么(时间,长度)平面就被分隔成两部分,如图 7-17 左所示。又如,当隔舱长度为 3 时,如果 A0 = 5,A1 = 5,A2 = 5,那么(时间,长度)平面分隔如图 7-17 右所示。

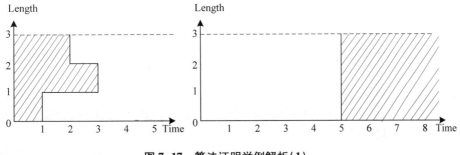

图 7-17　算法证明举例解析(1)

设 P(A,i)代表把排好序的船只列表中从第 i 条船到最后一条船都安排到由 A 数组所决定的分隔线右边空间里所能得到的被安排船只的最大数目。那么一开始把数组 A 初始化为全 0,P(A,1)代表了把排好序的船只列表中第 1 条船到最后一条船(即全部船都要被考虑)安排到由 A 数组所决定的分隔线的右边空间(如图 7-18 所示画斜线的空间,亦即整个(时间,长度)空间)里所能得到的被安排的船只的最大数目,其实也就是原来问题所要求的解。

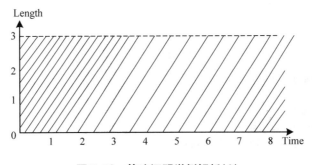

图 7-18　算法证明举例解析(2)

当处理 P(A,i)时,按照上面所说的贪心策略所作出的选择来安排船,需要证明总存在一个 P(A,i)的最优安排方案,在这个方案里,船 i 的安排跟贪心选择作出的安排是一样的。

首先,根据贪心选择如果船 i 是不能被放置的话,即 Ak(0≤k≤隔舱的长度减 1)都大于船 i 的到达时间,那么显然任何最优安排方案里面船 i 都不可能被放置。

如果根据贪心选择船 i 是被放置在长度轴上[e,e+1]的区间里,我们考虑任何一个最优安排方案,如果它不包含船 i,也就是它丢弃了船 i,那么在长度轴上[e,e+1]区间里,必然存在一条船 j 与船 i 不相容(否则就与这个方案的最优性矛盾),因为船 j 与最优解中长度轴上[e,e+1]区间里其他船都相容,那么船 i 必定与其他船也是相容的(因为船 i 的离开时间小于船 j 的离开时间,那么我们可以把船 j 换成船 i 并且依然保持解的最优性)。如果这个最优方案包括了船 i 但船 i 在长度轴上的位置不是[e,e+1],而是[u,u+1](u!= e),那么就把区间[e,e+1]和区间[u,u+1]的船只安排情况互换,即把区间[u,u+1]的所有安排的船只(包括船 i)都原封不动地放到区间[e,e+1]中,同时也把区间[e,e+1]的所有安排的船只都原封不动地放到区间[u, u+1]中,由于船 i 到达时间的特殊性,很显然这样互换是合法的且互换后解的最优性也得到了保证。当然,如果这个最优方案包括了船 i 且船 i 在长度轴上的位置是[e,e+1],那么不用作任何调整。至此,我们已经证明了总存在一个以贪心选择开始的最优方案。

作出贪心选择后,我们更新了 Ae,得到一个新的状态的 A 数组,设为 A′,那么原问题就简化为一个具有相同形式且规模更小的子问题。因为有:

$$P(A, i) = 1+P(A', i+1) \qquad 如果船 i 能被安排$$
$$P(A', i+1) \qquad 如果船 i 不能被安排$$

因为从那个以贪心选择开始的最优方案出发,去掉船 i 后所得到的那个安排方案必定等于 P(A′, i+1)(这个安排方案符合 A′所代表的分隔线,且所考虑的船是从 i+1 到最后一条船),否则的话与原方案的最优性矛盾。

而 P(A′, i+1)是一个与 P(A, i)形式相似,且规模更小的问题,其讨论方法可依照 P(A, i)方法,根据数学归纳法可知,贪心算法最终产生原问题的一个最终解。

在此,开始排序的时间复杂度为 $O(n\log n)$,然后循环考虑每条船,对于每条船,要找出小于等于它到达时间的最大的 Ak,对于这个问题,使用了 AVL 树,可以在 $O(n\log n)$ 的时间里进行查找、更新和删除,并且可以避免二叉搜索树的退化情况。因此,整个算法的时间复杂度为 $O(n\log n)$。图 7-19 所示给出了相应的程序描述。

```cpp
#include<fstream>
#include<stdlib>
ofstream cout;
ifstream cin;
int m, n;
#define MAXV 101000
#define MAXS 11
int heap [MAXS] [MAXV];
struct node {//每条船的结点结构
    int s, e, sec; //开始时间,结束时间,需安排的隔舱
}
struct avlnode {
    int data;
    avlnode * left;
    avlnode * right;
    int balance;
    int tot;//相同点数目
    int wharf;//父结点

    avlnode(int x)
    { // 新结点初始化
        left =NULL; right =NULL; balance =0; data =x; tot =0;
    }
}
avlnode * tree[MAXS];//AVL 树的结点
int numvpersec (MAXS);

node arr[MAXV]; //船数据数组
```

```
int length[MAXS];
int sort(const void * x, const void * y)
{   //排序中使用的比较函数
   node  * a =(node * )x;
   node  * b =(node * )y;
   if(a->e!=b->e)//按结束时间升序排序
      return (a->e)- (b->e);
   return (b->s)- (a->s);//结束时间相等,按开始时间降序排序
}
void rotateleft(avlnode * tree, avlnode * & newtree)
{//AVL 树左转
   newtree =tree->right; tree->right =newtree->left; newtree->left =tree;
}
void rotateright(avlnode * tree, avlnode * & newtree)
{//AVL 树右转
   newtree =tree->left; tree->left =newtree->right; newtree->right =tree;
}
void rightbalance(avlnode * & tree, int& taller)
{ //调整 AVL 树的右子树平衡
   avlnode  * rightsub =tree->right, * leftsub;
   switch(rightsub->balance) {//根据平衡因子调整
      case 1://右子树结点过多,左转(LL 旋转)
         tree->balance =rightsub->balance =0; rotateleft(tree, tree); taller =0; break;
      case 0: //平衡,不需要旋转
         break;
      case- 1: //左子树结点过多,根据左子结点进行子树平衡(RL 旋转)
         leftsub =rightsub->left;
          switch(leftsub->balance) {
            case 1: tree->balance =- 1: rightsub->balance =0; break;
            case 0: tree->balance =rightsub->balance =0; break;
            case- 1:tree->balance =0; rightsub->balance =1; break;
          }
         leftsub->balance =0; rotateright(rightsub, tree->right); //右子树右转
         rotateleft(tree, tree); taller =0;//左转本结点
   }
}
void leftbalance(avlnode * & tree, int& taller)
{   //调整 AVL 树的左子树平衡
   avlnode  * leftsub =tree->left, * rightsub;
   switch(leftsub->balance) {
      case- 1://RR 旋转
         tree->balance =leftsub->balance =0; rotateright(tree, tree); taller =0; break;
      case 0: break;
      case1://LR 旋转
         rightsub =leftsub->right;
         switch(rightsub->balance) {
            case- 1: tree->balance =1; leftsub->balance =0; break;
            case 0: tree->balance =leftsub->balance =0; break;
            case 1: tree->balance =0; leftsub->balance =- 1; break;
```

```
            }
            rightsub->balance =0; rotateleft(leftsub, tree->left);
            rotateright(tree, tree); taller =0;
        }
}
int insert(avlnode * & tree, int x, int& taller, int& wharf)
{//AVL 树插入结点, taller 为标志能否插入(即是否符合贪心条件)
    int success;
    if(tree ==NULL) {   //若插入点为空
        tree =new avlnode(x);   //新建结点并初始化为插入结点
        tree->balance =0; tree->wharf =wharf; tree->tot =1; success =(tree!=NULL)? 1:0;
        if(success) taller =l;
    }
    else if(x <tree->data) { //插入到左子树
            success =insert(tree->lett, x, taller, wharf);
            if(taller)
                switch(tree->balance) { //调整本结点的平衡
                    case- 1: leftbalance(tree, taller); break;
                    case 0: tree->balance =- 1; break;
                    case 1: tree->balance =0; taller =0; break;
                }
        }
        else if(x>tree->data) { //插入到右子树
                success =insert(tree->right, x, taller, wharf);
                if(taller)
                    switch(tree->balance) {//调整本结点的平衡
                        case- 1: tree->balance =0; taller =0; break;
                        case 0: tree->balance =l; break;
                        case 1: rightbalance(tree, taller); break;
                    }
            }
            else { //插入数与插入点相同,统计数目累计加 1
                success =1; tree->tot++; taller =0;
            }
    return success;
}
int dele(avlnode * tree, int x, int& shorter, int mode)
{// 删除值为 x 的结点
    if(tree!=NULL) {
        int success;
        avlnode * temp, * previous;
        int buff =tree->data- x;
        if(buff ==0)//该结点与 x 相等
            if(tree->left!=NULL && tree->right!=NULL) { //有子树
                if(tree->tot>1) {//累加器大于 1,则其减 1
                    tree->tot-- ; shorter =0; return 1;
                }
                //累加器为 1,则要把该结点删掉,调整 AVL 树
                temp =tree->left; previous =tree;
```

```
          while(temp->right!=NULL) //寻找最右结点
            previous =temp, temp =temp->right;
        tree->data =temp->data;//调整本结点为最右结点
        tree->tot =temp->tot; tree->wharf =temp->wharf;
        success =dele(tree->left, tree->data, shorter, 1);
        if(shorter)
          switch(tree->balance) { //根据树的平衡度调整
            case 0: //原树平衡,现右结点少1,即平衡度加1
              tree->balance =1; shorter =0; break;
            case- 1://原树右子树多1,现右结点少1,即平衡度为0
              tree->balance =0; shorter =1; break;
            case 1://原树左子树多1,现右结点少1,不平衡,需调整
              temp =tree->right;
              switch(temp->balance) {
                case 0://右子树平衡,左旋
                  temp->balance =- 1; rotateleft(tree, tree); shorter =0; break;
                case 1://右子树左多1,左旋
                  tree->balance =0; temp->balance =0;
                  rotateleft(tree, tree); shorter =1; break;
                case- 1://右子树右多1,右旋
                  rightbalance(tree, shorter); shorter =l; break;
              }
          }
    return success;
  }
  else {//没有子树的情况下删除根结点
    if(mode ==1) {//直接删除根结点
      temp =tree;
      if(tree->left ==NULL) tree =tree->right;
      else tree =tree->left;
      delete temp; shorter =1; return 1;
    }
    else {//根据累加器,删除根结点
      if(tree->tot >1) { //累加器大于1,直接把累加器减1
        tree->tot-- ; shorter =0; return 1;
      }
      else { //累加器为1,直接删除根结点
        temp =tree;
        if(tree->left ==NULL) tree =tree->right;
        else tree =tree->left;
        delete temp; shorter =1; return 1;
      }
    }
  }
//需要删除的数不等于根结点
if(buff<0) { //需要删除的是左子树
  success =dele(tree->Right, X, Shorter, mode); //递归删除左子树
  if(shorter)
    switch(tree->balance) {///根据平衡因子调整树
```

```
                case 0 : tree->balance =0; shorter =0; break;
                case 1 : tree->balance =0; shorter =1; break;
                case-1 :   // 不平衡调整
                   temp =tree->left;
                   switch(temp->balance) {
                       case 0 :     //左子树过多,右转
                          temp->balance =l; rotateright (tree, tree); shorter =0; break;
                       case-1 ://左子树过多,右转
                          tree->balance =0; temp->balance =0; rotateright(tree, tree); shorter =1; break;
                       case 1 :   //右子树过多,左转
                          leftbalance(tree, shorter); shorter =l; break;
                   }
                }
             }
          }
          else { //需要删除的是右子树
             success =dele(tree->left, X, shorter, moae);//递归删除
             if(shorter)
                switch(tree->balance){ //调整平衡因子
                case 0 : tree->balace =1; shorter =0; break;
                case-1 : tree->balace =0; shorter =1; break;
                case 1 : temp =tree->right;
                        switch(temp->balance) { //不平衡调整
                           case 0 : temp->balance =- 1; rotateleft(tree, tree); shorter =0; break;
                           case 1 : tree->balance =0; temp->balance =0; rotateleft(tree, tree);
                                 shorter =1; break;
                           case-1 : rightbalance(tree, shorter); shorter =1; break;
                       }
                   }
             }
             return success;
          }
          return 0;
       }
       void get(avlnode * & tree, int x, int& taller, int& wharf)
       {  //获得 AVL 树某个结点值
          if(tree ==NULL) Return;
          if(tree->data ==x){   //树根为寻找的数,返回根
             taller =x; return;
          }
          if(tree->data >x)
             get(tree->left, x, taller, wharf);
          else { //树根小于寻找的数,返回右子树寻找结果
             if(tree->data >taller) taller =tree->Data;
             get(tree->right, x, taller, wharf);
          }
       }
       void deletetree(avlnode * &tree)
       { //删除整棵 AVL 树
          if(tree ==NULL) return;
```

```
        deletetree(tree->left); deletetree(tree->right); delete tree;
}
int check(avlnode * tree)
{ //检查 AVL 树的平衡值
    if(tree ==NULL) return 0;
    int i, j;
    i =check(tree->left);
    if(i<0) return- 1;
    j =check(tree->right);
    if(j<0) return- 1;
    if(tree->balance ==0)
        if(i!=j) return- 1;   //根平衡但左、右子树不等,树不平衡
    if(tree->balance <0)
        if(i<j) return- 1; //根的左子树大 1,且左子树比右子树小,树不平衡
    if(tree->balance >0)
        if(i>j) return- 1; //根的右子树大 1,且左子树比右子树大,树不平衡
    return (i>)? i+1: j+1;
}
void proces()
{
    int i, j:
    cin >n;
    int wharf [MAXV];
    for(i =0;i<m;i++)
        cin>>length[i]:
    for(i =0;i<n;i++){
        cin>>arr[i].s>>arr[i].e>>arr[i].sec;
        arr[i].sec-- ;   //数组从 0 开始,题目从 1 开始,需调整
        wharf[il =- 1;
    }
    asort(arr, n, sizeof(node), sort);
    int sign;
    for(i =0;i<m;i++) { // 建立 m(隔舱数)棵 AVL 树
        tree[i] =new avlnode(0); tree[i]->tot =length[i];
    }
    int w, count =0;
    for(i =0;i<n;i++) { //AVL 树维护(把船放入,删除和答案求解)
        sign =- 1; w =- 1;
        get(tree[arr[i].sec], arr[i].s, sign, w);   //返回需要安排的船的结点位置
        wharf [i] =w;
        if(sign > =0) {   //可以安排
            dele(tree[arri].sec], sign, sign, 0); //可以安排,把该长度结点删除
            insert(tree[arr[i].sec], arr[i].e, sign, w);    //把船插入到 AVL 树中
            count++
        }
    }
    cout<<count<<endl;
    for(i =0;i<m;i++)   //释放内存
        deletetree(tree[i]);
```

```
}
int main()
{
  int t;
  cin.open("berth, in");
  cout. open("bath, out");
  while(cin>>m)
    process():
  return 0
}
```

图 7-19　"泊位分配"问题求解的程序描述

【例 7-8】　摆渡车(NOIP2018 普及组 T3)

问题描述:有 n 名同学要乘坐摆渡车从人大附中前往人民大学,第 i 位同学在第 t_i 分钟去等车。只有一辆摆渡车在工作,但摆渡车容量可以视为无限大。摆渡车从人大附中出发、把车上的同学送到人民大学、再回到人大附中(去接其他同学),这样往返一趟总共花费 m 分钟(同学上下车时间忽略不计)。摆渡车要将所有同学都送到人民大学。

凯凯很好奇,如果他能任意安排摆渡车出发的时间,那么这些同学的等车时间之和最小为多少呢?注意:摆渡车回到人大附中后可以即刻出发。

输入格式:第一行包含两个正整数 n、m,以一个空格分开,分别代表等车人数和摆渡车往返一趟的时间。第二行包含 n 个正整数,相邻两数之间以一个空格分隔,第 i 个非负整数 t_i 代表第 i 个同学到达车站的时刻。

输出格式:输出一行,一个整数,表示所有同学等车时间之和的最小值(单位:分钟)。

样例输入 1:

5 1

3 4 4 3 5

样例输出 1:

0

(样例 1 解释:同学 1 和同学 4 在第 3 分钟开始等车,等待 0 分钟,在第 3 分钟乘坐摆渡车出发。摆渡车在第 4 分钟回到人大附中。同学 2 和同学 3 在第 4 分钟开始等车,等待 0 分钟,在第 4 分钟乘坐摆渡车出发。摆渡车在第 5 分钟回到人大附中。同学 5 在第 5 分钟开始等车,等待 0 分钟,在第 5 分钟乘坐摆渡车出发。自此所有同学都被送到人民大学。总等待时间为 0。)

样例输入 2:

5 5

11 13 1 5 5

样例输出 2:

4

(样例 2 解释:同学 3 在第 1 分钟开始等车,等待 0 分钟,在第 1 分钟乘坐摆渡车出发。摆渡车在第 6 分钟回到人大附中。同学 4 和同学 5 在第 5 分钟开始等车,等待 1 分钟,在第 6 分钟乘坐摆渡车出发。摆渡车在第 11 分钟回到人大附中。同学 1 在第 11 分钟开始等车,等待 2 分钟;同学 2 在第 13 分钟开始等车,等待 0 分钟。他/她们在第 13 分钟乘坐摆渡车出发。自此所有同学都被送到人民大学。总等待时间为 4 分钟。可以证明,没有总等待时间小于 4 的方案。)

数据范围与提示:

对于 10% 的数据,$n \leqslant 10$,$m = 1$,$0 \leqslant t_i \leqslant 100$;

对于 30% 的数据,$n \leqslant 20$,$m \leqslant 2$,$0 \leqslant t_i \leqslant 100$;

对于 50% 的数据,$n \leqslant 500$,$m \leqslant 100$,$0 \leqslant t_i \leqslant 10^4$;

另有 20% 的数据,$n \leqslant 500$,$m \leqslant 10$,$0 \leqslant t_i \leqslant 4 \times 10^6$;

对于 100% 的数据,$n \leqslant 500$,$m \leqslant 100$,$0 \leqslant t_i \leqslant 4 \times 10^6$。

针对本题,依据直觉显然是应该使得每个人的等待时间尽量少! 在此,等待时间一方面与同学到达的时间有关,另一方面与摆渡车出发的时间有关。由于同学到达时间是确定的,因此,等待时间的求解就主要取决于摆渡车每次出发的时间,或者说,主要看如何安排摆渡车每次出发的时间。这也就是题目给出"能任意安排摆渡车出发的时间"的约束的用意。

考虑到出发时间具有方向单调性,并且又是求最值,自然联想到动态规划方法。在此,设 $dp[i]$ 表示在第 i 分钟发出一班车时,前 i 分钟已到达同学所需要等待的最小时间,t 表示最后一个同学到达车站的时间,k 表示前一趟车的发车时间,则 $dp[i] = \min\{dp[k] + \sum(i - a[j], k < a[j] <= i)\}$,其中,$a[j]$ 表示前一趟车(对应发车时间 k)和本次车(对应发车时间 i)之间到达的每个同学的到达时间,$0 <= k <= i - m$(即考虑前面所有的每次发车时间情况/与本次发车时间相关的所有子问题/如图 5-45 的相关解析)。最终答案为 $ans = \min\{dp(i)\}$,其中,$t <= i < t + m$(即最后一次可能的所有发车时间)。时间复杂度为 $O(n * t^2)$。

尽管建立的模型是简单的一维线性动态规划,然而,针对给定的数据规模,尤其是 t_i 的规模,显然,不作任何优化的话,时间效率太差! 因为本题的时间是以整数表示、可以连续分布,因此对于 t 的穷举量、$a[j]$ 的穷举量、k 的穷举量都非常大。

依据动态规划方法的优化原理,本题中的优化主要表现在减少状态的计算量、减少决策时的穷举量和去除无用阶段及其状态三个方面。针对转移方程中的 $\sum(i - a[j], k < a[j] <= i)$ 部分,设 $cnt[i]$ 表示从 0 到 i 时间为止到达车站的人数总和,$sum[i]$ 表示从 0 到 i 时间为止到达车站的人的时间总和,则:

$$\sum(i - a[j], k < a[j] <= i) = i - a[j1] + i - a[j2] + \cdots + i - a[jx]$$
$$= i * x - (a[j1] + a[j2] + \cdots + a[jx])$$
$$= i * (cnt[i] - cnt[k]) - (sum[i] - sum[k])$$

于是,状态转移方程转变为 $dp[i] = \min\{dp[k] + i * (cnt[i] - cnt[k]) - (sum[i] - sum[k])\}$,其中,$0 <= k <= i - m$。此时,$cnt[i] - cnt[k]$ 和 $sum[i] - sum[k]$ 可以通过前缀和方式来优化计算。由此,时间复杂度降为 $O(t^2)$。

进一步仔细分析可知,在最坏情况下,在 k 时刻发出了一辆车,如果有同学在 $k+1$ 时刻到达了车站,摆渡车将会在 $k+m$ 时刻返回,考虑到等待其他学生的情况,摆渡车最晚会在 $k+2m-1$ 时刻发出(否则,还不如在 $k+m$ 时刻和 $k+2m$ 时刻各发一辆)。因此,没有一个同学会等待超过 $2m$ 分钟(即一个同学最多仅失去一趟车机会)。因此,k 的范围优化为 $i - 2m <$

$k <= i - m$,由此,转移时决策的穷举量大幅度减少。时间复杂度为$O(t*m)$。

进一步基于上述结论,当顺序相邻的两位同学的时间间隔超过$2m$的时候,其中间的状态都是无用的,可以直接去除或压缩至$2m$。也就是说,对a数组排序后,若$a[i+1]-a[i]>2m$,则对后续所有的$a[k]$ $(k>i)$,$a[k]-=a[i+1]-a[i]-2m$。另外,可以将动态规划的起点定为第一个同学到达的时间,则最后一个同学到达车站的时间t最大为$2m*n$。从而,时间复杂度为$O(t*m)=O(n*m^2)$。显然,此时计算复杂度与 ti 无关,不受其数据规模的影响。

图 7-20 所示给出了最终的程序描述。

```
#include<bits/stdc++.h>
using namespace std;

#define INF 0x3f3f3f3fint n,m;
int data[1024];
int sum[1024];
int dp[1024][128];

int main()
{
  freopen("bus.in","r",stdin);
  freopen("bus.out","w",stdout);
  scanf("%d%d",&n,&m);
  for(int i=1;i<=n;++i)
    scanf("%d",data+i);
  sort(data+1,data+n+1);
  for(int i=1;i<=n;++i)
    sum[i]=sum[i-1]+data[i];
  for(int i=1;i<=n;++i)
    for(int j=0;j<m;++j){
      int now=data[i]+j;
      if(j) dp[i][j]=dp[i][j-1];
      else dp[i][j]=now*i-sum[i];
      for(int last=max(now-2*m+1,0);last<=now-m;++last) {
        int x=std::lower_bound(data+1,data+n+1,last+1)-data-1;
        int y=std::min(last-data[x],m-1);
        int tmp=dp[x][y]+(i-x)*now-(sum[i]-sum[x]);
        if(tmp<dp[i][j]) dp[i][j]=tmp;
      }
    }
  printf("%d\n",dp[n][m-1]);
  return 0;
}
```

图 7-20 "摆渡车"问题求解的程序描述

【例 7-9】 钓鱼

问题描述:设有 n 个鱼塘(1≤n≤40),编号为 1,2,…,n,排列成一排,同时给出每个鱼塘开始时第一分钟可钓到的鱼数、每过一分钟减少的鱼数(减到 0 为止)以及从第 r-1 个鱼塘走到第 r 个鱼塘花费的时间（$2 \leqslant r \leqslant n$，t1 = 0）。钓鱼规则是：可从任何一个鱼塘开始，钓到任何时候均可转移到下一个鱼塘（只能按鱼塘编号从小到大前进）。走到下一个鱼塘时可以不钓再往前走，但时间需要累计。请问在给定的截止时间 tk，可钓到的鱼最多是多少？

输入格式：第一行含有用一个空格分隔的两个整数 n、tk，表示鱼塘数和截止时间。接下来共有三行，每行含有 n 个数（用一个空格分隔）：

x1　x2　x3……　xn　　　开始时每个鱼塘第一分钟可钓到的鱼数

y1　y2　y3……　yn　　　每过一分钟，减少的鱼数，减到 0 为止

t1　t2　t3……　tn　　　　tr：从第 r-1 个鱼塘走到第 r 个鱼塘花费的时间（$2 \leqslant r \leqslant n$，t1 = 0）

输出格式：一行一个数，即可钓到的最多鱼数。

输入样例：

3 14

24 18 19

4 2 3

0 4 3

输出样例：

150

本题的求解目标是最优解，并且出现"排列成一排""只能按鱼塘编号从小到大转移"等字样，显然，具有方向的单调性。因此，自然联想到动态规划方法。当然，针对最优解，枚举方法总是可用的。首先考虑最朴素的枚举方法，具体是，先枚举起点，然后逐个点枚举钓鱼时间 Ti，直到时间用完。每一次枚举起点之后所需的时间复杂度不超过 $O\left(\sum\limits_{i=1}^{T_k} C_{T_k}^i\right) = O(2^{T_k})$，因此，整个算法的时间复杂度将达到 $O(2^{T_k}N)$。基于经验，根据这一时间复杂度，所能解决的问题只有大概在 $T_k \leqslant 20$ 的范围内，这显然无法满足要求。

对于动态规划方法，显然可以以鱼塘顺序来分隔阶段，考虑到一个鱼塘有时间问题，因此，状态描述需要增加第二维时间，可以设 $F[I, J]$ 表示在第 I 个池塘钓了第 J 分钟的鱼后，前 J 分钟所钓到的最多鱼数，则可以得到状态转移方程如下：

$$F[I, J] = \max_{K=1}^{I-1} \max_{L=1}^{J-1} \{F[K, L] + Calc(I, J - (L + \sum_{P=K+1}^{I} T[P] + 1))\}$$

其中，$Calc(I, J - (L + \sum\limits_{P=K+1}^{I} T[P] + 1))$ 表示从第 K 个鱼塘走到第 I 个鱼塘后开始钓鱼直到第 J 分钟能钓到的鱼的数量，算法复杂度大约为 $O(N^3 T_k^2)$。在计算前，还可以先用一个 $O(N^2 T_k^2)$ 时间复杂度的预处理来计算掉所有的 $Calc(I, J - (L + \sum\limits_{P=K+1}^{I} T[P] + 1))$ 的值。

显然，该算法所能解决的范围比枚举大了很多，而且在思考时也并没有什么困难。另外，针对该处理，还可以进行优化，即只需要先用 $O(NT_k)$ 计算出所有的 $\overset{T_k}{\underset{J=1}{Calc}}(I, J)$，即在第 I 个池塘钓 J 分钟鱼所用的时间，然后再用 $O(N^2)$ 预处理计算出任意两个池塘之间的路程，如此一来时间复杂度进一步降低为 $O(N^2 T_k^2)$。

进一步，由于题目中并没有给定 Tk 的范围，并且，走路的时间也不确定，不知道到底应该

花多少时间用于纯钓鱼最好。因此,动态规划方法对本题的适应程度并非最佳。也就是说,尽管动态规划是一种比较优的算法,但是它不一定适合本题,针对本题还有更优的方法——贪心。尽管贪心方法一般用于求解近似最优解,但它也可以求解最优解(只要确保贪心策略能够满足最优子结构)。事实上,对于本题而言,在某个鱼塘钓鱼之前,这个鱼塘中的鱼数目是不变的。因此,什么时候开始在这个池塘钓鱼并不重要,重要的是在这个鱼塘已钓了几分钟鱼。于是,在枚举起点与终点的基础上,可以忽略掉在鱼塘之间的移动时间(由于只能向一个方向走,返回只会浪费时间。因此用总时间减去在路上花费的时间,剩余时间即为当前可用时间)并确定一个钓鱼序列,然后,将这个序列中在同一个池塘钓鱼的子序列拿出来,显然,这个子序列是从没有钓鱼的状态,即该鱼塘中的鱼数最大值 $X[I]$ 开始,然后以 $Y[I]$ 为等差减小的。因此,将每个池塘的钓鱼子序列按照鱼塘序号排好,就可以得到 n 个等差子序列。由此,每次可以在时间允许的情况下通过贪心选择当前鱼最多的鱼塘钓鱼,直到时间耗尽。最后,总能得到一个可行且钓鱼数是最大的序列。当然,本题的解不唯一。并且,如果停止在 j 鱼塘,若所有的鱼都钓光后但时间还没有用完,则说明将 j 鱼塘作为终点不能得到最优解。

采用贪心的方法中,所涉及的最频繁操作是取最大值。考虑编程复杂度,可以采用数组及每次扫描,此时时间复杂度约为 $O(N^3 T_k)$,略优于动态规划方法。然而,最值问题的维护显然可以采用优先队列或堆。基于堆,建堆的时间复杂度为 $O(N\log N)$,每次取最大值及维护的时间复杂度都是 $O(\log N)$。因此,采用贪心方法的时间复杂度最终为 $O(N^2 T_k \log N)$,比动态规划而言,显然能够解决的数据范围进一步增大。

本题中,尽管方向单调性(阶段性)比较明确,但因为不知道走路的时间如何确定,导致花费在一个鱼塘的纯钓鱼时间究竟应该是多少才算最好不能确定,因为前面可能有更好的鱼塘。于是,制约了贪心策略的考虑。然而,当枚举起点和终点后,也就将所有方案分成了 $n*n$ 类,每类方案的走路时间就可以确定。因此,在每类方案里找最优解,最后再优中选优即可。此时,简洁的贪心方法即可胜任。在此,从本质上看,贪心方法并不是以表面的沿鱼塘单向移动作为阶段特性(正常的水平型思维),而是以一个方案的鱼塘中目前可钓鱼数递减的单调性作为阶段特性(转变后的垂直型思维,参照第7章小结部分关于动态规划和网络流思维联系的相关解析)。

图 7-21 所示给出了相应的程序描述。

```cpp
#include<iostream>
    #define INF 0x3f3f3f3f3f3f3f3f

int main()
{
  long int N, Tk, Tt, I, St, Ep, Sum, Max, Maxl, Ans, J;
  long int X[40], Y[40], T[40], Xt[40];
  cin>>N>>Tk;
  Ans =- INF;
  for(I=1; I<=N; I++)
    cin>>X[I];
  for(I=1; I<=N; I++)
    cin>>Y[I];
  for(I=1; I<=N; I++)
    cin>>T[I];
  for(St=1; St<=N; St++){
```

```
    for(Ep =St; Ep<=N; Ep++) {
      Tt =Tk; Xt =X; Sum =0;
      for(I =St+1; I<=Ep; I++)
        Tt =Tt- T[ I];
      for(I =1; I<=Tt; I++){
        Max =0; MaxI =St;
        for(J =St; J<=Ep; J++)
          if(Xt[ J] >Max){
            Max =Xt[ J]; MaxI =J;
          }
          Sum =Sum +Xt[ MaxI];
          Xt[ MaxI] =Xt[ MaxI] - Y[ MaxI];
          if(Xt[ MaxI] <0) Xt[ MaxI] =0;
      }
      if(Sum >Ans) Ans =Sum;
    }
  }
  cout<<Ans;
  return 0;
}
```

图 7-21　"钓鱼"问题求解的程序描述

【例 7-10】　货币兑换(Cash)

问题描述:小 Y 最近在一家金券交易所工作。该金券交易所只发行交易两种金券:A 纪念券(以下简称 A 券)和 B 纪念券(以下简称 B 券)。每个持有金券的顾客都有一个自己的帐户,金券的数目可以是一个实数,每天随着市场的起伏波动,两种金券都有自己当时的价值,即每一单位金券当天可以兑换的人民币数目。我们记录第 K 天中 A 券和 B 券的价值分别为 AK 和BK(元/单位金券)。为了方便顾客,金券交易所提供了一种非常方便的交易方式:比例交易法。比例交易法分为两个方面:a)卖出金券。顾客提供一个[0, 100]内的实数 OP 作为卖出比例,其意义为将 OP%的 A 券和 OP%的 B 券以当时的价值兑换为人民币;b)买入金券。顾客支付 IP 元人民币,交易所将会兑换给用户总价值为 IP 的金券,并且,满足提供给顾客的 A 券和 B券的比例在第 K 天恰好为 RateK。例如:假定接下来 3 天内的 Ak、Bk、RateK 的变化分别如表7-1 所示。

表 7-1　金券价值变化表

时间	Ak	Bk	RateK
第一天	1	1	1
第二天	1	2	2
第三天	2	2	3

假定在第一天时,用户手中有100元人民币但是没有任何金券。用户可以执行如表7-2所示的操作(注意到,同一天内可以进行多次操作)。

表 7-2　用户可以执行的操作

时间	用户操作	人民币(元)	A 券数量	B 券数量
开户	无	100	0	0
第一天	买入 100 元	0	50	50
第二天	卖出 50%	75	25	25
第二天	买入 60 元	15	55	40
第三天	卖出 100%	205	0	0

　　小 Y 是一个很有经济头脑的员工,通过较长时间的运作和行情测算,他已经知道了未来 N 天内的 A 券和 B 券的价值以及 Rate。他还希望能够计算出来,如果开始时拥有 S 元钱,那么 N 天后最多能够获得多少元钱。

　　输入格式:第一行两个正整数 N、S,分别表示小 Y 能预知的天数以及初始时拥有的钱数。接下来 N 行,每行三个实数 AK、BK、RateK 数据之间用一个空格隔开,意义如题目中所述。

　　测试数据设计使得精度误差不会超过 10^{-7}。并且,对于 40% 的测试数据,满足 N ≤10;对于 60% 的测试数据,满足 N ≤1 000;对于 100% 的测试数据,满足 N ≤100 000;0< AK ≤10;0< BK ≤10;0< RateK ≤100;MaxProfit ≤10^9。

　　(提示:1、输入文件可能很大,请采用快速的读入方式。2、必然存在一种最优的买卖方案满足:每次买进操作使用完所有的人民币;每次卖出操作卖出所有的金券。)

　　输出格式:只有一个实数 MaxProfit,表示第 N 天操作结束时能够获得的最大的金钱数目(答案保留 3 位小数)。

　　输入样例:

3 100

1 1 1

1 2 2

2 2 3

　　输出样例:

225.000

　　本题具有随时间展开求解最优值的特征,显然可以采用动态规划方法(方向单调性)。并且,依据题目给定的提示,显然就是要么全部买入,要么全部卖出,否则得不到最优。于是,假设 $f[i]$ 为第 i 天的最大获利,$fx[i]$ 为在第 i 天获得的最多 A 券数,$fy[i]$ 为对应的 B 券数,那么最终解就是 $f[n]$。状态转移方程如公式 7-1 所示。

$$f[i] = \max\{ fx[j] * a[i] + fy[j] * b[i] \} \qquad (7-1)$$

　　其中,$a[i]$ 和 $b[i]$ 分别为第 i 天 A 券和 B 券的价值,$fx[j] = f[j]/(a[j]*rate[j] + b[j])*rate[j]$,$fy[j] = f[j]/(a[j]*rate[j] + b[j])$,$1 <= j <= i-1, 1 <= i <= n$。该方法的时间复杂度为 $O(n^2)$,针对题目给定的数据范围,显然不能满足,必须采取一定的优化。

　　假设第 j 天比第 k 天优,即 $fx[j]*a[i] + fy[j]*b[i] > fx[k]*a[i] + fy[k]*b[i]$,则移项化简可得 $(fy[k] - fy[j])/(fx[k] - fx[j]) < -a[i]/b[i]$,将左边式映射到二维平面上的点

坐标 (fx, fy)，则左边式就是 $k - j$ 连线的斜率。于是，可以维护一个凸包使 k 单调递减，从而进行斜率优化。

进一步，由于 $-a[i]/b[i]$ 不具有单调性，因此，对于凸包的维护（即动态求最优值）就不能采用单调队列，需要通过其他方法完成。考虑到动态性维护及搜索效率，显然平衡树方法是一个不错的选择，于是可以采用 splay 进行维护。具体而言，每个点记录其和左右两边点的斜率，按照点排序并删除无用的点（在点集中，如果一个点在凸包内部，那么这个点就不可能是最优决策的点，因为其上一定有一个点，可以把当前直线上移以获得更大截距）。对于每次的询问，可以用一条斜率为 $-a[i]b[i]$ 的直线去切割这个凸壳，找到最优的转移点。对于每次插入新点，首先取出 $x[j]$，然后向两边找到它能作为凸包时需要连接的点，删去中间经过的点。若找不到，就说明它在凸包内，是一个凹点，把它自己删除。连接点的寻找过程，以寻找其左边最后一个可以与其构成凸包的点为例（找右边第一个可以与其构成凸包的点同理）：首先将新点 x 旋转到根。对于当前点 t，如果 t 左边斜率大于直线 tx 的斜率，那么如果 t 的右边还有不在凸包内的结点，用 tx 的连线就不能构成凸包，所以应该继续往右找点。否则，继续往左找点。然后，删掉在凸包里的点。最后，如果发现这个点本来就在旧的凸包里面，直接将其删除。（即 lkx 大于 rkx）。图 7-22 所示给出了相应的程序描述。

```
#include<bits/stdc++.h>
using namespace std;

#define db double
#define eps 1e- 9
#define inf 1e9
const int N =100005;
int n,rt,sc, f[N],son[N][2];
db dp[N],A[N],B[N],R[N],X[N],Y[N],
      lk[N],rk[N]; //lk、rk:凸包点 x 的左线、右线斜率

int is(int x) {return son[f[x]][1] ==x;}
void spin(int x, int &mb)
{
   int fa =f[x],g =f[fa],t =is(x);
   if(fa ==mb) mb =x;
   else son[g][is(fa)] =x;
   f[fa] =x, f[x] =g, f[son[x][t^1]] =fa;
   son[fa][t] =son[x][t^1],son[x][t^1] =fa;
}
void splay(int x, int &mb)
{
   while(x!=mb) {
      if(f[x]!=mb) {
         if(is(x)^is(f[x])) spin(x,mb);
         else spin(f[x],mb);
      }
      spin(x,mb);
   }
```

```
}
int find(int x,db num)
{ //寻找最优解
    if(! x) return 0;
    if(lk[x]+eps>=num&&rk[x]<=num+eps) return x;
    else if(lk[x]<num+eps) return find(son[x][0],num);
        else return find(son[x][1],num);
}
db getk(int a, int b)
{ //获得斜率
    if(X[a]-X[b]<eps&&X[a]-X[b]>-eps) return- inf;
    return (Y[b]-Y[a])/(X[b]-X[a]);
}
int pre(int x)
{   //寻找左边最后一个与x可以构成凸包的点
    int y =son[x][0],re =y;
    while(y) {
        if(lk[y]+eps>=getk(y,x)) re =y,y =son[y][1];
        else y =son[y][0];
    }
    return re;
}
int nxt(int x)
{ //寻找右边第一个与x可以构成凸包的点
    int y =son[x][1],re =y;
    while(y) {
        if(rk[y]<=getk(x,y)+eps) re =y, y =son[y][0];
        else y =son[y][1];
    }
    return re;
}
void newjd(int x)
{
    splay(x,rt);
    if(son[x][0]) {
        int kl =pre(x);
        splay(kl,son[x][0]),son[kl][1] =0; lk[x] =rk[kl] =getk(kl,x);
    }
    else lk[x] =inf; //请勿往左
        if(son[x][1]) {
            int kl =nxt(x);
            splay(kl,son[x][1]),son[kl][0] =0; rk[x] =lk[kl] =getk(x, kl);
        }
        else rk[x] =- inf; //请勿往右
    if(lk[x]<=rk[x]+eps){ //在原凸包内部,直接删除该点
        rt =son[x][0],son[rt][1] =son[x][1], f[son[x][1]] =rt, f[rt] =0;
        lk[rt] =rk[son[rt][1]] =getk(rt,son[rt][1]);
    }
}
```

```
void ins(int &x, int las, int bh)
{
  if(! x) {x =bh, f[x] =las;return;}
    if(X[bh] <=X[x] +eps) ins(son[x][0],x,bh);
  else ins(son[x][1],x,bh);
}
int main()
{
  scanf("% d% lf",&n,&dp[0]);
  for(int i =1;i<=n; ++i) {
    scanf("% lf% lf% lf",&A[i],&B[i],&R[i]);
    int j =find(rt,- A[i]/B[i]);
    dp[i] =max(dp[i- 1],X[j] * A[i] +Y[j] * B[i]);
    Y[i] =dp[i]/(A[i] * R[i] +B[i]), X[i] =Y[i] * R[i];
    ins(rt, 0, i), newjd(i);
  }
  printf("% .3lf\n",dp[n]); return 0;
}
```

图 7-22　"货币兑换"问题求解的程序描述

另外,也可以采用分治策略来维护凸包。考虑到效率,可以采用关联型分治方法解决。具体而言,可以对决策的时间进行二分,对于左半边区间,首先求出它们的 dp 值,右半边区间维持 $ki = -ai/bi$ 的有序,左半边区间维持 xi 的有序。此时可以用一个栈来维护左半边区间的斜率单调递减的凸包。对于右半边区间,由于 k 值已排序,所以可以 $O(n)$ 查询。图 7-23 所示给出了相应的程序描述。

```
#include<bits/stdc++.h>
using namespace std;

#define db double
#define inf 1e9
#define eps 1e- 9
const int N =100005;
int n,s[N];db dp[N];
struct node{db k, x, y, a, b, r; int id;}Q[N], kl[N];

db getk(int i, int j)
{
  if(fabs(Q[i].x- Q[j].x) <=eps) return inf;
  return (Q[j].y- Q[i].y)/(Q[j].x- Q[i].x);
}
void merge(int l, int r, int mid)
{ //归并排序
  int t1 =l,t2 =mid +1;
  for(int i =l;i<=r; ++i)
    if(t1 <=mid&&(t2>r || Q[t1].x<Q[t2].x+eps)) kl[i] =Q[t1],++t1;
    else kl[i] =Q[t2],++t2;
```

```
    for(int i=l;i<=r;++i) Q[i]=kl[i];
}
void cdq(int l, int r)
{
    if(l==r) { //在l之前的所有询问都已处理完,可以更新l的答案
        dp[l]=max(dp[l],dp[l-1]);
        Q[l].y=dp[l]/(Q[l].a*Q[l].r+Q[l].b),Q[l].x=Q[l].y*Q[l].r;
        return;
    }
    int mid=(l+r)>>1,t1=l-1,t2=mid,top=0;
    for(int i=l;i<=r;++i) //前 mid 个询问放在左边,后 mid 个放在右边
        if(Q[i].id<=mid) kl[++t1]=Q[i];
        else kl[++t2]=Q[i];
    for(int i=l;i<=r;++i) Q[i]=kl[i];
    cdq(l,mid); //递归处理左边
    for(int i=l;i<=mid;++i){//维护斜率递减的凸包
        while(top>=2&&getk(s[top], i)+eps>getk(s[top-1],s[top]))-- top;
        s[++top]=i;
    }
    for(int i=mid+1;i<=r;++i){ //处理右边的询问
        while(top>=2&&getk(s[top-1],s[top])<=Q[i].k+eps)-- top;
        int j=s[top];
        dp[Q[i].id]=max(dp[Q[i].id],Q[j].x*Q[i].a+Q[j].y*Q[i].b);
    }
    cdq(mid+1,r),merge(l,r,mid); //递归处理右边后,按照 x 值为关键字归并排序
}
int cmp1(node t1,node t2) { return t1.k<t2.k; }
int main()
{
    scanf("%d%lf",&n,&dp[0]);
    for(int i=1;i<=n;++i) {
        scanf("%lf%lf%lf",&Q[i].a,&Q[i].b,&Q[i].r);
        Q[i].k=- Q[i].a/Q[i].b,Q[i].id=i;
    }
    sort(Q+1,Q+1+n,cmp1),cdq(1,n);
    printf("%.3lf\n",dp[n]);
    return 0;
}
```

图 7-23 "货币兑换"问题求解的程序描述(依赖型背包方法)

【例 7-11】 吃豆豆(PACMAN)

问题描述:两个 PACMAN 吃豆豆。开始时,PACMAN 都在坐标原点的左下方,豆豆都在右上方。当 PACMAN 走到豆豆处就会吃掉它。PACMAN 行走的路线很奇怪,只能向右走或者向上走,它们行走的路线不可以相交。请你帮这两个 PACMAN 计算一下,它们俩加起来最多能吃掉多少豆豆。

输入格式:第一行为一个整数 N,表示豆豆的数目。接下来 N 行,每行一对正整数 X_i,Y_i,表示第 i 个豆豆的坐标。任意两个豆豆的坐标都不会重合。

输出格式:仅有一行包含一个整数,即两个 PACMAN 加起来最多能吃掉的豆豆数量。

输入样例:

8

8 1

1 5

5 7

2 2

7 8

4 6

3 3

6 4

输出样例:

7

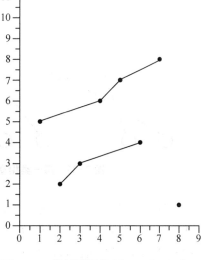

图 7-24 样例说明(两个 PACMAN)

(样例说明:两个 PACMAN 的路线如图 7-24 所示)

(数据规模:

对于 30% 的数据,$1 \leqslant N \leqslant 25$;

对于 70% 的数据,$1 \leqslant N \leqslant 500$;

对于 100% 的数据,$1 \leqslant N \leqslant 2\,000$,$1 \leqslant X_i,Y_i \leqslant 200\,000$。)

依据本题的求解目标,属于求最优值,由此可以大概地初步确定应采用的方法范畴,例如:搜索、动态规划等等。

最为朴素的方法,显然是直接搜索两条路径(当然需要判断不能相交),这样做的时间复杂度是非多项式级的。通过改变搜索策略,即枚举每个点是否在某条路径中,并实时检验合法性,可使时间复杂度为 $O(3^N)$,显然很不理想(最多可以得到 30% 的分数)。

仔细观察本题的条件,由于路线只能为左下至右上,显然具有明显的单调性,并且涉及两个 PACMAN 的行为及其相互约束(路径不能相交),于是自然联想到二维动态规划方法。具体而言,设 $f[i,j]$ 表示两条路线最右上方的点分别为 i,j 时,可能吃掉的最多点数(其中,i 和 j 分别对应两个 PACMAN。此时,是以两个 PACMAN 的当前位置联合作为阶段号)。如果转移时枚举两条线路之前的两点组合情况,时间复杂度为 $O(N^4)$,显然不够优。事实上,每次转移时,只需考虑某一条线之前的一点即可。因为如果定义关系 $i < j$,当且仅当 i 在 j 的左下方,即 $X_i \leqslant X_j, Y_i \leqslant Y_j$,则容易发现这是一个偏序关系,且由 i 可走向 j 当且仅当 $i < j$。这种转移方式和前述的转移是等价的。因此,可以得到公式 7-2 所示的状态转移方程。该方法的时间复杂度降为 $O(N^3)$。

$$f[i,j] = \max\{f[i,k] + 1 \mid k < j, f[k,j] + 1 \mid k < i\} \tag{7-2}$$

针对两条路线不能相交的限制条件,可以将相交情况分为两类:两条路线在非端点处相交和两条路线在端点处相交。

对第一类相交,上述算法可以正确处理(证明:必定存在一个包含点数最多的方案,使得两条路线不在非端点处相交。具体而言,任意一个方案,可在不改变包含点数的前提下,变换为不在非端点处相交的方案。事实上,对任何两条在非端点处相交的路线,可通过如图 7-25 所示的等价变换,使之不在非端点处相交。因此,上述算法得到的最大点数所对应的方案,也必然可以通过等价变换成为一个不在非端点处相交的方案)。

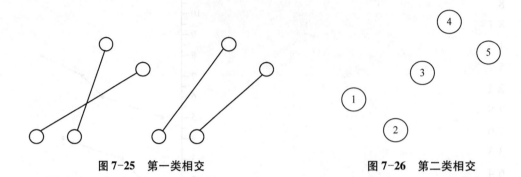

图 7-25   第一类相交   图 7-26   第二类相交

对第二类相交,上述算法会发生错误。如图 7-26 所示,容易得到 f[1, 2] = 2, f[1, 3] = 3, f[1, 4] = 4, f[3, 4] = 5, f[5, 4] = 6。导致错误的原因是,在考察诸如 f[3, 4] 等状态时,无法判断 4 这条路线是否已包括点 3。

为了解决这一问题,尝试对上述算法增加一个限制条件,即当 $f[i, j]$ 中 $i < j$ 时,只枚举 j 的前一个可能位置(如公式 7-3 所示),反之亦然。此时,算法的时间复杂度仍为 $O(N^3)$(该方法可以得到至少 70% 的分数,且非常容易实现)。

$$f[i, j] = \max\{f[i, k] + 1 \,|\, k < j, i < j\} \tag{7-3}$$

算法正确性证明:首先说明该算法得到的解的合法性,再说明其最优性。

采用反证法。如果算法得到的解在端点处相交,找出一个包含两条路线的端点及其前后位置,如图 7-26 所示。显然,如果算法是错误的,那么其在计算时肯定会出现 $f[3, P]$ 这样的状态,其中 P 所代表的路线中 3 已经被计算。但事实上,如果出现了上述情况,由 P 所代表的路线中包含 3,有 $3 < P$(偏序关系的传递性)。而在 $3 < P$ 的情况下,算法只枚举 P 的前一个点。不妨假设 Q 是 P 所代表的路线中 3 之后的点(可能有 $P = Q$),则 $f[3, P]$ 只能从 $f[3, Q]$ 转移而来。再考察 $f[3, Q]$ 的转移,在图 7-26 中以 $Q = 4$ 为例,转移时由于 $3 < Q$,只能枚举 Q 之前的点,而只要规定 $f[i, i]$ 为非法状态,$f[3, Q]$ 就无法从 $f[3, 3]$ 转移,这与 P 所代表的路线中 3 恰在 Q 前矛盾,从而说明算法得到的解中路线不在端点处相交。再结合算法可以正确处理两条路线在非端点处相交的情形,综合而言,解的合法性得到证明。

解的最优性证明可以通过证明更强的结论——任意一个最优解都不会被算法遗漏来说明。如果一个最优解被算法遗漏,则必存在一个状态 $f[i, j]$ 满足 $i < j$,其转移时必须考察 i 所代表的路线的前一个端点。如图 7-27 所示,上述结论即对 $f[i, j]$,必须考察 S3 中某一个位置作为 i 的之前的端点。不妨考察 j 的前一个端点,若 j 的前一个端点在 S1, S2, S4 中,则转移时可以考察 j 之前的端点,并非必须考察 i 之前的端点;若 j 之前的端点在 S3 中,设为 k,则显然每一个 k 均可作为 i 或 j 的前一个端点。如果能够说明转移 j 所需考察的状态 $f[i, k]$ 与转移 i 所需考察的状态 $f[k, j]$ 是等价的,也就说明了考察 i 不是必须的,与之前结论矛盾,从而最优解不会被算法遗漏。观察 $f[i, k]$ 与 $f[k, j]$,由前述说明,j 在 S1, S2, S4 中无可转移的端点,换言之,j 只能从 S3 中的点转移而来,而 S3 中的点同样可以转移到 i,即 $f[k, j]$ 中 j 的每个转移与

$f[i, k]$ 中 i 的每个转移一一对应。又两个状态中 k 的转移显然是一致的,故 $f[i, k]$ 与 $f[k, j]$ 等价。由此,解的最优性得到证明。

图 7-27 解最优性证明示例   图 7-28 基于序化的空间优化方法示例(1)

进一步,可以通过基于序化的空间优化方法来优化算法(充分利用已经计算出来的状态值以及仅保留最值而去掉无用的状态)。具体而言,对以端点为元素的二元组 (i, j),以 i 为第一关键字,j 为第二关键字排序。对端点的序的比较,则以纵坐标为第一关键字,横坐标为第二关键字。如图 7-28 所示,端点序已在图中标出,状态计算的顺序即 $f[1, 1]$,$f[1, 2]$,$\cdots$,$f[1, 5]$,$\cdots$,$f[5, 5]$。又注意到 $f[i, j] = f[j, i]$,故只需计算端点序 $i < j$ 的状态即可(注意 $f[i, i]$ 非法)。

对于 $f[i, j]$ 的计算,首先考虑对 j 的转移,由于 j 为状态计算的第二关键字,任意 $f[i, k]$($k < j$ 按端点序)已被计算。又由端点序 $k < j$ 保证 $Y_k \leqslant Y_j$,故所有已计算的 k 中满足 $X_k \leqslant X_j$ 的 k 构成候选集合。具体地,如图 7-29 所示,有色部分的所有 k 构成候选集合。显然,对于横坐标相同的 k,对每个 i,只需保留 $f[i, k]$ 中值最大的即可。由此可得,每次 j 的转移就是一个区间上的最大值询问。这一询问的回答和数据维护可在 $O(N\log N)$ 时间内由线段树完成。

另一方面,考虑 i 的转移。由可转移到 i 的点 k 满足 $k < i$(偏序意义),显然有 $k < i$(端点序),从而 $f[k, j]$ 在 $f[i, j]$ 之前已被处理,即 $f[j, k]$ 在 $f[j, i]$ 之前已被处理。再令 $i' = j$,$j' = i$,则问题归纳为对于 $f[i', j']$ 中 j' 的转移,这是一个在上一段中刚刚被解决的问题。

具体而言,对每个状态 $f[i, j]$,按照 i, j 的不同情况分别处理。① 如果没有 $i < j$(偏序意义下),则如图 7-30 所示,可能的转移位置 k 分别位于两个有色区域内。对于每个可能的转移,询问对应的线段树区间中的最大值。在所有转移中取最优值作为当前状态的值。转移方程为:

$$f[i, j] = \max\{f[k, j], f[j, l] \mid k < i, l < j\}$$

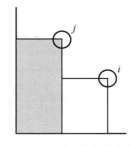

图 7-29 基于序化的空间
优化方法示例(2)

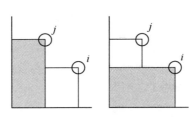

图 7-30 基于序化的空间
优化方法示例(3)

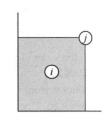

图 7-31 基于序化的空间
优化方法示例(4)

② 如果 $i < j$(偏序意义下),则只需考虑 j 的转移,如图 7-31 所示。转移方程为: $f[i, j] = \max\{f[i, k] \mid k < j\}$ 。

综上,对于每一次的转移,只需要 $O(\log N)$ 的时间即可完成。为了维护相关信息,每个状态都必须在处理完后分别插入两个点所对应的线段树,这一步骤的时间代价为 $O(\log N)$ 。由于状态总数为 $O(N^2)$,算法的时间复杂度降至 $O(N^2 \log N)$ (优化后的方法可以得到 100% 的分数)。图 7-32 所示给出了相应的程序描述。

```cpp
#include<cstdio>
#include<queue>
#include<algorithm>

const int N =1e5+7, M =2007;
struct Node {
    int x, y;
    bool operator<(const Node &b)
    {//重载
        return x<b.x || x==b.x&&y<b.y;
    }
} nd[N];
struct Edge { //建图
    int u, v, next;
} eg[N<<2];
int head[N], n, in[N], id[N], tid[N], cnt, f[M][M];

inline void addEdge(int u, int v)
{
    static int cnt =1;
    eg[++cnt] =Edge { u, v, head[u] };
    head[u] =cnt;
}
void tpSort(int s)
{ //拓扑排序
    std::queue<int>que;
    que.push(s);
    while(que.size()) {
        int u =que.front(); que.pop();
        id[u] =++cnt; tid[cnt] =u;
        for (int i =head[u]; i; i =eg[i].next)
            if (-- in[eg[i].v] ==0)
                que.push(eg[i].v);
    }
}
void dp(int x, int y)
{ //动态规划
    for (int i =head[x]; i; i =eg[i].next) {
        int v =eg[i].v, u =y;
        if (id[v] >id[u]) std::swap(u, v);
```

```
      if (u !=v)
        f[v][u] =std::max(f[v][u], f[x][y] +1);
      else f[v][u] =std::max(f[v][u], f[x][y]);
  }
}
int main()
{
  scanf("% d", &n);
  for (int i =1; i<=n;++i)
    scanf("% d% d", &nd[i].x, &nd[i].y);
  std::sort(nd +1, nd +n +1);
  for (int i =1; i<=n;++i) {
    int mx =2e9;
    for (int j =i +1; j<=n;++j)
      if (nd[i].y<=nd[j].y && nd[j].y<mx)
        mx =nd[j].y, ++in[j], addEdge(i, j);
  }
  int s =0, t =n +1; //新设两个点以便存答案
  for (int i =1; i<=n;++i){
    addEdge(s, i), ++in[i]; addEdge(i, t), ++in[t];
  }
  tpSort(s);
  for (int i =1; i<=cnt;++i)
    for (int j =i; j<=cnt;++j)
      dp(tid[i], tid[j]);
  printf("% d\n", f[t][t] - 1);
  return 0;
}
```

图 7-32 "吃豆豆(PACMAN)"问题求解的程序描述(动态规划方法)

更进一步,针对状态空间太多的场景,动态规划方法效果并不适合,空间复杂度会间接影响时间复杂度。通过仔细分析题目给定的约束条件,两条路线不能相交可以等同于每个端点仅出现于一条路线中(非端点处的相交可以不用考虑,详见前文说明)。由此,容易联想到网络流算法。另外,基于算法的内在思维联系(参见第 7 章相应解析),高维动态规划方法可以迁移到网络流方法。

具体而言,针对本题的构图方法如下:每个端点为图中的顶点,容量为 1,费用为 1。对于 $i<j$(偏序),由 i 至 j 连有向边,容量任意(点的容量已经为 1),费用为 0。源顶点本身容量为 2(只有两条路线),并向所有顶点连有向边,容量任意,费用为 0。所有顶点向汇点连边,容量任意,费用为 0。汇点容量为 2,费用为 0。

对于顶点上的容量和费用,可以使用拆点的方法解决。注意到上述图是拓扑有序的,故在上述图上应用最大费用最大流算法就可以得到正确且最优的结果。注意到最大流量为 2,又每次求最短路会使得当前流量至少增加 1,故算法只需求常数次最短路。如果使用加上诸多优化的 SPFA 算法,实际效果更优。尽管其每次执行的最坏时间复杂度(即算法的最坏时间复杂度)理论上为 $O(NM) =O(N^3)$,但实际效果比 $O(N^2\log N)$ 的动态规划算法更好。图 7-33 所示

给出了相应的程序描述。

```
#include<fstream>
using namespace std;

const int maxn =2000;
const int maxm =2000000;
const int maxq =10000;
char  * inf ="pacman.in";
char  * outf ="pacman.out";
struct gtype {
    longint x,y,w,next;
}
struct gtype g[maxm];
long int first[maxn];
long int x[maxn],y[maxn],d[maxn],prt[maxn];
long int map[maxn][maxn];
bool eat[maxn], used[maxn];
long int l[maxq];
long int n,ans,tot;

void init()
{
long int i;
    ifstream fin(inf, "r");
    fin>>n;
    for(i =1; i<=n;++i) fin>>x[i]>>y[i];
        close(fin);
}
void add(long Int x, long int y, long int w)
{ // 前向星法添加边
    tot++;
    g[tot].x =x; g[tot].y =y; g[tot].w =w; g[tot].next =first[x]; first[x] =tot;
}
bool check(long int i, long int j)
{//检验两点是否可达
    if (x[j] >=x[i] && y[j] >=y[i])// 点 j 在点 i 的右上方
        return true;
    else return false;
}
void makeg1()
{// 第一次构图
    long int i, j;
    memset(eat,sizeof(eat), false); memset(g,sizeof(g), 0);
    for(i =1; i<=n; i++) first[i] =- 1;
        tot =0;
        for (i =1; i<=n; i++)
            for(j =1; j<=n; j++)
                if(i!=j)
```

```
                if(check(i, j)){//检验两点是否可达
                  map[i][j]=1; //添边
                  add(i, j, 1);
                }
              }
void makeg2
{ //第二次构图
  long int var i, j,temp,ansi;
  ans =0; //统计第一次结果
  for(i =1; i<=n; i++)
    if(d[i]>ans){ ans =d[i]; ansi =i; }
  temp =prt[ansi]; eat[ansi]:=true;
  while(temp!=0){//更新图中的边
    eat[g[temp].x] =true; map[g[temp].x][g[temp].y] =0;
    map[g[temp].y][g[temp].x] =- 1; temp =prt[g[temp].x];
  }
  memset(g,sizeof(g), 0);
  for(i =1; i<=n; i++) first[i] =- 1;
    tot =0;
  for(i =1; i<=n; i++)
    for(j =1; j<=n; j++)
      if(map[i][j]!=0) {
        if(map[i][j]>0){
          if(eat[j]) add(i, j, 0);//添加零权边
          else if(eat[i]) add(i, j, 2);
              else add(i, j, 1);
        }
        else add(i, j,- 1) //添加反向边
      }
}
void spfa()
{//SPFA 求最短路
  long int open,closed, i, temp,tx;
  memset(l,sizeof(l), 0);
  open =0; closed =0;
  memset(d,sizeof(d), 0);
  for(i =1; i<=n; i++)
    if(! eat[i]){ // 初始化
      d[i] =1; open++; l[open] =i; used[i]:=true;
    }
    else d[i] =- 1;
    memset(prt,sizeof(prt), 0); //初始化父亲信息
    while(closed !=open){
      closed++;
      if(closed >maxq)
        closed =closed- maxq;//循环队列
    tx =l[closed]; used[tx] =false;
    temp =first[tx];
    while(temp !=- 1){
```

```
            if(d[tx]+g[temp].w>d[g[temp].y]){//迭代更新
                if(!used[g[temp].y]){//不在队列则加入
                    open++;
                    if(open>maxq)
                        open=open-maxq; l[open]=g[temp].y; used[g[temp].y]=true;
                    }
                    d[g[temp].y]=d[tx]+g[temp].w; prt[g[temp].y]=temp;
                }
                temp=g[temp].next;
            }
        }
    }
}
long int max(long int a, ling int b)
{
    if(a>b) return a;
    else return b;
}
void Main()
{
    long int i,maxa,ll,tl,tl0,tl2,temp;
    makeg1(); //两次构图,求两次增广路
    spfa();
    makeg2();
    spfa();
    maxa=0;
    for(i=1; i<=n; i++)
        if(!eat[i]){// 处理结果信息
            ll=1; tl=0; tl0=0; tl2=0; temp=prt[i];
            while(temp!=0){
            if(g[temp].w==2) tl2++;
            if(g[temp].w==0) tl0++;
            if(!eat[g[temp].x]) ll++;
            if(eat[g[temp].x]) tl++;
            temp=prt[g[temp].x];
        }
        if(tl==1) tl=0;
        else tl=tl-tl0-tl2;
        maxa=max(maxa,ll-tl);
    }
    ans=ans+maxa;//更新结果
}
void print()
{
    ofstream fout(outf, "w");
    fout<<ans;
    close(fout);
}
int main()
{
    init(); Main(); print(); return 0;
}
```

图 7-33 "吃豆豆(PACMAN)"问题求解的程序描述(网络流方法)

本章小结

本章首先解析了综合应用的思维特征,并给出综合应用的基本解题策略。然后通过多个示例,解析了实际应用中解题策略的具体运用及各种策略的综合运用。

习　题

7-1　NOIP 历年试题。(参见 NOI 官方网站及相关网上资源)

7-2　NOI 历年试题。(参见 NOI 官方网站及相关网上资源)

7-3　软件安装

【问题描述】现在我们手头有 N 个软件,对于一个软件 i,它要占用 Wi 的磁盘空间,它的价值为 Vi。我们希望从中选择一些软件安装到一台磁盘容量为 M 的计算机上,使得这些软件的价值尽可能大(即 Vi 的和最大)。

但是现在有个问题:软件之间存在依赖关系,即软件 i 只有在安装了软件 j(包括软件 j 的直接或间接依赖)的情况下才能正常工作(软件 i 依赖软件 j)。幸运的是,一个软件最多依赖另外一个软件。如果一个软件不能正常工作,那么它能够发挥的作用为 0。

我们现在知道了软件之间的依赖关系:软件 i 依赖 Di。现在请你设计出一种方案,安装价值尽量大的软件。一个软件只能被安装一次,如果一个软件没有依赖,则 Di = 0,就是只要这个软件安装了,它就能正常工作。

输入格式:

第 1 行:N,M (0<= N<= 100, 0<= M<= 500)

第 2 行:W1,W2, …, Wi, … ,Wn

第 3 行:V1,V2, …, Vi, … ,Vn

第 4 行:D1,D2, …, Di, … ,Dn

输出格式:

一个整数,代表最大价值。

输入样例:

3 10

5 5 6

2 3 4

0 1 1

输出样例:

5

参 考 文 献

［1］沈军,薛志坚,张婧颖,等.计算思维之快乐编程(初级·C++描述)［M］.南京:东南大学出版社,2019.

［2］沈军,李立新,王晓敏丛书主编;章维铣,刘培玉,毛黎莉编著.青少年信息学奥林匹克竞赛实战辅导丛书——精选试题解析(江苏·山东·上海)［M］.南京:东南大学出版社,2010.

［3］林厚从.高级数据结构(C++版)［M］.南京:东南大学出版社,2012.

［4］王建德,吴永辉.程序设计中常用的解题策略［M］.北京:人民邮电出版社,2009.

［5］郭嵩山,翁西键,梁志荣,等.国际大学生程序设计竞赛例题解(六)［M］.北京:电子工业出版社,2010.

［6］https://blog.csdn.net/denghecsdn/article/details/78778769.

［7］https://blog.csdn.net/qq_36946274/article/details/81982691.

［8］https://blog.csdn.net/qq_15681523/article/details/37668541.

［9］https://wenku.baidu.com/view/71fba62864daa58da0114ae5.html.

［10］https://www.cnblogs.com/dusf/p/kmp.html.